U0346793

　　本书的研究与出版获刘鸿武任首席专家的教育部哲学社会科学研究重大课题攻关项目"新时期中非合作关系研究"（09JZD0039）、教育部区域与国别研究基地浙江师范大学非洲研究中心、浙江省哲学社会科学重点研究基地浙江师范大学非洲研究中心、浙江省高等学校创新团队经费资助。

浙江师范大学非洲研究文库
当代非洲发展研究系列
总主编：刘鸿武

CONTEMPORARY AFRICAN
RESOURCES AND ENVIRONMENT

当代非洲

资源与环境

◎叶玮 朱丽东 等 著

浙江出版联合集团
浙江人民出版社

总序　深入了解非洲，增进中非友好

中华人民共和国外交部副部长　翟　隽

非洲是人类文明发祥地之一，地域广阔，物产丰富，历史悠久，文化璀璨，人口约 10 亿，共有 53 个独立国家和 1500 多个民族，是发展中国家最集中的大陆，是维护世界和平、促进全球发展的一支重要力量。近年来，非洲局势发展总体平稳，经济保持较快增长，一体化建设取得重要进展，国际社会对非洲的关注和投入不断增加，非洲在国际格局中的地位有所上升。

中国是非洲国家的好朋友、好伙伴，中非传统友谊源远流长。早在 2000 多年前的汉朝，中非双方就互有了解，并开始间接贸易往来。1405—1433 年，明朝航海家郑和率船队七次下西洋，其中四次到达东非沿海，至今肯尼亚等国还流传着郑和下西洋的故事。1949 年新中国成立，开辟了中非关系新纪元。1956 年 5 月，中国同埃及建交，开启了新中国同非洲国家的外交关系。中国曾大力支持非洲人民反帝反殖、争取民族独立的正义斗争；在非洲国家赢得独立后，中国坚定支持非洲国家维护主权和尊严，真诚无私地帮助非洲国家发展经济、提高人民生活水平，赢得了非洲朋友的尊重和信任。中非友好经受住了时间和国际风云变幻的考验，中非人民的友谊与日俱增。

进入 21 世纪以来，在中非双方领导人共同关心和亲自推动下，中非关系在传统友好基础上呈现新的全面快速发展的良好势头。2000 年 10 月，中非合作论坛正式成立并召开首届部长级会议，这在中非关系史上具有重要意义，此后论坛逐步发展成为中非集体对话的重要平台和务实合作的有效机制。2004 年和 2006 年，胡锦涛主席两次访非，同非洲国家领导人就新形势下进一步发展中非关系深入交换意见，达成广泛共识。2006 年初，中国政府发表《中国对非洲政策文件》，将"真诚友好，平等相待；互利互惠，共同繁荣；相互支持，密切配合；相互学习，共谋发展"确定为新时期中国对非政策的总体原则和目标，受到非洲国家的普遍赞赏和欢迎。

2006年11月,中非合作论坛北京峰会暨第三届部长级会议成功举行,中非领导人共同确立政治上平等互信、经济上合作共赢、文化上交流互鉴的中非新型战略伙伴关系,胡锦涛主席代表中国政府宣布了加强中非务实合作、支持非洲国家发展的八项政策措施,中非关系由此进入新的发展阶段。2007年初,胡锦涛主席专程访问非洲,全面启动了北京峰会后续行动的落实。2009年2月,胡锦涛主席再次访问非洲,进一步巩固了中非传统友谊,拓展了双方务实合作,有力地推动了北京峰会各项成果的全面落实。在短短的八年时间里,中非经贸合作取得跨越式发展,中非贸易额从2000年首次超过100亿美元升至2008年的1068亿美元,提前两年实现1000亿美元的目标。中非在文化、科技、金融、民航、旅游等领域的合作也取得新的重大进展。

随着中非关系的蓬勃发展,中国社会各界深入了解非洲与中非关系的兴趣和需求逐年上升,这对国内从事非洲问题研究的专家学者提出了新的任务和要求。在此背景下,浙江师范大学非洲研究院主持编撰的大型非洲研究丛书"浙江师范大学非洲研究文库"应运而生。"非洲研究文库"由国内外知名专家学者按照"学科建设和社会需求并重"、"学术追求与现实应用兼顾"的原则,遴选非洲研究领域的重点课题,分"非洲发展研究系列"、"中非关系研究系列"、"非洲国际关系研究系列"、"非洲研究博士论文系列"、"非洲高等教育国别研究系列"、"非洲专题史系列"、"非洲国别史系列"、"非洲研究译丛系列"八个系列逐步编撰出版,集学术性和知识性于一体,力求客观地反映非洲历史和现实,是一项学科覆盖面广、具有鲜明特色的非洲基础研究成果。这套文库为研究非洲问题和中非关系提供了详尽的史料和新颖的视角,有利于增进各界对非洲的深入了解和认知。文库第一本《全球视野下的达尔富尔问题研究》于2008年10月问世,社会反响良好,该书对全面客观地了解达尔富尔问题和中国对非外交具有积极意义。

"非洲研究文库"的推出离不开浙江师范大学非洲研究院的辛勤工作。浙江师范大学开展对非洲研究工作已有十多年历史,取得不少成果。2007年9月,该校正式成立非洲研究院。这是国内高校中首家综合性非洲研究院,设有非洲政治与国际关系、非洲经济、非洲教育、非洲历史文化四个研究所,以及非洲图书资料中心、非洲艺术传媒制作中心和非洲博物馆,是教育部教育援非基地,在喀麦隆建有孔子学院,为推动中国的非洲问题研究、促进中非文化交流和合作发挥了积极作用。

我本人多年从事和主管对非外交工作,对非洲大陆和非洲人民怀有深厚感情。得知浙江师范大学非洲研究院与浙江人民出版社、世界知识出版社、中国社会科学出版社合作推出"非洲研究文库"系列丛书,甚为欣慰。我为越来越多的国人将通过文库进一步了解非洲和中非关系,进而为中非友好事业添砖加瓦感到振奋;我也为中国学者在非洲和中非关系研究领域取得具有中国特色的学术成果感到高兴。我相信,"非洲研究文库"的出版,将推动国内对非洲和中非关系的研究更上一层楼。谨此作序,以表祝贺。

2009 年 12 月于北京

前　言

浙江师范大学党委书记　　陈德喜
浙江师范大学校长　　　　吴锋民

　　非洲大陆地域辽阔,文明悠久,民族众多,发展潜力巨大。中国与非洲的友好交往源远流长,尤其在新中国成立后发生了质的飞跃。近年来,随着全球化的推进与中非关系的快速发展,国内各行各业都产生了走进非洲、认知非洲、了解非洲的广泛需要。加强对非洲政治经济、历史文化、科技教育和中非关系的研究,培养相关专业人才,已显得日益重要。

　　浙江省地处中国东南沿海,经济发达,文化繁荣。改革开放 30 年来,浙江与外部世界的交往日趋紧密,已成为中国对外开放程度最高的省份。早在 20 世纪 80 年代,就有一批批浙江人远赴非洲闯市场,寻商机。如今在广袤非洲大陆的城市与乡村,都可以见到浙江人辛劳创业的身影。与此同时,也有越来越多的非洲人来到浙江经商贸易,寻求发展机会。

　　世纪之交,基于主动服务国家外交战略和地方社会经济发展以及学校特色学科建设的需要,浙江师范大学努力发挥自身优势,凝练办学特色,积极开展对非工作,重点在汉语国际推广、人力资源开发与非洲学术研究三个方面取得了显著成绩,产生了广泛影响。1996 年,受国家教委派遣,我校在喀麦隆雅温得第二大学国际关系学院建立了"喀麦隆汉语教学中心",十多年来,已有 1000 多人先后在该中心学习汉语与中国文化,其中外交官和研究生达 500 多名,遍及非洲近 20 个国家。该中心在非洲诸多国家已声名远播,被喀麦隆政府及周边国家赞誉为"体现南南合作精神的典范"。2005 年,为表彰中国教师在传播汉语言文化、发展中喀友谊方面所作出的特殊贡献,喀麦隆政府授予我校三位教师"喀麦隆金质劳动勋章"。2007 年 11 月,该中心发展为雅温得第二大学孔子学院和汉语水平考试(HSK)考点。2007 年胡锦涛主席访问喀麦隆期间,中喀两国元首共同作出了合作建设孔子学院的决定。同年 11 月 9 日,中国国家汉语国际推广领导小组副组长、孔子学院总部理事会副主席陈进玉与喀麦隆高教部长法姆·嗯东戈·雅克共同主持雅温得第二大学国际关系学院孔子学院揭牌仪式,由此掀开了中喀文化教育交流新的一页。

从 2002 年开始,我校在中非合作论坛的框架下,在教育部国际司和商务部援外司的具体指导下,积极承担教育部和商务部的人力资源开发项目,邀请非洲各国高级教育官员和大学校长到国内研修。迄今为止,我校已举办了 13 期非洲高级教育官员研修班,有 42 个非洲国家的 240 余名大、中学校长和高级教育官员参加了研修。2004 年,我校成为教育部四个教育援外基地之一。2006 年,我校承办国家教育部"首届中非大学校长论坛",来自 14 个非洲国家的 30 名大学校长、高级教育行政官员以及国内几十所高校的校长、学者和部分教育行政官员参加了论坛。此外,学校还于 2009 年 5 月承办了教育部第七次对发展中国家教育援助工作会议。

在积极开展汉语国际推广、人力资源开发的同时,学校审时度势,抢抓机遇,迅速启动非洲研究与学科建设工作。2003 年,我校成立了国内首个专门研究非洲教育及发展的学术机构——非洲教育研究中心,由时任校长徐辉教授兼任主任。随后,中心承担了国家教育部、国家留学基金委员会支持的"非洲高等教育国别研究工程"项目,派遣 14 人分赴非洲 7 个国家进行实地调研。几年来,学校还承担了多项国家汉语国际推广领导小组办公室对非汉语推广研究课题,并向教育部提交了多个有关中非教育合作的政策咨询报告。

2007 年 9 月 1 日,经多方论证,精心筹划,与中国教育国际交流协会联合共建,成立了国内首家综合性的非洲研究院——浙江师范大学非洲研究院,由时任校长梅新林教授兼任院长,刘鸿武教授任执行院长,顾建新教授任副院长。其间,学校同时主办了"面向 21 世纪的中非合作:战略与途径"国际学术会议。非洲研究院的成立,标志着我校的对非工作进入了一个汉语国际推广、人力资源开发与非洲学术研究三位一体而重点向非洲学科建设迈进的崭新历史阶段。

浙江师范大学成立非洲研究院的学术宗旨是主动服务国家外交战略、服务地方经济建设、服务学校学科发展。其发展目标是以"非洲情怀、中国特色、全球视野"的治学精神,构建一个开放的学术平台,聚集国内外非洲学者及有志于非洲研究的后起之秀,开展长期而系统的非洲研究工作,通过若干年持续不断的努力,建设成为国内一流、国际有影响的非洲学人才培养基地、学术研究中心、决策咨询中心和信息服务中心,以学术服务国家,为中非关系发展作出贡献。

非洲研究院集学术研究、人才培养、国际交流、政策咨询等于一体,设有非洲政治与国际关系、非洲经济、非洲教育、非洲历史文化四个研究所以及非洲图书资料中心、非洲博物馆、非洲艺术传媒制作中心。现有专职人员 25 人。他们的成果曾获国家领导人嘉奖,有的获"全国优秀教师"称号、教育部国家级教学成果奖、全国高校优秀教材奖、省政府特殊津贴奖,年轻科研人员多为毕业于国内名牌大学的博士,受过良好学术训练并有志于非洲研究事业。研究院还聘请了一批国内外知名专家学者担任顾问、客座教授、兼职研究员。

非洲研究院成立一年多来,工作成效显著,获得浙江省政府"钱江学者"特聘教授岗位,组建起了一支以省特聘教授、著名非洲研究专家刘鸿武教授为学科带头人的非洲研究团队,先后承担外交部、中共中央对外联络部、教育部、国家社会科学基金、国务院侨务办公室等部门一系列重要研究课题与调研报告项目,出版发表了包括《全球视野下的达尔富尔问题研究》等一批有学术影响力的成果。2008 年,非洲研究院被国家留学基金管理委员会列为与非洲国家互换奖学金项目单位后,开始启动"非洲通人才培养计划",一批青年科研人员与研究生被选派至非洲国家的大学进修学习。2009 年,非洲研究院被批准为浙江省高等学校首批省创新团队,并在外交部非洲司、教育部国际合作司支持下成立了国内首个"中非合作论坛研究中心"。在浙江省与中国社会科学院领导支持下,非洲研究院被列入浙江省与中国社科院共建重点学科行列,并与该院西亚非洲研究所、世界经济与政治研究所开展了很好的合作,与非洲及欧美国家非洲研究机构的学术交流也日益频繁。随后,以刘鸿武教授为首席专家的团队获得2009 年教育部哲学社会科学重大课题攻关项目"新时期中非合作关系研究",表明浙江师范大学非洲研究院具备了组织跨学科跨地区研究创新团队、承担国家级重大科研项目的实力。

我校的对非工作与非洲研究,得到了国家有关部委、学术组织的充分肯定和大力支持。教育部、中国社会科学院、浙江省委、省政府、国家留学基金管理委员会、中国教育国际交流协会、中国国际关系学会、中国民间组织国际交流促进会、中国非洲史研究会领导相继莅临视察,指导工作;外交部非洲司、政策规划司,中共中央对外联络部非洲局,教育部社科司、国际司,商务部援外司,国家汉办以及外交学院、中央党校国际战略研究所、北京大学国际关系学院、中国人民大学国际关系学院、上海国际问题研究院等有关领导和专家先后来院指导发展规划、建设思路及科研工作；浙江省委宣传部、省教育厅、省外事办公室、省社科院、省社科联等部门领导与专家也对研究院给予了多方面的帮助和指导，有力地推动了我校的对非工作与非洲研究的顺利开展。

　　编纂"非洲研究文库"是浙江师范大学非洲研究院长期开展的一项基础性学术工作，由相关部门领导与著名学者组成编纂委员会，以"学科建设与社会需求并重"、"学术追求与现实应用兼顾"为基本原则，遴选非洲研究重大领域及重点课题，以国别和专题研究的形式，集合为八大系列的大型丛书，分批分期出版，以期形成既有学科覆盖面与系统性，同时又具鲜明特色的基础性、标志性研究成果。值此"非洲研究文库"即将出版之际，谨向所有给予研究院热忱指导和鼎力支持的有关部门，应邀担任"非洲研究文库"顾问与编委的领导与专家，为"非洲研究文库"撰写《总序》的国家外交部副部长翟隽先生，以及出版"非洲研究文库"的浙江人民出版社、世界知识出版社、中国社会科学出版社，一并表示衷心的谢忱！

　　中国的非洲研究经过几代学者的努力，现在已经有了初步的基础，目前国家高度重视非洲研究和人才培养，国内已经有多所大学建立了非洲研究的学术机构。我们希望在今后的工作中，与各相关单位开展更有效的合作，共同努力，为中国非洲学的发展贡献力量。

2009 年 12 月

序一　全球视野与中国的非洲研究

北京大学国际关系学院副院长　王逸舟

　　浙江师范大学非洲研究院刘鸿武教授组织和主编的"非洲研究文库"出版问世，这是一个让我们所有从事国际关系研究的人有所期待和可能受益的宏大项目。在此，我要向鸿武和所有为此作出努力的同行表示由衷的敬意和祝贺！

　　我自己不是非洲问题研究者，去过的非洲国家也很少，但我一直觉得，我们过去的非洲研究对整个国际问题研究的影响不够大，至少在我作为编辑看到的稿件和作为研究者接触到的有关部门及媒体，给我留下这样一种印象。它多少让人遗憾。

　　非洲国家数目占据当今全球总数的近 1/3，这个大陆无论自然资源还是地理区位都具有其他各大洲不具备的一些优势；非洲各国总体上对华友好（用毛泽东的话"是非洲兄弟把中国抬进了联合国"），现在双方互利互补的地方广泛且重要；中国在国际舞台上的日益活跃与世界性作用的上升，离不开中非关系的拓展与深化。另一方面，近年来随着国际形势的变化，有关"中国威胁论"、"中国责任论"、"新殖民主义论"等非议甚嚣尘上，其中相当一部分涉及新时期的中非关系，涉及中国在非洲的存在，涉及中国的非洲战略。不管从什么角度讲，一种设计全面且高瞻远瞩、形态多样且影响重大的中国非洲学都是急需的。

　　最近几年里，由于工作上的原因，我与鸿武教授本人及他的非洲研究团队有过多次接触，在这一过程中，不仅看到他们的大量新作及雄心勃勃的研究计划，看到浙江师范大学领导和各个方面对他们的大力支持与协助，更看到贯彻其中的一种新气象新视野，一种洞察中国外交全局之后开展非洲研究的大气，一种只有立足于全球层次和中非宏观战略关系才会具备的视野。虽然这个团队本身还有许多要加强的地方，它的朝气与追求未必代表中国的非洲研究的全貌，但"愚公移山"和"星火燎原"的故事是我们都熟悉的，刘鸿武教授及浙江师范大学非洲研究院的前景是美好的。在我看来,"非洲研究文库"便是这个神奇故事的一小段,是中国非洲学界新长征之征途的又一步。

　　中国外交已站在新的全球高地上,人们有理由期待,中国的非洲学同样朝着新的层次迈进。

2009 年 8 月 18 日于北京

序二 非洲研究——中国学术的"新边疆"

浙江师范大学非洲研究院院长 刘鸿武

100 多年来,中华民族经历了曲折艰难的现代复兴进程,逐渐由"亚洲之中国"转变为"世界之中国"。今天,中国的发展已经在越来越广大之领域与世界的前途联结在了一起。为最终完成中华民族的现代复兴,并对人类未来作出新的贡献,21 世纪的中国当以更开阔之胸襟去拥抱世界各国各民族之文明,努力推进人类各文明以更为均衡、多元、平等的方式对话与合作。为此,中国需要在更广泛的人类知识、思想、学术与观念领域作出自己的原创性贡献,而建构有特色之"中国非洲学",正是中华民族在当今国际学术平台与思想高地上追求中国的国家话语权、表达中华民族对于未来世界发展理念与政策主张并进而为 21 世纪的人类贡献出更有价值的思想智慧与知识产品的必要努力。①

在此过程中,"非洲情怀、中国特色、全球视野"三个层面的有机结合与互为补充,"承续中国学术传统、借鉴国外研究成果、总结中非关系实践"三个维度的综合融通与推陈出新,或许将为有特色之中国非洲学拓展出某种既秉承传统又融通现代、既有中华个性精神又融通人类普遍知识的中华学术新品质、新境界与新气度。

一、非洲研究与中国学术"新边疆"的拓展

学术研究与时代环境往往有着十分复杂的关系。所谓一时代有一时代之学术,时代条件与环境因素总在某种或隐或现的形态下影响着人们的思想过程。古人主张"知人论世",认为要知晓其人所论所思为何如此,要理解其人治学求知之特点个性,不能不考察辨析他的生活时代,不能不联系他的人生经历

---

① 刘鸿武. 初论建构有特色之"中国非洲学"[J]. 西亚非洲,2010,1: 5.

与治学环境。①理解一个人的思想如此,理解一个时代的学术亦如此。

过去百年中国学术之成长与变革进程,便深深地印刻着时代的痕迹。因为20世纪中华文明追求现代复兴与发展任务的紧迫和艰难,更因中华学术经世致用传统之影响,中国学术过去百年的成长过程,始终紧紧围绕着、服务于中华文明复兴与发展的当下急迫之需。摆脱落后、追求先进的时代使命,使得现代中国学术的目光多紧盯那先进于我之国家民族,于是,"西洋学术"、"欧美文化",乃至"东洋维新"、"俄苏革命",都曾以不同之方式,进入中国学术核心地带,成为过去百年中国学人热情关注、努力移植、潜心研究之重心与焦点,各种形式的"言必称希腊"成为中国学术一时之现象,也便自有其合理之时代要求与存在缘由。而在此背景下,对于遥远他乡那些看似与国家当下之复兴大业、复兴命题关涉不大或联系不紧的学问领域,对于那些与中国一样落后于世甚至尤有过之的不发达国家、弱小民族的研究或学问,人们便一直关注不多,问津甚少。

于是,在相当长的时期中,包括新中国成立之后,非洲大陆这个重要的自然地理区域和人类文明世界,便成为中国现代学术世界中一块"遥远边疆",一片"清冷边地"。偶尔,会有探险者、好奇者、过路者进入其间,于其风光景致窥得一角,但终因天遥地远,梁河相隔而舟渡难寻,直至今日,非洲研究这一领域对于中国学术界来说,总体上还是一个具有"化外之地"色彩的知识领域,一块要靠人们发挥想象力去揣想的遥远他乡。

而在西方学术界,非洲研究却已经有百多年的经营历史了,如果加上早期殖民时代探险者、传教士留下的那些并不甚专业的探险游记、传教回忆录,西方对非洲大陆的认知与研究可以追溯到更久远的三四百年前。在这个过程中,非洲研究在塑造西方现代学术形态、培植西方现代学术气质方面,均扮演过某种特殊的角色。西方现代学术的诸多领域,诸如人类学、民族学、社会学、语言学、考古学、人种学、生态学等,各种流行一时的理论或流派,诸如结构主义、功能主义、传播理论、发展研究、现代化理论、女性主义、后殖民主义、世界体系论等,都曾以不同的方式或形态,与非洲这块大陆有某种直接或间接的关联。直到今日,在非洲大陆各地,依然时常可以见到西方学者潜心考察、调研与研究的踪迹。

不过,自20世纪70年代末中国改革开放开始,特别是随着近年中国国家发展战略和外交战略的重大变化,中国学术界开始尝试采用更加独立、更加全

---

①《孟子·万章下》:"颂其诗,读其书,不知其人,可乎? 是以论其世也,是尚友也。"

面也更加长远的眼光来理解和把握人类文明的整体结构,及中华民族与世界上一切民族和国家之如何建立更为平衡多元的交往合作关系这样一些重大问题。过去30年中非合作关系之丰富实践及这一关系所彰显的时代变革意义,使得非洲在中国学人眼中的地位和重要性发生了重大转变,非洲研究不仅得到重视和加强,而且研究的兴趣和重点也超出了以往那种浅层与务实、只着眼于为政治与外交服务的局限,而开始向着探究人类文明之多元结构与多维走向、向着探究一切社会科学深切关心的本质性命题的方向拓展延伸。渐渐地,人们发现,非洲研究成为新时期中国学术研究的一片"新边疆",一块辽阔广大、有无数矿藏和处女地等待新来者开拓的沃土。

我们说,中华民族历来有关注天下、往来四海之开放传统,有民吾同胞、物吾与也的天地情怀。在其漫长的文明演进史上,中华民族一直在努力突破地域之限制而与外部世界建立接触和交往,由此扩展着自己的视野,丰富着自身的形态,并从中获得更新发展之动力。这种努力自进入近代以后,尤为强烈与明显。虽然因时代条件之制约,过去相当长时期中国学术主要关注于欧、美、日发达国家,但进入20世纪60年代以来,在中华民族追求现代复兴并因此而努力与外部世界建立新型关系的过程中,也开始与遥远非洲大陆建立日益紧密的文化对话和交流合作关系。正是在这个意义上,我们说非洲研究日益为中国学术界所重视这一现象的出现,应该是具有某种特殊的昭示时代变革的象征意义的,它折射出中华文化的现代复兴正进入一个新的历史阶段,反映出当代中国学术在回归和继承优良历史传统的基础上,日益面向全球与未来,日益拥有了新的自由与自主、自信与自觉的精神气度。

我们是不是可以这样说,如果将来的某一天,在那遥远闭塞的非洲内陆的某个村庄,在那湿热茂密的非洲雨林深处的某个偏僻小镇里,我们也能意外地发现有中国学者的身影,他会告诉我们说,他已经在这远离中国的非洲边远村庄里做了多年的潜心研究,而他并不太多地考虑他的研究与学问是否有他人认可的某种"价值"或"意义",他只是做着纯粹基于个人学术旨趣、知识好奇心的田野考察、异域文化研究。那时,我们或许就可以说,中国学术的自主意识与现代品格获得了更大的成长,有了"值得世界给予更大尊重与敬意的品质了"[1]。

---

① 刘鸿武. 中国外交研究的新高地——评王逸舟教授新著《中国外交的新高地》[J]. 外交评论,2009, 2:148.

　　从一个更长远的当代中国发展进程来看,在全球化进程快速推进、中国与外部世界日益融为一体而中国也在努力追求自己的大国强国地位的进程中,非洲研究这一"学术新边疆"之探测与开垦,对中国学术现代品质之锻造——诸如全球视野之拓展、普世情怀之建构、主体意识之觉醒、中国特色之形成等,都可能具有某种重要的引领与增益作用。

二、当代中非交往之学术史意义

　　非洲文明是整个世界文明的重要组成部分,在过去数千年间,非洲有过非常复杂而丰富的历史经历,文明形态也达到很高的水平。非洲人的天才创造在过去100多年来已经逐渐被世界所了解,尽管现在还有许多不为人知的地方。总体上说,相对于西方对非洲文化、历史、艺术的认知,中国是一个晚到者。现代意义上的非洲学研究,在西方已经有一两百年的历史。尽管历史上的中国与非洲也有过有限的联系交往,但现代中国对非洲的认识却是最近50年才开始的,目前也还处在相对落后的位置上。事实上,早在100多年前,西方就已经在拼命地吮吸非洲文明的乳汁,在享受非洲人民创造的丰富灿烂的文化珍品了。过去100多年,非洲文化艺术曾给西方现代艺术带来特殊的活力,从不同方面刺激西方艺术家们的想象力,由此拓展了西方艺术新的发展空间与风格再造,加速了西方现代艺术形态与范式的变革进程。

　　就非洲文化艺术自19世纪以来对西方影响之广度与深度而言,在某种意义上我们可以认为,西方现代艺术在某些方面曾出现过"非洲化"现象,以至于在今日的西方艺术与文化的世界中,处处渗透着来自非洲大陆的元素:非洲的音乐、非洲的舞蹈、非洲的节奏、非洲的风格。当然,那是一个经过了西方精心改造、重新编码、巧加利用的复杂过程。[①]在这个过程中,非洲文化、非洲艺术的最初源头是被隐去了,但如果我们作一番深入的研究辨析,就会发现,在西方现代文化与艺术的世界里,有许多被称为现代艺术伟大创造的风格样式,有许多被认为开启了西方现代文化新领域的精神丰碑,包括毕加索、马蒂斯、高更等最有影响的西方现代艺术家的许多作品之风格、形式和灵魂,都曾有过对非洲文

---

① William Rubin. "Primitivism" in 20th Century Art: Affinity of Tribal and the Modern[M]. New York: Museum of Modern Art, Vol. 1, 1984: 241.

化与艺术的某种巧妙移植、借用、吸收。①这种移植、借用与吸收,自然是拓展了西方现代艺术的发展领域,也给现代人类带来了特殊的艺术感受,它表明西方现代艺术家勇于创新、善于利用其他民族文化与思想智慧的传统,本身并无不可,值得今日之中国学者和艺术家们学习、借鉴和反思。问题却在于,当现代西方已经在充分享受非洲人民的艺术创造与财富,当现代西方艺术因为从非洲艺术中获取了如此丰富的艺术天才想象与灵感而获得变革与发展的动力与智慧时,却又按照西方的艺术观念,以西方之艺术为尺度,以一种居高临下的傲慢和偏见,轻易断定非洲原始落后,妄称非洲没有历史与文化,便很不妥当了。

事实上,在过去 100 多年西方汲取非洲文明与艺术财富的过程中,西方也垄断了对非洲文明与艺术的解释话语权。西方实际上是按其需要,按自己的历史观、价值观、艺术观来解读和评价非洲的文明与艺术世界的。于是,丰富多彩、形态各异的非洲文明与艺术,通常被贴上了一些武断而简单的标签,诸如“原始的”、“史前的”、“野蛮的”,等等。百多年来,世界所认知的非洲文明与艺术,或者说,世界对非洲文明与艺术的认知方式和认知角度,其实是被西方设定好的,被西方人建构出来的,那其实是一个“西方的非洲”、“西方的非洲艺术”。

在相当长的时间中,我们中国人(其实也包括整个东方世界,甚至非洲人自己)也往往是通过西方的眼光,按照西方人设定的标准或尺度,来理解、认知和评价非洲文明与艺术的。这百多年来西方主导下的“非洲文明认知史”进程,其所建构的“非洲文明观”或“非洲艺术观”,其成就与不足、所得与所失,自然需要有认真的反思与总结。事实上,非洲艺术并不能用“原始”二字来形容,它只是更多地保持了人类对于艺术的最纯真的理解,更多地保持了人类因艺术而得以呈现的那种本真的天性,就此来说,欣赏非洲之艺术与文明,或许有助于我们回到人性的本原,回到人类最真实的心灵深处。我们当以一种敬意与温情,以一种平等的心态,重新来认知非洲人民的天才创造、巨大活力及对现代人类的特殊意义。

中华文化地处东亚大陆,在其漫长演进史上,它一直努力突破地域之限制而与外部世界进行接触和交往。在 20 世纪中华民族追求现代复兴并因此而努力与外部世界建立新型关系的过程中,与遥远非洲大陆的文化交流合作,对于

---

① William Rubin. "Primitivism" in 20th Century Art: Affinity of Tribal and the Modern[M]. Vol. 1. New York: Museum of Modern Art, 1984: 125-179.

中华古老文化在当代的复兴与发展,对于东方形态的中华文化在承续传统的过程中同时转变为日益具有开放性质和全球形态的世界性文化,是有某种特殊的实践意义和象征意义的。非洲大陆,那是一个中国民众过去并不熟悉的生活与文化世界,一个在许多方面都可以让中国人产生"异域文化"之鲜明对比与差异感的"他者"文化。唯其如此,与非洲大陆各国各族之文明往来,正有如激动人心之不同文明之碰撞,必有异彩之闪烁、奇葩之绽放,其对中华民族在全球化之时代形成更开阔之文化视野、更包容之文明胸襟、更多样之艺术欣赏力,当有特殊之增益作用。

今天,随着中国与非洲关系的全面发展,随着中非双方建立起直接的文明交流与合作关系,中国得以用自己的眼光来重新认知非洲,得以将自己古老悠久的文明与非洲鲜活本真的文明进行直接的比较交流,并将这两个大陆不同文明的交往及其前途联系起来进行展望。毫无疑问,这一外部交往与知识结构的历史性转折,将使我们能够超越迄今为止西方主导的世界历史、非洲文明的认知框架与知识传统,得出崭新的、与历史发展和人类愿望更为相符的多元世界和文明交往的新图景。在这过程中,中国并不是要抛开其他文明的彼此认知,去做一个纯粹中国人眼中的非洲观察,也不是重新建构一个纯粹是中国视界下的"中国的非洲文明",将非洲文明或文化仅仅作中国式的图解与诠释,更不是仅出于猎奇心理将非洲作夸张扭曲的渲染,而是既需要有中国自己的独特眼光与感悟,更需要从一个更多元、更开阔的世界文明史和全球史背景下来重新认知非洲、感悟非洲。

三、当代非洲发展问题的特殊性质

非洲研究有一系列特殊的命题值得学者们探寻深究。读者面前这一"非洲研究文库"各个系列的著作,大体上都是围绕着当代非洲各年轻国家成长中的一些重大问题来展开的。

当代非洲国家要实现发展,有许多共同的历史命题和任务需要解决。从总体上看,这些年轻的非洲国家的绝大多数,都是从一个很低的历史起点上开始它们的现代国家发展进程的,这些非洲国家要由传统社会转变发展为现代国家,要实现现代经济增长而发展成一个富裕国家,较之当代世界各国而言,其面临的障碍更为巨大,路途更为漫长、更为艰辛。它们摆脱殖民统治而独立建国固然不易,但立国强国则更为艰难。

总体上看,在前殖民地时代,非洲大多数地区的政治发展进程及成熟水平,还未达到现代民族国家的发展阶段。在当时非洲的大多数地区,往往只存在一些部族社会范畴的政治共同体,在少数地区则已形成过一些规范较小、结构松散但体制功能发育程度还较低的古代王国。作为一个现代国家的形成与稳定存在所必须要经历的政治发展阶段和一些必备的前提条件,诸如制度化了的国家体制结构的初步发展,统一的国民经济体系或经济生活纽带的初步形成与建立,各个民族或部族虽然差异很大,但已有聚合在某个统一的政治实体内长期共处而积淀下来的共同生活经历与习惯,一份富于凝聚力和整合力的经由以往漫长世纪而积淀下来的国民文化遗产——如对国家的认同忠诚、对政府及统治合法性的认可拥戴,等等,所有这一切,在前殖民地时代的非洲大陆的大部分地区,都还没有获得充分的发展。①

当代非洲国家创立的基本特点,是国家的产生先于民族的形成,是先人为地构建起一个国家,再来为这个国家的生存寻求必要的经济、文化、民族基础。在西方,现代国家的产生是社会经济、历史、文化与民族一体化发展所导致的结果。西方近代史上形成的国家,基本上是单一民族的国家,民族与国家具有同构性和兼容性。在东方国家,内部往往都有较为复杂的民族结构和宗教文化背景,各民族也多有自己的语言、宗教、文化传统,经济生活上的差异也是长期存在的,但是,这些有着多民族背景的国家,却已经有久远的生存历史了。在这些国家内的各个民族,已有在同一个古代国家机体内、在一个王权统治下,长期共处生存的历史经历与交往过程,相互间已形成程度不同的或紧或松、或强或弱的经济上的、文化上的、社会生活上的联系与依存关系,并且因为这种联系与依存关系的长期存在,逐渐在那些众多的民族间形成了某种共同的国家观念意识与情感,一种对某个中央集权的统一政治实体的认同感。这种漫长历史上的共同经历与交往,使这些东方国家在国家的民族文化关系结构上不同程度地形成了一种特殊的不同于近代西方单一民族国家的结构,即一种在民族关系、文化结构方面虽然多元却又一体的特殊格局。这些国家在多民族关系结构方面,往往还有一个占主导地位或支配地位的核心民族,比如在中国这个多民族国家中,汉族便一直是一个占主导地位的主体民族,汉文化由此也就在与其他民族的文化发生交往、融合的过程中,成为维系中国这个多民族国家长期统一存在

① 刘鸿武. 黑非洲文化研究[M]. 上海:华东师范大学出版社,1997: 25.

和连续性发展的核心文化,从而形成中国古代历史上特殊的汉文化凝聚力和各少数民族文化的向心力。

当代非洲国家的创立,不同于东方许多古代国家那样是经过非殖民地化的完成而"重建"自己往昔的国家。非洲在非殖民地化之后建立的那一系列年轻国家,基本上不是"重建",而是"新建",基本上不是"恢复再生",而是"新立创建"。因为这些国家在历史上并不曾存在过,它们并不是以历史上原有的政治共同体为基础,通过古代政治的自然发展过程,比如说在古代那些文化共同体、古王国、部落酋长国的基础上扩展而成的。古代非洲那些本可能扩展成现代国家的政治共同体,比如在苏丹这块土地上曾经有过的那些古代政治与宗教文化共同体,那些古代王国与城邦国家,如古代努比亚文明或库施国家、芬吉王国、富尔王国,等等,在西方人到来之前早已衰落瓦解。独立后非洲大陆新创立的国家,基本上都是按外部西方殖民者的利益所强加的、任意"肢解与分割"而成的殖民地框架建立的,它与当地原有的历史文化共同体和政治经济联系并无同构性。

从这样一个意义上我们可以看出,在第二次世界大战结束后形成的那个庞大的第三世界或发展中国家群体中,非洲各新生国家所面临的发展任务,要比世界其他地区的发展中国家更加艰巨困难,面临的发展命题也更加广泛复杂。许多东西方国家在历史上已经取得的"发展成就",比如,社会之整合与民族一体化,国家政治制度之初步形成,统一而集权的官僚机构的建立及其功能、职能的分化与专门化,相对统一的国家文化共识体系及语言文字、宗教信仰、价值观念等方面的某种同质结构的出现和广泛交往关系的建立,等等,这些"发展成就",对于一个民族或国家能否进入现代经济起飞阶段,能否进行广泛的社会动员并使广大民众认可并参与到国家的经济发展事业中来而共同走向现代社会,都是不可或缺的历史前提和发展的基础条件。而这一切,对于第二次世界大战后产生的非洲各个年轻国家来说,都还相当的不发达,都还处在一个相对较低的历史起点上,因而都构成了这些国家在当代的发展进程中绕不过、躲不开的历史发展任务,成为这些国家必须付出时间、勇气,要经历种种希望与挫折才能走过的艰难发展阶段。

当代非洲现代化进程的成就,主要不是表现在经济增长或经济起飞方面,而是集中体现在它的"国家构建与发展"、"民族构建与发展"方面,表现在它的新型的"统一国民文化体系"的初步形成方面。20 世纪 60 年代以来,非洲大陆各个年轻国家,在实现由传统分散的部族社会向统一的、中央集权的现代国家过渡的不懈努力方面,在实现由传统封闭分割的部族文化向同质一体化的现代国民文化过渡转型的艰难追求方面,尽管历经曲折反复,但还是已经取得了明显的进步和成效。事实上,在今日非洲大陆的许多国家中,一种超越部族、地区、宗教的国家观念和国民意识,正在形成并被逐渐地认可。随着这种统一国家文化力量的成长,随着这种富于凝聚力的统一国民文化环境的形成,一些非洲国家已经逐渐有能力克服各自国家内部的分离内乱与冲突,政府的合法性和权威性也开始得到全国民众的认同。尽管这一成就在非洲各个国家所达到的水平和巩固的程度并不完全一致。特别由于缺乏相应的经济发展成就作支持,这一国家政治发展与民族发展的成就不仅受到了很大的抑制,而且已经取得的发展成就也是很不稳固的。

从一个大的历史发展进程上看,20 世纪 30—50 年代是非洲大陆由殖民地到主权独立国家的民族解放运动时期,发展成就是获得了民族独立、自由、平等之地位,这是一切现代发展的前提;20 世纪 60—90 年代是非洲由传统社会到构建现代国家的"民族国家构建与国民文化构建"时期,发展成就表现为统一的国家政治共同体的巩固和国民文化认同体系的成长。而 21 世纪的头 20 年,非洲大陆将在上述两个发展成就的基础上,逐渐进入以经济发展和社会现代化为主题的新发展时期。非洲半个多世纪发展进程之三大步的推移,是一个合乎人类文明与国家形态成长的"自然历史过程",我们若要透过错综复杂的历史迷雾而真正理解把握非洲之现状与未来,不得不有这样的视野和知识。尽管这一过程在非洲数十个国家之间的发展水平与成就并不平衡,有的较为成功,有的历经曲折,将是一个长期的过程,在发展的道路上还会有反复有动荡,但这一过程总体上一直在向前推进着。

四、非洲发展研究与理论创新舞台

在当代世界体系中,在当代人类追求现代发展的努力中,非洲大陆面临的问题是极其复杂而特殊的。正因为如此,在当代非洲数十个年轻国家与民族现代发展这一复杂进程中, 正深藏着人类现代发展问题之最终获得解决的希望。可以说,非洲发展问题解决之时,也便是现代人类发展进程历经磨难、千曲百回而终成正果之时,而要实现这一宏大目标,不能不说是对人类之智慧、毅力、良知、合作精神与普世情怀的最大挑战和考验。

从全球发展的前景上看,非洲大陆面积达 3060 万平方公里,比中国、美国、欧洲三部分加起来还要大。无论是从理论的层面上还是从现实的角度上说,非洲大陆在自然资源、劳动力市场、商品消费市场等发展要素方面的规模与结构,它在未来可供拓展的发展潜力、增长空间,都会是具有全球性冲击与影响力的。我们认为,虽然目前非洲大陆总体上尚比较落后,但这块广阔大陆上那 50 多个有待发展的国家,那 10 亿以上有待解决温饱、小康到富裕问题的人民,其现代发展进程一旦真正启动并走上快车道,其影响与意义必将超出非洲自身而成为 21 世纪另一个具有全球性影响的人类发展事件。

在这个过程中,基于历史的与现实的原因,中国或许正可以发挥某种特殊的作用,而非洲国家对此也有普遍的期待。在未来 20 年里,如果中国能够与非洲国家建立起一种新型的战略合作关系,通过"政治上平等相待、经济上合作共赢、文化上交流互鉴、国际上相互支持"的全方位合作,促进非洲国家实现千年发展目标,推进非洲大陆的脱贫减贫和发展进程,那将会大大提升中国外交的国际感召力、亲和力、影响力,提升中国外交的国际形象和道德高度,改善中国外交的整体环境,减轻中国外交的外部压力,使国际上某些敌对势力恶意鼓吹的"中国威胁论"、"中国新殖民主义论"、"黄祸论"不攻自破。

近年来,非洲国家领导人、知识精英们对于中国的国际地位上升有着强烈的感受和认同,并因此而日益重视中非关系,重视与中国的合作,对中国的期待也随之上升。一些非洲国家领导人开始提出非洲大陆的"第二次解放"这样的概念。他们认为,非洲在 20 世纪 60 年代通过民族解放运动获得了政治解放,建立了数十个政治上独立的主权国家,但几十年来,非洲多数国家的经济发展一直比较缓慢,目前在国际上还处于依附与从属的地位。只有实现经济发展,才会有非洲的真正"解放"。当代中国的经济发展及其模式,给了非洲新的启发和思考,非洲应该有新的发展思路、新的发展战略与模式。一些非洲国家领导人提出,与中国乃至亚洲新兴国家的合作,或许可以为非洲的"第二次解放"带来新的机会,也可能是非洲再不可错过的机会。对于非洲大陆正在酝酿的这一历史性变化,我们应该给予高度重视,放眼长远,审慎把握,顺势而为。我们认为,新时期中非合作的战略意义就在于它可以从外部国际环境方面有效延伸中国现代化发展的战略机遇期,拓展中国现代化发展事业所必需的外部发展空间,并在复杂变动中的国际格局下继续实施和优化"走出去"战略。

事实上,在当今这样一个相互依存的全球化时代,发展早已成为人类面临的共同问题,当代非洲发展问题之最终解决,与其说是非洲自身的问题,毋宁说是世界的全人类的共同问题。对于任何一个有富于理论探索勇气与实践创新精神的人来说,当代非洲发展问题之理论上的探索与实践上的尝试,无论从经济学、政治学、社会学的层面上看,还是从人类学、民族学、文化学的层面上看,都会是充满挑战性与刺激性的,其中必然会有孕育人类知识与理论创新的巨大空间与机会。

在这个巨大的理论、知识、实践的创新空间与机会面前,当代中国学术界思想界能够有所作为有所贡献吗? 能够在这个关于当代非洲发展问题研究的国际学术平台上有一席之地甚至更多的发言权吗?

过去30年,中国因自身的艰苦努力,因自身的文明结构中一些积极因素的作用,因比较好地利用了全球化带来的机遇,而成为发展最快、受益最多的国家,而相形之下,非洲大陆却似乎成为全球化进程中受负面影响最大的地区,成为发展进程最为缓慢的地区。虽然从一个长远的进程来看,非洲未必就一定是现代发展的失败者,非洲过去30年也有许多进步,而中国本身也还远未达到可以轻言现代化大功告成而沾沾自喜之界。但是不管怎样,在认知非洲之文化与文明,在探求非洲之现代发展进程这个重大而复杂的命题方面,西方确实一度走在了中国前面,今日的中国应该在此领域有自己的新的思考与探寻。

我们常说,中国是一个大国,一个文明古国。远在古代,在自身文明的视域以内,中国人就建立了古人称为"天下"的世界情怀,建立起了具有普世色彩的"大同"理想,其中的宽广与远大,在根本上支持着中华民族的生存与发展。今日,肩负新的历史重任的中国当代学者,更应该有一种中国特色的普世理想,发展起来的中国应该对世界对人类有所贡献。我们想表述的是,中国学术之未来,应该有一个更开阔的全球眼光,一个更完整意义上的全球品格,关注的视野应该更全面一些,胸襟与气度更开阔一些,以此来努力锻造我们作为一个文明古国、世界性大国的现代学术品格与敞朗境界,以一种更具学术单纯性与普世性的情怀,涉足、关怀、问鼎于一切挑战人类思想险滩、攀越智慧险峰的领域,即便它与我们当下之生活、眼前之发展目标似乎相距甚远,也当远涉重洋、努力求之。①我们希望,在未来的年代,会有越来越多的中国年轻学子向着那"遥远而

---

① 据说,1000多年前,创立伊斯兰教的阿拉伯先知穆罕默德曾这样说过:"学问虽远在中国,亦当求之。"

清冷"之非洲研究学术领域探寻,去拓展出日见广大之中国学术"新边疆",以中华文明之慧眼识得异域之风光,拾回他乡之珍珠,用以丰富现代中国之学术殿堂。

五、非洲研究与中国学术的全球胸襟

100年前,梁启超在谈到中华与世界之关系时,也曾就中国文明演进之历史形态有一个"三段论"的基本看法。在他看来,中华文明由上古之时迄于秦统一王朝建立之3000年,为"中国之中国"时期。在此阶段,中国文明之存在,尚限于中华之本土,为自生自长之中华文明。由秦汉及于19世纪初期乾隆末年之2000年,是为"亚洲之中国"时期。在此期间,中华文明之存在范围已扩展出中华本土,开始将其影响逐渐波及于周边之亚洲各地,成为"亚洲之中国"。而清代乾隆末年之后,中国则进入向"世界之中国"的大变革时期,中华文明开始向着"世界之中华"的第三期转变。[①]当时,梁启超曾把这一外力推动下的变革称为中华文明"千古未有之变局"。基于此种对中华与世界关系走向的总体认识,将此古老之中华民族改造为具有世界眼光、对人类命运有所担当的"世界公民",也成为梁启超心目中的"少年中国"的梦想。[②]

百年过去,梁启超的梦想似乎正在一天天地成为现实。事实上,伴随着当代中国政治经济快速发展与全球化进程,中华文明在承继传统并使之发扬光大的背景下,也进入一个面向外部世界而转型重构的新阶段,中华文明与外部世界的关系结构正在发生历史性的变革,逐渐地成为一种"世界性之文明"。这是一个立根于中华文明包容、开放、理性之传统品质而必然要向前推进的过程,其意义重大而深远。而在这一转变过程中,来自非洲的独特文明,对于遥远非洲的认知与了解,在当代中国人的现代世界图景的构建过程中,正发挥一种特殊的增益作用。

我们说,千百年来,中华文化总体上是在东方世界演进的。国人的思维结构、生活方式、情感表达,总体上已是自成一统,成规成矩,如空气一般自我不觉却时时框定着国人的生命存在状态,影响着国人与外部世界的交往方式。近代

---

① 梁启超. 饮冰室合集·文集之六[M]. 北京:中华书局, 1989:583.
② 梁启超:《少年中国说》:"纵有千古,横有八荒。前途似海,来日方长。美哉我少年中国,与天不老;壮哉我中国少年,与国无疆!"

以后,因西风东渐与欧式文明洗礼,国人多了一个认知世界的维度,国人的世界观与自我认识为之拓宽和改变。但西方帝国如此强势,相形落后了的中国,于救亡图存之中努力认知西方,迻译西学,以为变法求强之路径。百年来,中国人学习西方可谓成效甚大,这一师法欧美的过程本身也便构成中国文明复兴与崛起过程之一侧影。不过,在此过程中,太过强势的西方文明几被国人理解成为一种普适性的世界文明,部分国人更以西式文明为现代文明之同义语,以西式文明之尺度为一切文明之尺度,其结果,是使国人之世界观念于不知不觉中形成了一种"中西二元"维度,向外部世界开放也就几乎成为向西方文明开放。在许多时候,我们所说的"中外文明"已经变成了"中西文明",所谓进行"中外文明比较研究",其实是进行"中西文明比较研究"。在很长一段时间中,我们对世界的认知,总体上跳不出这种"中西对比"、"不中即西"的二元思维结构与对比框架的束缚。

然而,20世纪50年代以后中国与遥远非洲大陆现代关系的建立,以及这种关系在随后年代的不断发展与提升,却让国人看到了另一个完全不同的世界,感受到了另一种全然不同的文化。虽然在过去半个世纪里,在西方主导的世界体系中中国和非洲皆处于相对落后边缘之境地,其文化于世界之影响也呈弱势之态,但中非双方自主交往关系的建立,却给了当代中国人另一个观察世界的窗口。这一窗口即便尚小,却也透进了不同的景色。循着这小小窗口,国人得以意识到世界之大,远非中国和西方可包裹全部。

半个多世纪以来,通过与遥远非洲文明的交往,中国人开始切实地感受到全球范围内那些既不属于西方也不属于中国的人类多样性文明与历史形态的真实存在。通过日益增多的多元文明之间的直接交往和由此而来的认知世界的视角变换,中国人对于全球社会和现代性的认知,终于突破了"中西二元对立"的简单思维模式及其偏颇,而开始呈现出新的更加多元、更加复杂也更加均衡的认知取向。事实上,今日之破除"中西二元"史观,与近代早期中华先贤"睁眼看世界"而摒弃夷夏之辨和天朝中心之传统史地观念,进而树立五大洲四大洋之新世界史地观,在某种意义上实有异曲同工之妙。而这,正是建构有特色之中国非洲学的特殊意义所在。

六、非洲情怀、中国特色、全球视野:路径与取向

中华文明是在一个极为广阔之疆域上发展起来的多样性和整体性并存的

文明,一个由内地汉民族和边疆各民族构成的多民族国家共同体。作为一个疆域辽阔的古老大国,中华文明在历史上之得以长期存在与持久繁荣,一个重要原因是它始终以一种包容、持中、理性的文明观念,兼容并包地综合汲取国内数十个民族之文化财富和思想智慧。这一优良传统使中华民族在其漫长历史上形成了一种富于内部凝聚力和外部感召力的多民族国家文化关系结构,一种在多元而差异的自然与文化环境中维持多民族国家长期存在与持久繁荣的政治智慧和国家传统,这正是中华民族传承下来的一笔珍贵历史财富。①

在人类走向 21 世纪的今天,这一古老传统依然有其独特之价值和意义。在相互依存之全球化时代,没有一个国家和民族可以独享繁荣与太平。从根本上说,作为一个疆域辽阔的世界性大国,今日中华民族复兴大业之最终完成,其内在的方面,需以中华民族内部汉民族与各少数民族之共同繁荣共同发展为基础,而其外在的方面,则需要以开阔之胸襟和多维之眼光,在与东西南北之世界多元文明交流汇合的过程中,锻造中华民族在全球化之时代与世界上所有民族共生共存的能力和品质。

从世界文明和全球历史的时空结构上看,推进古老的中华文明、原生的非洲文明、现代的西方文明这三大文明体系之交流和结合,实有助于为中华文明在当代的自我超越和现代复兴提供一个坚实的三角支柱,一个开阔的三维空间。因为这三大文明形态,中华的、西方的、非洲的,各有其独特之历史背景和发展形态,各有其优长之文化魅力和精神品质,它们提供了最具互补性的文化结构和知识形态。这三大文明之交融互动,正可以为当代中国人提供更平衡、更全面的精神形态和文化模式,使当代中华文明在复兴与崛起过程中,得以在天、地、人的不同层面上,在科学、艺术、自然的不同维度上,实现更好的综合和平衡。②

今天,在经过了漫长岁月的沧桑磨难后,非洲文明依然保持着它的个性和活力,依然作为现代世界文明体系中重要部分丰富着人类的精神世界。无论人

---

① 对于中国中华文明之多样性及中华文明区域结构下汉民族文化与边疆少数民族文化之互动问题的比较研究,是笔者从世界范围思考中华文明与非洲文明交流合作的一个相关性维度,参见:刘鸿武. 论民族文化关系结构的独特性与中华文化的连续性发展[J]. 思想战略,1996,2;刘鸿武,等. 中国少数民族文化简史[M]. 云南人民出版社,1996.

② 关于非洲本土知识系统及传统文化的现代价值与意义,参见:刘鸿武等. 基于本土知识的非洲发展战略选择——非洲本土知识研究论纲(上下)[J]. 西亚非洲,2008,1-2.

们怎样地轻视非洲,从经济和政治的角度将非洲边缘化,但如果我们这个世界没有非洲,那这个世界一定会"因失去许多的奇异光彩与生命激情而变得更单调乏味"①。实际上,离开非洲文明的元素和贡献,现代世界文明几乎是不可想象的。然而,我们对非洲文明能作何种欣赏,我们能否看重非洲文明的精神价值与生存意义,在很大程度上取决于我们内心有着怎样的感知力,取决于我们内心世界有着怎样的包容度。虽然说从西方现代文明的角度上看,非洲常常被理解为原始的、落后的、不发达的,但从人类文明的本真意义上看,正是因为非洲文明的存在,我们才得以知道人类那不加修凿的本真文明应该是什么样子,我们才得以感受到那让我们心灵自由起来的淳朴生命快乐是什么。非洲艺术的天然品质,非洲音乐的本真美感,都足以冲洗现代物质文明施加在我们心头的铅尘,都足以让我们那被现代都市文明压迫而扭曲的精神生命重新伸展开来。

时代环境的变革为中非合作关系跃上历史新高提供了机遇,也为中国的非洲问题研究提供了广阔的社会基础与发展条件。在此过程中,我们认为,"非洲情怀、中国特色、全球视野"之三个层面的有机结合与互为补充,"秉承中国学术传统、借鉴西方研究成果、总结中非关系实践"三个维度的综合融通与推陈出新,或许可以作为未来时代中国之非洲学建构过程中努力追求与开拓的某种学术境界和思想维度,某种努力塑造的治学理念和学术品质。②

所谓"非洲情怀",是想表述这样一种理念,即但凡我们研究非洲文明,认知非洲文化,理解非洲的意义,先得要在心中去除对非洲之偏见与轻视,懂得这块大陆之人民,数千百年来必有不凡之创造、特殊之贡献,必有值得他人尊重之处。19 世纪中叶,魏源遥望非洲而告诉国人,非洲之"天文历算灵奇瑰杰,乌知异日不横被六合,与欧罗巴埒欤?"此番情怀,足显中华贤哲于世界大势之开阔视野与历史情怀。对非洲人民和他们创造的历史文化,我们当怀有一份"敬意"与"温情",一份"赏爱之情"与"关爱之意"。或许,有了此般非洲情怀,有了此般非洲情结,方能在非洲研究这一相对冷寂艰苦的领域有所坚持、有所深入,才愿意一次次地前往非洲,深入非洲大陆,作长期而艰苦的田野调查、实地研究,以自己的切身经历和观察去研究非洲,感悟非洲文明的个性与魅力。而所谓的

---

① W. Beby. African Music: A People's Art[M]. New York: Lawrence Hill, 1975: 29.
② "非洲情怀、中国特色、全球视野"是浙江师范大学非洲研究院追求的治学风格与治学境界。

"中国特色",在于表明,今日中国对非洲之认知,自当站在中华文明的深厚土壤上,站在当代中非合作关系丰富实践的基础上,秉持中华文明开放、包容、持中之传统,以中国独特之视角、立场与眼光,来重新理解、认知非洲文明及当代中非关系。这种立场,一方面需要了解和借鉴西方对非洲认知的成果,尊重西方学者过去百年创造的学术成果,但也不是简单地跟在西方的后面,如鹦鹉学说他人言语。毕竟,作为中国人,若要懂得非洲文明,也必得对中国文明个性、对中国学术传统有一份足够的理解和掌握,知彼知己,并有所比较,看出中国文明与非洲文明之何异何同、共性与个性。而所谓"全球视野",是说在今日之世界,我们无论是认知非洲文明,还是认知中华文明,自然都不可只限于一隅之所、一孔之见,既不只是西方的视角,也不局限于中国的眼光,而是应有更开阔的全人类之视野,有更多元开放的眼界,在多维互动、多边对话的过程中,寻求人类之共同理想和普遍情感。

更为具体言之,中国的非洲认识和研究,或者说其"中国特色",可以分为三个不同但相互关联的层次:第一层次是服务于并产生于国家和人民之间了解交往的一般知识,如非洲的自然地理、国家与人民、历史与文化、风土与人情及与中华文明的比较等一般知识;第二个层次是为现实的中非合作与交流服务的关于非洲的政治、经济、社会、文化、国际关系等的专门的理论研究和政策研究;第三个层次是在"社会科学发展"一般意义上的非洲学术研究。三个层次中,第一层次的知识属于感性的层面,它们是具有普遍性的全球知识的一部分,在这一层面上,中国的非洲认识是全世界的非洲认识的一部分;第二个层次则是时代的和专属的,它针对并服务于中国的对外开放和中国的和平发展战略,服务于中非合作发展的战略关系,具有特定的现实意义;第三个层次则是纯粹知识和科学层面上的,具有最为一般性、学术性、个体性的纯粹知识与思想形态的研究。加强这一部分的研究,正是当代中国文明及当代中国社会科学获得现代性发展的内在要求,也是有效克服百多年来引导同时也束缚中国学术思想发展的"中西二元"思维惯性及相应的"古今中西"狭隘框架的现实途径,是中国思想界从根本上建立自己的现代性知识话语体系,实现与他人平等对话交流所必需的知识平台。

今天,时代的发展已经为这一中国特色之"非洲学"的全面发展提供了良好的机遇和条件。在2009年11月召开的中非合作论坛第四次部长级会议上,中国总理温家宝提出了未来三年中非合作的八项举措,在第八项中专门提出要加强中非在人文领域的交流与合作,将启动中非研究交流计划,推进中非学者与智库的交流。将学术研究上升到中非合作的战略高度而以国家之力来推进,这是从未有过的,这表明中国政府对中非关系的长远发展有了更深层次的思考。[①]这个时候,学者的自觉努力和潜心研究,并在服务国家战略需要与追求学术自身价值之间保持良性、适度之平衡关系,显得尤为重要。

当今时代,世界历史进程正进入一个新的大变革时期。我们有理由相信,当代中非关系之发展,当代中非文明对话与合作事业的持续推进,必将作为具有中国特色的外交与国际合作实践的一个重要方面,从人类社会发展与全球体系变革的深层意义上引导中国学人思考如何在更广泛的层面上推动当代中国国际关系学、外交学、世界史学及发展理论和国际合作理论诸学科的变革与创新。

2009 年 11 月于金华

浙江师范大学非洲研究院

---

① 资料来源:http://news.163.com/09/1112/17/5NUFP959000120GU.html.

目 录
CONTENTS

第一章

非洲资源环境概述

　　非洲位于东半球西南部,其西北部部分地区伸入西半球,地跨赤道南北,经纬度介于西经17°33′—东经51°24′、南纬34°51′—北纬37°21′之间。南北跨73个纬度,最大长度8100千米;东西跨69个经度,最大宽度7500千米。赤道横贯非洲中部,约3/4的区域地处南北回归线之间,年平均气温在20℃以上的热带、亚热带占全洲的95%,其中有一半以上地区终年炎热。非洲是“阿非利加洲”(Africa)的简称,希腊文“阿非利加”即为阳光灼热的意思。非洲四面环海,东濒印度洋,西临大西洋,北隔地中海和直布罗陀海峡与欧洲相望,东北隔以狭长的红海与苏伊士运河紧邻亚洲(图1—1)。大陆面积约3020万平方千米(包括附近岛屿),占世界陆地总面积的20.2%,仅次于亚洲,为世界第二大洲。四

图1—1　非洲位置示意图

面环海,其中大陆部分占98%,岛屿面积仅占2%,海岸线比较平直,港湾稀少,岬角、半岛也较少,每1000平方千米拥有平均1千米海岸线。除马达加斯加岛外,非洲岛屿均为小岛,且多数远离大陆,岛屿面积比例远小于亚洲、欧洲和北美洲,略高于南美洲(0.8%)和南极洲(0.5%)。

非洲大致以赤道为界,北宽南窄,轮廓完整。北部,大陆西岸向大西洋突出,与对侧的美洲东海岸相对应;大陆东岸以地中海和红海与欧亚大陆隔海相望,在地形和动植物区系特征上都与欧洲相似;南部,大西洋对岸的巴西突出的大陆部分正好与非洲的几内亚湾吻合,由此,引出了"大陆漂移学说"。

大陆漂移说是奥地利气象学家魏格纳①提出的。1915年,他出版了《海陆的起源》一书,充分论述大陆漂移的证据,但是由于不能很好地解释陆块漂移的机制而沉寂。20世纪60年代末,随着海洋地球物理调查的开展,一度沉寂的大陆漂移说以洋底扩张的形式东山再起,形成所谓板块学说,并且迅速得到世界的公认。大陆漂移的证据:(1)计算机拟合与地质学证据。剑桥大学的爱德华·布拉德、J.E.埃弗列特和A.G.史密斯用计算机做过大陆拟合,拟合的边缘部分不吻合平均值不超过一度。科学家们为此做了大量的野外调查采样工作及成千上万的标本检验和测试。研究表明,大西洋两岸的许多拟合的地质区的年龄完全一致,岩石构造的走向在所有调查过的地区都是一致的,而且各岩带的矿物特征在大西洋两岸都是相对应的。(2)古地磁证据。在大洋中脊两侧岩石的年龄是对称分布的,越古老的岩石离中脊越远,而每个层次岩石的面积随着年龄而减少。科学家们研究发现了北美和欧洲磁极移动的曲线形状相似。但在7000万—1亿年前,北美洲的曲线却位于欧洲曲线的西面,双方偏差30度,这个宽度正好是大西洋的宽度。南半球各大陆也具有十分相似的磁极移动曲线。(3)地质证据。研究发现,大西洋两侧的地质地貌具有良好的一致性。如非洲最南端东西向的开普山脉恰好可与南美的布宜诺斯艾利斯低山相接,这是一条二叠纪的褶皱山系,山地中的泥盆纪海相砂岩层、含有化石的

---

① 魏格纳,德国气象学家、地球物理学家,1880年11月1日生于柏林,1930年11月在格陵兰考察冰原时遇难。1910年,魏格纳在偶然翻阅世界地图时,发现大西洋的两岸——欧洲和非洲的西海岸遥对北南美洲的东海岸,轮廓非常相似,大洋两边的大陆能够拼合起来。魏格纳结合他的考察经历,认为这绝非偶然的巧合。1912年1月6日,魏格纳在法兰克福地质学会上做了题为"大陆与海洋的起源"的演讲,提出了大陆漂移的假说。他推断在距今3亿年前,地球上所有的大陆和岛屿都联结在一块,构成一个庞大的原始大陆,叫做泛大陆。泛大陆被一个更加辽阔的原始大洋所包围。大约距今2亿年时,泛大陆先后在多处出现裂缝。每一裂缝的两侧,向相反的方向移动。裂缝扩大,海水侵入,就产生了新的海洋。分裂开的陆块各自漂移到现在的位置,形成了今天的陆地分布状态。

页岩层以及冰川砾岩层都可以互相对比。巨大的非洲片麻岩高原和巴西片麻岩高原遥相对应,二者所含的火成岩和沉积岩以及褶皱延伸的方向也非常一致。欧洲的石炭纪煤层可以延续到北美洲。北大西洋两侧古生代期间形成的褶皱山脉与大陆拼合后连成一体等。[①]（4）生物及环境证据。在欧洲、北美洲和亚洲 1 亿年前的岩层里,都发现有袋类哺乳动物化石,揭示这些大陆曾经是连接在一起的泛大陆。（5）古气候证据。在极地发现了热带沙漠的古代气候特征,而在今天赤道附近的热带丛林中却发现了古冰川、冰盖的踪迹。两种相反气候同时出现说明地质历史时期地球上的气候带与现今处于相反的位置。（6）测量的证据。随着现代科学技术的发展,直接测量发现美洲和欧洲的距离仍在不断扩大,红海的宽度也在逐渐增加,这说明"大陆之舟"还在漂移。

第一节　非洲自然地理环境

一、古老的高原大陆

非洲大陆是冈瓦纳古陆的核心部分,经历了多期、多阶段的构造作用、岩浆作用、变质作用和沉积作用。前寒武纪时期,以多期次、多阶段的板块碰撞拼合作用、裂谷作用、火山喷发作用、岩浆侵入活动、大规模花岗岩化、混合岩化作用和多期次的变质作用为主,至前寒武纪末期,非洲大陆基本轮廓已初步形成,主要由地盾和地台组成(详见图 1—2)。

古生代时期,主要表现为多期次多阶段的大规模海水进退和盆地升降作用,全球性造山运动对非洲大陆的影响非常微弱,未能形成大范围的褶皱山系,海西褶皱仅限于非洲大陆最南端大陆边缘地区。中新生代时期,主要表现为强烈的裂谷作用和大范围的基性超基性、中酸性岩浆侵入和喷出活动以及现代沉积作用等,特别是发生在晚第三纪中新世,并延续到第四纪的断裂构造运动,造就了长度超过地球周长 1/6 的东非大裂谷。北非阿特拉斯山脉属非洲大陆唯一的新褶皱山系,是欧洲阿尔卑斯构造山系在非洲的延续,因此有"比利牛斯是非洲大陆的开始,阿特拉斯是欧洲大陆的终止"的说法,地中海南北具有相似的地质构造,作为欧、非两洲分界线的直布罗陀海峡最窄处宽仅 14 千米。东北非与亚洲

① 魏生生. 大陆漂移的证据(一)[J]. 化石,2006(1)：40-43.

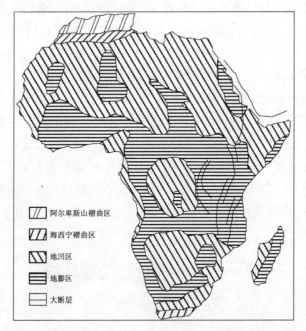

图1—2　非洲地质构造示意图

（图例）
- 阿尔卑斯山褶曲区
- 海西宁褶曲区
- 地凹区
- 地膨区
- 大断层

的阿拉伯半岛在构造上也曾属同一大陆,红海两岸均为高原沙漠,南端的曼德海峡宽度仅37千米。所以,非洲大陆常被看作欧亚大陆西部向南突出的大半岛。

鉴于古老的地质构造,非洲大陆以高原地形为主,地势东南高西北低,南部是南非高原,东部有东非高原和埃塞俄比亚高原,北非为北非高原,西非属高原台地。高原上分布着宽广的盆地和残留的台地孤丘,地势起伏和缓。高原面积广大这一特点,对于非洲自然地理景观的形成和发展,起着十分重要的作用。非洲大部分地区的气候、自然植被和土壤类型以及动物种属等的分布规律,均与高原地形有着密切关系。与地球上同纬度其他地区比较,非洲在自然景观上的显著差异,在很大程度上是由高原大陆的特点所决定的。

二、纵贯南北的东非大裂谷

东非大裂谷(East African Great Rift Valley)是世界大陆上最大的断裂带,从卫星照片上看去,犹如一道巨大的伤疤。由于这条大裂谷在地理上已经实际超过东非的范围,一直延伸到死海地区,因此也有人将其称为"非洲—阿拉伯裂谷系统"。

如图1—3所示,东非大裂谷呈"Y"形,南北纵贯非洲大陆,总长6400千米,平均宽度48千米—64千米。裂谷带南起赞比西河口一带,向北经希雷河谷至马拉维湖北部后分为东西两支：东支裂谷带是主裂谷，沿维多利亚湖东侧，向北经坦桑尼亚、肯尼亚中部，穿过埃塞俄比亚高原入红海，再由红海向西北方向延伸抵约旦谷地，全长近 6000 千米；西支裂谷带大致沿维多利亚湖西侧由南向北穿过坦噶尼喀湖、基伍湖等一串湖泊，向北逐渐消失，全长 1700 千米。东非裂谷带两侧的高原上分布着众多的火山，如乞力马扎罗山、肯尼亚山、尼拉贡戈火山等，谷底则有呈串珠状的湖泊约 30 多个。大裂谷带形成过程中，不仅伴随着大规模的火山活动和熔岩的流出，且发生大规模的地壳断裂、错动和升降，从而形成面积广大的熔岩台地、巨大的断陷谷地、一系列的断层崖、高大的火山锥等，构成独特的自然景观。从整个非洲大陆来看，东非大裂谷带是全洲地势最高的地带，既是非洲地势东高西低这一显著特点的基本因素，又是相邻广大地区自然景观发展的一个主要影响条件。[①]

图 1—3　东非大裂谷板块运动示意图

东非大裂谷还是人类文明发祥地之一。20 世纪 50 年代末期，在东非大裂谷东支的西侧、坦桑尼亚北部的奥杜韦谷地，发现了一具史前人头骨化石。据测定，生存年代距今有 200 万年。1972 年，在裂谷北段的图尔卡纳湖畔，发掘

---

① 苏世荣. 非洲自然地理[M]. 北京：商务印书馆,1983.

出一具生存年代距今已经有 290 万年的史前人头骨,其特征与现代人十分近似,被认为是已经完成从猿到人过渡阶段的典型"能人"。1975 年,在坦桑尼亚与肯尼亚交界处的裂谷地带,发现了距今已经有 350 万年的"能人"遗骨,并在硬化的火山灰烬层中发现了一段延续 22 米的"能人"足印。这说明,早在 350 万年以前,大裂谷地区已经出现能够直立行走的人,属于人类最早的成员。[①]

三、干旱、炎热的气候

(一)沿赤道对称分布的气候带

非洲全称"阿非利加",在拉丁文中意为"炎热"。非洲的地理位置决定了非洲气候以高温为特征。根据气候分类,非洲全大陆分为地中海气候带、萨哈林气候带、具有干季的热带、湿润的热带、赤道带、荒漠带和高海拔气候带(图1—4)。

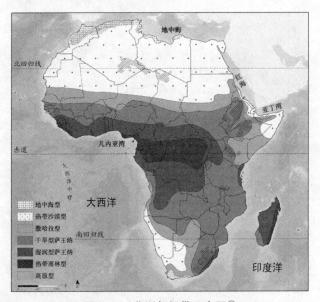

图1—4 非洲气候带示意图[②]

非洲的各种气候带大致沿着纬线延伸,从赤道向南、北两侧成对称分布。赤道地区为热带雨林气候区,向南、北逐渐更替为热带草原气候区、热带荒漠气候区、亚热带地中海式气候区。这在世界各大洲中是独一无二的。同时,非洲

---

① 李壮伟,李家添. 有关人类起源的两个问题[J]. 山西大学学报,1981(1):38-43.

② United Nations Environment Programme. Africa-Atlas of Our Changing Environment[M]. Malta: ProgressPress Inc.,2008.

大陆的地形是一片起伏和缓的中、低高原,较高的高原和山地的范围不大,所以气候的水平地带性受地形干扰较小,表现突出。

（二）热带大陆

非洲大陆地处北纬37°与南纬35°之间,赤道横穿大陆中部,大部分土地位于南北回归线之间,有3/4的地方接受太阳直射。按照天文气候分带,位于回归线之间区域都为热带。整个非洲大陆约95%的地方全年平均温度高于20℃,素有"热带大陆"之称。非洲的绝大部分地区年较差很小,日较差大于年较差,冬季温暖,夏季炎热。撒哈拉沙漠和卡拉哈迪沙漠部分地区最热月气温高达30℃—40℃。埃塞俄比亚东北部的达洛尔年平均气温为34.5℃,是世界年平均气温最高的地方之一。利比亚首都的黎波里以南的阿齐济耶,1922年9月13日气温高达57.8℃,为非洲极端最高气温。亚丁湾南岸的柏培拉最高气温达到63℃。所以,非洲也是目前世界上气温最高的大陆。其中又有一半以上的地区终年炎热,有将近一半的地区仅有炎热和温暖的凉季之分。

非洲的气温分布具有良好的地带性规律。各地气温终年均较高,年较差较小。除了高山和高原,北部地中海沿岸和撒哈拉北部的小块地域1月气温低于10℃,南非南回归线附近的部分地区7月极端最低气温常在10℃以下外,非洲各地最冷月平均气温均在10℃以上。全洲约50%以上地区年平均气温高于25℃。

1. 水平地带性

非洲的气温从赤道向南、北随纬度的增高而降低,呈现出良好的纬度地带性。但受到海陆分布、地形和洋流等因素的影响,气温变化存在一定的时空差异。在撒哈拉和卡拉哈里盆地等干燥地区,气温分布的纬度地带性被海陆热力差异规律所代替。这里冬季成为低温区,而夏季成为高温区。赤道以北的北部非洲温差较大。7月,存在一些高温中心;1月,等温线较为平直。由于地处低纬,北部临近欧亚大陆,并且有大片副热带干旱气候,世界最大沙漠撒哈拉沙漠分布在这里,所以全洲极端最高、最低气温,平均高温和低温都出现在这里。赤道以南的南部非洲温差较小。

2. 垂直地带性

非洲大陆的高原山地地区,垂直地带性比较明显,气温随海拔的升高而降低。埃塞俄比亚高原、肯尼亚山、玛格丽塔山、乞力马扎罗山等山地气温的垂直分布规律良好。如在赤道附近的乞力马扎罗山是非洲最高的山脉,海拔5895米,面积756平方千米。它位于坦桑尼亚乞力马扎罗东北部,临近肯尼亚,是坦桑尼亚与肯尼亚的分水岭,地理位置北纬3°4′33″,东经37°21′12″,距离赤道仅

300 多千米。山麓的气温最高达 59℃,而峰顶终年积雪并发育冰川,故有"赤道雪峰"之称,由山脚向上至山顶,包括赤道至两极的自然景观,气候带由基带的热带雨林气候至高山的冰原气候俱全。在海拔 1000 米以下为热带雨林带,1000—2000 米间为亚热带常绿阔叶林带,2000—3000 米间为温带森林带,3000—4000 米为高山草甸带,4000—5200 米为高山寒漠带,5200 米以上为积雪冰川带。

3. 温度季节变化与年际变化

非洲大陆由于地跨南北两半球,冬夏气温分布有较大的差异。冬季(1月),北部非洲的等温线沿着纬向变化,大致与纬度平行,温度随着纬度增高迅速向北递减,撒哈拉北部已降到 12.5℃ 以下,地中海沿岸多在 10℃—13℃ 之间,阿特拉斯山脉西段 1 月平均气温在 5℃ 以下,是全洲 1 月份最冷的地区之一;1 月平均气温最高地区主要出现在南纬 5°—北纬 10° 之间(高原除外)以及卡拉哈里盆地等地区,月平均气温约在 25℃ 以上。夏季(7 月),平均气温以赤道以北的撒哈拉沙漠为最高,一般都在 30℃ 以上,撒哈拉西北部超过 38℃。由撒哈拉向北平均气温降低,到地中海沿岸降至 25℃ 左右,向南到南非高原南部,降至 7.5℃ 以下,甚至低于 0℃。

非洲温度的年较差不大,但存在一定的年际变化,这种变化与全球变化一致。观测记录显示,过去 100 年,非洲温度以每 10 年 0.05℃ 的速度上升(图1—5),并且 6—11 月的上升幅度略大于 12—5 月。1988—2000 年,存在 5 个热年,其

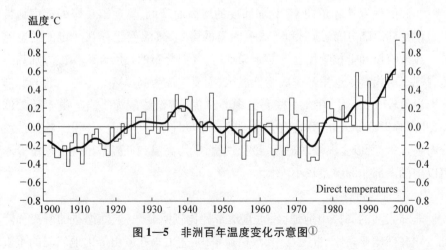

图1—5 非洲百年温度变化示意图①

① GRID-Arendal of United Nations Environment Programme. Temperature Curves Global Last 1000 Years, 140 Years and Africa Last 100 Years[EB/OL]. [2012-01-10]. http://www.grida.no/publications/vg/africa/page/3102. aspx.

中 1988、1995 年为最热年。这种变化有别于世界温度的变化趋势。20 世纪 10 年代、30 年代和 70 年代至今有两个温度急剧上升期与全球温度的变化趋势一致。

（三）干旱的大陆

非洲气候的另一个特征是干燥少雨。除了赤道附近地区雨量丰富之外，赤道南北大部地区气候属于干旱与半干旱区，形成撒哈拉沙漠、卡拉哈里沙漠和纳米布沙漠等热带沙漠。干燥区域的面积超过 1000 万平方千米，占非洲大陆总面积的 37%。这些地方每年降雨量都在 250 毫米以下，雨量从赤道向南、北两侧逐渐减少。其中，撒哈拉沙漠大部分地方的年雨量小于 125 毫米，卡拉哈迪、纳米布沙漠以及索马里半岛等干旱地区，年降水量不足 100 毫米，有些地方甚至终年无雨。年平均云量仅为 6%。降水 250—500 毫米的半干旱区约占全洲面积的 20%。干旱与半干旱占全洲面积超过 50%。因此，非洲是世界各大洲干燥气候分布最广的大洲，也是地球上热带沙漠气候分布最广阔的大陆。特别是在赤道以北的非洲，热带干旱气候带横贯东西，形成大片荒漠景观。

如表 1—1 所示，非洲大陆多年平均降水量为 744 毫米。按照地理分区，北非年降水不足 200 毫米，而中非超过 1000 毫米，西印度洋群岛年平均降水达到 1518 毫米，其他地区与洲平均值接近。

表1—1　非洲各区域年平均降水[①]

地理分区	人口（百万）	面积（万平方千米）	多年平均降水（毫米）
北非	208.9	825.9	195
西非	304.3	613.8	629
中非	107.6	536.6	1257
东非	191.4	275.8	696
南非	185.7	693.0	778
西印度洋群岛	22.8	59.4	1518
总计	1020.7	3004.5	744

资料截至 2010 年，数据来自《2012 年非洲统计年鉴》。

从降水的空间分布来看，非洲既有世界著名的多雨区，又有降水稀少的少

---

① United Nations Environment Programme. Africa Environment Outlook 2—Our Environment, Our Wealth [M]. Malta: Progress Press Ltd., 2006.

雨区和无雨区,降水差别非常显著。赤道附近年降水量达到 2000 毫米;几内亚湾沿岸迎风坡可达 3000—5000 毫米;在喀麦隆火山西南的迎风坡降水甚至大于 10000 毫米(图1—6);沙漠地区有些地方降水不足 10 毫米,甚至无雨。地形引起的降水不平衡也很突出。马达加斯加到东面的留尼汪岛,迎风坡降水可高达 8800 毫米,而背风坡仅仅 731 毫米,相差 12 倍。在东部非洲,降水具有一定的经向地带性。由于盛行气流和地形的影响,东部非洲大部分地区年降水量较少。坦桑尼亚沿海地区由于一年中大部分时间受迎岸风影响,降水量较大,其余广大地区,降水具有自沿海平原低地向内陆高原山地,由山谷向山坡随着高度的升高而增大的规律。南部非洲,东南信风来自海洋,东岸是莫桑比克暖流和厄加勒斯特暖流,西岸是本格拉寒流,地势东部高中西部较低,故降水也有自东向西减少的趋势。

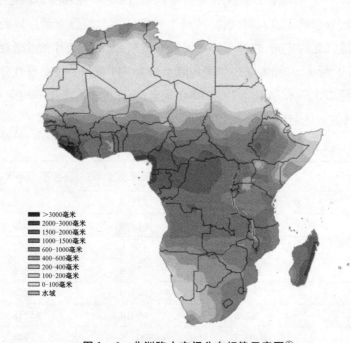

图例:
- >3000毫米
- 2000—3000毫米
- 1500—2000毫米
- 1000—1500毫米
- 600—1000毫米
- 400—600毫米
- 200—400毫米
- 100—200毫米
- 0—100毫米
- 水域

图1—6 非洲降水空间分布规律示意图①

非洲降水不但时空分布不平衡,而且类型多样。根据降水的时间分布可分为冬雨夏干型、夏雨冬干型、双雨季型、全年少雨型以及全年多雨型。这些降水

---

① United Nations Environment Programme. Africa Environment Outlook 2—Our Environment,Our Wealth [M]. Malta:Progress Press Ltd. ,2006.

类型的分布规律是以赤道地带的双雨季型为中心,向南北对称分布着夏雨冬干型、全年少雨型和冬雨夏干型。从降水月分配曲线看,有双峰、单峰等不同类型。双峰型大致分布在南北纬5°之间的地带,是非洲年雨量最多的地带,热带辐合带南北移动,一年出现两个多雨季节,两次雨季之间则是相对的干季,形成典型的双雨季降水类型(图1—7—A)。单峰性即夏雨冬干型,分布在双雨季型的南北两侧,夏季受北上的热带辐合带雨带的影响,降水较多,冬季则在哈马丹风的控制之下,雨量极少,形成明显的夏雨冬干的降水类型(图1—7—B)。全年少雨型分布在北纬20°到北纬31°—34°之间的撒哈拉地区和红海、亚丁湾沿岸以及南纬12°—南纬30°左右的纳米布沙漠地带。这里是非洲雨量最少的地区,终年在干热空气控制之下,全年干燥少雨,年雨量在100毫米以下,雨量的季节变化极不明显,全年各月雨量都很少(图1—7—C)。冬雨夏干型即地中海气候降雨型,主要分布在北非地中海沿岸和摩洛哥大西洋沿岸地区。冬季地中海成为低压区,地中海气旋活动频繁,带来较多的雨水;夏季地中海变为高压区,很少降雨,形成冬雨夏干的降水类型(图1—7—D)。

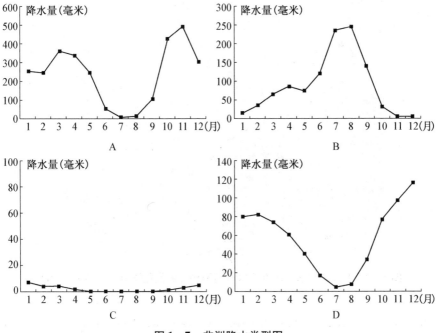

图1—7 非洲降水类型图

(四)气候变异

非洲地区气候具有较强的变异性。即使是赤道多雨带,也经历旱灾、洪水等各种气象灾害。东非的大部、中非、南非和西印度洋群岛都受到 ENSO(厄尔尼诺和南方涛动的合称)的影响。1997—1998 年的 ENSO 期间西南印度洋海面温度升高,使得东非大部遭受暴雨、台风、洪水和滑坡灾害,而西南非则出现干旱。同时,较高的海温引起东非海岸和西印度洋群岛珊瑚白化。[1]

四、水系、湖泊分布不均衡

非洲大陆的地形特征控制了非洲水系的分布格局。非洲大陆的总体地形特征为从东南向西北倾斜,所以非洲的几条大河多向西、向北流。另一方面,非洲大陆内部的地形结构为高原台地与盆地相间分布,这样就决定了非洲大陆河流多呈辐散状和辐聚状分布的格局。雨水较多的地区,高原台地一般都是河流的辐散中心,内陆盆地则成为河流的辐聚中心(图1—8)。

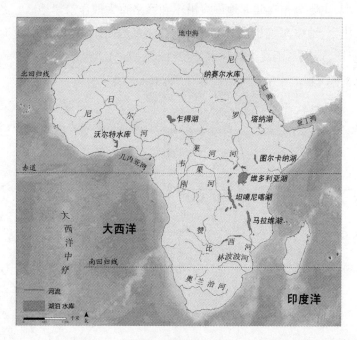

图1—8 非洲大陆水系示意图(根据《非洲环境变化图册》[2]水系图绘制)

① D. Obura, M. Suleiman, H. Motta, M. Schleyer. Status of Coral Reefs in East Africa: Kenya, Mozambique, South Africa and Tanzania[R] // C. Wilkinson. Status of Coral Reefs of the World. Townsville: Australian Institute of Marine Science and Global Coral Reef Monitoring Network, 2000: 65-76.

② United Nations Environment Programme. Africa-Atlas of Our Changing Environment[M]. Malta: Progress Press Ltd.,2008.

（一）水系辐散中心

非洲地区比较大的高原台地有东非高原、富塔贾隆高原等,中小高原台地有比耶南原、阿赞德、乔斯高原、处于非洲东南部的马塔贝莱高原等,最大的水系辐散中心是东非高原。东非高原范围广、高度大、雨量多,非洲主要河流都从这里流向四周,如尼罗河水系向北流,刚果河水系向西流,赞比西河的两条重要支流向南流,高原东侧则有许多独立小水系向东流。西非的富塔贾隆高原也是非洲很明显的一个辐散中心,这里地势并不太高,但降水丰沛,孕育有尼日尔河、塞内加尔河、冈比亚河等西非大河以及其他许多小河,因此它有"西非水塔"之称。另外位于干燥区的高地,如北非的阿哈加尔高原、提贝斯提高原,南非的达马腊兰高原等,它们的周围都有干涸的河床向四方辐散。

（二）水系辐聚中心

与高原台地相反,内陆盆地一般则成为河流的辐聚中心,河流从周围高地或山地流向盆地中心,形成辐合状水系,如刚果盆地、乍得盆地、尼罗河上游盆地、卡拉哈里盆地等。这些辐合中心分为两类,一类是开放型,即外流型水系;另一类是封闭型,即内流水系。最典型的外流型辐聚中心是刚果盆地,它位于赤道地区,水源十分充足,刚果河的众多主流从盆地四周高地流向盆底,形成非洲流域面积最大、特点最突出的辐合状水系,最终流入大西洋。代表性的封闭型辐聚中心是乍得湖盆地,所集的地表水从未流入过海洋,而是向盆地的辐聚中心乍得湖汇集。发源于包奇高原、喀麦隆高原、阿赞德高原及达尔富尔高原倾向盆地一侧的河流都以该湖为尾闾。

（三）主要河流与湖泊

受地形和气候的影响,非洲的河流主要分布在撒哈拉以南地区(表1—2)。其中不仅具有世界最长的河流尼罗河,还有流量和流域面积位居世界第二的刚果河。可见,非洲水资源分布不平衡,全洲虽然有缺水的大片荒漠,但有些区域却拥有丰富的水资源,成为非洲生存、发展的命脉。

表 1—2 非洲主要河流①

河流	流域面积 （万平方千米）	长度 （千米）	平均流量 （立方米/秒）	径流量 （立方千米/年）	径流深度 （毫米）
刚果河	368.0	4370	41250	1300.0	353.0
尼罗河	287.0	6670	1696	53.5	18.6
尼日尔河	209.0	4160	4217	133.0	63.4
赞比西河	133.0	2660	3519	111.0	83.4
奥兰治河	102.0	1860	486	15.3	15.0
查理河	88.0	1400	1252	39.5	44.9
朱巴河	75.0	1600	546	17.2	22.9
塞内加尔河	44.1	1430	545	17.2	39.0
林波波河	44.0	1600	824	26.0	59.1
沃尔特河	39.4	1600	1288	40.6	103.0
奥果韦河	20.3	850	4729	149.0	734.0
鲁菲吉河	17.8	1400	119	35.3	198.0
宽扎河	14.9	630	946	29.8	200.0

　　非洲的湖泊较多，它们的面积大小不同，深浅各异（表 1—3），其分布同样受地形和气候的控制，分布也很不均衡。从湖盆构造形式上看，非洲湖泊主要有两类：一是断层湖，二是凹陷湖。断层湖是因断裂作用而形成的湖，形状狭长，深度较大，湖岸多陡崖峭壁，常呈串珠状排列于有丰富的降水和众多的凹地的东非大裂谷带上。非洲较大的湖泊多数属于这类，其中最突出的代表是坦噶尼喀湖、马拉维湖、图尔卡纳湖及艾伯特湖。凹陷湖由地表升降或挠曲作用形成的洼地积水后而成，多散布于内陆盆地和高原洼地。根据各地气候特点的不同，还可分为湿润地区湖泊与干燥地区湖泊两种类型。湿润地区的湖泊不断得到雨水和河水的补给，湖泊面积和水深变化不大，以维多利亚湖最为著名；而干燥地区的湖泊由于降水稀少且有明显的季节性，因而湖泊的面积和水深一年之内有较大的变化，以乍得湖最为典型，那里的雨量少，降雨的频率小而强度大，所以湖水水位涨落明显。

---

① United Nations. Africa Water Development Report [R]. UN-Water/Africa, Economic Commission for Africa. 2006.

表 1—3 非洲主要天然湖泊的形态特征①

湖泊	体积(立方千米)	面积(平方千米)	最大深度(米)
坦噶尼喀湖	17800.00	32000	1471.0
马拉维湖	8400.00	30900	706.0
维多利亚湖	2750.00	68800	84.0
基伍湖	569.00	2370	496.0
艾伯特湖	280.00	5300	58.0
爱德华湖	78.20	2325	112.0
乍得湖	72.00	10000—25000	10.0—11.0
希尔瓦(Shirva)	45.00	1040	2.6
沙拉(Shalla)	37.00	409	266.0
姆韦鲁湖	32.00	5100	15.0
塔纳湖	28.00	3150	14.0
卡特尼特(Katnit)	14.00	1270	60.0
长袍湖	8.20	1160	13.0
班韦乌卢湖	5.00	4920	5.0
兰加纳(Langana)	3.82	230	46.2
法吉滨(Fagibin)	3.72	620	14.0
霍拉—阿巴吉亚塔(Hora-abjyata)	1.56	205	14.2
阿伍萨(Avusa)	1.34	130	21.0
兹怀湖	1.10	434	7.0
乌朋巴湖	0.90	530	3.5
吉吉叶(Gjyer)	0.64	213	7.0
鲁道夫湖	—	8660	73.0
鲁夸湖	—	4500	—

① United Nations. Africa Water Development Report[R]. UN-Water/Africa, Economic Commission for Africa. 2006.

湖泊	体积(立方千米)	面积(平方千米)	最大深度(米)
利奥波德二世湖	—	2325	6.0
图尔卡纳湖	—	7200	120.0

五、自然景观带以赤道为中心南北对称展布

非洲大部分地区处于热带低纬,热带自然景观表现突出。从地球上的自然带来看,非洲拥有世界面积最大的热带荒漠和热带稀树草原带,还有仅次于南美洲的热带雨林带。自然景观带不同,生物多样性也不同。

非洲是世界唯一赤道横贯中部的一个洲,而且南北两端所占的纬度大致相当,从而决定了该洲的自然景观带呈南北对称分布。以赤道地区的热带雨林带为中心,向南北大致对称平行分布着热带稀树草原带、热带干草原带、热带荒漠带以及亚热带森林带(地中海式植物带)。但这种对称分布的特点存在着区域差异。北宽南窄的大陆轮廓和南高北低的地势特点,使北部非洲的自然景观水平地带性规律比南部非洲表现得更为突出,规律性更强,而且各自然景观带的面积也相应地大于南部非洲。自然景观南北对称分布的特点,在非洲大陆西半部表现得最为明显。由于海陆对比关系,冷、暖洋流和山地地形等影响,在非洲大陆的东部和东南部,自然景观纬向地带性分异规律和南北对称分布特点受到非纬向地带性的干扰。如南部非洲的自然景观带,经向地带性差异比较明显。埃塞俄比亚高原、乞力马扎罗山等地区垂直地带性规律表现比较突出。另一方面,受海陆位置、洋流和大气环流等因素的综合影响,非洲北部近亚洲大陆,东海岸冬夏分别受方向相反的洋流和季风的影响;而赤道以南东临印度洋,沿海终年受性质相同的信风和洋流的影响。因此,赤道南北沿海地带的自然景观带对称分布的特点遭到破坏,使这里成为世界上唯一在赤道地区和低纬大陆东岸出现热带荒漠和半荒漠景观的地带。在南部还出现湿润的亚热带森林带和温带草原带(图1—9)。

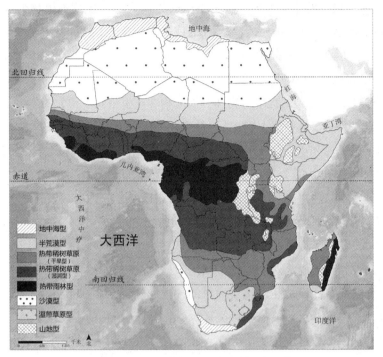

图1—9　非洲生物地带性分布示意图①

（一）热带雨林带

热带雨林主要分布在赤道两侧的刚果盆地和几内亚湾沿岸地区。该自然带终年高温多雨，整个自然环境非常适于生物的生存和发展。这里植物种类异常丰富，结构复杂，层次众多，树冠稠密郁闭。雨林的上层，乔木可高达30—40米，林内藤本植物纵横交错，附生植物到处可见，不少乔木树种具有板状根和老茎生花现象。植物终年常绿，季节性变化不明显。这里的动物以爬行类、两栖类和昆虫等最为丰富，以及树栖攀援生活和食果性的动物种类最多，动物的季节性变化也很小，全年活动，没有冬眠、夏眠以及季节迁移现象。在高温多雨的气候条件下，发育着热带的砖红壤等土类。

（二）热带稀树草原带

稀树草原分布在热带雨林带的南北两侧，通过东非高原联结，呈马蹄形。该自然带的气候属赤道季风气候和热带气候带，干湿季节分明，热带稀树草原（萨

---

① United Nations Environment Programme. Africa-Atlas of Our Changing Environment［M］. Malta：Progress Press Ltd. ,2008.

王纳)是这里典型的生物群落。萨王纳群落以高大的旱生草本植物组成的草被层占优势,在草本植被中间散生着小片的或单株的乔木。这种乔木往往具有丛生树干和扁平的树冠。热带稀树草原的季节变化非常明显,雨季草木繁茂,百花盛开;干季植物枯黄,花凋叶落,呈现一片黄褐景色。由于草本植物的生产量较高以及草原面积广大,大型的食草动物和食肉动物在这里得到了很大的发展,如斑马、长颈鹿、非洲狮等。这些动物与植物的结合,形成热带萨王纳群落独特的自然景观。土壤中腐殖质、氮和灰分养料元素的积聚,形成红棕色土类。萨王纳景观有干湿之分。干旱萨王纳也称苏丹萨王纳,这里由于相对长的干季,乔木稀疏,草本植物低矮。湿润萨王纳也称几内亚萨王纳,由于分布靠近赤道一侧,有较多的降水,乔木密度较干旱萨王纳高,沿河形成廊道式森林。①

（三）热带荒漠带

荒漠带分布于南北两个副热带高压带,西北非的撒哈拉地区和南非的卡拉哈里以及纳米布沙漠地区。该自然带的气候属热带干旱和半干旱类型,终年干燥少雨,植被覆盖度很小,植物种类稀少,有大片无植物的沙漠区。植物以稀疏的旱生灌木和少数草本植物以及一些雨后生长的短生植物为主。这里的动物主要是昆虫、爬行动物、啮齿类和一些鸟类。在干燥少雨、植物稀少的条件下,成土过程十分微弱,形成荒漠土类。该带可分为半荒漠带和沙漠带两个亚带。半荒漠带,植物通常以种子形式适应干旱期,在湿润季节完成生命周期,树通常以蜡质小叶和刺减少蒸发,有些树种在旱季落叶,湿润季节枝繁叶茂。该区域生物密度出奇的高,如仅在卡鲁—纳米布(Karoo-Namib)地区,就有7000多种植物。在沙漠地带,为了适应极少的而且是不可预测的降水,有些沙生植物的种子可以保存好几年,直到降水的出现,迅速开花结果,完成生命周期。尽管如此,沙漠地区生物数量稀少。不同的沙漠,生物对水的利用和适应方式也不同。在撒哈拉沙漠,植物通常利用干河床上的水延续生命,而在纳米布沙漠,生物可以利用由冷洋流和暖空气相互作用形成的雾中的水分。

（四）亚热带森林带

亚热带森林在非洲主要表现为大陆西岸的亚热带森林带,即地中海式植物带,分布在北非地中海沿岸和南非西南端。这里的气候属夏干冬雨型地中海气

---

① United Nations Environment Programme. Africa-Atlas of Our Changing Environment[M]. Malta: Progress Press Ltd.,2008.

候。在夏季干燥炎热、冬季温暖多雨的气候条件下,生长着许多旱生特征十分明显的硬叶林和有刺的常绿灌丛,形成特征突出的常绿硬叶林带。在地中海气候、植被环境下,发育着褐色土类。大陆东岸的亚热带森林带,只在非洲东南部有小面积的分布。[①]

第二节　非洲社会经济环境

一、非洲社会环境

(一) 人口

目前非洲大陆是世界上人口第二多的大陆,约占世界人口的10%。2009年,非洲人口为10.08354亿[②],并正以每年接近2.15%的速度增长。因此,对环境资源的需求与日俱增。2010年,总人口的40%(3.95亿人)居住在城市。到2040年,城市人口有可能达到10亿,2050年该数字将达到12.3亿,占总人口的60%。[③] 居民主要有黑种人和白种人,其中黑人约占总人口的2/3。白种人(<2%)主要分布在南部地区。居民中多数信仰伊斯兰教,少数信奉原始宗教、督教新教和天主教。

2008年非洲人口的平均密度每平方千米仅85人,但全洲人口分布极不平衡(图1—10)。西北沿地中海岸、西部沿几内亚湾和东南部印度洋沿岸一带,是非洲人口分布较密的地区。尼罗河沿岸及三角洲地区,人口密度达到1000人/平方千米。埃及面积100万平方千米,几乎全部位于非洲干旱地区内。2008年,全国8152.7万人口中有97%居住在尼罗河两岸仅占全国面积3%的土地上,而人口平均密度仅为76人/平方千米。非洲的撒哈拉荒漠地区以及热带雨林地区人口更为稀少。撒哈拉、纳米布、卡拉哈里等沙漠和一些干旱草原、半沙漠地带人口密度小于1人/平方千米,还有大片的无人区。非洲人口近20年(1987—

---

① 苏世荣. 非洲自然地理[M]. 北京:商务印书馆,1983.
② African Development Bank Group, African Union, Economic Commission for Africa. African Statistical Yearbook[G]. 2010.
③ 联合国环境规划署. 全球环境展望5——我们未来想要的环境[M]. 环境署,亿利公益基金会联合出版,2012.

2007 年)呈增长趋势,其中西非增长最快,西印度洋群岛增长最慢(图 1—11)。

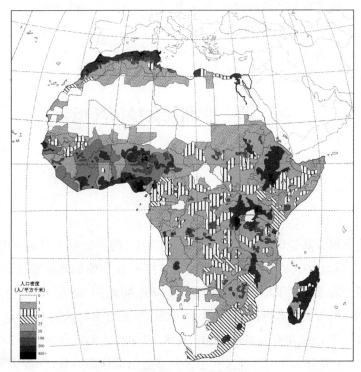

图 1—10　非洲人口密度示意图①

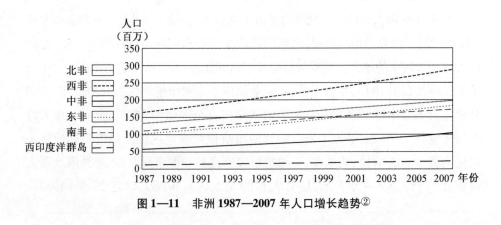

图 1—11　非洲 1987—2007 年人口增长趋势②

---

① 非洲人口目前达到 10 亿人[EB/OL]. 非洲之窗. (2009-08-24). http://www.africawindows.com/html/feizhouzixun/feizhouxinwen/20090824/22179.shtml.

② 联合国环境规划署. 全球环境展望 4——旨在发展的环境[M]. 北京:中国环境科学出版社,2008.

（二）政区

非洲政区有不同的划分方案。按照传统的政区划分,非洲被分为北非、东非、西非、中非和南非五个部分。在 2006 年联合国环境署出版的《非洲环境展望 2》一书中,非洲被划分为六个区,即北非、东非、西非、中非、南非和西印度洋群岛区(图 1—12)。① 北非包括阿尔及利亚、埃及、利比亚、

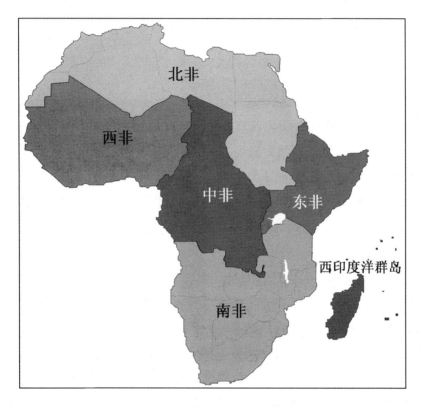

图 1—12　非洲地理分区示意图

摩洛哥、苏丹和突尼斯,东非包括布隆迪、吉布提、厄立突尼亚、埃塞俄比亚、肯尼亚、卢旺达、索马里和乌干达,西非包括贝宁、布基纳法索、佛得角、科特迪瓦、冈比亚、加纳、几内亚、几内亚比绍、利比里亚、马里、毛里塔尼亚、尼日尔、尼日利亚、塞内加尔、塞拉利昂和多哥,中非包括喀麦隆、中非

① United Nations Environment Programme. Africa Environment Outlook 2—Our Environment, Our Wealth[M]. Malta: Progress Press Ltd. ,2006.

共和国、乍得、刚果（金）、刚果（布）、赤道几内亚、加蓬、圣多美和普林西比，南非包括安哥拉、博茨瓦纳、莱索托、马拉维、莫桑比克、纳米比亚、南非、斯威士兰、坦桑尼亚、赞比亚和津巴布韦，西印度洋群岛包括科摩罗、马达加斯加、毛里求斯、留尼汪和塞舌尔岛。另外，国际上习惯将埃及、利比亚、毛里塔尼亚、苏丹、阿尔及利亚、摩洛哥、突尼斯、西撒哈拉等 8 个国家和地区称为阿拉伯非洲，而将其他国家和地区称为撒哈拉以南非洲，亦称黑非洲。本书将采用《非洲环境展望 2》一书中的分区，分六区论述各区的资源与环境。

（三）文化和语言

1. 光辉灿烂的古代文明

考古学的材料证明，非洲各族人民很早就创造并发展了光辉灿烂的古代文明。在远古时代，当西方殖民主义者的故乡还处在冰川封固阶段的时候，在非洲大陆上就已出现了沸腾的生活。那时候，尼罗河流域还是不适于居住的沼泽，现在荒无人烟的撒哈拉沙漠却是一片河流纵横的森林和草原。大约距今一万年以前，北非气候发生了急剧变化，大草原逐渐干旱而变成沙漠。

尼罗河流域是世界古代文明的摇篮之一。尼罗河下游的埃及是世界四大文明古国之一。埃及早在公元前 5000 年就出现了农业，懂得了栽培谷物和兴修水利。埃及人很早就发展了天文学，早在公元前 4241 年，埃及人就制定出相当精确的人类最早的太阳历。在公元前 35 世纪，古埃及就创造了象形文字。公元前 19 世纪，埃及人就知道如何计算正方形的边长和截头角锥体的体积。公元前 21 世纪左右，埃及人就已经能够近乎精确地确定圆周率为 3.16。

古埃及在建筑、雕刻和绘画等艺术方面也取得了巨大成就。至今巍然屹立在尼罗河畔开罗附近的宏伟金字塔和狮身人面像是公元前 27 世纪前后古埃及的杰作。它们是人类建筑史上的奇迹，也是古代埃及劳动人民卓越智慧和辛勤劳动的不朽丰碑。

2. 复杂多样的语言

非洲的语言比较复杂，总数超过 800 种，大致分属亚非语系、尼日尔—刚果

语系、印欧语系、尼罗—撒哈拉语系、科伊桑语系和南岛语系(图1—13)。其中

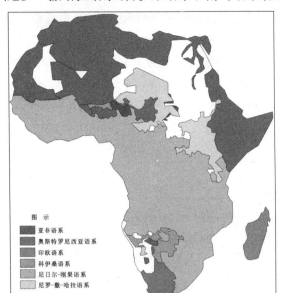

图示
  亚非语系
  奥斯特罗尼西亚语系
  印欧语系
  科伊桑语系
  尼日尔-刚果语系
  尼罗-撒-哈拉语系

图1—13　非洲语言分布示意图①

亚非语系和尼日尔—刚果语系分布范围最广,南岛语系和印欧语系为非本土语言。非洲大陆上现在有20多个国家通行法语,10多个国家通行英语,3个国家通行英、法双语,还有5个国家通行葡萄牙语。联合国教科文组织曾经发表报告说,非洲语言中,有400—500种语言的影响力已大大下降,其中250种语言面临在近期消失的危险。

二、非洲经济环境

非洲人口占世界总人口的10%,而经济总量仅为世界的1%,贸易额只占世界贸易总额的2%。2002年,非洲共吸收60亿美元的外来直接投资,仅占全球跨国直接投资总额的1.1%,是发展中国家吸收直接投资总额的3.2%。受各种因素的影响,整体上非洲经济相对落后。非洲有2亿多人长期营养不良,文盲率高达70%,艾滋病患者和病毒携带者近2500万人。联合国难民署的统计显示,截至2003年初,全世界难民人数为1030万人,其中330万在非洲。在联合国公布的49个最不发达国家中,34个是非洲国家。非洲债务负担沉重,

---

① Worldgeodatasets. Languages-Sample Maps[EB/OL].[2012-11-11]. http://www. worldgeodatasets. com/language/samples/.

许多国家每年要拿出财政收入的 1/4 偿还外债。非洲基础设施落后,如整个非洲使用的国际互联网带宽总和不及人口仅 44 万的卢森堡。但是,非洲经济也在不断发展中。2000—2008 年,非洲年均经济增长率达到 5.4%。2009 年随着全球经济衰退,非洲经济增长率降为 3.1%,其中东非增长最高,南非为负增长。[1] 2010 年非洲经济有所反弹,经济的平均增长率为 4.9%(图 1—14)。

非洲各地区 GDP 的增长也是不平衡的。如图 1—15 所示,2005 年以来,西非、中非和东非 GDP 值的增长比较稳定,南非 2009 年 GDP 增长缓慢,北非由于

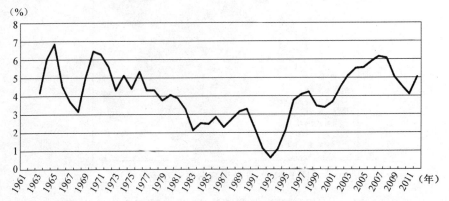

图 1—14　1961—2011 年非洲 GDP 值增长速度(%)[2]

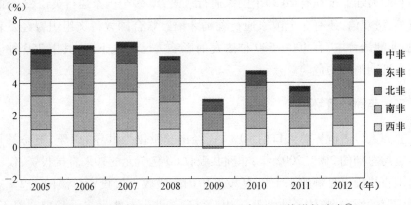

图 1—15　非洲不同地区 2005—2012 年 GDP 值增长速度[3]

① African Development Bank Group, African Union, Economic Commission for Africa. African Statistical Yearbook 2010[G].2010.

② African Development Bank, Organisation for Economic Co-Operation and Development, United Nations Development Programme, United Nations Economic Commission for Africa. Africa Economic Outlook 2011[R].2011.

③ African Development Bank, Organisation for Economic Co-Operation and Development, United Nations Development Programme, United Nations Economic Commission for Africa. Africa Economic Outlook 2011[R].2011.

政治动乱,2011 年 GDP 增长出现低值。近年来,私人投资大量进入南非、尼日利亚、加纳、肯尼亚、乌干达和赞比亚等国。随着时间的推移,将有更多的人重新认识非洲,到非洲去投资。

（一）工业

非洲工业多为农畜产品加工工业,而且多被国外资本控制,重工业较发达的有南非、埃及等。轻工业以农畜产品加工、纺织为主。木材工业有一定的基础,制材厂较多。重工业有冶金、机械、金属加工、化学和水泥、大理石采制、金刚石琢磨、橡胶制品等部门。

20 世纪 60 年代,非洲制造业发展较快,但后来增长速度放慢。到 90 年代初期,制造业在国内生产总值中的比重为 11%,比 1965 年(9%)略有增长。1999 年,撒哈拉以南非洲国家制造业的增加值在国内生产总值中的比重为 17%,与 1990 年相同。这一比重低于东亚和太平洋、拉美和加勒比地区中低收入国家的平均水平,在世界上是最低的。1970 年,东亚、南亚和撒哈拉以南非洲在世界制造业中的比重分别为 4.2%、1.2% 和 0.6%;1995 年分别为 11%、1.5% 和 0.3%。很显然,这 3 个地区中,东亚和南亚制造业的比重上升,撒哈拉以南非洲则下降。1997 年,撒哈拉以南非洲在世界制造业中所占比重有所回升,达到 0.74%。进出口商品结构也从一个侧面反映了非洲的工业发展水平。1998 年,撒哈拉以南非洲出口商品总值中制成品占 36%,制造业相对发达的埃及、摩洛哥和突尼斯则分别为 44%、49% 和 82%;撒哈拉以南非洲进口商品总值中制成品占 71%,埃及、摩洛哥、突尼斯三国则分别为 59%、58% 和 79%。

近 10 年来,非洲产业发展不平衡。1996—2006 年,撒哈拉以南非洲农业比重下降,服务业比重增加,工业稳步发展(图 1—16)。

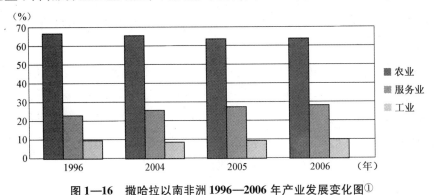

图 1—16　撒哈拉以南非洲 1996—2006 年产业发展变化图①

---

① 联合国环境规划署. 全球环境展望 4——旨在发展中的环境[M]. 北京:中国环境科学出版社,2008.

（二）农业

非洲的粮食作物种类繁多,有麦、稻、玉米、小米、高粱、马铃薯等,还有特产木薯、大蕉、椰枣、薯芋、食用芭蕉等。非洲的经济作物,特别是热带经济作物在世界上占有重要地位,棉花、剑麻、花生、油棕、腰果、芝麻、咖啡、可可、甘蔗、烟叶、天然橡胶、丁香等的产量都很高。乳香、没药、卡里特果、柯拉、阿尔法草是非洲特有的作物。

全洲农业人口约占总人口的3/4,许多经济作物的产量在世界占重要地位:咖啡、花生各占世界总产量的30%左右,象牙海岸、乌干达、埃塞俄比亚、安哥拉是世界闻名的咖啡出产国,尼日利亚、塞内加尔是世界有名的花生出产国;棉花约占世界总产量的10%,主要产于埃及和苏丹;可可、丁香、棕榈油、棕榈仁的产量分别占60%—80%,加纳的可可产量居各洲第一位。尼日利亚、象牙海岸、喀麦隆的可可产量也居世界前列。丁香主产在坦桑尼亚的桑给巴尔。尼日利亚的棕榈油产量居世界第二位。刚果(金)的棕榈油产量居世界第四位。贝宁被称为"油棕之国"。剑麻产量居世界之首,其中以坦桑尼亚最多。天然橡胶、甘蔗、烟草、油橄榄、茶叶等的产量在世界占重要地位。

畜牧业发展较快,牲畜头数多,但畜产品商品率低,经营粗放落后。渔业资源丰富,但渔业生产仍停留在手工操作阶段,近年来淡水渔业发展较快。

非洲土地资源丰富,但土地贫瘠化,耕作方式原始,农业落后,粮食不能自给。1997年非洲热带地区平均粮食产量为每公顷1000公斤,而亚洲却高达2800公斤。若按2030年非洲人均收获面积0.10公顷计算,要使人均产量达到200公斤,仅需单产达1919公斤/公顷,相当于亚洲1980年的平均水平。

2008年,世界范围内出现粮食危机。中国农业部鼓励企业走出国门,去国外土地丰富的地区发展农业。据联合国世界粮食计划署2008年4月份的统计,最基本的农产品价格在过去6个月中增长了50%,这严重影响了发展中国家特别是非洲国家的经济增长和社会稳定。因此,非洲农业的开发不仅可以产生良好的经济效益,同时可产生影响深远的社会效益。

（三）矿业

非洲是世界最古老的大陆,矿产资源丰富,黄金、钻石、铜、铀等重要矿产资源储量均居世界首位,有着发展经济的良好条件。非洲主要矿物开采,如黄金、金刚石、铁、锰、磷灰石、铝土矿、铜、铀、锡、石油等的产量都在世界上占有重要地位。2005年,非洲钴的产量占世界钴产量的57%,金刚石产量占世界金刚石产量的53%,锰产量占世界锰产量的39%,磷产量占世界磷产量的31%,金产量占世界金产量的21%,铝土矿产量占世界铝土矿产量的9%,镍产量为世界镍产量的7.5%,铜产量为世界铜产量的5%。2007年,非洲铀产量占世界铀产量的17.8%[①];原油生产量为4885百万吨,约占世界总产量的12.5%;天然气产量为1904百万立方米,占世界天然气产量的6.5%。[②]但由于历史和其他一些原因,非洲各国的矿业发展是不平衡的。非洲国家的矿业产值占其国内生产总值的比重差别较大,大的可超过40%,如加蓬、北非的阿尔及利亚等石油产出国;小的仅1%或不足1%,如塞内加尔、吉布提、肯尼亚、乌干达。矿业在非洲许多国家的经济发展中占有重要地位,对有些国家而言是经济发展的支柱。博茨瓦纳的矿业是其国民经济的主要支柱。特别是金刚石业,其产值约占国内生产总值的36%,占政府收入的50%,占全国出口总值的85%。阿尔及利亚油气出口占阿出口总额的97%,产值占阿国内生产总值的41%,国家财政预算收入的77%来自油气行业。在非洲,大多数国家的矿产品出口在国家对外贸易中占有重要地位。有不少国家矿业的出口份额超过全国出口总额的50%,如纳米比亚(69%)、赞比亚(68%)、刚果(金)(75%)、博茨瓦纳(85%),而尼日利亚(98%)、利比亚、赤道几内亚、阿尔及利亚则高达90%以上。矿业除了对国家创汇、税收及就业有很大贡献外,还促进了非洲地区许多国家基础设施的建设及当地经济的发展。[③]

（四）交通运输

非洲是世界上交通运输业比较落后的一个洲,还没有形成完整的交通运输体系。大多数交通线路从沿海港口伸向内地,彼此互相孤立。但比较而言,目前非洲交通运输事业,无论是交通运输线长度,还是交通运输工具数量及客货运输量,较独立初期均有一定的发展,在非洲各国经济活动中的作用日益加强。

非洲交通运输以公路为主,另有铁路、海运等方式。南非共和国、马格里布

---

① 郝献晟,郭义平,王淑玲. 非洲矿产资源勘查开发的机遇[J]. 国土资源情报,2009,4: 14-18,33.

② Raf Custers, Ken Matthysen. Africa's Natural Resources in A Global Context[R]. 2009.

③ 宋国明. 非洲矿业投资指南[M]. 北京: 地质出版社,2004.

("Maghrb"或"Maghreb")①等地区是非洲交通运输比较发达的地区。撒哈拉、卡拉哈里等地区则是没有现代交通运输线路的空白区。目前非洲有公路约163万千米,其中大部分是二级公路和土路。公路密度较大的国家有摩洛哥、突尼斯、肯尼亚、南非等国。非洲铁路约7.8万千米。铁路运输较发达的国家是南非,其铁路长度占全洲铁路总长的25%。目前有很多国家和地区尚无铁路。内河通航里程约5.2万千米。海运业占重要地位。非洲的海运是交通运输的主要手段之一,在国际贸易中海运占95%。非洲现有大小港口100余个,其中国际港约50多个。随着矿产品和石油开采的发展,非洲出现了一批运输矿石和石油的专用港。有一些国家的港口还为其他内陆国家进出口贸易服务。如西非的塞内加尔的达卡尔港和喀麦隆的杜阿拉港就成了内陆国家马里、布基纳法索、乍得及中非共和国的中转贸易港。素有"东非门户"之称的蒙巴萨港则为乌干达、卢旺达、苏丹等国服务。近年来,非洲航空业发展较快。但空运还未作为主要的交通运输手段。航运较发达的国家有南非、埃及、埃塞俄比亚、扎伊尔等国。

第三节　非洲自然资源

一、非洲陆地资源

(一)土地资源

非洲面积超过30.26亿公顷,是美国的3倍多。2005年非洲土地资源总量29.7亿公顷,居世界各大洲第2位。其中,农用土地面积17.8亿公顷,非农用土地11.9亿公顷。这些土地2/3属于干旱和半干旱地区。农用土地中,耕地2.39亿公顷,草地牧场9.07亿公顷,森林6.35亿公顷,三者结构比为13.43:50.92:35.65。与世界整体水平相比,其耕地和森林所占的比重偏低,耕地资源相对紧缺。② 2002年主要土地利用类型包括永久性草场(44%)、

---

① 王俊,朱丽东,叶玮,程雁. 近15年来非洲土地利用现状及其变化特征[J]. 安徽农业科学, 2008, 37(6): 2628-2631.
② 王俊,朱丽东,叶玮,程雁. 近15年来非洲土地利用现状及其变化特征[J]. 安徽农业科学, 2008,37(6): 2628-2631.

农田(1%)、可耕地(9%)、森林(18%)和其他(28%)(图 1—17)。

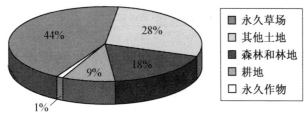

图 1—17　2002 年非洲主要土地利用类型①

非洲的土壤分为六类。土壤类型Ⅰ—Ⅴ的质量较好,但面积仅 31 亿公顷,只占国土面积的 10.6%,却供养着 46% 的人口。这类质量较好的土壤没有主要的制约因素,降雨至少可以满足每个季节一种作物对水的需求。土壤类型Ⅴ—Ⅵ质量较差,酸性大,渗透差,常常滞水,易于盐渍化,制约着农业的发展。这两类质量差的土壤面积占 112 亿公顷,只供养着大约 23% 的人口。非洲森林面积约占全球森林面积的 16.8%,其中刚果盆地的热带雨林是世界第二大热带雨林。湿地约占非洲总面积的 1%,并且几乎在所有的国家都有分布。较著名的湿地包括:刚果沼泽、乍得盆地、奥卡万戈三角洲、尼日尔的平原及尼日尔三角洲、赞比西河平原及三角洲、南非圣卢西亚公园湿地。非洲大部分沿海湿地是以红树林为主,主要分布于西海岸从塞内加尔到安哥拉,东海岸从索马里到南非一带。非洲沙漠达到 12.74 亿公顷。非洲土壤每年氮磷钾大量流失。2002—2004 年,撒哈拉以南地区 85% 的可耕地平均每年损失养分 30 公斤/公顷,还有 40% 的土地失养程度超过 60 公斤/公顷,相当于每年损失 40 亿美元。②

非洲土地资源分布不平衡(表 1—4)。非农土地在北非和西非北部地区分布较为集中,农用土地结构上存在差异。耕地面积五大区之间差异不大,草场在各大区均有大面积分布,以南非最多,森林在中非分布较为集中。近 15 年来,非洲土地利用结构较为稳定,整体上变化较慢,其中耕地面积变化相对较快,且呈逐年上升之势。而随着非洲的人口飞速增长,其各类型土地的人均占有量均出现大幅下降,且变化速率大于整体土地变化速率。

综上所述,非洲虽然面积广大,但耕地资源并不丰富,而且土地退化严重。

① 联合国环境规划署. 全球环境展望 4——旨在发展中的环境[M]. 北京:中国环境科学出版社,2008.

② United Nations Environment Programme. Africa Environment Outlook 2—Our Environment, Our Wealth [M]. Malta: Progress Press Ltd. ,2006.

随着人口增长带来的资源需求上升,非洲土地正面临压力。

表1—4　2005年非洲不同区域土地资源数量①　　　　　单位:亿公顷

土地类型	中非	北非	东非	西非	南非
农业用地	3.38	3.13	2.31	3.54	5.46
耕地	0.23	0.48	0.42	0.86	0.41
草地牧场	0.80	1.89	1.24	1.93	3.21
森林	2.35	0.76	0.65	0.76	1.84
非农土地	1.88	4.99	1.15	2.80	1.04

(二) 水资源

1. 水资源分布

非洲可再生水资源量3949立方千米,不足全球可再生水资源量的9%,而且淡水资源分布极不平衡(表1—5)。南、北纬10°之间是非洲雨量最丰富的地

表1—5　非洲可再生水资源分布概况②

地区	面积 (万平方千米)	年降水量 (毫米)	水量 (立方千米/年)	可再生水资源总量 (立方千米/年)	百分比 (%)
北非	825.9	195	1611	79	<1
西非	613.8	629	3860	1058	27
中非	536.6	1257	6746	1743	44
东非	275.8	696	1919	187	5
南非	693.0	778	5395	537	14
西印度洋群岛	59.4	1518	2821	345	9
合计	3004.5		22352	3949	100

区,这里河网的密度最大,径流最丰富。特别是那些峰高坡陡、迎风多雨的山地在气候和地形共同影响下,径流尤其丰富,如富塔贾隆高原、喀麦隆山地、马达加斯加岛东坡、埃塞俄比亚高原西坡等;南纬10°与南回归线之间,河网密度、

① 王俊,朱丽东,叶玮,程雁. 近15年来非洲土地利用现状及其变化特征[J]. 安徽农业科学,2008,37(6):2628-2631.

② United Nations Environment Programme. Africa Environment Outlook 2—Our Environment,Our Wealth [M]. Malta:Progress Press Ltd.,2006.

径流量随雨量略少而变化;与此对应的北半球同纬度地区则由于气候干燥,河网非常稀疏,有些地区没有常流河,甚至成为无流区。非洲的外流区域约占全洲面积的 69%,其中大西洋流域面积约占全洲的 51%,印度洋流域面积约占全洲的 18%,内流和无流区合计约占全洲面积的 31%。由于纬度低,高山少,冰雪融水在非洲河川径流的补给量中所占比例较小,河流的补给主要依靠降水。因此河流流量的季节变化主要决定于降水量的季节分配,可以分为扎伊尔型、沃尔特型、塞内加尔型、沙漠型和地中海型五种类型。人口的增长往往导致水资源短缺和压力。通常,人均水量低于 1000 立方米为水资源缺乏,低于 1700 立方米为具有压力。非洲人口的分布与水资源分布不协调,人口密度较高的北非、南非和东非部分地区缺水或存在压力(图 1—18),如非洲耗水最大的国家埃及却地处水资源缺乏地带。非洲水资源结构也具不平衡性。淡水资源包括地下水和地表水两部分。在非洲,75% 的人口需要靠地下水作为饮用水,特别是在北部和南部非洲。然而,非洲地下水资源仅占其可再生水资源的 15%。[1]

2. 水动力

非洲河流的年径流总量为 5400 立方千米,主要分布在中非、西非和南非,四大水系蕴藏有丰富的水力资源。尼罗河:全长 6450 千米,流域面积 280 万平方千米,河口平均流量 2200 立方米/秒;尼日尔河:全长 4160 千米,流域面积 209 万平方千米,河口平均流量 12000 立方米/秒;刚果河:全长 4370 千米,流域面积 369 万平方千米,河口平均流量 39000 立方米/秒;赞比西河:全长 2660 千米,流域面积 133 万平方千米,河口平均流量 16000 立方米/秒。河谷内多瀑布和急滩,如刚果河上有 40 多处、赞比西河有 70 多处大瀑布,蕴藏着巨大动力。

非洲可以开发的水力资源极为丰富,估计年可发电量达 20000 亿度,约占世界可开发水力资源的 21%。但目前利用不足 5%,而且基础设施差,电力严重不足。以尼日利亚的电力供应为例,目前发电量不到 3000 兆瓦,而整个国家的电力需求在 10000 兆瓦左右,缺口巨大。只有 40% 的尼日利亚人口(主要是城市人口)可以获得电力供应,实际电力用户不足 400 万家。联合国工发组织报告显示,尼日利亚国家电网发电成本高达 8 美分/千瓦时。由于发电量严重不足,工厂经常断电,加大了机器设备的损耗,提高了生产成本。众多企业使用

---

① United Nations. African Water Development Report 2006[EB/OL].[2007-07-07]. http://www.un-eca.org/awich/AWDR_2006.htm.

柴油发电机发电,使成本攀升至 14 美分/千瓦时,是正常用电成本的 2.43 倍。

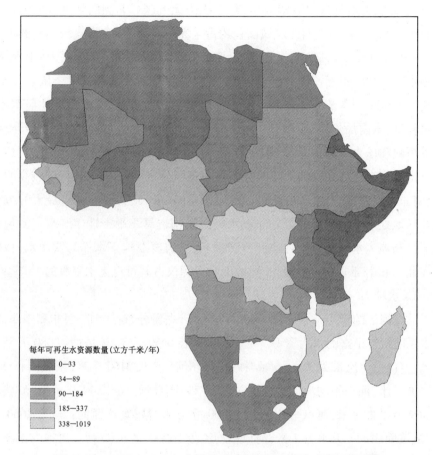

每年可再生水资源数量(立方千米/年)

- 0—33
- 34—89
- 90—184
- 185—337
- 338—1019

图 1—18   2003—2007 年非洲可再生水资源人均占有量示意图①

(三) 生物资源

1. 生物多样性

虽然干旱,但是作为一个古老的大陆,非洲具有较好的生物多样性,世界范围 25 个生物多样性热点区有 6 个分布在非洲。非洲植物的物种丰富,但是科和属的丰富水平低于其他热带地区。非洲大陆约有 4 万—6 万种植物,其中约有 3.5 万种为特有种。喀麦隆杜阿拉的库普—巴科斯(Kupe-Bakossi)地区,是一个高度生物多样化的地区。根据 2001 年世界自然保护联盟的标准,区域内

---

① United Nations Environment Programme. Africa-Atlas of Our Changing Environment[M]. Malta:Progress Press Ltd. ,2008.

总共有 2440 个种类,其中含有 82 个受到地方严格保护和 232 种受到威胁濒临灭绝的物种。南非的开普植物正系区是全球最小也是种类最丰富的植物王国,在 78555 平方千米范围内分布有大约 9000 种维管束植物物种,其中约 69% 属于特有种。① 马达加斯加分布有超过 1.2 万种植物,其中至少有 81% 是特有种。在坦桑尼亚和肯尼亚的东部弧形山脉森林区,保留有距今 3000 万年前的孑遗植物,它们在这里的隔绝环境中至少演化了 1000 万年。该保护区有 25% 的植物种属于地方特有种。②

全世界 4700 种哺乳动物物种约有 1/4(1229 种)分布在非洲,其中在撒哈拉以南非洲大约分布有 960 个物种,马达加斯加分布有 137 个物种。东部和南部草原分布了大量哺乳动物,其中羚羊至少有 79 种。有超过 2000 种鸟类分布在上述地区,占世界上鸟类种的比例大于 1/5,其中约有 1600 种鸟类为撒哈拉以南非洲的特有种。鸟类物种丰富度最高的是东部非洲的裂谷山区阿尔贝蒂娜森林、维多利亚盆地块状森林草原区、东非山地森林、北刚果块状森林草原区等地。非洲有大约 950 种两栖动物,但是每年都有许多新发现的物种甚至属。两栖类物种丰度最高的地区分布在刚果(金)、喀麦隆和坦桑尼亚。1990—1999 年新发现的两栖类和爬行类动物物种分别将已知物种数增加了 25% 和 18%。两栖类物种丰度较高的地区包括刚果(金)(210 种),喀麦隆(189 种)和坦桑尼亚(157 种)。③

2. 森林资源

森林和林地面积约 6.5 亿公顷,占土地总面积的 21.8%。森林覆盖率为 21%。刚果盆地的热带雨林是世界第二大热带雨林。木材蓄积量约 464.6 亿立方米,居世界第四位。盛产红木、黑檀木、花梨木、柯巴树、乌木、樟树、栲树、胡桃树、黄漆木、栓皮栎等经济林木。

非洲森林分布不平衡。中部非洲森林覆盖率达 48.3%,南部非洲森林覆盖面积高达 1.95 亿公顷,森林覆盖率为 30%。森林面积居前 10 位的国家依次为:刚果(金)、苏丹、坦桑尼亚、赞比亚、中非共和国、安哥拉、喀麦隆、刚果(布)、加蓬和莫桑

---

① Cape Floristic Region[EB/OL]. Wikipedia. [2012-11-11]. http://en. wikipedia. org/wiki/Cape_Floristic_Region.

② United Nations Environment Programme. Africa Environment Outlook 1—Past, Present and Future Perspective [M]. Malta: Progress Press Ltd. ,2002.

③ United Nations Environment Programme. Africa Environment Outlook 2——Our Environment, Our Wealth[M]. Malta: Progress Press Ltd. , 2006.

比克,它们的森林面积均大于 1600 万公顷,合计占非洲森林总面积的 65.5%。①

　　随着人类活动的加强,非洲的森林面积正在缩小。如表 1—6 所示,1990—2000 年全非洲森林总面积(不小于 0.5 公顷,林木覆盖率在 10% 的地表面积)的年度变化率估计为 -0.74%,相当于每年损失大约 500 万公顷的森林,几乎相当于刚果(布)的总面积,是世界上所有地区减少速率最高的。年度森林砍伐速率最高的国家是布隆迪(9.0%)、科摩罗(4.3%)、卢旺达(3.9%)和尼日尔(3.7%)。就森林砍伐面积来说,苏丹以 960 万公顷列居榜首,其次是赞比亚(850 万公顷)、刚果(金)(530 万公顷)、尼日利亚(400 万公顷)和津巴布韦(320 万公顷)。② 另一方面,非洲森林资源开发不合理。有资料表明,2002 年 5.7 亿立方米原木中,5.2 亿立方米为薪材,占总量的 90% 以上(世界平均 53%);工业用材只有 4805.5 万立方米,占非洲木材采伐量的 10% 以下(世界平均 47%)。许多国家需要进口工业木材产品。林产品加工落后,浪费大,砍伐 25—30 立方米木材,出原木 3—4 立方米,树头、树尾、短树干皆弃置不用。锯木、板材和木浆等结构性短缺,纸浆和造纸业特别薄弱,南非等 7 个国家纸浆产量就占非洲纸浆产量的 100%。因此,非洲林业资源开发潜力很大。

表 1—6　1990—2000 年非洲各亚地区森林面积变化③

亚地区	总土地面积(百万公顷)	1990 年森林面积(百万公顷)	2000 年森林面积(百万公顷)	2000 年森林用地比例(%)	1990—2000 年变化(百万公顷)
中非	524.3	249.4	240.3	45.8	-9.1
东非	243.8	38.8	35.4	14.5	-3.4
北非	851.0	77.1	67.9	8.0	-9.2
南非	679.8	239.1	222.0	32.6	-17.1
西非	605.6	85.1	72.5	12.0	-12.6
西印度洋群岛	58.9	13.0	11.9	20.1	-1.1
非洲	2963.3	702.5	649.9	21.9	-52.6

① 周秀慧,张重阳. 非洲森林资源的开发、利用与可持续发展[J]. 世界地理研究,2007,16(3):93-98.
② 联合国环境规划署. 全球环境展望 3[M]. 北京:中国环境科学出版社,2002.
③ 联合国环境规划署. 全球环境展望 3[M]. 北京:中国环境科学出版社,2002.

3．草地资源

非洲的草原面积占非洲总面积的27%，约占世界草原总面积的28%，居各洲第一位。非洲热带草原分布在非洲热带雨林的南北两侧、东部高原的赤道地区以及马达加斯加岛的西部，呈马蹄形包围热带雨林。分布地区占全洲面积的1/3，是世界上面积最大的热带草原区。

非洲热带草原的气候一年中有明显的干季和湿季，年降雨量多集中在湿季。因此，非洲热带草原的植物具有旱生特性。草原上大部分是禾本科草类，草高一般在1—3米之间，大都叶狭直生，以减少水分过分蒸腾。草原上稀疏地散布着独生或簇生的乔木，叶小而硬，有的小叶能运动，排列成最避光的位置。树皮很厚，有的树干粗大，可贮存大量水分以保证在旱季能进行生命活动。代表树种是金合欢树、波巴布树等。干湿两季有截然不同的景色。每到湿季，草木葱绿，万象更新；每到干季，万物凋零，一片枯黄。

（四）太阳辐射与风力资源

1．热量资源

太阳给地球送来了十分丰富的热量资源。地球轨道上的平均太阳辐射强度为1367千瓦/平方米，到达地球表面的太阳辐射能为173万亿千瓦（仅为太阳总辐射量的二十二亿分之一），地球每秒接受的太阳辐射能相当于500万吨煤。非洲位于赤道附近的低纬热带、亚热带地区，太阳高度角大，直射时间长。因此，热量资源极为丰富，但分布并不平衡。如图1—19所示，非洲热量最为丰富的地区并不是在太阳终年直射的赤道，而是在赤道以北的撒哈拉沙漠干旱区、东非高原以及非洲南部的干旱半干旱区。因此，这些地区也是太阳能利用潜力最大的地区。

（1）日照时数长。从非洲年日照时数的分布形势来看，干旱少雨的沙漠地区日照最长，如撒哈拉沙漠的年日照时数在3600小时以上，中部甚至可达4300小时左右，是世界日照时数最多的地区之一。卡拉哈里沙漠的年日照时数也超过3600小时，其中一些地方超过3800小时。此外，索马里半岛以及马达加斯加岛西南沿海等干旱少雨地区也是全洲的长日照地区，年日照时数达3600小时。日照最短的地区是几内亚湾沿岸和赤道多雨地带，年日照时数一般在1600小时以下，最少的地方仅1000小时左右。日照时数一般从沙漠地区向多雨地带逐渐减少。北部非洲从撒哈拉向南、向北递减。南部非洲则从卡拉哈里沙漠向四周减少。

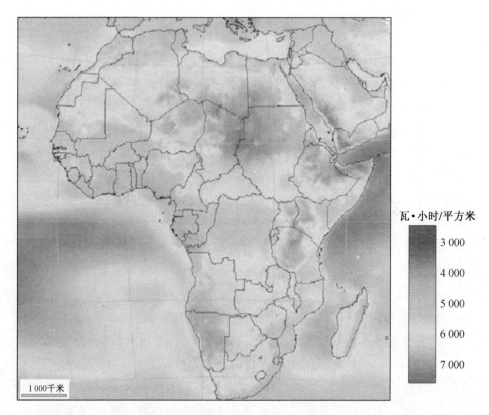

瓦·小时/平方米

3 000

4 000

5 000

6 000

7 000

1 000千米

图1—19　非洲热量资源分布示意图①

随着各地区降雨季节的不同,各月的日照时数也发生相应的变化。12月日照时数最短的地区是热带辐合带多雨带和地中海西部沿海冬雨地区,小于120小时。地中海东部沿海随着云雨的减少,月平均日照时数增加到180小时左右。其他广大地区的月平均日照时数在240—300小时。卡拉哈里沙漠许多地方月平均日照时数超过300小时。7月热带辐合带北移,日照最少的地区相应移到北纬0°—10°左右。其中除干旱少雨的索马里半岛外,月平均日照时数都小于150小时,有的地方甚至只有30小时左右。其他地区7月平均日照时数多在200—300小时之间。②

非洲大陆除高原山地外,大部分地区为完全无霜区和接近全年无霜区,≥

① United Nations Environment Programme. Africa Environment Outlook 2—Our Environment,Our Wealth [M]. Malta:Progress Press Ltd. ,2006.

② 苏世荣. 非洲自然地理[M]. 北京:商务印书馆,1983,p91.

10℃年积温8000℃—10000℃之间,全洲稳定在6000℃以上。

(2)太阳能开发利用。太阳能利用系统在非洲南部和北部的干旱、半干旱地区具有很大潜力。根据估算,非洲每平方米年辐射能为2475度电,相当于1.5桶原油产生的热能。[①] 在撒哈拉以南非洲,太阳能利用的最小预期也有3.719亿兆千焦,最大可以达到95.28亿兆千焦。太阳能利用系统可以为工业和商用方面供能。这一新的能源可以取代传统的化石燃料,并且对环境保护非常有益。根据2006年非洲环境展望报告,摩洛哥正在建造供能30—50兆瓦的装置,而埃及则在建造35兆瓦的装置。埃及政府有两座利用太阳能发电量在130兆瓦的大型设施正在建设中。埃及是世界上少数几个有专门政府部门致力于可再生能源发展的国家之一。在负责新能源和可再生能源的政府相关部门指导下,埃及最早的太阳能利用项目在20世纪80年代就已建成,2007年在开罗附近的库瑞马特(Koraimat)建成新的太阳能利用项目。[②]

太阳光电能对于满足小规模的供能需求具有巨大的潜力,对于照明、电气设备和通信设备供能它是最理想的方式。学校和健康医疗设施的供能也可以由太阳光电能来供应。但是太阳光电能设备的成本较高,这使得它的销售情况不理想,使用率也较低。太阳光电能面板的费用大约在每瓦特4.7美元,这种成本和木材、煤油、天然气这样的燃料相比缺乏竞争力。要想让这一技术得到广泛应用,太阳能的潜力被充分发挥,价格必须降低。

在非洲,常常利用太阳能烤生食物和烘干亚麻布,太阳能同时还可以用来烧水和取暖。然而,目前的这些利用方法并没有最大限度地利用太阳能热量,利用太阳能进行加热和干燥的潜力是巨大的。对于穷人来说,食物的加热烘干是确保食品安全的重要步骤。对于食物保存来说,太阳能干燥具有巨大的使用和发展潜力(图1—20),这种干燥技术同样可适用于木材和烟草。

在资源、环境压力日益增大的今天,作为一种清洁环保的能源,非洲太阳能的开发利用正在受到世界的关注。非洲是太阳能十分丰富的地区,根据欧盟委员会能源研究所提供的数据,只要能够利用撒哈拉沙漠和非洲中东部沙漠的太阳能的0.3%,就足以满足整个欧洲的能源需求。据报道,德国12家大公司有

---

① 姜忠尽. 非洲解决能源供求矛盾的战略对策与途径[J].西亚非洲,1987,5:73-79.

② United Nations Environment Programme. Africa Environment Outlook 2—Our Environment,Our Wealth [M]. Malta:Progress Press Ltd.,2006.

图 1—20 太阳能干燥鱼①

意成立联合企业,在非洲撒哈拉大沙漠地区投资建设全球规模最大的太阳能发
电站,以向欧洲地区的家庭和企业提供清洁能源。现在,该工程不仅获得了核
心集团的支持,并且直接参与工程建设的 12 家公司也签订了合作协议,共同推
进这项耗资 5550 亿美元的能源项目继续实施。根据工程计划,该沙漠(De-
sertec)项目最终能够在非洲北部地区产生 100 吉瓦②的电能,目标是满足整个
欧洲地区 15% 的用电需求。整个工程将会把届时建设在非洲北部海岸的多个
太阳能发电站串联起来,并且会将其中所产生的大部分电能通过高压直流输电
技术输送到欧洲地区。另外,发电厂附近还会建立脱盐工厂,以便为非洲民众
提供淡水资源。③ 在 2009 年 11 月 8 日举行的中非合作论坛部长级会议上,中
国已经做出为非洲援建太阳能等 100 个清洁能源项目的承诺。中国拟将和肯
尼亚合作研发适用于肯尼亚高温高湿地域条件的小型太阳能光伏系统和热水
系统,并示范推广到整个非洲地区,共同开发非洲太阳能产品市场。④

---

① United Nations Environment Programme. Africa Environment Outlook 2—Our Environment,Our Wealth
[M]. Malta:Progress Press Ltd. ,2006.

② 吉瓦:1 吉瓦(GW) = 1000 兆瓦(MW)。

③ 撒哈拉沙漠投资建设世界最大太阳能电站[EB/OL]. 机械专家网. (2009-11-20). http://news.
mechnet. com. cn/content/2009-11-20/68030. html.

④ 中国和肯尼亚合作研发拓展非洲太阳能市场[EB/OL]. 中国建材网. (2009-06-19). http://www.
c-bm. com/news/2009/6 - 19/b164153705. shtml.

2. 风力资源

影响非洲的风系主要有哈马丹风、西南季风、中纬度西风、温带气旋、热带气旋和地方风。非洲大部分国家的风速都很低,平均风速在3—6米/秒。但有一些局部地区的风速较大,开展风力发电较为理想。如1月源于撒哈拉高压的哈马丹风几乎笼罩着整个北部非洲,它的风向在撒哈拉东部为北风,在西部大致为东北风,风速6—14米/秒。同时,冬季从欧亚大陆来的极地大陆气团,因风向一致而加强了哈马丹风的势力。产生在西北非地中海沿岸的西洛克(Scirroco)风,是一种强大的干热含沙的偏南风,它往往形成大规模的沙暴,冬春季节风力最大。西洛克发生的日数与地中海气旋出现的次数密切相关,据观测资料,突尼斯有119日,泰拜尔盖为61日。卡姆辛(Khamsin)风是产生在北非地中海沿岸东部和尼罗河下游的一种地方风,其性质和成因与西洛克相同,表现为强大的带有大量沙尘的偏南风,风速6—21米/秒,发生日数以3—5月最多。

全球风能理事会2009年第一季度发表的一份报告称,非洲以其得天独厚的优势,拥有全球最大的风能资源,大约有24%的地区具有开发利用风能的潜力,预计可以产生电能10.6万太瓦/小时(1太瓦=1000吉瓦)。然而,截至目前,只有埃及和摩洛哥等北非国家才真正实现了商业用途的大规模风力发电。埃及在风力发电方面拥有巨大潜能,居非洲和拉丁美洲国家之首。埃及的风力发电能力可达到370吉瓦,占全世界风力发电能力的20%。埃及红海沿岸、苏伊士湾许多地方具备开发风能的有利条件,可以修建风力发电站。在东非,风能开发也具有较大的潜力。肯尼亚最大的电力公司——肯尼亚发电公司表示将投资至少1000万欧元在该国进行风能发电,以提高肯尼亚的发电能力。根据中国风力发电网消息,肯尼亚计划于2012年6月启动肯北部干旱地区图尔卡纳湖风力发电场建设。该项目将投资7.75亿美元,安装365台风电机组,总装机容量300兆瓦,预计2014年年中有50兆瓦首批发电,2015年完全建成投产。图尔卡纳风电场建成后,将取代摩洛哥现有的140兆瓦风电场,成为非洲最大的风电场。非洲发展银行拟提供项目70%的贷款。[①]

---

① 肯尼亚将建非洲最大图尔卡纳湖风力发电场建设[EB/OL]. 中国风力发电网. [2012-03-29]. http://www.worlduc.com/blog2012.aspx? bid=4967577.

（五）矿产资源

非洲大陆在漫长的地质演化进程中,经历了多期、多阶段的构造岩浆作用、变质作用和盆地拉张作用,为非洲大陆形成了金、铬、铂族、铜、钴、锰、铁、铝土矿、铀、镍、钯、钛、钒、金刚石、石墨、煤、磷、萤石、石油天然气等丰富多样的金属、非金属矿产资源。全世界铀和铬铁矿储量的 20%、锰矿和铝土矿储量的 30%、钒和钛储量的 20% 以上、钴矿储量的 52.4%、铂族金属储量的 90%、金资源量的 50% 以上、金刚石储量的 60% 和磷矿储量的 42% 集中分布在非洲。35 个非洲国家发现了钻石矿,其中博茨瓦纳、刚果(金)、南非、纳米比亚、安哥拉的金刚石产量分别居世界第一、第四、第五、第七和第八位。此外铅、锌、锑、重晶石等矿产资源储量也很可观。而且,大多数矿床品位高、分布连续、易于规模化开采。2007 年,非洲已探明的原油储量为 157.33 亿吨,约占世界总储量的 8.6%;天然气储量为 13.86 万亿立方米,占世界储量的 7.9%。[1]

二、非洲海洋资源

非洲的大陆和岛屿国家拥有丰富多样的沿海和海洋资源,包括生物资源和非生物资源。海岸环境多样,从沙漠到肥沃的平原再到雨林,从珊瑚礁到潟湖,从起伏不平的岩石海岸到犬牙交错的河口和三角洲,各色俱全。海洋环境包括开放的大西洋和印度洋,还有几乎被陆封的地中海和红海。水深小于 200 米的大陆架宽阔,在一些地方可以延伸到离岸 200 千米处。

（一）生物资源

沿海区域的生物多样性是重要的资源,因而有很多被指定为保护区的湿地和海洋。珊瑚礁、海草海床、沙丘、河口、红树林以及海岸周边的其他湿地为海洋动物和濒危物种提供了栖息和繁育场所,并向人类提供有价值的服务。大海洋生态系统是相对大的区域,一般面积达到 200000 平方千米或者更大,具有独特的海底深度、海洋水文、生产力特征和营养依赖关系的生物种群。多数大海洋生态系统具有季节性或永久性的沿海上升流,这些冷的、营养丰富的海水(海水被上升流从洋底带到海面)对渔业具有重大的支持作用。2003 年非洲海洋渔业产量达到 500 万吨(图 1—21)。在东部非洲,由于索马里洋流上涌的影响,渔产丰富。在肯尼亚海岸,红树林分布广泛。在中部非洲,刚果河等河流流

① 郝献晟,郭义平,王淑玲. 非洲矿产资源勘查开发的机遇[J]. 国土资源情报,2009,4: 14-18,33.

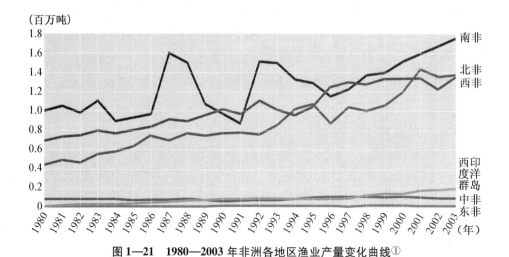

图1—21 1980—2003年非洲各地区渔业产量变化曲线①

经热带雨林的腹地,带来丰富的养料,使得沿岸国家拥有丰富的渔业资源。大陆海岸大多数地势低洼,充满了河口和红树林沼泽。在北部非洲,地中海以及红海被直布罗陀海峡和苏伊士运河所沟通,成为赋予了生物多样性的海岸和海洋生态系统,沿岸发育有珊瑚礁、红树林和种类繁多的渔业资源。受北上流过的冰冷的本格拉洋流(Benguela Current)和上升流带来的丰富营养物质的影响,南部非洲的海域支持工业规模的渔业,上层的主要捕捞物种包括南非沙丁鱼和开普凤尾鱼。在莫桑比克和坦桑尼亚,广泛分布着珊瑚礁、海草床和红树林,其中红树林的面积达到6483平方千米。在坦桑尼亚,沿海地区的森林分布达350平方千米。在西部非洲,西非海洋生态区跨越3500千米,包括毛里塔尼亚、塞内加尔和几内亚等6个国家,海岸线具有丰富多样的栖息地,从岩石峭壁和广阔的沙滩到北部广泛的海草草原和南部茂密的红树林以及发达的河口。这里有佛得角独特的珊瑚礁和强大沿岸上升冷水所支持的多样化的、极具经济价值的世界性的捕鱼区。上升流带来丰富的养分,与热带阳光一道构成了浮游生物的理想天堂,使得这里有超过1000种的鱼类,有海豚和鲸在内的多种鲸类动物,5种濒危的海龟以及世界上所剩最大的僧海豹栖息地。西印度洋群岛海域面积宽广,受索马里洋流(部分)和阿古拉斯洋流的影响,这里的海洋被赋予了丰富而多样的沿海和海洋生态系统,广泛分布着珊瑚礁,面积

① United Nations Environment Programme. Africa Environment Outlook 2—Our Environment,Our Wealth [M]. Malta:Progress Press Ltd.,2006.

约5000平方千米,种类有320种。被指定为世界遗产的位于塞舌尔西部的阿尔达布拉(Aldabra)岛就是一个典型的环礁。科摩罗周边的深海水域是腔棘鱼的老家。它是一种已经存在了3.7亿年的鱼类家族的代表。马达加斯加的沿海湿地广泛分布着红树林,覆盖面积达到34万公顷。毛里求斯和塞舌尔盛产金枪鱼。

(二)重要的非生物资源

1. 石油

非洲的沿海与海洋区域也拥有重要的非生物资源。约20个国家的近海拥有商品油和天然气储量,其中很多国家正在开发这些资源,以供应全球能源市场和满足国内需求。

非洲地区石油天然气探明储量位居世界第四位,其中海洋石油资源占总量的1/3。海上约3/4的石油资源分布在几内亚湾一带,尤其以尼日利亚—安哥拉一带近海海域较为集中。非洲油气勘探程度相对较低,待发现资源量较多,远景区域主要分布在北非陆上和西非深海海域。

目前,西非深海地区日益成为关注焦点。西部非洲的许多国家是产油国,像喀麦隆、加蓬和尼日利亚都是石油净出口国。在过去大约十年时间里,大量的石油和天然气资源在近海区域被发现,其中一些位于西部非洲的深水之下的大陆坡。许多近海区域尚未勘探。最大的新的石油储量位于尼日尔三角洲之外,是具有全球意义的生产区域。其他主要的石油储量发现并开发于喀麦隆、赤道几内亚和安哥拉的专属经济区。许多石油伴生有天然气。大储量的非伴生天然气发现于几内亚湾附近——尤其是尼日利亚——以及纳米比亚与南非沿海;还有位于地中海的加贝斯湾和尼罗河三角洲沿海。另外,位于坦桑尼亚大陆的沿海区域也盛产天然气。

中部非洲的沿海地区也有着大量的油气资源。加蓬、赤道几内亚和喀麦隆都是有影响的原油生产国和输出国。现在大量的生产来自于近海区域的油井。在赤道几内亚,生产量从1996年的17000桶/日(bbl/d)[①]增加到2004年上半年平均350000桶/日。在加蓬,国家经济几乎完全依赖于石油收入。喀麦隆和赤道几内亚也有巨大的石油储量。赤道几内亚的比奥科岛拥有巨大的天然气储量。赤道几内亚的天然气和凝析油的生产在过去的5年里迅速扩大。阿尔

---

① bbl 是美制石油计量单位的桶。

巴(Alba)作为这个国家最大的天然气田,已经探明储量1.3万亿立方英尺,可能储量估计至少有4.4万亿立方英尺。

北部非洲近海油气资源也比较丰富。在加贝斯湾发现了巨大的近海天然气储量,在那里突尼斯和利比亚正在联合开发一个跨界天然气田。埃及的绝大部分油气资源也位于近海区域,主要的产量集中在苏伊士湾,一些最大的天然气储量近来在尼罗河三角洲外被探明。摩洛哥有限的油气资源集中在沿海的索维拉盆地。

南部非洲沿海和近海地区也具有重要的油气资源。安哥拉拥有石油储量达到5400万桶,其中绝大部分位于深水区。天然气储量大多数位于近海区域,约占整个非洲储量的2.5%。已探明储量的国家有安哥拉(1.6万亿立方英尺)、莫桑比克(4.5万亿立方英尺)、纳米比亚(2.2万亿立方英尺)、南非(7800亿立方英尺)和坦桑尼亚(8000亿立方英尺)。

在西部非洲,尼日尔三角洲的油气资源开发已久,但现在多数国家增加的勘探和开发主要位于从浅海到更深的近海水域,甚至超越了大陆架的范围。石油输出国组织(OPEC)统计列表估计尼日利亚的原油储量在310亿桶,天然气的储量约占到非洲天然气储量的32%。尼日利亚的天然气储量在世界排名第九。

早在20世纪70年代,西印度群岛近海对油气资源的地球物理和地质勘探就在塞舌尔海岸附近开始。目前探明的天然气储量达到700亿立方英尺。一个位于西海岸之外的油田在2003年被证实含有重油,但被认为埋藏太深和不利于商业开发。

2. 其他矿藏

非洲沿海还有砂矿、灰岩等非生物资源。位于非洲南部和西部的许多沿海沉积物出产矿物资源。南非和纳米比亚位于大西洋沿岸的沙丘和海床沉积物含有大量贵重的冲积型钻石矿,而南非和莫桑比克位于印度洋沿岸的沿海沉积物则含有大量的钛和锆。肯尼亚的沿海沙层也成为钛的一个来源。更新世的礁灰岩为蒙巴萨福附近的水泥厂提供了原材料。在索马里,相似的石灰岩被开采为石料或石材。

除了上述资源外,非洲沿海还有丰富的旅游资源。近年来,非洲沿海环境正成为越来越有吸引力的全球旅游目的地。在一些国家,尤其是小岛屿发展中国家,旅游业及其相关服务成为国家经济的主要来源。①

第四节　非洲当代主要环境问题

　　如前所述,近年来非洲的社会经济得到了很大改善,人口呈现增长趋势。但是,随着非洲人口的增长和经济活动的增强,特别是沿海人口的持续增加和城市化的进展,对区域内资源的需求不断增加,在全球环境变化的背景下,来自陆地和海洋的人类活动加大了对环境的压力,导致了当代非洲的一些突出的环境问题。在非洲,重大的环境问题包括土地退化、森林减少、海岸侵蚀、洪水与干旱以及武装冲突等。根据联合国发展署《2007—2008 年人类发展报告》,自然灾害对非洲的影响非常巨大(图1—22)。

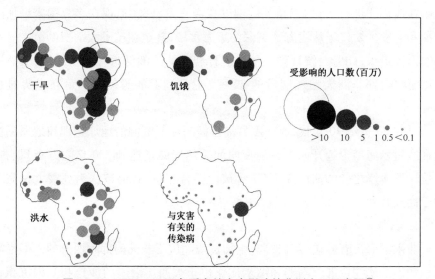

图1—22　1971—2000 年受自然灾害影响的非洲人口示意图②

　　① United Nations Environment Programme. Africa Environment Outlook 2—Our Environment,Our Wealth [M]. Malta:Progress Press Ltd. ,2006.

　　② United Nations Development Programs. Climate Change and Human Development in Africa:Assessing the Risks and Vulnerability of Climate Change in Kenya, Malawi and Ethiopia[R]. 2007.

一、人类活动导致的突出环境问题

（一）土地退化①

2005 年全球生态足迹报告显示,全球人均生态足迹为 21.9 公顷,而地球生物承载力平均只有 15.7 公顷,最终结果是环境退化和净消耗。非洲也不例外。

非洲 53 个国家共有大约 3000 万平方千米土地,包括各类林地、旱地、草地、湿地、耕地、海岸地区、水域、山地和城市等不同的生态系统。非洲有 870 万平方千米土地适合农业,有能力养活大部分非洲人口。② 随着人口增长带来的资源需求增加和发展导致的生态足迹扩大,加之自然灾害、气候变化、旱涝等极端天气频发以及新技术和化学物质的不合理使用,非洲土地的压力增大。土地退化的原因还包括农业、林业和工业活动的不适当规划和管理以及来自城市贫民窟和基础设施建设的影响。

非洲土地退化最为严重的是旱地。1990 年,土地退化面积约 500 万平方千米;1993 年,非洲 65% 的农业用地发生退化,其中包括 320 万平方千米旱地、半旱地和半潮湿地。肯尼亚土地退化案例研究揭示,肯尼亚 80% 地区为干旱区,在 1980—2005 年的 25 年中,有两个地区为土地退化高发区,即图尔卡纳湖周围的干旱区和东部省的大片农田。卢旺达将近 50% 的农业用地发生中等程度至严重的土壤侵蚀,2/3 的土壤呈酸性。虽然土地退化,但非洲农民迫于生计不得不继续使用这些土地。据计算,具有生产力的土地的人均占有量刚果(金)最低,为 0.69 公顷,布隆迪 0.75 公顷,埃塞俄比亚 0.85 公顷,乌干达 0.88 公顷,刚果(布)1.15 公顷,加蓬 2.06 公顷。滨海地区开发,海沙、珊瑚礁和石灰岩的开发使得海岸侵蚀日益严重,每年侵蚀深度在西非高达 30 米。受不合理灌溉的影响,非洲大约有 64.7 万平方千米的土地受到盐化,这些土地占非洲土地的 2.7% ,占世界盐化土地总量的 26% 。目前非洲有近 50% 的土地遭受沙漠化的威胁,甚至在中非和东非的潮湿的热带地区也有出现(图1—23)。

---

① 土地退化:是指在各种自然因素特别是人为因素的影响下所发生的土地质量及其可持续性下降甚至完全丧失的物理的、化学的和生物学的过程。其中,土地质量是指土地的状态或健康状况,特别是维持土地生态系统的生产力和土地可持续利用及促进动植物健康的能力。

② 联合国环境规划署. 全球环境展望4——旨在发展的环境[M]. 北京:中国环境科学出版社,2008.

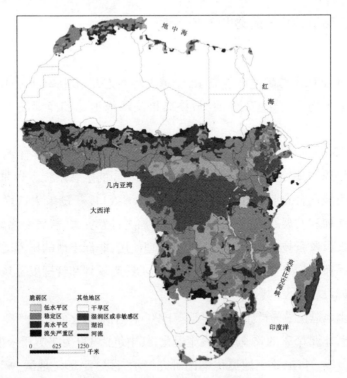

图1—23   非洲土地退化示意图①

　　沙漠化最严重的地区主要分布在苏丹—萨赫勒地区和南部非洲,还有地处撒哈拉沙漠南部的萨赫勒荒漠草原区、博茨瓦纳和厄立特尼亚等由旱地构成的国家。沙漠化的主要原因是不合理的土地利用,如连续的垦殖,过度放牧,土地疏于管理,土壤水、肥缺乏以及毫无选择的灌木火烧。在乌干达,由于过度放牧在干旱地带形成了所谓"牛走廊",土壤压实,水土流失,牧草质量低,土地生产力降低,土地的退化加速了这些地区的荒漠化进程。在冈比亚,大多数耕地的休耕期已经减少到零。1950—2006年,尼日利亚的牲畜从600万头增加到6600万头,增加了11倍。由于过度放牧和不合理的垦殖,每年有3510平方千米的土地沙漠化。如此高的土地退化率发生在干旱和半干旱区、丘陵、山区和湿地等边缘土地,使得问题变得尤为严重。扩大农业用地,为满足能源需要砍伐森林是导致土地荒漠化的另一原因。在非洲生物能源使用约占能源使用总

　　① United Nations Environment Programme. Africa-Atlas of Our Changing Environment[M]. Malta:Progress Press Ltd.,2008.

量的 30%，而在撒哈拉以南地区占 80%，如布隆迪为 91%，卢旺达和中非共和国为 90%，莫桑比克 89%，布基纳法索 87%，贝宁 86%，马达加斯加和尼日尔为 85%。在 20 世纪最后 30 年，薪柴需求翻一番，并且在以每年 0.5% 的速度增加。对生物能源的过度依赖导致了森林面积的下降和荒漠化。在加纳，人口密度为 77 人／平方千米，70% 的薪柴来自热带稀树草原带，每年有 20000 公顷的林地被毁。在乌干达，由于 90% 的人生活在乡村，以农业和畜牧业为生，1989—2000 年森林覆盖率从 45% 降至 21%。照此速度，到 2050 年热带森林就会消失。①

土地退化破坏了土壤肥力，造成旱地生产力降低高达 50%。根据粮农组织统计，非洲一些地区因土壤侵蚀和沙漠化，每公顷土地每年丧失土壤 50 吨，相当于每年丧失 200 亿吨氮、410 亿吨钾、20 亿吨磷。土地质量下降带来经济压力，并且通过对陆地和水域生态系统以及渔业资源的冲击，影响整个生态系统。土地退化同时减少了水资源的可获得性和质量，改变河流流量，对下游地区造成严重影响。②

（二）粮食供应不安全与贫困

资源丧失，土地退化和荒漠化将影响粮食安全，加剧贫困化。1985—2000 年，非洲生活在贫困线以下的认可比例从 47% 增加到 59%。2005 年，约有 3.13 亿非洲人每日的生活费不到 1 美元。贫困使得许多非洲居民得不到充足的食物、足够的饮用水、最起码的医疗和教育保障。土地退化更加剧了贫困。如果土地退化以目前的速度继续下去，非洲的农业耕地预计有超过一半可能会无法使用到 2050 年，该地区可能只能够养活 25% 的人口。农业是非洲的主要经济活动，代表该地区约 40% 的国内生产总值与 60% 的劳动力人口。这将导致前所未有的灾难。

土地退化还将导致粮食供应的不安全和热量摄入的减少。不断降低的土壤肥力导致农业产量减少 8%。世界粮食产量自 1960 年以来持续上升，而非洲则持续下降。受自然灾害、战争和疾病等影响，非洲粮食生产的不足导致营养不良人口数量增加。撒哈拉以南地区营养不良人口数量从 1981 年的 1.2 亿

① United Nations Economic Commission for Africa. Africa Review Report on Drought and Desertification ［R］. 2008.

② 联合国环境规划署. 全球环境展望 4——旨在发展的环境［M］. 北京：中国环境科学出版社，2008.

增加到 2003 年的 2.06 亿。在加纳两个北部地区,荒漠化导致的粮食问题使得儿童营养不良,1986 年该比例为 50%,1990 年上升到 70%。为了改善粮食供应的不足,非洲地区每年需要花费 150 亿—200 亿美元进口粮食,同时还要接受世界粮食援助。2004 年非洲撒哈拉以南地区 40 个国家共计收到世界 390 万吨粮食援助,占世界粮食援助的比例为 52%,而 1995—1997 年仅为 200 万吨。世界粮食计划署自成立以来已经在非洲投入了 150 亿美元,其中大量资金本可以用于增加农业投入或改善衰退的土地,再造农业活力。[①]

（三）生态系统受损

土地退化威胁着热带雨林、牧场等生态系统。非洲东部和南部的旱地生态系统脆弱,人类活动使植被消失,稀树草原退化,生物多样性减少,积水区域和蓄水层的破坏带来水资源的消耗,不断沉积的泥沙淤塞水库,造成流域生态系统对洪水的调节作用减弱,发生洪灾。例如在苏丹,由于尼罗河的沉积作用,占全国发电量 80% 的若色里水库 30 年内蓄水量减少了 40%。赞比西河是非洲南北最长、流经国家最多的河流,流量达到 100 万立方千米,11—3 月的雨季的径流占全年流量的 60%—80%。但是由于流域 30 座大坝的修建,雨季流量减少了 40%,旱季则增加了 60%,从而改变了赞比西河的形态,对红树林和相关的海洋资源造成负面影响;流域环境的退化造成泉水、小溪和河流的减少,对人类福祉和综合环境造成灾难性后果。高密度的农业、过度放牧、工业化等人类活动给湿地造成巨大压力,非洲湿地减少现象严重。在南非的土基拉盆地,湿地减少了 90%;在姆夫洛奇流域,湿地减少 58%;在突尼斯的梅杰达流域,84% 的湿地消失。湿地的退化和消失使得非洲特有物种肉垂鹅的栖息地消失而濒危,莱索托、斯威士兰、马拉维、莫桑比克、南非和坦桑尼亚等国的羚羊面临灭绝的危险。在毛里塔尼亚,约 23% 的哺乳动物面临灭绝。在非洲西部和中部,岩榆、灰刺树、非洲油棕、黑猩猩、大象和海牛等成为濒危物种。[②] 根据《2007 年全球环境展望年鉴》,非洲的狮群原有分布区的大约 80% 已经消失（图 1—24）。据估计,过去 20 年里狮群数量下降了 30%—50%,当前估算的现有狮子介于 23000—39000 只之间。现存狮群约 90% 分布于非洲东部和南部,其中半数位

① 联合国环境规划署. 全球环境展望 4——旨在发展的环境[M]. 北京:中国环境科学出版社,2008.
② 联合国环境规划署. 全球环境展望 4——旨在发展的环境[M]. 北京:中国环境科学出版社,2008.

于坦桑尼亚。在埃及、利比亚、突尼斯、阿尔及利亚、摩洛哥和毛里塔尼亚,狮子已完全灭绝。在非洲西部和中部,只有少数分散的狮子群落。①

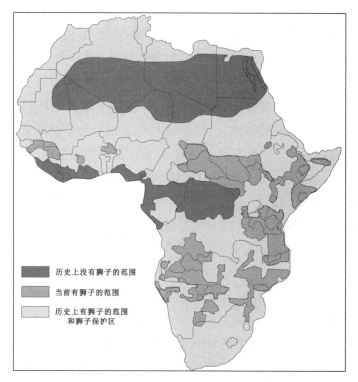

图1—24 非洲狮群分布变化示意图②

（四）外来侵入物种

外来侵入物种是非洲环境变化的一个主要因素,导致或加剧了人类的脆弱性,阻碍了发展。入侵物种影响着农业、林业、渔业、旅游、水资源管理和水电生产等经济部门。非洲出现了数以百计的外来入侵物种,包括植物和动物物种。几乎该地区的所有国家都受到了外来侵入物种的影响,但影响程度因国家和地区而异。2004 年,自然保护联盟——世界保护联盟确定了在南非有 81 个外来侵入物种,毛里求斯 49 个,斯威士兰 44 个,阿尔及利亚和马达加斯加各 37 个,肯尼亚 35 个,埃及 28 个,加纳和津巴布韦各 26 个,埃塞俄比亚 22 个。在非洲发现了许多被包括在全球 100 个最坏之列的外来侵入物种,如臭名昭著的凤眼

① 联合国环境规划署. 2007 年全球环境展望年鉴[M]. 北京:中国环境科学出版社,2007.
② 联合国环境规划署. 2007 年全球环境展望年鉴[M]. 北京:中国环境科学出版社,2007.

莲(水葫芦)、尼罗河鲈、莫桑比克罗非鱼和相思树等。在过去 500 年中,外来侵入物种使得至少有 65 种鸟类灭绝,马里恩岛上唯一的本地鸟因外来老鼠抢夺了它们的食物而数量越来越少。非洲侵入鸟种包括家雀、印度乌鸦等。在过去 20 年中,印度乌鸦已从坦桑尼亚海岸蔓延到内陆。它们破坏了许多其他鸟类栖息地,结果在坦桑尼亚首都达累斯萨拉姆,目前只有少数其他常见的鸟种。又如,印度八哥的引进是为了减少农业地区的昆虫种群,但八哥造成葡萄、杏、苹果、梨、草莓和中国鹅莓等其他果树的损害,还通过竞争产卵空洞、捕猎小鸡和鸡蛋和驱逐小型哺乳动物减少了生物多样性。沿海生态系统受到来自开放海洋的外来生物的入侵。沙菜属于红藻,原本在意大利的里雅斯特,现在分布遍及世界各地。它生活在沿海、河口和海洋环境的地方,附着在珊瑚、岩石或贝壳上,遮蔽了热带珊瑚礁。它的成功与其较快的增长速度有关,并具有附着其他藻类和容易繁殖的能力。在非洲的摩洛哥、纳米比亚、安哥拉、刚果、加蓬、圣多美和普林西比、喀麦隆、尼日利亚、多哥、加纳、科特迪瓦、利比里亚、塞拉利昂、几内亚比绍、冈比亚、塞内加尔北部、佛得角群岛、毛里塔尼亚、埃塞俄比亚、埃及(红海)、吉布提、肯尼亚、坦桑尼亚、莫桑比克、南非、马达加斯加、塞舌尔、毛里求斯和留尼汪岛沿海水域都出现了它们的踪迹。外来物种的入侵,给区域努力保护环境并满足非洲可持续的社会经济和环境基础发展目标带来了严重的挑战。由于植物和动物外来入侵物种的入侵,每年收入的损失和所采取控制措施用掉的费用达到数百万美元。世界保护联盟估计,全球每年用来对付外来入侵物种的经济成本约 4000 亿美元。非洲部长级环境会议提出,至少 2.65 亿美元的基金可以用在 3—5 年的治理项目。如果采取的措施可以用来衡量问题的严重性的话,这项措施表明外来物种入侵已被视为一个与土地退化、干旱和生物多样性的丧失同等重要的问题。①

二、气候变化对环境的影响

非洲的气候变化是 2006 年 11 月在内罗毕召开的《联合国气候变化框架公约》第 12 次缔约方大会的重要议题之一。据会议的一份背景文件报告,非洲非常容易受到气候变化的影响。这一事实已被降雨量的多变性、水资源缺乏、粮

---

① United Nations Environment Programme. Africa Environment Outlook 2—Our Environment, Our Wealth [M]. Malta: Progress Press Ltd. ,2006.

食产量低等气候因素以及裂谷热、霍乱和疟疾等与气候有关的疾病所进一步证实。气候变化有着多重的影响,特别是会影响到生态系统,进而又影响人类的日常生计和福祉。气温每上升1℃,就会对土地、海岸、海洋生物、淡水和森林资源造成影响。生物多样性和人类的聚居地也一样会受影响。新的健康威胁,一些传染病诸如疟疾等预计将会增加。环境变化还会作用于粮食的生产体系,从而衍生出营养不良、饥荒、饿莩等问题;昆虫种类和数量的变化,无形中也会使得疟疾这样的传染病泛滥。气候变化还会导致人口大量迁移,破坏社会凝聚力和文化礼教。

(一)干旱与饥饿

气候变化改变了灾害发生的频率,对靠天吃饭农业的过度依赖和高度的贫困,使得非洲地区的人们对于气候变化的抵御异常脆弱。非洲的极端天气,如水灾和旱灾的烈度和频度一年超过一年。过去几十年来,年均降水量一直在减少。包括博茨瓦纳、布基纳法索、乍得、埃塞俄比亚、肯尼亚、毛里塔尼亚和莫桑比克在内的许多国家每隔几年就要遭受一次大旱。埃塞俄比亚1984年干旱影响了870万人口,100万人死亡,成千上万人遭受营养不良和饥馑之苦,此外还造成了近万头(口)牲畜死亡。1991—1992年南非的干旱造成谷物减产54%,使超过1700万人面临饥饿。2001年以来的旱灾导致南部非洲严重缺粮。2002—2003年的干旱,使得1440万人需要帮助,粮食短缺达到330万吨。2000年发生在非洲的干旱,使320万肯尼亚人不得不依靠食物援助,40%的人营养不良,比平常高出3倍。2005年,肯尼亚马林迪教区教会为受旱灾影响的2129户农民提供种子和技术支持。同样是在2005年,由于干旱等原因,许多非洲国家面临粮食短缺的困境。影响严重的国家包括埃塞俄比亚、津巴布韦、马拉维、厄立特里亚和赞比亚,至少1500万人如果没有援助将挨饿。尼日尔、吉布提和苏丹的情况也在急剧恶化。许多国家遇到了10年来最严重的歉收和连续第三次或第四次严重的干旱。[①] 20世纪70年代和80年代发生在萨赫勒地区的干旱,导致10万多人死亡。在2003年初,非洲约2500万人面临饥荒,2003年4月,这一数字已增至4000万。发生在南非、苏丹、厄立特里亚和埃塞俄比亚的饥荒主要是因为干旱。联合国开发计划署2007年的人类发展报告指出,气候变化将影

---

① United Nations Economic Commission for Africa. Africa Review Report on Drought and Desertification [R].2008.

响脆弱地区的降雨量、气温和农业用水供给。根据有关研究的估算,到 2060 年非洲撒哈拉沙漠以南遭受旱灾的面积可能增加 6000 万—9000 万公顷,干旱土地遭受的损失可达 260 亿美元(按照 2003 年的价格测算)。

气候变化与环境退化之间的相互作用可能加剧地区冲突,破坏为建立长期和平与人类安全所做出的各种努力。过去 30 年降水量持续减少,非洲多地区出现干旱。在苏丹的达尔富尔地区,干旱和不合理的人类活动导致土地退化,迫使该地区的农民、牧民向南迁移,在定居过程中与当地居民发生冲突,产生了著名的达尔富尔问题。

2006 年 11 月 6 日,在肯尼亚首都内罗毕,来自世界许多国家和地区的官员和专家召开了联合国气候大会。但就在他们为人类未来的生存环境进行激烈争论的时候,在离开会地点只有几百千米距离的一个地方,当地的游牧部落正在走向消亡。由英国一家慈善机构的一个专门委员会负责的一项调查报告显示,在肯尼亚的北部地区,生活着大约 300 万牧民(图 1—25),其生活方式数千年来几乎没有什么变化,随着全球气温的升高,肯尼亚游牧部落所赖以生存的土地正日益遭到破坏,持续的干旱致使牲畜大量死亡,游牧部落正在面临消亡的命运。在过去的 25 年时间里,曼德拉地区旱灾发生的次数相比过去增加了 4 倍,已经有将近 1/3 的当地牧民(约 50 万人)被迫放弃了他们的游牧生活,

图 1—25　非洲游牧民族①

---

① 全球气候变暖将使非洲游牧部落面临消亡[EB/OL]. 搜狐新闻. (2006-11-13). http://news. sohu. com/20061113/n246341384. shtml.

在肯尼亚东北部省份定居下来。在严重的旱灾中,大约 60% 的牧民根本无法依靠剩下的牲畜生活,只能依赖于援助。①

（二）洪水与疾病

气候变化导致了永冻积雪的加速融化以及海平面的上升。例如,乞力马扎罗山的冰层在 20 世纪后退了 73%。自 1963 年以来,肯尼亚山冰帽缩减了40%。这种趋势发展下去,将会导致人口大量迁移,丧失低地土地,农业减产和健康问题,以及气候不稳定和异常。1997—1998 年的厄尔尼诺导致的洪水对于道路、建筑物、桥梁、铁路和其他财产造成了巨大损失。在此期间,疟疾等传染病也大肆泛滥。因为这期间的环境很适宜蚊虫的繁衍,蚊虫又传播许多病毒,其中有 100 多种可以传染给人类,诸如疟疾、登革热、黄热病、流行性脑炎。霍乱,这种由食物或饮用水传播的疾病在包括非洲在内的世界许多地方严重影响了人类健康。1997—1998 年的厄尔尼诺灾害期间,洪水在吉布提、索马里、肯尼亚、坦桑尼亚和莫桑比克导致了大量传染病。② 在东非,2007 年的洪水产生了蚊虫等疾病因素的新繁殖区,引发了裂谷的发烧疫情,导致疟疾患者增多。在埃塞俄比亚,2006 年一场极其严重的洪灾过后,流行性霍乱导致大范围的人员伤亡和疾病。③ 莫桑比克在 2000 年发生了 150 年一遇的洪水,林波波河流域的低地被淹长达 3 个月,严重影响了人们赖以生存的植物资源。非洲的湿地面积有 120 万平方千米,但是这些湿地正面临着污染和开垦威胁。南部非洲湿地的消失造成了 1999—2000 年严重的洪水,这次洪水使 3 万个家庭和 3.4 万公顷农田受到影响。为防止湿地的进一步退化,27 个非洲国家签署和批准了1987 年及 1998 年 12 月的《拉姆萨尔公约》,确立了占地 1400 万公顷的 75 个保护区。④

（三）虫灾

气候变异的主要威胁是限制可持续发展。撒哈拉以南的非洲作物产量因全球变暖和气候变化,预计将降低 20%。据预测,气候变化将带来更极端的天气,越来越多的人会遭受经常性的灾难。除了极端天气事件,如干旱和洪水,虫

① 全球气候变暖将使非洲游牧部落面临消亡[EB/OL]. 搜狐新闻. (2006-11-13). http://news. so-hu. com/20061113/n246341384. shtml.

② United Nations Environment Programme. Africa Environment Outlook 2—Our Environment,Our Wealth [M]. Malta：Progress Press Ltd. ,2006.

③ 联合国开发计划署. 2007—2008 人类发展报告——应对气候变化[R]. 2008.

④ 联合国环境规划署. 全球环境展望 3[M]. 北京：中国环境科学出版社,2002.

害也严重威胁着粮食安全。2004年,非洲西部和北部的十多个国家受到大面积的蝗虫侵害,严重破坏了植被和庄稼。沙漠蝗虫定期入侵北非,1986—1989年萨赫勒为控制虫害花费了3亿美元。2004年,蝗虫从6月底开始入侵萨赫勒地区,影响最严重的包括毛里塔尼亚、马里、塞内加尔和尼日尔。250多万农村住户受到粮食短缺的威胁,超过400万公顷的农作物和农田被蝗虫群破坏。在毛里塔尼亚,约160万公顷土地被蝗虫入侵,估计80%的农作物被毁。害虫入侵也影响到了国家经济。2002年,摩洛哥农业产值为70亿美元,包括出口收入的10亿美元,而用于防御虫害的资金就达到了3000万美元。①

(四)水资源短缺

气候变化导致的干旱和荒漠化将使得非洲的水资源问题更为严重。平均年降水和地表径流的减少加剧了南部非洲的荒漠化。该区域是许多水压力较大的地区之一,气候变化将导致河流水量和地下水补给的进一步减少。估计到2025年,这里也会像现在的北非一样缺水。这意味着,在这些地区的国家将没有足够的水资源以维持其灌溉农业的现有水平,人均粮食产量将下降。同时,水也将不能满足居民生活、工业和环境需求。为了减少用水,不得不降低农业比例,只能依靠进口粮食。估计到2025年,2.3亿人将面临水资源短缺,4.6亿人生活在用水紧张国家。现在已有14个国家用水紧张或缺水,2025年缺水的国家将增加到25个。在尼罗河流域,河流水量的减少最为严重,估计2100年将减少70%。河流水量的减少将对农业产生深刻影响,因为尼罗河流量减少20%就会中断正常的灌溉。这种状况也将导致地区分水冲突。②

(五)全球变暖的负面影响

根据气候变化模式预测,全球变暖将使得撒哈拉以南非洲成为受负面影响最重的地区之一。撒哈拉以南非洲地区是世界上最贫穷、最依赖降雨的地区,整个地区即使气温和降雨模式的细微变化也会影响脆弱的环境,因此农业生产者只能利用有限的资源耕种。政府间气候变化专门委员会称,2000—2020年期间,雨养农业产量可能减少50%—53%。旱地农业系统将遭受某些最严重的气候变化影响。如果到2060年,气温升高2.9℃以及降雨量减少4%,撒哈

---

① United Nations Environment Programme. Africa Environment Outlook 2—Our Environment, Our Wealth [M]. Malta: Progress Press Ltd. ,2006.

② United Nations Economic Commission for Africa. Africa Review Report on Drought and Desertification [R]. 2008.

拉以南非洲旱地地区每公顷收益将减少25%。如果平均气温升高2℃,预计乌干达种植咖啡的可利用土地面积将减少55%。苏丹北部科尔多凡省的气候模型表明,2030—2060年期间气温将上升1.5℃,降雨量减少5%。对农业可能产生的影响包括高粱产量减少70%。而在此前的40年里,由于降雨量长期减少与放牧过度,苏丹有些地区的沙漠延伸了约100千米。[①] 气候变化模型显示,到2050年,全球气温将上升2℃—3℃,降雨量下降,可用水减少。气温上升和降雨减少会导致土壤湿度下降,90%以旱地生产(雨养生产)维生的小农将受到影响。玉米的产量将减少10%。按照政府间气候变化专门委员会设想方案A2的预测(该方案基于如下假设:经济增长缓慢,全球化程度低,人口持续高速增长。帕默尔干旱指数是在对降雨量和蒸发量预测的基础上计算得出的。指数为负,表明干旱程度加深),到2090年,非洲大多数地区干旱将加剧(图1—26)。

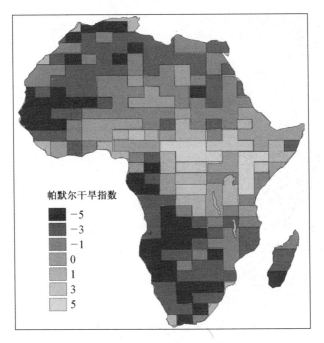

帕默尔干旱指数

- −5
- −3
- −1
- 0
- 1
- 3
- 5

图1—26　政府间气候变化专门委员会设想方案A2预测的非洲

(2009年与2000年相比)干旱程度变化示意图[②]

---

① 联合国开发计划署. 2007—2008人类发展报告——应对气候变化[R]. 2008.
② 联合国开发计划署. 2007—2008人类发展报告——应对气候变化[R]. 2008.

另一方面,全球变暖将导致海平面上升。在过去30年中,标记各个地区的平均气温的"等温线"以每十年约56千米的速度朝着北极和南极移动。一个模型通过政府间气候变化专门委员会人口快速增长情景做出估计,气温上升3℃—4℃,遭受沿海洪水的人口数量将增加1.34亿—3.32亿。如果将热带风暴活动考虑在内,到21世纪末,受灾人数将增加到3.71亿。在埃及,可能有600万人流离失所,4500平方千米的农田被洪水淹没,将有17%的人口生活在贫困线以下。① 有研究表明,在21世纪,非洲30%的沿海基础设施将被上升的海水淹没。以尼罗河三角洲为例,如果海平面上升0.5米,将淹没1800平方千米的土地(图1—27),380万人受灾;海平面上升1.0米,将淹没4500平方千米土地,610万人受灾。到21世纪80年代,谷物产量将下降5%。同时,疾病暴发的范围、频率和严重性也可能增加。②

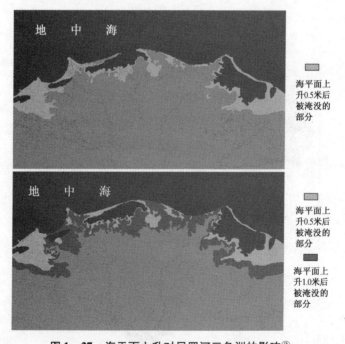

图1—27 海平面上升对尼罗河三角洲的影响③

① 联合国开发计划署. 2007—2008人类发展报告——应对气候变化[R]. 2008.

② 联合国环境规划署. 2007年全球环境展望年鉴[M]. 北京:中国环境科学出版社,2007.

③ GRID-Arendal of United Nations Environment Programme. Potential Impact of Sea Level Rise: Nile Delta (0.5 to 1.0 Metres) [EB/OL]. [2012-11-11]. http://grida. no/publications/vg/climate/page/3088. aspx.

《非洲——改变中的家园面貌》(*Africa-Atlas of Our Changing Envrionment*)一书,①对非洲各国面对的环境问题进行了总结(表1—7),不同国家和地区主要的环境问题不同。政府间气候变化专门委员会第四次报告中,对气候变化对非洲的影响进行了预测:到2020年,预估有7500万到2.5亿人口会由于气候变化而面临加剧的缺水压力;到2020年,在某些国家,雨养农业会减产高达50%;在许多非洲国家,农业生产包括粮食获取会受到严重影响,进而影响粮食安全,加剧营养不良;接近21世纪末,预估的海平面上升将影响人口众多的海岸带低洼地区。适应的成本至少可达到国内生产总值(GDP)的5%—10%;根据一系列气候情景,预估到2080年非洲地区干旱和半干旱土地会增加5%—8%。②

表1—7 非洲各国主要的环境问题

区域	国家	问题	国家	问题
北非	阿尔及利亚	沙漠化; 缺水; 污染	摩洛哥	旱灾与荒漠化; 缺水; 污染
	埃及	城市化与污染; 土壤侵蚀与土地退化; 生物多样性受威胁	突尼斯	土地退化与荒漠化; 缺水; 空气与水污染
	苏丹	土壤侵蚀和土地退化; 偷猎与象牙贸易; 林业与渔业	利比亚	森林退化和橡胶林砍伐; 生物多样性受到威胁; 水污染
东非	埃塞俄比亚	水利用与资源安全; 家畜、土壤侵蚀和土地退化; 生物多样性和风土性受威胁	索马里	生物多样性受威胁; 荒漠化、过度放牧和森林退化缺水和旱灾
	布隆迪	土地利用和退化; 森林退化; 坦噶尼喀湖生态与渔业	乌干达	土地退化与森林退化; 习俗退化与生物多样性受威胁; 水利用与水污染

① United Nations Environment Programme. Africa‐Atlas of Our Changing Environment[M]. Malta: Progress Press Ltd. ,2008.

② 政府间气候变化专门委员会(IPCC). 政府间气候变化专门委员会第四次评估报告——气候变化2007年综合报告[R]. 2008.

区域	国家	问题	国家	问题
东非	肯尼亚	缺水与污染； 荒漠化与森林退化； 淡水生态系统退化	吉布提	缺水； 土地利用与荒漠化； 海洋资源与污染
	卢旺达	人口对土地的压力； 土壤侵蚀与沉积作用； 森林退化与生物多样性受威胁	厄立特里亚	水压力； 土地利用与退化； 森林退化与生物多样性受威胁
西非	塞内加尔	城市污染； 森林退化； 海岸湿地开发与渔业过度开发	多哥	土地退化与森林退化； 水生生态系统受威胁； 生物多样性受威胁
	冈比亚	旱灾与农业生产； 森林与湿地生态系统受威胁； 渔业过度开发与海岸侵蚀	加纳	森林退化； 土地退化与海岸侵蚀； 渔业过度开发与瓦尔塔湖水量减少
	马里	荒漠化与旱灾； 水利用与污染； 生物多样性受威胁	佛得角	土壤侵蚀和土地退化； 生物多样性受到威胁
	几内亚	森林退化与难民； 渔业过度开发与红树林森林毁损； 土地退化	尼日尔	荒漠化与森林退化； 野生动物受威胁； 矿业的环境问题
	几内亚比绍	森林退化； 腰果生产与土壤侵蚀； 比加勾斯生物圈保护区受威胁	尼日利亚	荒漠化； 森林退化与生物多样性受威胁； 石油污染
	塞拉里昂	森林退化； 土地退化； 渔业过度开发	布基纳法索	缺水； 土地退化和荒漠化； 森林退化
	利比里亚	森林退化和橡胶园； 生物多样性受威胁； 水污染	科特迪瓦	森林退化； 生物多样性受威胁； 海岸生态系统受威胁
	贝宁	森林退化； 荒漠化； 生物多样性受到威胁	毛里塔尼亚和西撒哈拉	荒漠化与森林退化； 铁矿业； 海洋渔业与海岸生态系统； 土地利用与粮食生产； 水资源

续　表

区域	国家	问题	国家	问题
中非	喀麦隆	土地与森林退化； 过度使用生物资源； 海岸和海洋生态系统退化	刚果（布）	野生动物偷猎； 海岸和内陆湿地生态系统受威胁； 森林退化
	中非共和国	偷猎； 森林和土地退化； 钻石开采与污染	圣多美和普林西比	森林生态系统退化； 生物多样性受威胁
	加蓬	生物多样性受威胁； 海岸退化与工业污染； 卫生设施缺乏和城市环境	赤道几内亚	石油生产与海岸退化； 森林退化； 布须曼特和比奥库岛狩猎
中非	乍得	旱灾； 沙漠化与土地退化； 水压力与饮水卫生	刚果（金）	野生动物偷猎； 森林退化； 矿业与生态系统退化
南非	安哥拉	生物多样性受到威胁； 可饮用水不足； 渔业过度开发和海岸退化	斯威士兰	人口入侵和土地退化； 灌溉和土地退化； 生物多样性威胁与外来物种入侵
	马拉维	缺地和土壤侵蚀； 炭薪型森林退化； 水污染与水生生物多样性受威胁	坦桑尼亚	水污染与水生生态系统； 土地退化与森林退化； 生物多样性和生态系统受威胁
	莱索托	牧场退化； 莱索托高地生物多样性受威胁； 水资源管理与污染	莫桑比克	水增长与自然灾害； 土地利用； 野生动物与森林保护
	博茨瓦纳	过度放牧和荒漠化； 缺水和城市化	纳米比亚	土地退化与荒漠化； 干旱与缺水； 生物多样性受威胁
	赞比亚	铜矿开采与水、空气污染； 森林退化与野生动物耗竭； 城市化	南非	水利用与质量； 土地退化； 生物多样性受威胁
	津巴布韦	土地退化与森林退化； 旱灾； 野生动物偷猎与黑犀牛		

续 表

区域	国家	问题	国家	问题
西印度洋群岛	马达加斯加	土壤侵蚀； 风土性与生物多样性受威胁； 森林退化	科摩罗	森林退化与土壤侵蚀； 海岸生态系统受威胁
	塞舌尔	严酷的天气与海岸侵蚀； 红树林丧失与珊瑚礁保护	毛里求斯	海岸水污染； 生物多样性受威胁

　　　　　　　∽⌒◦ 第二章 ◦⌒∽

非洲资源与环境开发简史

　　根据非洲资源与环境开发的历史脉络,本章简要回顾非洲资源与环境的开发历史,介绍非洲资源与环境的现状和特点。

第一节　殖民时期以前非洲的资源与环境开发

　　非洲是人类最早的起源地和文明的发祥地之一。公元前5000年,尼罗河下游的古埃及居民就掌握了栽培植物和修建水利工程的技术。公元前3500年,古埃及人创造了象形文字。公元前3188年,古埃及出现了统一的中央集权的奴隶制国家。在与古埃及毗邻的其他地中海和红海地区,以及西非的尼日尔河和塞内加尔河流域,古代人类文明方面也达到了一定的高度。公元640年,西亚的阿拉伯人开始向非洲迁移,在710年抵达大西洋岸边,使阿拉伯文化和伊斯兰教在北非地区传播开来。与此同时,基督教传到了红海地区,北非和东非自此进入了封建社会。非洲其他地区发展程度则相对较低,但在中世纪也都经历了比较迅速的进展历程,直至西方殖民者入侵的到来才打断了这一进程。[①②]

　　从古代非洲资源开发的总体看,矿产资源及土地资源开发利用主要集中在北非地区。南部非洲的古代史基本上没有文字记载。1868年西方人在今天津巴布韦发现的石头城遗址说明这里也曾经有过比较辉煌的古代文明。

　　位于中非的刚果盆地古代曾出现过几个重要的王国。公元14世纪末,在

---

① 杨青山. 世界地理[M]. 北京:高等教育出版社,2004.
② 韩中安. 世界地理(下)[M]. 长春:东北师范大学出版社,1998.

今天刚果(金)的西南部和安哥拉北部建立了刚果王国。刚果王国具有明显的部族国家的特征。居民分属各个部落公社,土地为部落公社所有,分配给公社成员耕种,公社成员则要向头人、酋长贡献一部分收获物,头人、酋长再将其中的一部分贡献给国王。1483 年,葡萄牙人开始进入刚果王国的领地。他们用花布、丝绸、小刀、镜子、玻璃珠等廉价的工业品贿赂国王和各级官员,帮助他们从邻近的地区掠夺奴隶。刚果当地的部落酋长成了殖民者的帮凶,贩卖奴隶加剧了刚果的各种社会矛盾,最终导致王国的崩溃。1665 年,刚果王国分裂为若干个小王国。

西非是非洲进入文明社会较早的地区。在几内亚湾以北、撒哈拉沙漠以南地区,曾有许多大大小小的王国,其中最著名的是在西非中部先后兴起的加纳、马里和桑海。加纳与如今的加纳共和国在地理位置上并无关系。古加纳王国出现在公元初,到 11 世纪加纳王国进入全盛时期。加纳王国以黄金著称于世,连王宫的狗戴的项圈都是金或银做的。1076 年,摩洛哥征服了加纳,加纳从此一蹶不振。1200 年,苏苏族的国王苏曼古鲁征服了加纳的残余部分,加纳王国从此销声匿迹。1235 年,已有 500 年历史的马里王国在松底阿特的率领下击溃了苏苏族国王苏曼古鲁的军队。马里逐渐控制了原加纳王国的土地,成为一个更强大、更富裕的国家。14 世纪初,国王曼萨·穆萨到麦加朝觐,随从达 6 万人,用 84 头骆驼驮运金砂。一时间马里的富庶名闻伊斯兰世界。国王还邀请了许多伊斯兰学者到马里讲学,使马里成为伊斯兰学术研究中心。1360 年以后马里王国因出现争夺王位的内战,开始衰落,国土日渐萎缩。桑海帝国早在公元 7 世纪中叶就已建立,当时位于尼日尔河中游的登迪地区。公元 11 世纪初迁都加奥,后改名加奥王国,是马里原属国之一。马里衰落给桑海的兴起创造了条件。到 15 世纪下半叶,桑海已经成为一个强大的帝国。但桑海帝国只维持了 100 多年的兴盛,内部的纷争使外部武力有了可乘之机,1591 年,摩洛哥军队占领了桑海的都城廷巴克图,桑海帝国不复存在。①②

在古代,北非和西亚有着密切的联系,公元前 9 世纪,善于经商的西亚腓尼基人来到现在的突尼斯湾沿海地区建立了商业据点,开始向北非殖民。经过长时间的发展,这里逐渐形成了一个强大的奴隶制国家——迦太基,并成为地中

---

① 苏联科学院非洲研究所. 非洲史[M]. 上海新闻出版系统"五·七"干校翻译组,译. 上海:上海人民出版社,1977.

② Harry Gailey. 非洲史[M]. 蔡百铨,译. 台北:国立编译馆,1995.

海地区的商业中心。为了与当时的罗马争夺地中海霸权,迦太基与罗马进行了长达 100 多年的战争。最后,迦太基战败,划入罗马版图,公元初年,整个北非地区都划入了罗马的版图。公元 7 世纪,阿拉伯人占领了北非地区,北非成为阿拉伯世界的一部分。此后北非几个国家(苏丹除外)的命运连在了一起,并与西亚有了不可分割的联系。16 世纪,这里又沦为奥斯曼土耳其帝国的一部分,直到西方殖民者进入北非之前,这里一直是土耳其人的势力范围。

15 世纪,非洲刚刚摆脱阿拉伯人的统治,西班牙人和葡萄牙人又开始登上这片大陆,寻求发展的新空间。他们沿着非洲西海岸一直南下,试图找到通往东方的新通道。在西班牙派人向西航行的同时,葡萄牙人也在不断地向南寻找通向东方的航路。1487 年葡萄牙人迪亚士在国王的鼓励下,组织船只沿着非洲海岸向南航行,到达非洲最南部的好望角。接着葡萄牙人达·伽马组织了更大的船队,于 1497 年 7 月 8 日从里斯本出发,先是循着迪亚士发现的航路于同年的 11 月到达好望角,并从那里折向北航行。1498 年 3 月达·伽马到达了莫桑比克,并在一个阿拉伯向导的指引下建立了据点。由于遭到当地人的抵制,他在购买了大批的香料、丝绸、宝石和其他东方特产后便匆匆返航。他这次所带回货物的纯利润是全部航行费用的 60 倍。在以后的航行中,葡萄牙人带来了更多的人马和大炮,打败了印度洋上各地有组织的抵抗,建立了许多商业和军事据点,终于控制了这条通往东方的航路。新航线的发现给欧洲带来了财富,也给非洲带来了灾难。[1][2]

"新大陆"发现之后,美洲的开发需要大量的劳动力。为了牟取暴利,葡萄牙、西班牙、荷兰、法国和英国等欧洲殖民者开始将非洲黑人贩卖到美洲。在黑奴买卖盛行的 1502—1808 年的 300 年间,光是被卖往美洲的黑奴就达 600 多万。罪恶和残酷的奴隶贸易,严重破坏了非洲的社会生产结构,阻碍了非洲的发展,给非洲人民带来了深重的灾难。[3]

可以看出,殖民时期以前的非洲,除北部非洲具有较大规模的资源开发外,非洲其他地区多处于蛮荒时期,资源开发程度相当有限。殖民时期到来后,也

---

① 鞠继武. 非洲地理[M]. 上海:新知识出版社,1955.

② 苏联科学院非洲研究所. 非洲史[M]. 上海新闻出版系统"五·七"干校翻译组,译. 上海:上海人民出版社,1977.

③ P. 邦特. 非洲历史的分析——从贩卖黑人到新殖民主义[J]. 殷世才,译. 国外社会科学,1981,3:45-47.

正是欧洲列强看到了非洲丰富的自然资源而进行掠夺,所以非洲资源与环境大规模的开发史可以说是从殖民时期开始的。

第二节 殖民时期非洲的环境与资源开发

15世纪前后,走上资本主义道路的欧洲各国为掠取财富开始对外扩张,与欧洲毗邻的非洲成了首要目标。1445年,葡萄牙人迪亚士组织船只沿着非洲西海岸向南航行,到达好望角,成为掠夺非洲的开端。之后西班牙、荷兰、英国、法国等殖民者接踵而至。欧洲人到达之初,主要通过各种手段掠夺黄金、象牙、香料等。不久,新发现的美洲兴起了金银采矿业和种植园农业,需要大量的劳动力,于是欧洲殖民者便在非洲疯狂抢掠人口,开始了罪恶的奴隶贸易。在1502—1808年长达300年罪恶的黑奴贸易期间,非洲累计丧失了1亿多人口,生产力遭到极大破坏。在这一过程中,葡萄牙、荷兰、英国、法国等先后在非洲沿海地带建立了一批殖民据点,但范围都不大。19世纪中后期,资本主义开始向帝国主义过渡,为了开辟广阔的原料产地和销售市场,欧洲国家加紧了对非洲的掠夺,开始从沿海向非洲内陆侵入,掀起了瓜分非洲的狂潮。为了协调各国的利益,1884年11月至1885年2月,英国、法国、德国、比利时、葡萄牙、意大利等15国在柏林召开会议,以协议形式对非洲进行了瓜分。到第一次世界大战之前,整个非洲大陆只有利比里亚和埃塞俄比亚还保持名义上的独立,其余的国家和地区全部沦为欧洲列强的殖民地或半殖民地。[1][2]

最初深入非洲内陆的是不同殖民国家派遣或资助的探险家和传教士,这些探险家和传教士为殖民者搜寻资料、拟定方略,较重要的如19世纪初期英国的帕克探查了尼日尔河流域。19世纪60—70年代,英国的斯皮克及传教士利文斯敦先后探查了刚比西河流域、东非大湖区及刚果河上游。19世纪70年代,斯坦利探查了东非大湖区及刚果河流域。此外,法国、德国的一些探险家探查了撒哈拉沙漠及苏丹草原地区,比利时国王组织了"国际非洲探险开拓会",从事大规模资源探查。

---

① P. 邦特. 非洲历史的分析——从贩卖黑人到新殖民主义[J]. 殷世才,译. 国外社会科学,1981,3:45-47.

② 杨青山. 世界地理[M]. 北京:高等教育出版社,2004.

在辽阔的非洲大陆,蕴藏着特别丰富的有色金属、黑色金属和稀有金属,如锂、铌、钴、铀、铬、锰、铁、铜、钨、铝等矿产资源。这些矿产在世界上都占有重要地位。黄金、钻石的产量居世界第一位。此外,还有磷酸盐、石棉、石墨等非金属矿产资源。动力资源方面,在北非、西非发现了大量的石油和天然气,估计非洲石油的蕴藏量占世界总蕴藏量的12%左右。

农业资源在非洲非常丰富,优越的自然条件使非洲热带农业具有很大的潜力。但是,殖民者对非洲农业资源的开发主要是站在国际贸易的角度,在占领土地上利用廉价劳动力,种植供出口的一种或几种热带经济作物,如可可、咖啡、豆蔻、剑麻等,使非洲成为初级农业原料的供应地,使非洲农业资源、生物资源的利用相当单一。

在20世纪初自由资本主义走向垄断的过程中,资本主义国家为了力图垄断原料产地和销售市场,为本国的资本输出创造有利条件,只有最大限度地占领殖民地,才能保障垄断竞争的有利地位。

第一次世界大战之前非洲的殖民地形势是,英国殖民地包括:埃及、冈比亚、塞纳里昂、加纳、尼日利亚、苏丹、索马里、肯尼亚、乌干达、坦桑尼亚、赞比亚、马拉维、塞舌尔、毛里求斯、南非、津巴布韦、波茨瓦拉、斯威士兰、莱索托;法国殖民地包括:阿尔及利亚、摩洛哥、突尼斯、毛里塔尼亚、马里、塞内加尔、布基纳法索、几内亚、科特迪瓦、贝宁、尼日尔、中非、乍得、吉布提、刚果(布)、加蓬、科摩罗、马达加斯加、留尼汪岛;西班牙殖民地包括:西撒哈拉、赤道几内亚;葡萄牙殖民地包括:几内亚比绍、佛得角、圣多美和普林西比、安哥拉、莫桑比克;德国殖民地包括:多哥、喀麦隆、卢旺达、布隆迪;比利时殖民地包括:刚果(金);意大利殖民地包括:利比亚。①

到第一次世界大战时,非洲各国实际上成了欧洲的附属国,所以非洲资源和环境大规模开发主要从欧洲殖民者的大规模掠夺开始,他们占领非洲的目的就是因为非洲的自然资源丰富,有大量的黑人劳动力,可以将他们做为奴隶卖往美洲来攫取财富,所以殖民时期的非洲资源开发其实是由殖民者所进行的掠夺式开发。非洲人民自己开发本国资源是从非洲各国独立开始,即从第二次世界战以后开始,进入了非洲资源与环境开发的新时期。

---

① 世界地图集[M].北京:中国地图出版社,1987.

第三节　第二次世界大战后非洲的环境与资源开发

第二次世界大战后非洲国家致力摆脱殖民统治,20 世纪50—60 年代非洲国家纷纷争取国家独立,到 1971 年底非洲已有 41 个国家先后宣告独立。非洲经济在战后取得了相当的成就,战后至 20 世纪 80 年代是非洲经济快速增长时期。特别是 20 世纪 60—70 年代,非洲经济发展迅速,年平均增长率达 5% 以上,是 20 世纪非洲经济发展的黄金时期。

20 世纪 80 年代非洲经济出现衰退①,80—90 年代非洲经济增长缓慢甚至出现负增长,年增长率降至 1.6% ,一些国家出现负增长。1980—1988 年非洲的收入和消费水平每年下降2% ,总就业率下降16% 。20 世纪 80 年代初,非洲人均 GDP 为 854 美元,而 1990 年则下降为 565 美元。文盲人数从 1985 年的1.24 亿增至 1988 年的 1.62 亿。② 非洲出口的主要是初级产品,20 世纪 80 年代出口持续下跌,在世界总贸易额中非洲所占比重从 1980 年的 4.7% 下降到1989 年的 2.2% 。

由于持续干旱和环境退化,20 世纪 70 年代以后从西非开始持续十多年的干旱和荒漠化席卷非洲,其间 34 个国家受干旱影响,占非洲国家的 60% ,到 80年代中期干旱达到最为严重的程度。据联合国粮农组织估计,非洲约 650 万平方千米土地受到严重或较严重的干旱威胁,占非洲总面积 22% 。干旱最严重的地区集中在撒哈拉沙漠南缘的萨赫勒地带,包括塞内加尔、毛里塔尼亚、马里、尼日尔、布基纳法索、乍得等国,即联合国所称的"萨赫勒六国"。据统计,萨赫勒地带六国牲畜在这一时期损失一半左右,有的地区损失高达90% ,估计人员死亡至少在 10 万人以上,是 20 世纪最为严重的生态灾难之一。联合国因此于 1977 年在肯尼亚首都内罗毕召开国际荒漠化会议,将"荒漠化问题"作为全球性问题在世界范围内开展防治荒漠化运动。③

20 世纪 80 年代中期以后,非洲国家背上了沉重的债务负担,1990 年非洲

---

① United Nations Environment Programme. Africa Environment Outlook 1—Past, Present and Future Perspectives[M]. Malta: Progress Press Ltd. ,2002.

② 杨青山. 世界地理[M]. 北京: 高等教育出版社,2004.

③ 丁登山. 西非萨赫勒地带荒漠化和人地关系地域系统分析[J]. 人文地理,1996,3:34-39.

外债高达 2719 亿美元,相当于全非洲 GDP 的 90.9%。1985—1987 年与 1995—1997 年比较,41 个撒哈拉以南非洲国家深陷债务危机,有些国家债务上升超过 150%,如安哥拉、乍得和莱索托等国(表 2—1),1990 年全非洲经济增长率为 2.6%,比 1989 年下降 0.7%,非洲社会经济形势日趋严重。

表 2—1　20 世纪 80、90 年代非洲部分国家债务比较①

国家	1985—1987 年共对外债务 (百万美元)	1995—1997 年共对外债务 (百万美元)	变化 (%)
安哥拉	4035	10739	166.0
贝宁	1012	1611	59.2
博茨瓦纳	438	626	42.9
布基纳法索	659	1286	95.1
布隆迪	598	1117	117.0
喀麦隆	4003	9394	135.0
中非共和国	474	474	94.3
乍得	275	975	255.0
刚果(布)	3625	5439	50.0
刚果(金)	7373	12799	73.6
科特迪瓦	11562	18010	55.8
赤道几内亚	162	286	76.5
厄立特里亚	—	52	—
埃塞俄比亚	6234	10155	62.9
加蓬	1923	4318	125.0
冈比亚	281	437	55.5
加纳	2779	5992	116.0
几内亚	1767	3334	88.7
几内亚比绍	390	918	135.0
肯尼亚	4841	6922	43.0
莱索托	211	669	217.0

① United Nations Environment Programme. Africa Environment Outlook 1—Past, Present and Future Perspectives[M]. Malta: Progress Press Ltd.,2002.

国家	1985—1987 年共对外债务（百万美元）	1995—1997 年共对外债务（百万美元）	变化（％）
利比里亚	1461	2091	43.1
马达加斯加	3073	4191	36.4
马拉维	1182	2253	90.6
马里	1749	2970	69.8
毛里塔尼亚	1740	2405	38.2
莫桑比克	3496	5833	66.8
纳米比亚	—	—	—
尼日尔	1411	1567	11.0
尼日利亚	23392	31318	33.9
卢旺达	474	1061	124.0
塞内加尔	3275	3725	13.7
塞拉利昂	870	1169	34.4
索马里	1816	2628	44.7
南非	—	25543	—
苏丹	9945	16967	70.6
坦桑尼亚	6506	7345	12.9
多哥	1078	1427	32.4
乌干达	1522	3652	140.0
赞比亚	5655	6933	22.7
津巴布韦	2631	5006	90.3

　　20 世纪 80 年代末非洲人口仍以年 3％ 的速度增长,居世界各大洲之首。非洲人口增长率大大超过粮食生产增长率。1980—1985 年农业生产增长率为 1.6％,1986—1990 年为 3％。1986 年以后非洲有 34 个国家人均粮食产量下降,经常年份有 1 亿多人口处于饥饿之中。生态破坏严重,全非洲每年有 3 万—7 万平方千米耕地被沙漠吞噬,加上旱灾、虫害不断,有些国家常年内战,交通道路被毁,水利设施失修,工农业生产无法正常进行。全非洲缺少口粮 1700 万吨,最不发达国家从 1978 年的 17 个增加到 1991 年的 29 个。这些国家

的年人均收入从 1980—1984 年的 237 美元下降到 1987—1988 年的 220 美元。绝对贫困人口从 1970 年的 1.16 亿增加到 1985 年的 2.73 亿。由于一些非洲国家政局不稳,战乱连绵不断,社会动荡不安,难民高达 6000 万人,约占世界难民的 50%。非洲只有少数几个拥有丰富矿产资源的国家如尼日利亚、利比亚、加纳等经济状况尚好。

非洲是世界上矿产资源极其丰富的大洲,矿产资源的大规模开发利用主要是第二次世界大战以后发展起来的,而且矿产资源勘探、开发程度比较低,在今后世界矿业发展中具有非常重要的地位。按目前已经发现和开采的矿产资源看,南部非洲是非洲矿产资源最多的地区,中非次之,再次是西非、北非和东非。

南部非洲的主要矿产有黄金、钻石、铜、锂、铀、煤、锰、铁等。南非(阿扎尼亚)的黄金、铂的产量和铀、锰、铬、萤石的蕴藏量均占世界第一位,钻石和石棉的产量占第二位,而且也是铜、铅、锌的主要出口国。全球黄金的 30% 来自非洲,南非为世界上第一大产金国,占世界总产量的 19%,其金矿储量占世界的 35%,全球所需钛金属的 30% 也来自南非。[①]

中部非洲的主要矿产有钻石、钴、铜、铀、锡和铌、锰等。刚果(金)被人们称做"中非宝石"。制造原子弹和喷气式飞机等必不可少的钴,制造半导体的重要原料锗和工业用钻石,都有丰富的储量,产量均居世界前列,其他如锡、铜、锰的产量也都居世界前列。刚果(金)还是铀原料的重要出产国。此外制造热核武器所需的镭、锂、镉,以及金、银、钨、煤、铁等也很丰富。刚果(金)的矿产特别是铜和其他稀有金属主要集中在南部的加丹加省,锡集中在基伍省,钻石集中在东、西开赛省,黄金和铁等分布于上扎伊尔省的东部边境。赞比亚的铜矿,是世界最大的铜矿之一,蕴藏量为 9 亿吨,占世界总蕴藏量的 15% 左右。主要集中于世界闻名的铜矿带,铜矿带分布于北部和扎伊尔交界处,长达 220 千米,宽 60 千米。赞比亚的铜矿石中还含有钴和锌,钴储量约为 34 万吨,主要矿区有木富利腊和基特韦附近的恩卡纳等。加蓬矿物也较丰富,铀矿石储量约 2.5 万吨,主要在弗朗斯维尔附近的蒙纳纳地区;锰矿储量 4.1 亿吨,居世界第二位,主要在弗朗斯维尔及其西北的木安达等地;铁矿石储量 60 亿吨,主要在东北部的梅坎傅地区。

---

① 中国科学院自然资源综合考察委员会. 中国与非洲资源互补与合作前景[J]. 中国软科学, 1998,7:16-20.

西非的主要矿产资源有丰富的黄金、钻石、铝土矿、锰、锡和石油等。尼日利亚大量开采的有石油、煤、锡和铌。东部和尼日尔河三角洲盛产石油。尼日利亚石油是1956年开始发现的,产量增加很快,1970年达到5300万吨,仅次于利比亚,在非洲居第二位。石油剩余探明可采储量为48.3亿吨,占世界总储量的2.8%,居世界第十位。1969年其锡产量为8740吨,居非洲第一位。铜产量为1520吨。尼日利亚还是西非唯一产煤的国家。几内亚铝土矿产量占世界的14%。此外加纳的黄金、钻石和锰矿在世界也占有重要地位。

北非矿产资源最为重要的莫过于石油和天然气。利比亚石油剩余探明可采储量为53.4亿吨,占世界总储量的3.1%,居世界第九位,阿尔及利亚剩余探明可采储量16.2亿吨,此外埃及也拥有丰富的石油资源。北非还是世界上重要的磷矿产地,突尼斯、阿尔及利亚和摩洛哥磷酸盐丰富,其中摩洛哥磷酸盐蕴藏量达213亿吨,是世界第一大磷酸盐出口国,占世界总出口量的40%左右。

至于东非的矿产资源,近年来在乌干达和坦桑尼亚都发现了铜、铅、锌、锡、钨以及铀、锂和铌等多种重要的矿藏。

非洲富饶的矿产资源,为非洲发展采矿业提供了优越的条件。非洲的采矿业由于在独立前处于殖民国长期统治之下,规模小,技术落后,主要靠手工劳动。在非洲采矿业中尤其有色金属和贵金属的开采在世界上占有极为重要的地位。1968年钻石产量约占世界总产量82%,铜产量约占世界总产量23%,1967年黄金产量约占世界总产量80%,1970年原油产量约占世界总产量17%。2001年非洲原油产量870万桶,占世界的11%。此外,1968年锰、锑的产量和铬、钒、磷酸盐、石棉的产量分别居各大洲第一位和第二位,钴、铀、铂、锂、铜产量也经常居各大洲的第一或第二位。其他如铁、锡、铝等矿产也有大量开采。[①]

在世界最重要的50种矿产中,非洲至少有17种占世界储量的第一位,如铀、钴、锰、铬等储量均很大。非洲石油剩余探明可采储量138.1亿吨,约占世界总储量的7.9%,天然气剩余可采储量13.5万亿立方米,约占世界总储量的7.9%,仅次于中东、北美和中南美洲,是世界第四大石气资源储备地区。

在非洲很多国家采矿业是经济支柱,在资源开采方面美国、法国的一些大公司扮演着重要角色。赤道几内亚,石油年收入可达1亿美元,对该国35万居

---

① 何金祥. 非洲主要矿产资源及分布[J]. 国土资源情报,2001,11:13-18.

民来说是一笔巨大的财富。近年来非洲一些国家政局逐步趋于稳定,各国纷纷利用自身资源优势,开展对外经济合作,给各国参与非洲资源开发创造了机会。

　　非洲多样化的气候有利于多种动植物的生长和发育,同时由于地质历史古老,非洲成为动植物资源非常丰富的大陆。非洲大陆被称为"世界自然资源的博览会"。据估计非洲植物资源至少有 4 万种,尤其是热带非洲最为丰富,约有1.3 万—1.5 万种。撒哈拉沙漠因气候干燥,动植物种类相对贫乏,例如中部撒哈拉沙漠,植物种类约 300 种。非洲植被主要属热带类型,有赤道雨林、热带草原和热带荒漠,赤道雨林占总面积的 8% 左右,热带草原和荒漠合计占总面积的 80% 以上。植物资源丰富使非洲动物资源也非常丰富,有热带森林动物、热带草原动物、热带荒漠和半荒漠动物和地中海沿岸动物。

　　非洲国家独立后,积极开发农业资源,一方面,为了维护国家主权和民族利益,发展自主农业经济,目前多数非洲国家农业在国民经济中占有重要地位。非洲的农业主要有热带、亚热带经济作物,但粮食生产不足。在经济作物中可可、咖啡、剑麻、棉花、丁香等在世界上占有显著地位,其他如橡胶、橄榄、葡萄等也有重要地位。

　　辽阔的草场资源使畜牧业成为非洲重要的生产部门。畜牧种类主要有骆驼、牛、羊等。在北非骆驼是重要的交通工具;养牛业主要集中在东部草原地区;养羊业以南非最为发达,其中又以德兰士瓦南部、奥兰治及开普省最多,南非羊毛产量居世界第五位。[①]

　　非洲土地辽阔、肥沃,每年都向世界市场提供 70% 的可可、34% 的咖啡、50% 的棕榈制品。但是,由于缺乏应有的开发,非洲土地资源租售价格大都很低,如在距刚果(金)首都金沙萨 50 千米处 1 公顷土地年租金仅为 20 美元,购买仅为 100 美元。当地农民种植 1 公顷红薯或白薯的成本为 150 美元,利润为100 美元,1 年可种 2—3 季。在埃塞俄比亚首都近郊申请一块土地种粮食、蔬菜、花卉、养牲畜、开工厂,土地资源便宜到近乎白送。政府还负责通水通电,减免各种税收。[②]

　　在水资源方面,非洲拥有世界第一长河尼罗河,刚果河的流域面积和流量仅次于亚马孙河,居世界第二位,维多利亚湖是世界第二大淡水湖。非洲拥有

　　① 杨青山. 世界地理[M]. 北京:高等教育出版社,2004.
　　② 中国科学院自然资源综合考察委员会. 中国与非洲资源互补与合作前景[J]. 中国软科学,1998,7:16-20.

全球 10% 的淡水资源,但只有 5% 的水资源得到开发利用。有"东非水塔"之称的埃塞俄比亚每年有长达半年的雨季,境内河流和湖泊数不胜数,但水资源利用率不足 5%。

　　非洲国家独立以后,不仅在开发本国资源、发展经济方面做了大量的工作,而且在保护环境方面也进行了不懈的努力。1972 年在瑞典斯德哥尔摩举行联合国人类环境会议,建立了联合国环境规划署,总部设在肯尼亚首都内罗毕。1968 年 9 月,非洲国家在阿尔及尔通过了保护自然和自然资源的非洲保护公约,这个公约主要旨在鼓励个人及联合行动以保护、利用和发展土壤、水、植物及动物,为人类的现在和未来谋福利。受斯德哥尔摩联合国人类环境会议的影响,1975 年扎伊尔(今天的刚果(金))第一个成立了国家环境部,在此后的 30 年里非洲其他国家也纷纷成立了国家环境部,以有效管理国家环境事务。20 世纪 80 年代,非洲的干旱和荒漠化对非洲环境产生了极其深刻的影响。1985 年 12 月,联合国环境规划署在埃及开罗举行第一次非洲环境部长会议以应对非洲的环境危机,会议提出制止非洲环境退化、提高粮食生产能力、实现能源自给、纠正人口与资源的不平衡四项战略。世界环境与发展委员会于 1989 年 6 月在乌干达首都坎帕拉召开了第一次环境与发展的非洲区域会议,要求将环境与发展纳入其所有部门的政策之中,以确保改善环境,维护非洲人民赖以生存和发展的自然资源。1992 年,巴西里约热内卢联合国环境与发展大会进一步促进了非洲的资源与环境保护。1994 年,联合国颁布公约以抵御干旱/荒漠化,特别是对非洲国家的影响。通过了禁止野生动植物非法交易的卢萨卡协定。1998 年巴马科协定生效。这些国际努力大大促进了非洲资源利用与环境保护。20 世纪 70 年代以来非洲建立了一大批自然保护区、国家公园、野生动物禁猎区等各种自然保护区域,如由南部非洲安哥拉、博茨瓦纳、纳米比亚、赞比亚、津巴布韦 5 国联合建立的自然保护区——卡万戈·赞比西自然保护区,面积超过 28.7 万平方千米,几乎和意大利面积相当,是世界上最大的自然保护区。自然保护事业的发展对非洲各国保护自然资源和自然环境发挥了十分重要的作用。①

---

① United Nations Environment Programme. Africa Environment Outlook 1—Past, Present and Future Perspectives[M]. Malta: Progress Press Ltd.,2002.

第三章

北部非洲资源与环境

　　北非即非洲大陆北部地区,习惯上为撒哈拉沙漠以北的广大区域,将埃及、苏丹、利比亚称东北非;将突尼斯、阿尔及利亚、摩洛哥称西北非或马格里布。[①]按照《非洲环境展望2》的分区,北部非洲通常包括阿尔及利亚、埃及、利比亚、苏丹、突尼斯、摩洛哥和西撒哈拉。阿尔及利亚、埃及、利比亚、苏丹、突尼斯和摩洛哥国家均为主权国家,西撒哈拉政府建立了国名为"撒哈拉阿拉伯共和国"的国家,但国际上大多不予承认。西撒哈拉(简称西撒)共有两个实体:一是摩洛哥控制区,摩洛哥在西撒设立4个省,并建立了各级市政管理机构和地方议会、协商会议;二是"西撒人阵"(萨基亚哈姆拉和里奥德奥罗人民解放阵线,即"波利萨里奥阵线")控制区:分为五大行政区,实际控制区很小,位于摩洛哥与毛里塔尼亚和阿尔及利亚边界之间。"西撒人阵"难民营设在阿尔及利亚廷杜夫省境内,分四大营地并称为省级建制:阿尤恩省、斯马拉省、奥斯特省和达赫拉省。[②]根据联合国粮农组织统计数据,土地面积约838万平方千米,占非洲土地面积31.43%。2009年,人口2.087亿,占全非总人口的20.69%。

　　北非的地理位置非常重要,三面环海,北隔地中海与欧洲相接,西临大西洋,东临红海。有西北部的直布罗陀海峡扼守地中海与大西洋的通道,东北部的苏伊士运河扼守地中海与红海通道。它们联合起来扼守印度洋与大西洋的战略性通道,也是陆上交通亚欧非三洲间的重要中转站,战略地位极为重要。

　　北非位于非洲高原大陆的北部,地形以高原为主,地势较平坦;由于气候干

---

　　① 马格里布为阿拉伯语,意为日落的地方、西方,原指埃及以西的整个北非地区,现专指突尼斯、阿尔及利亚和摩洛哥3国。

　　② 西撒哈拉国情概况[EB/OL].非洲创业网.(2006-06-05).[2012-10-30]. http://www.africa-all. com/Html/guojia/10381350_7. htm.

旱,沙漠广布,形成世界上最大的撒哈拉沙漠。地中海沿岸有狭小的沿岸冲积平原,主要有尼罗河三角洲平原。本区由于气候干热,终年降水很少,难以形成河流和湖泊。北部非洲国民生产总值占全部非洲的1/3以上,遥居各区之首;人均国民生产总值约高于全洲平均值的50%。主要经济支柱是农业和矿业等初级产业。区内沙漠广布,垦殖指数为各区最低,但灌溉农业发达,灌溉面积占全洲的70%,加上耕作制度和技术水平比较先进,产量较高,在洲内占有显赫地位,以盛产棉花、小麦及地中海果品等出名。由于矿产资源丰富,采矿业比较发达,其产值占全洲的47%以上。石油、天然气、磷酸盐分别占全洲总产量的60%—90%,在世界上也有一定地位。[①]

第一节　北非地理环境概况

一、以山地与台地为主的地形

以非洲大陆刚果河口—红海西岸中部的卡萨尔角一线为界,西北部称低非洲,多为平均海拔500米左右的低高原和台地,其间分布着一系列盆地、洼地和较低的高原山地,仅局部地区有较高的山峰,如西北缘的阿特拉斯山脉和几内亚湾沿岸的喀麦隆火山;东南部称高非洲,多为平均海拔1000米以上的高原。北非位于低非洲的北缘。

根据地质构造基础、地形特点与主要地貌类型,北非位于阿特拉斯褶皱山地区和撒哈拉沙漠台地区两大地貌单元中。[②]

（一）阿特拉斯褶皱山地区

由阿特拉斯山系所组成,横跨摩洛哥、阿尔及利亚、突尼斯3国(包括直布罗陀半岛)。西、北、东三面临海,南缘是撒哈拉沙漠。面积约80万平方千米,分别占摩洛哥、阿尔及利亚、突尼斯国土面积的3/4、1/6和1/2。

阿特拉斯山系是欧洲阿尔卑斯山系的一部分,大致与海岸线平行展布,自西南向东北延伸,长约2400千米,最宽450千米。大部分海拔为1500—2500

---

① 北非[EB/OL].百度百科.[2012-11-11].http://baike.baidu.com/view/209777.htm.
② 苏世荣.非洲自然地理[M].北京:商务印书馆,1983.

米,是非洲最高的褶皱山地。西段复杂高峻,由大阿特拉斯山(高阿特拉斯)、外阿特拉斯山、中阿特拉斯山和里夫阿特拉斯山4条山脉组成,海拔多在2500米以上;向东山势逐渐降低,主要分泰勒阿特拉斯山和撒哈拉阿特拉斯山两支,海拔平均约1500米,其间为海拔约1000米的高原。山脉之间多分布高原、深谷或盆地,它们在西南部较开阔,往东北则变窄。在撒哈拉阿特拉斯与泰勒阿特拉斯之间,是半干旱的旭特高原,平均海拔在1000米以上,起伏平缓,往东变窄,有多个盐质沼泽(盐沼)和盐湖。较大的有西部盐沼、东部盐沼、霍德纳盐沼、东扎赫赖兹盐沼、西扎赫赖兹盐沼、泰赖夫盐沼等。

大、中阿特拉斯山脉与大西洋沿海平原之间的地区是摩洛哥高原,它略呈梯形,南北宽100—130千米。地表起伏平缓,平均海拔约1100米;喀斯特发育,地表常覆盖有厚层砾石。

在阿特拉斯山系与海岸之间分布着一系列沿海平原和河谷盆地。大西洋岸的沿海平原,从拉巴特往南延伸至大阿特拉斯的海岸山麓一带,地势平坦,土壤肥沃,沿岸多沙丘。拉巴特与里夫阿特拉斯之间的塞布河盆地,是著名的富庶地区。其下游偏北的部分称为拉尔布(Rharb)平原;中游偏南的部分称塞斯(Sais)平原,地势低平,是摩洛哥的重要农业区。

小阿特拉斯山脉直逼地中海海岸,沿海平原很狭窄,是一系列互不连接的低缓谷地。由西至东主要有穆鲁耶河下游谷地平原、瓦赫兰平原、哈马姆河谷、谢利夫河谷、阿尔及尔平原以及贝贾亚、安纳巴、突尼斯城附近的平原等。

(二)撒哈拉沙漠台地区

位于阿特拉斯山地和地中海以南,年降水量250毫米等雨量线(西起塞内加尔河北岸,往东大致经通布图、乍得湖北岸、喀土穆,直至红海岸的连线)以北,从大西洋岸到红海岸之间的广大干燥台地沙漠地区,称为撒哈拉沙漠台地。其北、东、西的边界十分清晰,南界因沙漠多呈舌状向南伸入草原地带、沙漠与半沙漠和草原的渐变,一般将250毫米等雨量线作为概略的界线。地形上以起伏较小的高原和盆地为主,南部分布有山地。

撒哈拉沙漠西濒大西洋,北临阿特拉斯山脉和地中海,东为红海,南为萨赫勒①半沙漠半草原的过渡区。横贯非洲大陆北部,东西长达5600千米,南北宽

---

① 萨赫勒:是半干旱的草原地区,指撒哈拉沙漠和苏丹草原地区之间的一条长超过3800千米的地带,横跨塞内加尔、毛里塔尼亚、马里、布基纳法索、尼日尔、尼日利亚、乍得、苏丹和埃塞俄比亚等国家。

约 1600 千米,总面积约 906.5 万平方千米,约占非洲总面积 32%[①],是世界最大的沙漠台地。

大致沿北纬 29°线存在着一连串不间断的洼地,其北侧多分布有向南倾斜的悬崖,而在悬崖之麓分布着一系列绿洲。与此相反,在阿哈加尔、提贝斯提等高原以南,除山麓和干涸河谷外,很少有绿洲分布。干涸河谷纵横交织,多为深切峡谷,是撒哈拉沙漠台地地貌上的另一显著特征。由于风蚀作用,河谷的一坡常常非常陡峭,而另一坡则比较平缓。在平缓的坡面上往往可以见到沙丘,在谷底里常堆积了碎屑。

撒哈拉沙漠台地的地表由岩漠(石漠)、砾漠和沙漠组成。石漠多分布在撒哈拉中部和东部地势较高的地区,地表岩石裸露或仅有一层很薄的岩石碎屑,如廷埃尔特石漠、哈姆拉石漠、萨菲亚石漠等。砾漠(戈壁)多见于石漠与沙漠之间的过渡地带,地表覆盖着砾石,如提贝斯提砾漠、卡兰舒砾漠、盖图塞砾漠等。

沙漠的面积最为广阔,除少数较高的山地、高原外,到处都有大面积的分布。著名的有利比亚沙漠、赖卜亚奈沙漠、奥巴里沙漠、阿尔及利亚境内的东部大沙漠和西部大沙漠、舍什沙漠、朱夫沙漠、阿瓦纳沙漠、比尔马大沙漠等。面积较大的称为"沙海",如阿尔及利亚和利比亚的沙海。沙漠中有高大的固定沙丘,也有较低的流动沙丘,还有大面积的固定、半固定沙地。固定沙丘主要分布在偏南靠近草原的地带以及大西洋沿岸地带。偏北则以移动沙丘为主,从利比亚往西至阿尔及利亚的西部大沙漠,都是广大的流沙区。撒哈拉沙漠地区多盛行哈马丹风[②],使流动沙丘顺盛行风向不断向前移动。

二、颇具特色的水系

本区由于气候干热,终年降水稀少,难以形成常年性河流。河流的流量受降雨影响,季节和年际变率很大。冬季为丰水期,可形成洪灾,河水最终注入盐沼或消失在沙漠中;夏季为枯水期,季节性河道多干涸。在大西洋和地中海沿海地区,降水相对比较充沛,多形成常年性河流,流程短,注入海洋。在东缘的苏丹和埃及境内有世界上最长的河流——尼罗河,在埃及开掘了苏伊士运河。

---

① 撒哈拉沙漠北非[EB/OL].百度百科.[2012-11-11].http://baike.baidu.com/view/18085.htm.
② 哈马丹风:是发源于撒哈拉沙漠副热带高压的一种地方风系,是干燥多沙的热风,每年 12 月至次年 3 月干旱季节从非洲西北部吹向南方。

（一）尼罗河——非洲主河流之父

尼罗河（Nile）位于非洲东北部，是一条国际性的河流。大约在 6500 万年前的始新世，尼罗河就已形成，之后河道曾发生多次变迁，但流向总是向北流。在更新世，朱巴和喀土穆之间曾是一个大湖，湖水由当时的青、白尼罗河补给。后来，湖水高出盆地边缘，通过喀土穆以北的峡谷，向北沿着古尼罗河流入地中海，于是就形成了现今的尼罗河水系。

尼罗河源自布隆迪的鲁武武（Ruvuvu）河，与尼亚瓦龙古（Nyawarungu）河汇流后称卡盖拉河，流经卢旺达和坦桑尼亚与乌干达的边界地区，注入维多利亚湖。自维多利亚湖北端流出后称维多利亚尼罗河，后流入基奥加湖。又向西经一段流程注入艾伯特湖（蒙博托湖）。出艾伯特湖后向北流称艾伯特尼罗河，接纳由右岸汇入的阿帕盖尔河，过苏丹的尼穆莱峡谷后即进入苏丹平原。自尼穆莱起河流开始称白尼罗河，尼穆莱至马拉卡勒河段又称杰贝勒河。朱巴以下 900 千米河段所流经的地区是苏德沼泽区。出沼泽区后自右岸接纳索巴特河后直至喀土穆。另一条源出埃塞俄比亚高地的青尼罗河与白尼罗河在喀土穆汇合，然后在达迈尔以北接纳最后一条主要支流阿特巴拉河后称尼罗河。过了瓦迪哈勒发后进入埃及境内。喀土穆至阿斯旺的峡谷段，因河床基岩软硬相间分布，形成著名的六大瀑布群。由阿斯旺至开罗下游 20 千米处开始，尼罗河进入三角洲（面积约 2.2 万—2.4 万平方千米）。最后形成多条汊河注入地中海（图 3—1）。

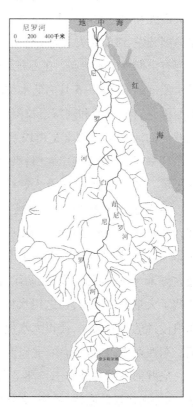

图 3—1　尼罗河流域水系示意图

干流自卡盖拉（Kagara）河源至入海口，全长 6671 千米，是世界流程最长的河流。支流还流经肯尼亚、埃塞俄比亚和刚果（金）、厄立特里亚等国的部分地区。所跨纬度从南纬 4°至北纬 31°，流域面积约 335 万平方千米，约为非洲大陆面积的 1/11,入海口处年平均径流量 810 亿立方米。[①]

青尼罗河是尼罗河的最大支流,全长约 1700 千米,流域面积为 32.5 万平方千米。发源于埃塞俄比亚高原戈贾姆高地,向北注入塔纳湖,这一河段称为小阿巴依河。青尼罗河从塔纳湖南端流出后至苏丹边界称阿巴依河,由于熔岩梗阻,向南绕过比尔汉峰,折向西北进入苏丹境内。在约 860 千米的流程内,河床下降 1320 米,比降达 1:650。沿途多瀑布急流,其中最著名的是提斯埃萨特瀑布。青尼罗河的特点是径流量大,落差大,流量季节变化和年际变化都很大。

尼罗河从苏丹首都向北穿过苏丹和埃及,所经区域均是沙漠,河水水量只有损失而无补给。但由于河流的源区为热带多雨区域,有巨大的流量,虽然在沙漠沿途因蒸发、渗漏而失去大量径流,尼罗河仍然能维持一条长年流水的河道。尼罗河有定期泛滥的特点。在苏丹北部通常 5 月开始涨水,8 月达到最高水位,以后水位逐渐下降;1—5 月为低水位。水量及涨落时间变化很大,产生这种现象的原因是青尼罗河和阿特巴拉河的水源来自埃塞俄比亚高原上的季节性暴雨。尼罗河的河水 80% 以上是由埃塞俄比亚高原提供,其余的水来自东非高原湖。洪水到来时,会淹没两岸农田;洪水退后,又会留下一层厚厚的河泥,形成肥沃的土壤。四五千年前,埃及人就已经掌握洪水的规律并利用两岸肥沃的土地。

阿斯旺高坝建成后,在大坝上游形成了纳赛尔湖,库区从埃及南部一直延伸到苏丹北部;湖长 500 千米,平均宽 10 千米,面积 6500 平方千米,可蓄水 1640 亿立方米,其中活库容 970 亿立方米,死库容 300 亿立方米,防洪库容 370 亿立方米。兼具灌溉、发电、防洪、航运、渔业、旅游等的功能。但高坝建成后,拦截了大量泥沙和水,加之用水量大幅增加,入海的水和泥沙锐减,抵抗海流、海浪侵蚀的力量减弱,使得海水侵蚀海岸加剧,威胁地势低洼处沿岸的工业城镇。东西两支入海汊河中,尤以罗塞塔河口为甚,海岸已退缩逾 3 千米。[②]

尼罗河下游谷地和三角洲是人类文明的最早发源地之一,是古埃及的诞生地,也是现代埃及政治、经济、文化中心。至今,仍有 96% 的人口和绝大部分工农业生产集中在这里。尼罗河畔的城市有喀土穆、阿斯旺、乐蜀、开罗等。埃及首都开罗在尼罗河三角洲的顶端,是阿拉伯国家中人口最多的城市。亚历山大港是埃及在地中海边的重要港口,也是非洲最大的港口。

① 尼罗河[EB/OL]. 百度百科. [2012-11-11]. http://baike.baidu.com/view/3123.htm.
② 阿斯旺水坝[EB/OL]. 百度百科. [2012-11-11]. http://baike.baidu.com/view/108677.htm.

（二）黄金水道——苏伊士运河

苏伊士运河（Suez Canal）是一条海平面的水道,位于埃及西奈半岛西侧,贯通苏伊士地峡,连接地中海与红海,提供从欧洲至印度洋和西太平洋附近地区的最近的航线。运河北起塞得港南至苏伊士城,全长约 163 千米。它是世界使用最频繁的航线之一,是亚洲与非洲来往的主要通道。

苏伊士运河在 1859 年开凿,1869 年竣工,河面平均宽度为 135 米,平均深度为 15 米。1976 年 1 月,埃及政府开始着手进行运河的扩建工程。第一阶段工程于 1980 年完成,运河的航行水域由 1800 平方米扩大到 3600 平方米（即运河横截面适于航行的部分）;通航船只吃水深度由 12.47 米增加到 17.90 米,可通行 15 万吨满载的货轮。第二阶段工程于 1983 年完成,航行水域扩大到 5000 平方米,通航船只的吃水深度增至 21.98 米,将能使载重量 25 万吨的货轮通过。之后,由于中东地区铺设了大量的输油管道以及公路和铁路的迅速发展,苏伊士运河面临着过往船只特别是运油船逐年减少的局面,收取的船舶过境费也相应下降。埃及于 1993 年和 1996 年两次拓宽和加深苏伊士运河,吸引更多的大型油轮和货轮使用苏伊士运河,以增加外汇收入。

苏伊士运河是连通欧、亚、非三大洲的主要国际海运航道,连接红海与地中海,大大缩短了东、西方之间的航程。与绕道非洲好望角相比,从欧洲大西洋沿岸各国到印度洋缩短了 5500—8009 千米;从地中海各国到印度洋缩短 8000—10000 千米;对黑海沿岸来说,则缩短了 12000 千米。它是一条在国际航运中具有重要战略意义的国际海运航道。每年承担着全世界 14% 的海运贸易量;亚洲和欧洲之间除石油以外的一般货物海运,80% 经过苏伊士运河。苏伊士运河的收入是埃及政府主要的外汇收入来源之一,与旅游、侨汇和能源一起构成埃及经济的四大支柱。在 2008—2009 年,苏伊士运河财政收入为 47.40 亿美元。[①]

三、典型的热带沙漠气候与地中海气候

北非由于地处北回归线附近,深受副热带高气压带控制和影响,以下沉气流为主,为典型的热带沙漠气候和地中海气候,气候特别干旱。除地中海沿岸为地中海气候外,其余地区基本上为高温干燥的热带沙漠气候。

---

① 苏伊士运河[EB/OL]. 杨立杰. [2012-11-11]. http://news.xinhuanet.com/ziliao/2002-04/09/content_350818.htm.

其主要特征表现为:(1)北非与亚洲大陆紧邻,东北信风来自东部陆地,不易形成降水,使北非更加干燥。(2)北非的海岸线平直,东侧有埃塞俄比亚高原,对湿润气流起阻挡作用,使广大内陆地区受不到海洋的影响。(3)北非西岸有加那利寒流经过,对西部沿海地区起到降温、减湿作用,使沙漠逼近西海岸。(4)北非地貌类型单一,地势较平坦,导致气候类型单一,形成大面积的沙漠地区。(5)地中海沿岸地区为典型的地中海气候。它的形成与副热带高气压带的南北移动紧密相关。

(一)热带沙漠气候

阿特拉斯山以南的撒哈拉沙漠地区和北非的东部地区属于典型的热带沙漠气候,极端炎热干燥。7月平均气温为32℃。5—9月炎热,最高温度可达55℃,在西撒哈拉达65℃。昼夜温差大,特别是夏季,可由夜晚的7℃陡增到白天的48℃。冬季1月平均气温为12℃—15℃,气温起伏较小,由夜晚的0℃以下升至白天的18℃。

年降水量极少,一般在100毫米以下,沙漠腹地通常小于50毫米,且变率很大。例如在埃及开罗以南地区,有些地方可能2—3年才下一次可观测到的雨;但也有可能出现暴雨而泛滥成灾。

埃及气候的另一个特点是,每年冬末干热风从东南方和南方袭来,由南往北横扫埃及、越过地中海后直扑南欧,可形成沙尘暴。埃及人则把它叫做"五月风"(khumasiyye),欧洲人称它为"西罗科风"(sirocoo),利比亚称"吉卜利"。[1] 此风危害较大。出现沙尘暴时,气温急剧升高,几小时内即可达到40℃—50℃。沙尘暴时断时续,可延续几小时甚至几天,导致人畜患病,庄稼受损,乃至房屋和公共设施遭受破坏。[2]

(二)地中海型气候

在阿特拉斯山区和北部的滨海平原地区,属于地中海型气候。其特点是夏季炎热干燥,高温少雨,冬季温和多雨。在夏季,气压带风带北移,在副热带高压控制下,气流下沉,干旱少雨;在冬季,气压带风带南移,受来自海洋的盛行西风影响,降水丰富,气候温和湿润。冬季气温5℃—10℃,夏季21℃—27℃。年降水量约350—900毫米,集中于冬季,下半年降水量只占全年降水的20%—

---

① 潘蓓英. 利比亚[M]. 北京:社会科学文献出版社,2007.
② 杨灏城. 埃及[M]. 北京:社会科学文献出版社,2006.

40%,最大月降水量是最小月降水量的 2 倍以上。

此外,由于苏丹纬度跨度大,出现了不同的气候类型。在苏丹的中北部(北纬 13°—17°),属于热带大陆性气候。4—9 月为夏季,其间 4—6 月是炎热的干燥期,7—9 月为降雨期。11 月至次年 3 月为冬季,气候温和,湿度低。在夏初或雨季初期,时而刮哈布卜风。[①] 年平均降雨量为 300 毫米,雨季的降水量占全年降水量 80%—90%。在苏丹的中南部(北纬 8°—13°),过渡至热带草原型气候。全年的气温和湿度都很高。全年分为干、湿两季。3 月中旬至 11 月为湿季,主要降雨量集中在 7—9 月。12 月至次年 2 月为旱季,气温和湿度均有所下降。该区的北部有时出现沙尘暴。年平均降水量为 800 毫米。苏丹南部(北纬 8°以南),由于位于赤道附近,高温高湿,气候特征过渡至热带雨林型。气温的年差和日差均较小。3—10 月为湿季,最大降水量集中于 7—8 月。12 月至次年 2 月为旱季。从北方吹来的干冷空气到达这里时变成了干热风。年平均降水量达 1100 毫米。[②]

四、差异显著的植被景观

北非的植被景观,除西北部地中海沿岸分布有常绿硬叶林和灌丛外,主要是荒漠,只在水资源相对丰富的地区才生长禾本科植物。因此,气候对植被景观的形成起着决定性的作用。根据气候特征的不同,北非可分为三个植被景观带。[③]

（一）湿润区植被景观带

在低海拔地区(摩洛哥西北部、阿尔及利亚中部和东部以及比塞大以西的突尼斯)和因海拔高增加而变得湿润的地区(如摩洛哥中阿特拉斯山的中段和西段、阿尔及利亚上阿特拉斯山主峰的北坡、瓦塞尼斯山和奥雷斯山主峰的北坡以及突尼斯的多尔萨勒山北段等),雨量丰富,分布有茂密的森林植被。

在沿海的低海拔地区,分布有栓皮栎林。常绿橡树一般生长在中海拔山坡。在不少地区分布有海洋松和阿莱普松林,有的还夹杂着橡树(突尼斯的橡树林最多)。部分海拔 1200—1700 米的山坡,分布有落叶橡树和常绿橡树,但

---

① 哈布卜风是指苏丹境内每年 4—10 月的沙暴。刮沙暴时天地混沌,一片红褐色,热浪滚滚,尘土弥漫,人们很难看清 3 米外的景物。狂风夹带沙石腾空而起,有时可达 2000 米高,在这样的天气里航班停飞、火车停运。平均每年要刮 30 次左右,当地人称哈布卜风。

② 刘鸿武,姜恒昆. 苏丹[M]. 北京:社会科学文献出版社,2008.

③ 德普瓦勒内·雷纳尔. 西北非洲地理[M]. 张成柱,等,译. 西安:陕西人民出版社,1979.

是大多退化为灌木丛。地势较高处生长的是杜鹃花科浆果鹃(Arbutus)属植物和石楠科灌木,地势较低处生长的是金雀枝(Genèt)和五指兰灌木,在石灰质土壤上长有矮橡树和薰衣草。

在内陆的湿润区,很少有常绿橡树和栓皮栎生长。有些森林退化成灌木丛,有低矮的常绿橡树、杜松树、豆科(Adenenocarpus)属植物、金雀枝及黄杨等。在内陆高海拔湿润区,生长的主要是柏树,再往上雨水更加稀少,只能看到杜松树林(如上阿特拉斯山的杜松林)。在积雪期长达几个月的高山区,没有木本植物生长,只有一些矮小稀疏的茅草和耐旱的低矮荆棘(庭荠、腊刺等)。

(二)半干旱区植被景观带

包括马格里布平原和北非高原大部(摩洛哥西北部地区和东阿尔及利亚特勒区除外)、滨海平原的南缘(摩洛哥西部和西北部地区以及突尼斯的萨赫勒地区)、半大陆盆地和高原(赛义斯地区、瓦赫兰与君士坦丁高原)和干旱区中降水相对较多的山地(上阿特拉斯山中段的南坡、上阿特拉斯山的东段以及撒哈拉阿特拉斯山的西段)。

该区的自然植被所占比例不高,大部分都为人工植被,林相较复杂。在丘陵和低山区(特别是马格里布的西部),有巴巴里亚侧柏林和杉树林。在半干旱区广阔的区域(如东摩洛哥、比班山和突尼斯之脊等地),生长有阿莱普松林,有些森林退化成为红橡树和野橄榄树等灌木,并夹杂有乳香和低矮的棕榈树。在农田和牧场的边缘,有矮小的棕榈树。在摩洛哥的西南沿海(从萨非到吉尔角)分布有热带植物——山榄科阿尔冈树(Areanier)和刺大戟。突尼斯的萨赫勒区,既生长有地中海式植物,又有撒哈拉式植物(如三芒草和金雀枝)。在摩洛哥上阿特拉斯山的中段和东段以及撒哈拉阿特拉斯山的北坡,有常绿橡树林,山顶有香杜松,山麓还有红杜松和油杜松。在以上山脉的南坡,杜松分布稀疏,生长不良;还有一些迷迭香丛和撒哈拉草本植物。

(三)干旱区植被景观带

这里所指的干旱区,是指处于地中海区和沙漠之间的生物气候过渡区。地形大都比较狭窄,四周都被高山所围。属于这类地区的有马拉喀什地区的木卢亚河的中游、瓦赫兰—摩洛哥高原南部、霍德纳地区以及东突尼斯草原等。

在本区,有零星森林的分布,如东摩洛哥格尔西夫平原的边缘地带和突尼斯草原区;但基本上由草原性植物组成,其种类随海拔的高度和距海的远近而发生变化。在山坡和斜坡,长有矮小的木本植物和草本植物,白蒿多生长在多石坡地。在干旱区的低洼平原区,长有木碱蓬(Suaeda fruticosa)。暴雨过后,地面上会很快就长出一层芹属植物,当地人称之为"阿谢卜草"(acheb),可形成主要的季节性牧场。

阿尔法草是本区草原的典型植物,高约 1 米,具有很强的耐干旱、寒冷和冰雪的能力,主要分布在年降水量 200—400 毫米、从海滨低地到 2400 米的山区(中阿特拉斯山南坡和萨格鲁山);年降水量 150 毫米的地区也有分布,但如果超过 500毫米,反而有碍其生长,并被荻斯草取代。阿尔法草原的生长范围极为广阔:从中阿特拉斯山的东坡和大阿特拉斯山的东麓开始往东延伸,几乎覆盖了整个阿尔及利亚、摩洛哥大高原,一直到霍德纳盐沼;在撒哈拉阿特拉斯山脉之间蔓延;在山区与刺柏或松树共生;小片阿尔法草地有时也可侵入退化的森林植被带内;在穆鲁耶河和奥兰,阿尔法草的分布范围可一直延至滨海。阿尔法草多分布在多石的坡地上。柳丛、枣丛和月桂丛灌木多长在干涸的河床和低洼地上。

五、发达的采矿业

北非是非洲经济发展水平较高的地区。采矿业地位突出,其产值占全洲的47%以上。其中,石油、天然气和磷酸盐的产量在世界上有一定地位。

2005 年非洲磷矿石产量约 4570 万吨,占世界总量的 31%,列世界各大区域第一位。摩洛哥、突尼斯和埃及是主要的磷矿石生产国。其中摩洛哥是非洲最大的磷矿石生产国,2005 年产量为 2879 万吨,占非洲总产量的 63%,也是世界第三大磷矿石生产国。2006 年,摩洛哥(包括西撒哈拉)的钴产量 1500 吨,是世界上第三大钴生产国。摩洛哥为非洲最大的铅生产国,2005 年产量为4.22 万吨,占非洲总产量的 39.1%。2005 年非洲铁矿石产量为 5530 万吨,约占世界总产量的 4%,埃及、阿尔及利亚和突尼斯位居 7 个主要生产国之列。

非洲是世界原油的重要产区之一,共有 23 个产油国,其中尼日利亚、阿尔及利亚、利比亚、安哥拉和埃及为非洲 5 大石油生产国。2005 年,非洲原油产量为 34.2 亿桶,占世界总产量的 13%。尼日利亚为非洲最大的产油国,2005年产量为 9.33 亿桶,占非洲总产量的 27.3%。第二和第三大生产国是利比亚和阿尔及利亚,产量分别为 6.2 亿桶和 6.1 亿桶。摩洛哥、突尼斯也生产石油。[①] 2005 年非洲的天然气产量为 1630 亿立方米,阿尔及利亚是最主要的生产国,产量为 878 亿立方米,占非洲总产量的 53.9%;其次为埃及,产量为 347 亿立方米。

第二节 北非自然资源特征

一、磷酸盐王国

据美国地质调查局统计,截至 2007 年,全球的磷酸盐的储量约 1467 亿吨,其中经济储量[②]为 180 亿吨,基础储量 500 亿吨,主要分布在非洲、北美、亚洲、中东、南美等 60 多个国家和地区,其中 80% 以上集中分布在摩洛哥、美国、南非、约旦和中国。按基础储量,摩洛哥位居第一位,中国居第二位,美国居第三位(表 3—1)。[③]

表 3—1　全球磷灰石(矿石)的基础储量与经济储量　　　单位:亿吨

国　家	基础储量	经济储量	国　家	基础储量	经济储量
摩洛哥	210	57	以色列	7.60	1
中国	130	66	突尼斯	6	1
美国	34	12	巴西	3.70	2.60
南非	25	15	加拿大	2	0.25
约旦	17	9	塞内加尔	1.60	0.50
澳大利亚	12	2	多哥	0.60	0.30
俄罗斯	10	2	其他国家	22	8.90
埃及	8	1.80			
叙利亚	8	1	合计	500	180

数据来源:Mineral Commodity Summaries,2008.

---

① 宋国明. 非洲矿产资源开发与投资环境[EB/OL]. (2008-11-25). http://www.xian.cgs.gov.cn/kuangchanziyuan/2008/1119/content_1651.html.
② 经济储量是指开采成本低于 35 美元/吨的磷矿,基础储量是指开采成本低于 100 美元/吨的磷矿。
③ 张卫峰,马文奇,张福锁,马骥. 中国、美国、摩洛哥磷矿资源优势及开发战略比较分析[J]. 自然资源学报,2005,20(3):378-386.

磷矿是摩洛哥最主要的矿产资源,已探明储量达 1100 亿吨,占世界总储量的 75%①,具有品位高、易于开采、运输方便、分布集中等优点。

磷矿资源大部分(70% 以上)集中在卡萨布兰卡东南地区,品位大多大于30%。② 其中最大的矿床是胡里卜加、尤素菲亚、本格里尔和麦斯卡拉矿床。胡里卜加矿床位于赛塔特区乌姆雷卜亚河北部的乌莱德阿卜敦盆地,矿床储量约 274 亿立方米。尤素菲亚和本格里尔矿床位于马拉喀什以北的甘图尔盆地内,合计储量达 149 亿立方米。麦斯卡拉矿床位于乌莱德阿卜敦盆地的西部,储量为 206 亿立方米。

磷矿开采是摩洛哥政府矿产的支柱产业,磷矿石生产占摩洛哥政府矿产收入的 96%。磷矿石产量增速明显,从 1995 年的 2020 万吨增加到 2004 年的2670 万吨;出口增长较快,同比增长 25.58%。2004 年出口量占产量的 44%。③据估计,2004—2007 年,共投入资金 76 亿地拉姆,其中的 39 亿地拉姆用于扩大再生产。同时积极鼓励发展小型矿业,向有关地区发放近 110 个开采许可证。④

摩洛哥有 4 个磷酸盐开采区:本古里、布克拉、库利布加和尤素菲亚,产量约 2200 万吨,近 50% 供出口,另 50% 供国内生产加工,年产 260 万吨以上的磷酸二氨和 220 万吨左右的磷肥。生产的磷酸盐制品的 20%—25% 用于国内销售,其他供出口。⑤ 摩洛哥磷酸盐公司(OCP)是摩洛哥最大的磷酸盐工业企业,垄断了摩洛哥磷酸盐矿的开采、加工和出口业务,是世界上最大的磷酸出口商。⑥ 卡萨布兰卡和非斯成为运输磷酸盐的主要港口。

此外,突尼斯和埃及也是世界上主要的磷酸盐生产国。突尼斯的磷酸盐储量约 20 亿吨,仅次于摩洛哥,居非洲第二位;探明储量全部集中在西南部的加夫萨省和卡夫省。磷酸盐开采和生产是传统产业,除石油和天然气以外始终占

① 夏河石,罗丽萍. 摩洛哥投资市场分析[J]. 西亚非洲,2009,10: 66-70.

② 张卫峰,马文奇,张福锁,马骥. 中国、美国、摩洛哥磷矿资源优势及开发战略比较分析[J]. 自然资源学报,2005,20(3): 378-386.

③ 巴英,钱晓英. 美国、摩洛哥和中国的磷化工产业竞争力比较分析[J]. 云南化工,2006,33(6): 72-77.

④ Murray Park. 商品国际工贸指南译丛——化肥[M]. 刘湘凌,译. 北京: 中国海关出版社,2003.

⑤ 香港涵信集团. 摩洛哥[EB/OL]. [2012-11-11]. http://www.chinahcgroup.com/hanxinkuangchanziyuan-03-023.htm.

⑥ 肖克. 摩洛哥[M]. 北京:社会科学文献出版社,2008.

矿产品产量的85%—90%以上,磷酸盐产量占世界产量的第四位。2006年,磷酸盐产量达780万吨。[①] 埃及的磷酸盐储量约15亿吨,分布在红海沿岸的塞法杰港和古赛尔以西、上埃及的伊斯纳和伊德富之间,以及西部沙漠的拜哈里耶绿洲和达赫莱绿洲,特别是两绿洲之间的艾布—泰尔图尔山。目前已开采的磷矿有50多处,年产量约300万吨。[②]

二、北非油库

非洲石油资源主要分布在利比亚、尼日利亚和阿尔及利亚等国,在埃及、突尼斯、苏丹、安哥拉、刚果、加蓬、喀麦隆等国也有一定量分布;天然气资源主要分布在尼日利亚、利比亚、埃及等国,在喀麦隆、突尼斯、安哥拉、刚果、纳米比亚、南非、民主刚果、加蓬等国也有一定量分布。北非各国均有一定储量的油气资源(图3—2),并在非洲占重要地位。[③]

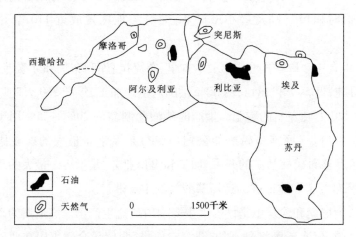

图3—2　北非石油、天然气资源分布示意图(据何金祥,2001)

(一)利比亚

截至2006年底,利比亚石油剩余探明可采储量为415亿桶(折合56.81亿吨),居世界第9位和非洲第1位;天然气剩余探明可采储量1.49万亿立方

---

① 中国人民银行国际司. 突尼斯经济基本情况[EB/OL]. (2008-05-06). [2012-10-30]. http://www.pbc. gov. cn/publish/goujisi/740/1131/11316/11316_. html.

② 杨灏城. 埃及[M]. 北京:社会科学文献出版社,2006.

③ 何金祥. 非洲主要矿产资源及分布[J]. 国土资源情报,2001,11:13-18.

米,居世界第 21 位。[1]

利比亚国土面积的 94% 是沙漠和半沙漠,但却蕴藏着丰富的石油、天然气资源。利比亚有 6 个沉积岩盆地,其中 4 个已发现油气。按重要性排序依次为苏尔特(Sirte)、木祖克(Murzuq)、古达米斯(Ghadamas)和佩拉杰 (Pelagian)盆地。(1)苏尔特盆地:位于北非地中海南岸利比亚陆上,面积 47 万平方千米。目前已发现可开采石油储量约 71 亿吨,天然气储量约 1.01 万亿立方米,分别占利比亚已发现可开采油气储量的约 90% 和 70%。拥有萨马哈(Samah)、贝达(Beida)、拉古巴(Raguba)、达赫拉—哈弗拉(Dahra-Hofra)和拜希(Bahi)大油田。(2)木祖克盆地:位于利比亚西南部,面积约 25 万平方千米,盆地南端延伸至尼日尔境内约 100 千米。1985 年官方宣布发现新油田,1996 年开始生产。西方专家曾估计利比亚拥有约 24 亿吨石油当量的未探明可开采储量,其中 2/3 在木祖克盆地。(3)古达米斯盆地:位于利比亚西部,在利比亚境内部分面积约 15 万平方千米;现有瓦发油气田和哈姆拉油田。(4)佩拉杰盆地:位于利比亚西部和突尼斯东部海域,总面积 19.3 万平方千米。阿吉普公司在该盆地 NC41 区块发现迄今最大的海上油气田——宝里油气田,已探明石油储量近 3 亿吨,天然气储量 710 亿立方米。同时被发现的还有 14 个规模大小不等的天然气田。因为其可能拥有 10 亿吨石油储量,该盆地还有 20 个对外开放勘探区块,这里将是 21 世纪颇具潜力的油气产区。

利比亚石油具有大型油田多、油质好、含硫量低、开采成本低的优点,在某些地区开采一桶石油的成本不到 1 美元。[2]

利比亚是 20 世纪 60 年代崛起的北非重要的石油生产国。1961 年首次开始开采原油,到 1970 年利比亚石油产量就达 335.7 万桶/日。2006 年石油产量为 183.5 万桶/日,2008 年约 200 万桶/日。利比亚政府期望吸引外国公司增加投资来提高石油产量,期望 2010—2013 年将达 300 万桶/日。预计投资需 300 亿美元,将用于勘探、新油田开发和维持老油田生产。

利比亚天然气的开发始于 1961 年,年产量为 16 亿立方米。1970 年产量达 153.6 亿立方米的高峰,随后产量开始下降,1975 年降至 76.5 亿立方米,以后进入稳定期。2005 年天然气产量为 113 亿立方米,2006 年产量为 148 亿立

① 刘增洁. 利比亚油气资源现状及政策回顾[J]. 国土资源情报,2007,9:35-38.
② 罗承先. 利比亚成为世界石油开发新热点[J]. 中国石化,2006,7:57-59.

方米。目前利比亚政府计划提高天然气产量,扩大国内天然气消费,用天然气发电替代石油发电以增加石油出口,还计划扩大现有液化天然气处理能力,增加天然气出口能力。

由于国内石油消费量较小,生产的石油主要用于出口,约占石油产量的83%,为世界重要的石油出口国;石油出口收入约占利比亚国民收入的95%。利比亚西部天然气项目和通往欧洲的绿溪(Green stream)海底管线于2004年10月建成投产后,利比亚的天然气出口迅速增长,2006年对意大利的出口量为76.9亿立方米,比2005年增长71.3%。目前,每年来自利比亚的梅里塔哈(Melitah)的天然气处理厂的80亿立方米天然气可通过绿溪输往意大利东南部的西西里岛,之后再运往意大利大陆和欧洲其他国家。该管线年输送量可增至109亿立方米。1997年,利比亚和突尼斯达成协议共同投资建造一条从利比亚迈利泰赫(Melitah)到突尼斯加贝斯(Gabes)的天然气管线,2006年11月已开始设计前期工作,建设周期18个月,2010年可建成投产。按与突尼斯达成的协议,利比亚每年向突尼斯出口天然气19.81亿立方米。

(二)阿尔及利亚

阿尔及利亚石油和天然气资源非常丰富,被誉为"北非油库"。已探明蕴藏有油气的面积达160万平方千米,已探明石油的可采储量12.55亿吨,居世界第15位。天然气储量为5.2万亿立方米,储量和产量在世界均占第7位。油气资源主要分布在东部和东北部的含油气盆地中。当前阿尔及利亚的油气开采主要集中于4个油气盆地:三叠纪—古达米斯(Trias-Ghadames)盆地、阿赫奈特—大尔格(Ahnet-Grand Erg)盆地、里里兹(Lilizzi)盆地和拉甘(Reggane)盆地。[①] 近年来,阿尔及利亚正在进行第四轮大规模的油气勘探及开采招标活动,使得更多的资本涌入该国,对尚未进行开发的区域进行油气勘探和开采。[②]

阿尔及利亚国家石油天然气公司(Sonatrach)为国内最大的企业,也是地中海地区最大的石油公司。公司专门经营石油、天然气勘探开采等业务,对国内石油生产、石油炼制及运输等拥有垄断权。[③]

石油、天然气出口是阿尔及利亚的主要外汇来源,其中天然气的出口额占阿尔及利亚外汇收入的30%。2003年,阿尔及利亚国家石油天然气公司共生

---

① 张良军. 阿尔及利亚经商指南[M]. 北京:中国经济出版社,2005.
② 张良军. 阿尔及利亚经商指南[M]. 北京:中国经济出版社,2005.
③ 夏景华. 阿尔及利亚石油和天然气工业的现状[J]. 当代石油石化,2006,14(2):41-44.

产各类碳化氢制品 2.1×10^8 当量吨,实现石油收入 240 亿美元。2005 年初,阿尔及利亚每天原油生产约为 130 万桶,大大超过欧佩克规定的每天 80 万桶的配额标准,并已达到其最高产能。

（三）埃及

埃及的石油探明储量 37 亿桶（约合 5 亿吨,居世界第 27 位）,待探明储量 31 亿桶。天然气已探明储量 2 万亿立方米（居世界第 18 位）,待探明储量 3.4 万亿立方米。

石油资源主要分布在苏伊士湾—尼罗河三角洲地中海沿岸一线、西奈半岛、东部沙漠和西部沙漠等地区,其中苏伊士湾地区石油蕴藏量占埃及石油总量的 70%。天然气资源主要蕴藏在地中海深水海域—尼罗河三角洲之间的地区、西部沙漠地区以及苏伊士湾地区。其中地中海域天然气储量约占埃及天然气总量的 75%。2003 年 5 月,在苏伊士湾发现了储量为 8000 万桶的萨卡拉大油田。预计未来 10 年,油气领域将吸引投资 200 亿美元,大部分将用于勘探地中海深水区域的油气资源。

近年来,石油年开采量保持在 3000 亿吨以上。在 2003—2004 财政年度,埃及的天然气产量达到 368 亿立方米。[①] 埃及石油产量约 50% 供出口,天然气产量的 30% 供出口。2004—2005 财政年度,石油、天然气商品出口总值 53 亿美元,其中原油 19 亿美元,石油制品 22.7 亿美元,燃料 8 亿美元,天然气 2.9 亿美元。

埃及已经进入开发天然气的快车道。其中,用于发电的天然气约占天然气消费总量的 2/3。民用、工业和商业天然气用户数量达到 200 万户。埃及还是非洲天然气汽车的使用大国,天然气汽车的数量超过 54000 辆,共有 83 座加气站。

（四）突尼斯

20 世纪 70 年代以后,石油和天然气开采和生产迅速发展,成为重要基础产业和主要的出口矿产品。20 世纪 80 年代又相继开发了一些小油田,如南部的马哈鲁卡和拉里什油田、东部哈马马特湾的塔泽尔凯油田、加贝斯湾的艾西斯油田、扎维坦海上油田、加贝斯湾克肯纳群岛的莱穆拉油田和拜里油田。但自 20 世纪 90 年代以来,由于资源匮乏,尤其是石油没有后备资源,逐渐失去了重要地位,在 GDP 中所占比重亦降低。目前石油的开采和生产主要是由博尔马和艾什塔尔两大油田,还有西迪·凯拉尼、扎维耶和坦泽尔凯、塞玛坦等小油

---

① 宋玉春. 世界级资源助力埃及天然气工业崛起[J]. 中国石化,2007,7: 56-58.

田承担。2006 年,原油产量 326 万吨。由意大利和突尼斯合资的意突石油开发公司专营石油业务,在北部沿海城市比塞大的炼油厂年产量 100 万吨,除了供应全国 70 万吨的油品外,均用于出口。面对石油储量日渐枯竭的严峻形势,目前政府正在努力寻找新的石油资源。

突尼斯有较丰富的天然气资源,储量约 664.65 亿立方米。天然气的开发始于 20 世纪 60 年代末,1968 年突尼斯石油开发公司在崩角地区发现了小气田,年产天然气 1000 万立方米。随后美国石油开发集团在加贝斯湾北部沿海斯法克斯附近的比利·阿里本·卡里发现了第二个气田,年产量约 270 万立方米。1993 年英国 GB 公司与突尼斯公司在加贝斯湾开发了米斯卡尔海上大气田,探明储量 300 亿立方米,开发后产量开始迅速增加。1995 年仅为 200 万立方米,1996 年激增至 6.66 亿立方米,1998 年增长到 17.27 亿立方米,1999 年增至 18.17 亿立方米,2001 年后年产量逾 20 亿立方米,2006 年为 21.49 亿立方米。米斯卡尔气田已经成为突尼斯最大的天然气田,该国生产的天然气已经成为第一能源。[①]

(五) 苏丹

据苏丹政府公布的资料,已探明的石油储量为 20 亿桶,到 2010 年有望达到 40 亿桶,而远景储量可达 100 亿桶;至 2004 年天然气已探明储量约为 910 亿立方米,地质储量为 8.49 万亿立方米。2002 年,苏丹原油产量平均为 22.75 万桶/日,2003 年超过 30 万桶/日,2005 年产量约 45 万桶/日。[②]

苏丹是中国海外寻油最早的目的地之一。20 世纪 90 年代中期,中国开始与苏丹进行石油的勘探和开发合作。经过 10 多年的不懈努力,中国已在苏丹投资 150 亿美元,逐步形成一个集生产、精炼、运输、销售于一体,包括上、中、下游的完整的石油工业产业链。中国与苏丹在石油领域的合作堪称中国公司在非洲实施"走出去"战略的成功典范,每年都为中国带来上百万吨的权益油。2003 年,中国从苏丹获得的份额油总额超过 1000 万吨,位居海外份额油来源第一位,约占中国当年石油进口总量的 11%。而 2005 年,中国购买了苏丹出口石油中的 50%,占中国石油消费总量的 5%。专家预计,随着中国石油消耗量的日益增大,这一数字将在未来 10 年内出现大幅增长。[③] 而苏丹石油经济

① 杨鲁萍,林庆春. 突尼斯[M]. 北京:社会科学文献出版社,2003.

② 张迎新. 苏丹油气资源形势[J]. 国土资源情报,2003,3:49-54.

③ 李楠. 中国与苏丹的能源合作[D]. 上海:华东师范大学,2006.

也在中国援助下迅速起飞,苏丹由石油进口国转变为石油出口国,国家财政状况随之明显改善。中国在苏丹参与能源合作的石油企业主要有中国石油天然气总公司(简称中石油,CNPC)和中国石油化工集团(简称中石化,SNIOPEC)。

三、北非的水资源宝库——尼罗河

全球有 16 个严重缺水国家,每人年均供水不足 1000 立方米,马耳他位居缺水国之首,每年人均水资源量只有 82 立方米。北非各国中,利比亚为 111 立方米,阿尔及利亚 527 立方米,埃及 936 立方米,均属世界上最缺水的 16 国之列;利比亚则为世界第三缺水的国家。[①] 根据气候对农业生产的影响,位于北非的北部地区和苏丹—撒哈拉地区年降雨量分别为 96 毫米和 311 毫米,水资源年补给量分别为 468.42 亿立方米和 2.67 万亿立方米,人均水资源补给量为 307 立方米和 1413 立方米。[②]

2000 年北非国家可再生水资源及其取水量见图 3—3。在北非地区,由于降雨量少,且年际变化大,水资源缺乏。这意味着在北非的大部分地区,保证供应的降雨量(即 90% 的年份可以期望获得的降雨量)只有年均降雨量的 10%。随着人口增长与经济社会的发展,加之地理与气候的限制,该地区可利用的淡水量将更加紧张(图 3—4)。

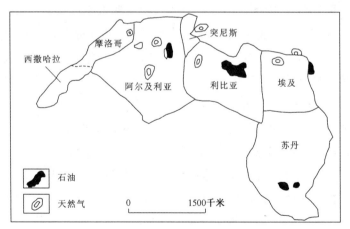

图 3—3　2000 年北非国家可再生水资源及其取水量(据 C.S. 拉塞尔,等,2008)

① 管超. 最缺水国家[J]. 河北水利水电技术,2000,Z1:64.
② 李淑芹,石金贵. 非洲水资源及利用现状[J]. 水利水电快报,2009,30(1):7-9.

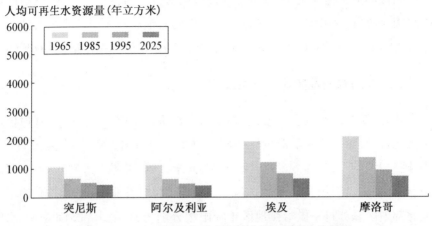

图 3—4　1965—2025 年北非各国人均可再生水资源量

（以 2000 年水平为标准,据 C.S·拉塞尔,等,2008）

由于尼罗河长期的搬运与沉积作用,形成了富饶的尼罗河下游平原和三角洲,孕育了古埃及文明;同时为北非的东部地区尤其是尼罗河下游的苏丹和埃及带来了丰富的水资源和水力资源。

尼罗河在阿斯旺的多年平均径流量为 840 亿立方米,即尼罗河的总水量。由于尼罗河流经不同的自然带,水资源的分布亦呈现明显的纬度地带性。流域径流资源总的趋势是由南往北递减。同时,由于非地带性因素(地形)的影响,对水资源的纬向分布产生干扰,在流域内形成最主要的水源区——埃塞俄比亚高原和最大的耗水区——苏丹南部广大沼泽,从而改变了尼罗河流域水量平衡状况。在地带性和非地带性因素的综合作用下,尼罗河流域水资源的空间分布极不均衡,地域差异十分明显。根据水资源特征,结合气候、地形等因素,将整个尼罗河流域大致分为东非高原全年丰水区、埃塞俄比亚高原季节丰水区、苏丹中南部沼泽失水区和尼罗河干流沙漠失水区 4 个区域。[①] 其中苏丹中南部沼泽失水区和尼罗河干流沙漠失水区属于北非地区。苏丹中南部沼泽失水区的范围自蒙加拉至喀土穆,包括杰贝勒河、加扎勒河、索巴特中、下游以及白尼罗河等流域,面积达 89.4 万平方千米。自然景观从南往北由热带稀树草原过渡为半荒漠。年平均降雨量从 946 毫米(蒙加拉)减至 167 毫米(喀土穆),本区比降极缓,沼泽广泛分布。蒸发消耗大,沼泽失水严重。尼罗河干流沙漠失水区

---

① 尼罗河[EB/OL].百度百科.[2012-11-11].http://baike.baidu.com/view/3123.htm.

的范围自喀土穆至河口(除阿特巴拉河流域外),面积达 105.1 万平方千米,自然景观为热带沙漠,降雨稀少,蒸发强烈,是一个径流上完全依赖上游补给的沙漠失水区。在喀土穆至阿斯旺河段,河流下切很深,有 6 处瀑布,水力资源较为丰富。

尼罗河水资源的开发利用始于沙漠失水区。在埃及,水文测量和河水开发利用至少已有 5000 年以上的历史。早在公元前 3400 年,埃及就掌握了尼罗河定期泛滥的规律,沿尼罗河谷地引洪漫灌,发展农业。逐渐形成一种传统的灌溉方法——圩垸灌溉(Basin Irrigation)。每年汛期通过水渠将洪水引入面积不等的圩垸,水深 1—2 米,停留 40—60 天,淤积的泥沙成为一年一度的宝贵肥源。当河水位下降时,潴水流回尼罗河,即行播种小麦、豆类等作物。除引洪漫灌的方式,也修建过灌溉水库和采用提水灌溉。苏丹北部尼罗河沿岸也发展了类似的传统灌溉农业。

粗具规模的常年灌溉始于 19 世纪 20 年代。1826 年进行了尼罗河岸改善工程并开挖了深渠系统,从而增加了灌溉面积。1843 年埃及决定在尼罗河上建闸,以控制、抬高枯水位进行常年灌溉并下泄洪水。1861 年首先在开罗以北 23 千米的罗塞塔和杜姆亚特支流上建成 2 座水闸,即三角洲闸。这是尼罗河最早出现的大型壅水工程,标志着埃及的灌溉进入了一个新的时期。至 20 世纪初又陆续兴建了齐夫塔(Zifta)、阿西尤特(Assyut)、伊斯纳(Isna)等水闸。壅水工程的建成和使用,使埃及在枯水期获得灌溉用水,从此传统的圩垸灌溉开始向常年灌溉过渡。埃及的灌溉面积从 1820 年的 126 万公顷增至 1907 年的 227 万公顷,相应的复种指数也由 1 提高到 1.43。

20 世纪初至 60 年代,其特点是修建年调节水库,调节年内径流,提高年径流利用程度,并开始了水资源的综合利用。随着常年灌溉的扩大,复种指数的提高,复种作物需水量的不断增加,自然径流已不敷灌溉需要,进一步开发利用的目标就转向主要来自季节丰水区的大量汛期洪水。为了蓄洪济枯,1902 年埃及在阿斯旺建成尼罗河上的第一座水坝——阿斯旺老坝,库容 10 亿立方米,灌溉面积 16.8 万公顷,这是尼罗河最早出现的现代化蓄水工程。老坝先后两次加高,1912 年加高 6 米,库容增至 25 亿立方米,新增灌溉面积 8 万公顷;1932—1933 年第二次加高 8 米,库容达到 50 亿立方米,坝高达到 83 米,增加灌溉面积 8 万公顷,目前灌溉面积有 32.8 万公顷。大坝左岸有一座水电站,该坝还设有通航船闸。1937 年埃及又在苏丹境内喀土穆以南 48 千米的白尼罗河上建成杰贝勒奥利亚(Jebel Aulia)水坝,库容 35 亿立方米,枯水季节向埃及放水,灌溉面积 33.7 万公顷。除了兴建上述水坝外,埃及还增建了纳贾哈马迪(Nag Hammadi)闸和伊德费纳(Edfina)闸。自此,自阿斯旺老坝以下沿尼罗河谷至三角洲,埃及已具备完整的灌溉系统。此外,埃及对于排水也十分重视,1964 年排水渠总长达 2.2 万千米,其中暗管排水总长为 1.2 万千米,排水干、支渠已初步形成系统。同时埃及还大力发展提水灌溉并控制自流灌溉。

苏丹的常年灌溉始于 20 世纪 20 年代。青、白尼罗河之间广大的杰济拉平原具备发展大面积自流灌溉农业的优越条件。1925 年青尼罗河建成森纳尔(Sennar)水坝,库容 7.8 亿立方米,从此自流灌溉取代了机泵提水灌溉,植棉面积迅速扩大。1951—1952 年森纳尔水坝加高扩建,库容增至 9.3 亿立方米。1958—1959 年杰济拉灌区面积已达 42 万公顷。苏丹独立后又在杰济拉灌区(Main Gezira)西开辟了曼吉尔灌区(Mangil Extension)。至 1963 年,灌溉面积达 25 万公顷。为了满足新增灌区的农业用水,1960—1966 年又在森纳尔水坝上游兴建规模更大的罗塞雷斯(Roseires)水坝,初期坝高 57 米,库容达 20 亿立方米,后加高至 68 米,库容增至 74 亿立方米,灌溉面积 553 万公顷。1964 年苏丹还在阿特巴拉河建成哈什姆吉尔巴(Khashann Gir Ba)水坝,开辟新的自流灌区以安置因阿斯旺高坝蓄水而迁居的 5 万苏丹人。水库库容为 13 亿立方米,可灌溉农田 21 万公顷。由于苏丹现代灌溉农业的兴起,影响到埃及夏季的灌溉用水。为此,1929 年埃及与英国签订了尼罗河水协议(Nile Water Agreement),对苏丹杰济拉农场的用水量和森纳尔水库的蓄水时间作了严格限制,埃及占有 480 亿立方米,苏丹可占有 40 亿立方米(均以阿斯旺计算)的用水份额。为充分开发利用尼罗河水资源,埃及和苏丹于 1959 年 11 月签订了新的尼罗河水协议。该协议承认埃及、苏丹的既得利益;同意在埃及兴建阿斯旺高坝,高坝每年净效益为 220 亿立方米,埃及享有 75 亿立方米,苏丹则获得 145 亿立方米,这样埃及、苏丹两国的份额分别增至 555 亿立方米和 185 亿立方米。

尼罗河水资源年际变化很大,年径流量最多曾达 1510 亿立方米,最少却只有 420 亿立方米,相差悬殊。为了解决这一矛盾,尼罗河流域各国曾研究过"世纪蓄水计划",计划在尼罗河上游干支流上修建一系列蓄水工程,经比较后最终决定先修建阿斯旺高坝。1959—1970 年,耗时 11 年、耗资 10 亿美元,在阿斯旺老坝上游 7 千米处的萨德埃阿利河谷修建了举世闻名的阿斯旺高坝。大坝高 111 米,水库总库容 1689 亿立方米,有效库容 900 亿立方米。水库平均宽度约 10 千米,在埃及境内长约 300 千米,称为纳塞尔湖;在苏丹境内约 200 千米,称努比亚湖。水电站装机 12 台,总装机容量 210 万千瓦,年发电量 100 亿千瓦时。高坝建成后有效地消除了尼罗河水位的季节性能落。除去 100 亿立方米的平均蒸发、渗漏损失外,尼罗河每年可为埃及、苏丹提供 740 亿立方米稳定水量,比建坝前增加了 220 亿立方米。苏丹在 20 世纪 70 年代继续致力于尼罗河水资源的开发利用,仍优先发展灌溉、水电,增加对尼罗河水份额的使用。大型项目主要是兴建赖哈德和凯纳纳灌区。赖哈德(Rahad)灌区位于杰济拉灌区东南赖哈德河岸,总面积 3160 平方千米,可开垦 27 万公顷土地。该灌区利用赖哈德河的青尼罗河水,采取提水灌溉和自流灌溉相结合的方式进行灌溉。1973 年在赖哈德筑坝蓄洪。由于该河为季节性河流,需在青尼罗河畔的米拉兴建电泵站抽取青尼罗河水,通过一条长 84 千米、深 2.5 米的干渠送往灌区。凯纳纳(Kenana)灌区位于喀土穆以南约 300 千米青、白尼罗河之间的广大热带灌丛草原,计划从罗塞雷斯水库开始沿青尼罗河西岸修筑运河,发展自流灌溉,开垦土地 50 万公顷。目前利用白尼罗河水进行提水灌溉。

80 年代以来,由于人口的增加,水资源的供需矛盾剧增。埃及地处沙漠失水区,尼罗河水对于埃及经济乃命脉所系。一个多世纪以来,埃及的耕地面积和种植面积不断扩大,但人均耕地面积及种植面积逐年减少,并且这种趋势仍将继续。耕地缺乏、粮食不足是埃及亟待解决的头等大事,开发水源、扩大耕地一向是埃及的既定国策。目前,阿斯旺高坝为埃及提供的尼罗河水份额已不能满足经济进一步发展的需要,水资源的紧张程度日益加深。苏丹的自然条件优越,水土资源丰富,可耕地面积逾 8400 万公顷,但已耕地不到 1000 万公顷。苏丹经济一向以农业为基础,重点是发展灌溉,增加耕地。灌溉用水急剧增加,水资源供需矛盾也渐趋尖锐。

四、较丰富的生物资源

北非自然景观除西北部地中海沿岸分布有常绿硬叶林和灌丛外,主要是荒漠,只在水资源相对丰富的地区才生长禾本科植物。

从世界陆地动物地理区来看,非洲分属于 3 个动物区:埃塞俄比亚区、马达加斯加区和全北区。非洲的全北区包括撒哈拉沙漠及以北的整个北非地区及岛屿,面积约占全洲面积的 1/3。由于缺乏热带森林和热带草原,不适于动物生活的热带荒漠占有很大面积。因此,北非属于全北区的地中海亚区,为荒漠动物区系,撒哈拉是全北区地中海亚区的过渡地带。地中海亚区的动物区系中最典型的动物有北非的无尾猿(macaeds syluanus),分布广泛的山羊、波鸰、沙鸡亚目的某些种以及绯掠鸟(partor roseus)等;属于热带区和印度的动物有豪猪、鬣狗、豹等;属于本区数量较大的有爬虫类和蝙蝠类。[①] 该区最突出的特点是缺乏一般高等类型,尤其是缺乏特有的种类。单峰驼以家饲状态分布于北非。大型的适应荒漠的羚羊类有旋角羚和牛羚等;北非没有狼,只有狐和伶鼬。特有的哺乳类以沙土鼠为代表,它们在北非极为丰富,而跳鼠只有少数几种。鸟类有鸵鸟、沙鸡和漠鸥。

大西洋、地中海以及红海被直布罗陀海峡(Straits of Gibraltar)和苏伊士运河(Suez Canal)所沟通,构成了生物多样性丰富的海岸和海洋生态系统,包括大西洋和地中海沿岸的湿地、红海周边的珊瑚礁和红树林以及种类繁多的渔业资源。地中海沿岸主要为沙质海岸,为各种海龟、鲸类动物和海豹提供了栖息场所。其中的许多保护区,包括沿海湿地和海洋国家公园,如利比亚的寇夫(Kouf)和卡拉波利(Karabolli)以及位于突尼斯的世界遗产地——伊其克乌尔(Ichkeul),对候鸟具有重要的意义;另外一个重要的鸟类栖息地则位于摩洛哥大西洋沿岸布莱布塞勒哈姆(Moulay Bousselham)的潮间带湿地。位于埃及和苏丹的红海沿岸的生物多样性具有全球意义。珊瑚礁分布广泛,主要分布于大陆边缘的堡礁和环岛附近。

(一) 农、林生物资源

北部非洲的农、林生物资源十分丰富,主要有阿拉伯树胶、棉花、橄榄、椰枣、栓皮栎和阿尔法草等。

阿拉伯树胶无毒、不生热、无味、无污染,是一种价值极高的木材产品,被广泛应用于生产和生活领域。产品包括胶水、泡沫塑料稳定剂、药品食品的赋形剂等。苏丹种植阿拉伯胶树已经有2000多年的历史,是世界上优质阿拉伯树胶的最大生产国,产量占世界产量的60%—80%。阿拉伯树胶是苏丹出口创汇的最重要的林产品,是苏丹林业的支柱,20世纪90年代末,树胶的年产量为4万吨,占当时世界需求的85%[②],苏丹因此享有"阿拉伯树胶王国"的美称。阿拉伯树胶的主要产区在科尔多凡高原和达尔富尔高原。

埃及是世界上主要产棉国之一,一向以高产优质驰名。1990年,其种植面

---

① 德普瓦勒内·雷纳尔. 西北非洲地理[M]. 张成柱,等,译. 西安:陕西人民出版社,1979.
② 刘鸿武,姜恒昆. 苏丹[M]. 北京:社会科学文献出版社,2008.

积占世界 1.3%,产量却占 1.6%(居第 8 位),单产比世界平均值高 0.3 倍,比非洲平均值高 1.2 倍。埃及所产棉花的 95% 以上是长绒棉(纤维长度超过 31.8毫米,其中超过 34.9 毫米的又称超长绒棉),在世界长绒棉总产量中占 40%,在超长绒棉中占 50%。[①] 长绒棉产量和出口量均居世界首位。棉花也是苏丹的主要农产品和出口商品的主要品种。各种长纤维、中纤维和短纤维棉花每年的总产量估计在 100 万吨左右。长绒棉产量占世界 30%,仅次于埃及。

橄榄适宜地中海型气候,是地中海型气候的标志,橄榄用于榨油。突尼斯是盛产橄榄的国家,所以又被称为"橄榄之国"。橄榄油年均产量从 20 世纪 50 年代初的 5.3 万吨增至 70 年代的 11.6 万吨;1992—1999 年为 15.6 万吨;2000 年达到 22.5 万吨;2001 年为 11 万吨;2006 年橄榄油产量为 22 万吨,占世界第四位。橄榄油产量的 60%—75% 用于出口,占世界第二位,仅次于西班牙。[②] 在阿尔及利亚,橄榄主要分布在 1000 米以下的山区和沿海地区,如斯基克达、盖勒马、穆罕默迪耶、埃利赞、西迪贝勒阿巴斯、穆斯塔加奈姆和锡格等地。阿尔及利亚在世界橄榄油生产国中产量居第七位。

椰枣是高大乔木,生长在气候炎热、水分丰富、孔隙度大的沙土中。沙漠的绿洲有水源,日照长,夏季干燥、秋季少雨、冬季温和,是椰枣生长的好地方。椰枣主要供食用,是旅行者常备的干粮。沙漠地区居民多用枣核当饲料喂骆驼。椰枣树根经压榨后得到一种十分可口的液汁。当地居民还用椰枣树枝盖房子,用叶子编织席子、提篮和伞,或制造精致的扇子。阿尔及利亚境内的主要绿洲分布在贝尼阿巴斯至图里赖特的萨乌拉河沿河一带。分布在绿洲上的椰枣树绵延近 400 千米,有"椰枣之路"之称。在东部地区的低地上,椰枣树主要分布在姆扎卜河沿岸的绿洲,以及图古尔特、沃尔格拉、迈尼阿、艾因萨拉赫、瓦德等绿洲。阿尔及利亚椰枣产量居北非第一位、世界第五位。

栓皮栎的用途相当广泛,经济价值很高,主要用于生产栓皮加工软木塞和压缩软木。阿尔及利亚的栓皮栎林面积达 44 万公顷,居世界第二位,仅次于葡萄牙。栓皮栎主要分布在雨量丰沛的沿海山区,离海岸大约 60 千米;以吉杰勒、贝贾亚、盖拉、斯基克达、安纳巴、科洛和卡比利亚等地区为主,在舍尔沙勒山、梅利利亚山和塞尼耶哈德山区也有分布。东北部是栓皮栎林覆盖度和栓皮

---

① 陈才. 埃及的棉花种植业[J]. 农业技术与装备,2008,1:52.
② 杨鲁萍,林庆春. 突尼斯[M]. 北京:社会科学文献出版社,2003.

产量最高的地区,仅君士坦丁一地产量就占全国总产量的 85% ;中部地区占 10% ;瓦赫兰地区仅占 5%。

阿尔法草的工业用途十分广泛,主要用作制造高级纸张的原料。阿尔法草还大量用于地方工业和传统工业中,可以制成地毯、席子、提篮和绳索等。阿尔及利亚的阿尔法草主要分布在雨量较少、土质不属冲积土的大高原地区,南以沙漠地区为界,北临泰勒阿特拉斯山脉南麓。集中在降雨较少的西部如塞伊达、塞卜杜、弗伦达、迈舍里耶和艾因塞弗拉等地。南部如艾因布西夫、布萨达、杰勒法,以及比班山地区的君士坦丁、巴特纳和提奈斯也有分布。阿尔及利亚的阿尔法草产量居世界第一位,其次分别是摩洛哥、突尼斯、利比亚。摩洛哥的阿尔法草草地面积占北非总面积的 1/4 以上,在马格里布地区仅次于阿尔及利亚,超过突尼斯。阿尔法草主要种植在摩洛哥的东部。1952 年,摩洛哥开始为工业的目的利用阿尔法草。[①]

(二) 渔业资源

北非各国的海洋渔业资源非常丰富。摩洛哥主要的海洋资源有:沙丁鱼、金枪鱼、鲭鱼、鳕鱼、龙虾、大虾和海蟹等。其中沙丁鱼年产量达 100 万吨,出口量居世界首位。2003 年,摩洛哥海洋渔业总产量为 914 万吨,产值为 467 亿迪拉姆,其中深海鱼类占总产量的 81%。西撒哈拉海岸线长约 900 千米,沿海渔业资源丰富,有鱼 190 余种,其中以海蟹、海狼、沙丁鱼、鲭鱼等著名[②],年平均捕捞量可达 100 吨/平方千米。[③] 阿尔及利亚可供捕鱼的海洋面积约 9.5 万平方千米,水产养殖面积近 1000 平方千米,鱼类资源量达 50 万吨;水产品年产量超过 12 万吨。目前,阿政府有关部门正在制定新渔业发展战略,鼓励独资或合资兴建海洋农场或渔业基础;对与中国在渔业领域的合作态度积极,谋求扩大双方在渔业领域的合作。[④] 在埃及,2004 年水产品产量 86.5 万吨,出口 3129 吨,主要销往黎巴嫩、沙特、科威特、希腊等国。近年来,埃及近海捕鱼的产量和种类不断递减,政府非常重视渔业资源枯竭问题,在积极进行环境保护的同时,加大对外合作的力度。[⑤] 渔业在突尼斯国家经济和社会发展中具有战略地位,

① 肖克. 摩洛哥[M]. 北京:社会科学文献出版社,2008.
② 西撒哈拉[EB/OL]. 百度百科. [2012-11-11]. http://baike. baidu. com/view/43251. htm.
③ 李广一. 毛里塔尼亚 & 西撒哈拉[M]. 北京:社会科学文献出版社,2008.
④ 高潮. 阿尔及利亚:非洲最具投资潜力的资源大国[J]. 中国对外贸易,2009,1: 78-81.
⑤ 埃及渔业资源状况及合作建议分析[EB/OL]. 世贸人才网. (2006-10-09). http://class. wtojob. com/class231_10977. shtml.

占农产值的8%,农产品出口的25%。2004年渔业产量10.9万吨,40%产自小型远洋捕捞,45%产自海底捕捞,2%是水产养殖产品。①

此外,北非还有丰富的淡水渔业资源。在埃及的尼罗河和内陆湖中约有190种鱼,如罗非鱼、板鱼、绿鳜鱼、鲻鱼等。在苏丹境内,南方的"苏德"(Sudd)湿地和尼罗河给苏丹提供了丰富的淡水渔业资源,尤其是尼罗河中的河鲈。

五、前景广阔的清洁能源——大气资源

非洲拥有丰富的大气资源,包括风、太阳辐射等。非洲国家传统上以木材作为主要能量来源,森林的采伐率为世界最高,达到了0.8%。在1990—2000年间,平均每年要损失52.6万立方米的木材(联合国粮农组织,2005),不断衰退的林木资源对这些国家的能源需求提出了新的挑战。因此,风能和太阳能的利用显得尤为重要。

(一)风能

阿尔及利亚、埃及、摩洛哥和突尼斯拥有较好的风力开发潜能。在过去的发展中,埃及和摩洛哥占据重要地位,预计今后的发展速度会加快,其他国家也会有一些发展。②

1. 埃及

埃及在风能开发利用领域有很大的发展潜力。2007年底,政府开始重视风能开发,认为风能是埃及传统能源的重要替代物,积极鼓励本国和国际资本投资兴建风力发电站,计划使埃及在未来20年中风力发电量在总发电量中的比重达到20%。埃及东部靠近红海沿岸已经修建了大量风能设施,至2009年底,埃及的风电装机容量为430兆瓦,居全球第26位,在非洲居第一位。③已经有许多新项目正在等待审批、兴建。世界银行近期向埃及提供了2.2亿美元的贷款用于发展和扩大风能产业。

2. 摩洛哥

摩洛哥国内能源需求的97%依赖进口,其能源需求在过去10年中以每年5%—7%的速度增长。为减少能源进口开支,确保能源安全和实现可持续发

---

① 突尼斯农业状况分析及合作建议[EB/OL].世贸人才网.(2006-10-10). http://class.wtojob.com/class231_11036.shtml.

② 朱文韵.风能在非洲[EB/OL].(2009-02-11). http://www.istis.sh.cn/list/list.aspx? id=5298.

③ 世界风能协会.2009年世界风能报告[R].2009.

展,摩洛哥政府不得不改变能源发展战略,利用丰富的风能和太阳能,大力发展可再生能源。

摩洛哥政府已宣布,将投资 315 亿迪拉姆(约合 35 亿美元)用于发展风能,从而进一步提高摩洛哥的可再生能源利用水平。根据这项计划,摩洛哥将在北部和东部新建 5 座风力发电厂。到 2020 年,风电装机容量将从目前的 280 兆瓦提升至 2000 兆瓦;风力发电量在总发电量中的比重达到 14%。[①]

3. 突尼斯

2002 年,突尼斯在东北部建成并投入使用一座 10 兆瓦风力发电站。2009年,突尼斯政府提出今后将加大开发风力资源的力度,计划到 2030 年风力发电规模达到 300 兆瓦,首期计划建设 100 兆瓦的发电站。

2010 年 4 月,突尼斯电气公司与世界银行签约,向世行销售 34 兆瓦风能发电的碳指标贷款,这是突尼斯风能发电领域首个清洁发展机制(MDP)项目。依据合同,世界银行使用其管理的西班牙碳基金账户支付。突尼斯风能发电项目包含到门泽尔特米姆(Menzel Temime)的输变电项目,电气公司用户今后能用上风能电。此项目每年可减少 5 万吨二氧化碳排放。[②]

4. 阿尔及利亚

阿尔及利亚科研机构已经完成对贝贾亚省、塞提夫省、布阿拉里季堡省等北部省份的风能环境研究。目前,阿尔及利亚风能开发利用水平仍然较低,全国风能发电能力仅为 0.7 兆瓦。2010 年内将斥资 3000 万欧元,在西南部边境阿德拉尔省建设国内首座风力发电站。[③]

(二)太阳能

非洲有丰富的太阳能资源。据预测,在撒哈拉沙漠上建成一座面积相当于巴伐利亚州的"太阳能园",就能满足全球的能源需求。根据欧盟委员会能源研究所提供的数据,只要利用撒哈拉沙漠和非洲中东部沙漠的太阳能的0.3%,就足以满足整个欧洲的能源需求。绿色和平组织的报告称:2050 年,类似的"太阳热力电站"将能满足全球 1/4 的能源需求。

---

① 摩洛哥政府将投资 35 亿美元实施风能发展计划[EB/OL]. 中国新能源网. (2010-07-08). http://www. newenergy. org. cn/html/0107/781033679. html.

② 突尼斯发展风能发电[EB/OL]. 证券之星网. (2010-04-12). http://finance. stockstar. com/JL2010041200002039. shtml.

③ 阿尔及利亚将建首座风力发电站[EB/OL]. 中国新能源网. [2012-10-12]. http://www. newenergy. org. cn/html/0104/4121032127. html.

太阳能除了用于发电外,还可以用于家庭的照明、炊事、取暖等。非洲的大多数国家仍处于贫困中,能源相对短缺,照明主要依靠煤油灯,取暖和炊事主要用薪柴和木炭,环境污染严重。尽管非洲太阳能资源十分丰富,太阳能利用却基本是空白。小型太阳能光伏系统、太阳灶、太阳能热水器等将是北非地区居民利用太阳能的主要设施。

利用太阳能发电的投资相对较高,在辐射量1.7兆瓦/平方米的地区,每产生1千瓦能量的投资在3600—15400美元之间。北非地区的辐射量普遍超过1.7兆瓦/平方米,将会从投资利用太阳能中受益。在这方面,埃及和摩洛哥一直走在非洲的前列。

1. 埃及

埃及是世界上少数几个有专门政府部门致力于发展可再生能源的国家之一。最早的太阳能利用项目在20世纪80年代就已建成;第一座太阳能发电站位于开罗南部的艾尔卡拉美特(El Koraymat)地区,装机容量为20兆瓦。埃及电力部还将投资7亿美元新修一座装机容量高达100兆瓦的太阳能发电站,将埃及打造成全球最大的使用太阳能发电站的国家之一。新的太阳能电站项目位于阿斯旺大坝附近的考姆翁布(Kom Ombo)地区,由数家国际机构共同投资修建,其中包括非洲发展基金和世界银行等,另一部分费用则有望通过清洁发展机制(CDM)出售碳指标获得。①

2. 摩洛哥

摩洛哥政府制订了一项大规模开发太阳能的计划,将在2020年前建立5座太阳能发电站,其中第一座太阳能发电站的招标工作已于2010年2月全面展开,目前大约有180家国内外公司参加竞标。②

---

① 埃及开建第二座太阳能电站,力做北非新能源大国[EB/OL].中国新能源网.(2010-04-12).http://www.newenergy.org.cn/html/0107/7151034013.html.
② 摩洛哥政府将投资35亿美元实施风能发展计划[EB/OL].中国新能源网.(2010-07-08).http://www.newenergy.org.cn/html/0107/781033679.html.

第三节 当代北非资源与环境问题

　　1990 年,北非的总人口为 1.43 亿,到 2007 年已经超过 2 亿,2009 年达 2.087亿。人口增长和经济社会发展水平的提高,必将产生资源短缺的压力。首先,会造成对食物、水、耕地和其他一些生活资料需求的猛增。其次,大规模的农业活动不断侵蚀着森林资源,在严重贫困地区显得尤为明显。第三,对自然资源利用强度的增加,会导致生态环境的恶化、自然灾害的增多,反过来又影响着人们的生活,特别是在欠发达地区。第四,人口增长和对化石燃料的需求猛增,也对北非的环境构成了新的压力。

　　与非洲其他国家一样,农业在北非国家国民经济中占的比例很大,农村人口所占的比例很高,大多为自给自足型经济。如 2007 年苏丹和埃及的农业人口占总人口的比例高达 57%,摩洛哥为 44%,阿尔及利亚和突尼斯为 35% 左右,利比亚为 23%。但是农业的 GDP 所占比例很低,一般低于 20%,使得农村地区的贫困问题越发突出。①

　　根据联合国艾滋病规划署和世界卫生组织 2005 年的资料,北非的阿尔及利亚、利比亚和摩洛哥等国正面临艾滋病感染和发病率增长问题。地区性的战争与冲突,如西撒哈拉与摩洛哥、阿尔富尔问题等,使得难民的数量增加,对环境资源造成了新的压力。

　　影响北非地区可持续发展的环境问题主要是水资源短缺、土地资源与粮食安全、海洋资源枯竭和大气污染等。

一、水资源短缺

　　影响水资源丰缺程度的因素包括水资源量、人口数量、各行业用水比例、水资源利用率等。除了地中海和红海沿海地区,北非地区降雨稀少,水资源紧张和短缺是制约区域发展的重要因素。在非洲,北非地区的内部水资源最少,仅占非洲总内部水资源的 1.2%,但由于尼罗河水的流入,它成为获得外部水资源最高的次区域(63%)。农业用水是主要的水资源消费渠道,超过总用水量

的88.2%。① 除了人口的快速增长外,北非各国提高粮食自给率而扩大耕地和灌溉面积、开发油气资源等,水资源的需求量剧增;加上水资源利用率低、浪费严重,水资源的压力凸显。

联合国环境规划署的《全球环境展望4》中对现行的水资源管理方案进行了评估,并提出了优化措施。所有的方案均表明,北非地区需要一种基于水资源综合管理的方法对地表水和地下水进行管理。与此密切相关的是对流域性的水资源的利用开展合作,减少地区冲突发生的可能性。经济发展都依赖于可靠的水资源供应。各种方案揭示的促进水资源可持续利用的政策选择,都包括市场机制、提高管理效率、更公平地获得水资源和提高公众参与程度等。②

北非水资源的绝对量和人均拥有量的变化,主要是由于人口剧增引发。农业和工业发展对水需求的增加可能导致水短缺。人口的增长也会加剧水资源的竞争和由此引发的冲突,这种冲突可能发生在不同的经济部门之间,也可能是国家之间,或是使用共同水源的社区之间。

在北非地区,只有采取流域或集水区域管理,提高区域合作水平,更公平地分配水资源和充分利用水资源,可持续发展所面临的问题和威胁才能得到解决。尼罗河流域的10个国家共大约生活着2.5亿人口。据估计,未来25年,该地区人口将可能翻番。人口的增长和工业、农业的发展,使水需求的压力不断增大。由于气候变化,持续的严重干旱将会减少尼罗河水的流量;污染也开始影响河水的质量。随着全球气候变暖,水资源蒸发增强,而地表水补给不足,尼罗河上游地区旱年不断,严重影响了居民的生产和生活。而埃及、苏丹、厄立特里亚、肯尼亚对尼罗河水资源的依赖度分别为96%、77%、68%和33%,因此该流域各国出于社会与经济利益考虑,以寻求更大的水权。

埃及政府和民间近期高调宣示对尼罗河的权利,而尼罗河流域的埃塞俄比亚、乌干达、卢旺达和坦桑尼亚4国则于2010年5月14日签署了重新分配尼罗河水资源的《尼罗河合作框架协议》,规定4国均等分享水资源,并有权在不事先告知埃及和苏丹的条件下建设水利工程。在此背景下,肯尼亚也于19日正式加入了该协议。尼罗河流域国家水资源纷争彰显了国家间利益冲突。多

---

① 联合国环境规划署. 全球环境展望4——旨在发展的环境[M]. 北京:中国环境科学出版社,2008.

② 联合国环境规划署. 全球环境展望4——旨在发展的环境[M]. 北京:中国环境科学出版社,2008.

国共享流域内的水资源,会增加这些国家冲突的危险性,水资源供应链条的失序,易引发冲突。

随着地区一体化的发展,各国间通过磋商解决争端是解决这一问题的最好途径。对尼罗河水资源进行科学、合理、有序的开发是这些国家的共同诉求。而且,从以往的历史情况看,这些国家正是通过协商,一次次化解彼此的争端。从1999年成立尼罗河流域国家组织,到2001年尼罗河国家合作国际联合会第一次会议在日内瓦的成功举行,乃至2002年"东尼罗河流域专家委员会办公室"的设立,以及2004年埃及、苏丹和埃塞俄比亚就尼罗河水资源利用问题达成谅解,均将尼罗河国家间在尼罗河水资源合作推向深入。①

要实现水资源安全和可持续发展、减少50%的城市和农村地区没有安全的饮用水和卫生保障的人口的目标,关键要处理好以下问题:水资源的数量和质量以及可变性和可获得性,水资源利用基础设施和技术的低水平投资,潜在水资源的勘探和评估(包括地下水),通过水传染的疾病(如血吸虫病和河盲症),外来物种入侵和水资源的竞争与冲突等。

有研究表明,雨水有确保饮用水和食品安全的潜力,主要是通过收集雨水和发展高效雨水灌溉农业来实现。收集雨水以满足干旱区居民的饮用水和牲畜饮水需求,在非洲已经是非常普遍和非常有效。新的雨水收集技术在非洲正被推广使用,例如利用屋顶集水和大容器储水已经比较普遍。推广适宜的储水方法和先进的灌溉技术、提高雨水灌溉农业的效率,雨水灌溉在农业灌溉和抗旱方面可以起到更重要的作用。在农村地区,收集和利用雨水越来越得到重视。一个名为"实际行动"的非政府组织(ITDG),正在苏丹西部的达尔富尔地区宣传和推广雨水高效灌溉农业技术。在达尔富尔,该组织支持修建沿着冲沟的大坝、新月形梯田、阴井和水田,以此作为收集雨水的技术方法。目前更应该鼓励旨在创造新的高效利用降水的灌溉系统的研发和投资。广泛使用低成本的管道灌溉技术以有效地消除贫困,确保粮食安全。

二、土地资源与粮食安全

由于自然地理因素的控制,北非地区的农业用地尤其是耕地的人均拥有量

---

① 尼罗河水资源纷争再起[EB/OL]. 人民网. [2012-05-21]. http://world. people. com. cn/GB/57507/11663667. html.

偏低,在过去的 30 年中森林覆盖率相应减少。由于人口剧增,各国力求提高粮食的自给率,土地资源尤其是耕地的需求量上升。旅游业和采矿业的发展等占用了大量的土地资源。其他土地利用的变化(如城市化和基础设施建设)又占用了大量的土地。但在许多地区,改善土地资源的可用性和条件方面,会发挥有益的、重要的作用。

除了土地资源量外,普遍关心的问题包括土壤肥力的降低、土壤污染、土地管理和保护、土地使用权的性别失衡、自然栖息地到农业或城市用地之间的转换等。由于气候变化和人为因素(如武装冲突、工农业生产和生活引起的土地化学污染等)的影响,土地退化与荒漠化日趋严重,土地的生产力下降。非洲的沙漠及沙漠化的土地面积占世界的 55%。由于上述原因,沙漠扩大、植被退化、土壤侵蚀、盐渍化和盐碱化将会进一步加剧[1];外来物种入侵对土地资源所造成的威胁仍然存在。土地分配不公平的格局仍然是一个问题,和平的环境与区域合作对合理利用土地资源、环境管理和人类福祉的实现有重要影响。因此,土地使用政策将继续对环境变化产生重要影响。未来发展的趋势是要找出适当的对策以减轻负面影响,需要考虑的是主要驱动力和阻力。核心驱动力包括人口、科学技术、经济发展,政治和社会体制,气候和环境,观念、信仰和行为,信息及其交流等。

减轻荒漠化和保障粮食安全,为扩大土地灌溉面积、提高灌溉效率提供了机遇与挑战,并与实现加强粮食安全、消除贫困和提高土地管理水平和土地的生产力的目标相一致。解决的关键问题是土地所用权和使用权、土地退化、落后的农业生产方式、外来物种入侵和因筑坝而被淹没的土地资源等。

世界粮食计划署公布的"2010 粮食安全风险指数报告"中指出,在 10 个面临"极端粮食安全风险"的国家中,除排名首位的阿富汗外,其余 9 个均为非洲国家;北非的苏丹、利比亚名列其中。[2] 北非的农业面临诸多的制约因素,如水资源短缺、对农业的投入不足、农村基础设施贫乏落后等。只有采取适宜的政策、扩大在农业领域的投资,才能提高农业生产力、增强粮食安全和增加农民的收入。2008 年,非洲的谷物产量约 1.523 亿吨,比前一年增加了 12%;2009 年

---

① A. M. Balba. 北非的沙漠化[J]. 时永杰,译. 中兽医医药杂志,2003(专刊):118-123.
② 9 个非洲国家面临极端粮食安全风险[EB/OL]. 中金在线. [2012-08-20]. http://news. cnfol. com/100820/101,1280,8264805,00. shtml.

约 1.6 亿吨。① 为了确保可持续的粮食生产和实现粮食安全,农业需要在未来40 年中大幅增长。

三、海洋资源枯竭

油气资源的开发支撑了大多数国家的经济,为当地提供了相当数量的就业机会。阿尔及利亚、突尼斯、利比亚和埃及都将大幅度增加天然气产量,以满足欧洲日益增长的需求和国内的需求。

据报道,北非海洋渔业的捕获量在 1980—2003 年间实现了全面增长,在2001 年达到了 140 万吨。摩洛哥是北非最大的渔业生产国。2001 年,摩洛哥的海洋鱼类捕获量是 93.32 万吨;埃及是第二大渔业生产国。位于尼罗河三角洲外大陆架的主要渔场过度捕捞相当严重,而且趋势不减。阿尔及利亚的五年渔业计划是每年增加渔业产量 23 万吨,这可新增 10 万个工作岗位。② 埃及的目标是每年增加渔业产量 7 万吨。③

由于陆地和海洋的人类活动导致的资源与环境压力与挑战,主要是生物栖息地的减少和生态系统的变化。这些压力与挑战来自城市化和工业化产生的水体污染和富营养化,筑坝和利用地下水灌溉引起的土地盐渍化、海水入侵海岸侵蚀,对海洋鱼类的过度捕捞。气候变化与海平面上升及其相关的潜在影响也已受到关注,尤其是海岸侵蚀和沿海低地的淹没。

沿海地区城市的扩张,除了占用大量的农业用地外,还造成沿海湿地在城市垃圾填埋场和填海工程中丧失;未经处理的城市废物和工农业污染物直接排放入海,导致海水的富营养化和形成相关的公众健康风险。这种现象已经被各国重视,例如在突尼斯,65% 的废水已经得到处理。

对渔业资源的过度捕捞是决定海洋生态系统是否健康的另一个关键因素。过度捕捞多因外国船队进入本海域作业和现代捕捞技术的应用所致,具体表现为鱼类体型的减小、渔业单产下降。其次,对非渔业资源的捕捞和丢弃以及拖网捕捞对海洋底栖生物的破坏,也对生物多样性产生了影响。另外,外来生物

① 非洲的粮食安全问题急需密切关注[EB/OL]. 世界粮农组织. [2012-05-06]. http://www. fao. org/news/story/zh/item/41994/icode/.

② Food and Agriculture Organization of the United Nations. Algeria Profile-Fishery Country Profile[R]. 2003.

③ The Regional Organization for the Conservation of the Environment of the Red Sea and Gulf of Aden. Country Report Overview for Egypt[R]. 2005.

的入侵对生物多样性也产生了影响。在地中海,已经有超过 240 种的非土著物种,多数是通过移民和苏伊士运河带来的。

油气资源的开发是造成海洋生物的栖息地产生干扰和丧失的另外原因,尤其是油气平台和海地管道对附近海域的扰动,以及油气资源的勘探和生产过程中产生的化学物质污染;原油运输过程中也可能产生污染。

埃及红海沿岸的旅游开发因管理不力,导致珊瑚礁面积下降,并造成自然景观资源的减少甚至丧失。旅游酒店和交通等基础设施的建设,不可避免地影响到生物的栖息环境质量,还有来自旅游者带来的对水体的物理扰动、对淡水的高需求以及产生的污染和水体富营养化,均对生物资源产生不利的影响,尤其是珊瑚礁生态系统,珊瑚礁也受到破坏性捕捞方式的影响。

由于筑坝和农业灌溉,最近 10 年流入地中海的淡水和沉积物在急剧减少,导致海岸的侵蚀和咸水对三角洲湿地的入侵。例如,筑坝引发的河口三角洲地区沉积的减少,已经造成位于达米埃塔(Damietta)和罗塞塔(Rosetta)支流的河口发生后退;在摩洛哥穆卢耶河(Moulouya River)三角洲也出现了类似的情形。

由于气候变暖、海平面上升所造成的海岸侵蚀和咸水入侵是可以预见的。[①] 对于尼罗河三角洲和亚历山大市而言,海平面上升造成的问题特别严重,只要海平面上升大约 1 米,多数地方将会被淹没。

在海洋资源综合管理的框架下,北非国家应加入海洋保护公约(巴塞罗那公约——地中海沿岸国家,吉达公约——红海和亚丁湾国家),在海洋资源与环境保护方面开展合作。埃及已加入了上述两个公约。突尼斯通过了具体的海洋立法,建立了突尼斯沿海保护和管理局。阿尔及利亚起草了相关的法律,并建立了相应的机构。世界银行的地中海环境技术援助项目,拟支持有关沿海和海洋资源可持续利用能力的建构,重点是水质、危险废弃物排放的监测以及政策制定和立法。地中海湿地中心合作项目,如建立地中海沿岸及北部非洲湿地网络,加强了地中海沿岸湿地的管理水平。

四、森林资源减少

在过去几十年里,森林资源的减少主要原因是毁林垦荒、过度砍伐薪材和

---

① IPCC. Technical Summary, Climate Change 2001: Impacts, Adaptation and Vulnerability [EB/OL]. [2012-10-30]. http://www. grida. no/climate/ipcc_tar/wg2/pdf/wg2TARtechsum. pdf.

生产木炭、城市扩建、非法采伐和频繁的自然、人为火灾。在一些国家,由于生产木炭砍伐的森林比其再生产能力高8—10倍。导致森林面积减少的另一个原因是由于阿拉伯胶需求的不断增加,许多地区实施毁林种阿拉伯胶,尤其是在苏丹(图3—5)。

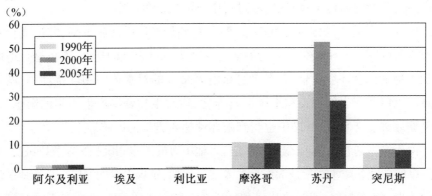

图3—5 1990—2005年北非森林占土地总面积的比例

在山地和坡地上,森林和其他木本植物覆盖地面有保持水土等重要的环境服务功能。在摩洛哥、阿尔及利亚和突尼斯,森林减少使森林调节气候的功能减弱,土壤中水分减小,导致洪水、水土流失、土地荒漠化等灾害增多。公路建设、采石和采矿业、建筑水坝和建设灌溉水渠等减少了森林面积和破坏生物的栖息地,已经导致森林生态系统的恶化,从而影响森林的生物多样性。其他导致森林资源减少的因素包括所有权不明确,缺乏技术人员,缺少资金和相应的技术,对森林资源的管理和贸易政策存在失误。

森林资源减少引起的危害,已引起各国政府的重视,在抑制森林面积继续缩小的同时,有些国家正力图恢复森林资源,如苏丹。有的国家正在寻求区域范围内森林资源的可持续利用的管理模式,如埃及政府通过农业部的土地复垦项目,在伊斯姆利亚(Ismailia)省的萨拉边(Sarabium)地区已经成功探索和实施了用处理后的废水植树,种植造林210公顷。若能在其他地区推广,则可减少埃及对进口木材的依赖。

五、大气污染

与发达国家相比,非洲的大气污染水平仍然比较低。然而,随着人口增加、工业化和城市化进程的加速,大气污染已日趋严重。主要的污染物包括二氧化硫、一氧化碳、二氧化碳、煤烟、粉尘和石墨微粒等。

导致空气质量下降的有很多因素。在城市里,污染物来自于自然来源和人为排放。自然来源主要是沙尘暴和扬尘。人为排放的污染物包括工业生产产生的废气、粉尘和汽车排放的尾气。前者多是因由于社会经济水平、科技落后,超标排放。后者由于政府对新型环保汽车征税过高以及经济不景气造成了对旧汽车的过度依赖。此外,对汽车尾气排放缺乏控制,使得污染问题越发严重。由于铁路不发达,大量使用卡车进行长途运输也在一定程度上加剧了污染。开敞式的燃烧各种废弃物也会导致大气质量下降。在农村地区,燃烧生物燃料生产砖瓦也是造成大气污染的原因之一。在家庭中使用生物燃料烹调和取暖也降低了空气质量。室内的这种空气污染对妇女和儿童的影响尤其严重,因为妇女们大多承担了做饭的任务,因而更容易接触污染源。

在一些大型工业城市,空气污染已经是迫在眉睫的问题。如开罗的人均摄入的污染物超标达 20 倍;经常出现埃及人称之为黑云的雾,影响居民的健康。与其邻国相比,利比亚的二氧化碳排放量最高,这往往与经济增长密切相关。在突尼斯,交通和能源生产部门是空气污染的主要来源。交通部门排放的二氧化碳占温室气体排放总量的 92%,甲烷占 7%,氮氧化物占 1%;1994—2002 年,交通部门排放的二氧化碳从 3407 万吨增长到 5807 万吨,年均增长率为 9%。能源生产部门的排放量所占比重也从 1994 年的 23% 上升到了 2002 年的 29%。

在利比亚,空气污染最主要来源于工业和交通部门,其中石油炼化产业排放大量地造成大气污染,情况较为严重。大多数工厂建厂时,并没有环保的设计,因此这些工厂没有必需的污染监测和控制体系,也没有限制和减少污染物排放量和浓度的设施和装置,对周边的居民和海域造成了不良影响。

在摩洛哥,温室气体排放对于环境的压力并不是很大。空气污染主要来源于交通和工业,特别是沿着穆罕默迪耶—萨菲(Mohammedia-Safi)公路轴心尤为明显。空气质量恶化对经济也造成影响,主要是由于呼吸道疾病造成,大约占 GDP 的 1.9%。

最近,北非各国政府和公众对大气污染都很重视,对采取预防性措施以控制大气污染十分感兴趣,从过去只是采取亡羊补牢式对策转变到现在的更具预防性、前瞻性的政策和手段,包括在源头上实现清洁生产和污染物最小化。摩洛哥和突尼斯等国家建立了国家清洁生产中心,埃及也很快会建立。埃及和摩洛哥在可再生能源发展方面都加大投资,兴建更多的风能和太阳能电站。

∽◎ 第四章 ◎∽

南部非洲资源与环境

　　按照《非洲环境展望2》的分区,南部非洲通常包括安哥拉、博茨瓦纳、莱索托、马拉维、莫桑比克、纳米比亚、南非、斯威士兰、坦桑尼亚、赞比亚、津巴布韦11个国家。根据联合国粮农组织统计数据,南部非洲土地面积约679.5万平方千米,占非洲土地面积22.93%。2009年,人口1.83335亿,占全非总人口(10.08354亿)18.18%。

　　南部非洲地处非洲大陆南部,东邻印度洋,西濒大西洋,东、南、西三面的界限是海岸线,北部以非洲刚果盆地南缘分水岭高地和赞比西河为界,与刚果盆地区和东非裂谷高原区接壤。从地形上看,从刚果河河口至埃塞俄比亚高原北部边缘一线为界将非洲大陆分为两大块,西北半部较低,东南半部较高,其中安哥拉、马拉维、莫桑比克、坦桑尼亚、赞比亚和津巴布韦的海拔多在1000米以上,而博茨瓦纳、莱索托、斯威士兰则既有海拔在1000米以上的地区,也有海拔较低的地区。南部非洲的地貌主体为南非高原,东南部有德拉肯斯山脉。由于地貌结构的影响,东南信风受阻,本地区大部分呈现为干旱面貌,形成了以热带亚热带高原稀树草原为主的自然景观。

第一节　南部非洲地理环境概况

一、非洲最大的高原

　　南非高原是非洲最大的高原,也是南部非洲的主体。该高原位于非洲刚果盆地南缘分水岭高地和赞比西河以南。南非高原西、南、东三面环海,似半岛

状。海拔大部分都在 1000 米以上（图 4—1）。南非高原基底为太古代陆台,陆

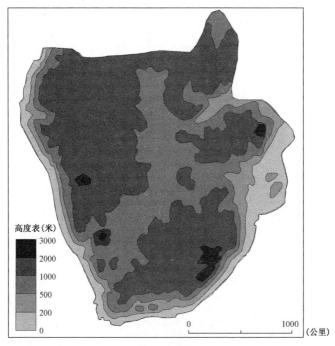

图 4—1　南非高原地势图①

台受挤压形成褶皱,至寒武纪褶皱被剥蚀为准平原。古生代到中生代早期,广泛发生造陆型沉降运动,形成开普系(上志留统—下石炭统)和卡罗系(上石炭统—侏罗系)两个著名的地层系统。南非高原大多数地区构造稳定,上述沉积岩水平或几乎水平地覆盖于古老的基底上。南部(大卡罗地区)和西南部地区构造活跃,沉积岩层(二叠系—三叠系)发生抬升形成开普褶皱带。侏罗纪早期,冈瓦纳大陆解体,本区的基本轮廓形成。侏罗纪到第三纪,南部非洲主要发生垂直升降运动,特别是第三纪发生的隆起运动,使高原边缘隆起,形成面积巨大的盆地。高原中部是海拔 1000 米左右的卡拉哈里内陆盆地和卡拉哈里沙漠。高原周围不断发生间断抬升,形成沿岸平原。河流的溯源侵蚀导致高原边缘不断后退,形成了高原与沿岸平原地带之间的高原斜坡带,和高原东、南、西三面的呈半环状围绕高原的大断崖。大断崖东起林波波河口,沿海岸一直延伸到库内内河口,全长约 2000 千米,相对高度有的地段达 2000 米以上,东南边缘

---

① 苏世荣. 非洲自然地理[M]. 北京：商务印书馆,1983.

的德拉肯斯堡山脉是崖壁的最高部分。莱索托东北边境上的卡斯金峰,海拔
3657 米,也是南非高原的最高点。在西部纳米比亚的大西洋沿岸,是干旱气候
条件下形成的纳米布沙漠。南非的最南端为开普山脉,长 800 千米,由两列平
行的中高山脉组成,具有顶部平缓、宽阔纵谷和狭窄横谷交错切割的地形特征。
上述不同地形构成了本区同心圆式的地貌结构,即中心是大盆地和高地组成的
内陆高原,外围是高原斜坡带和沿海平原组成的边缘地带,其间为大断崖。

(一)卡拉哈里盆地与卡拉哈里沙漠

内陆高原是本区地貌的主要组成部分,中间的卡拉哈里盆地中发育分布有
世界著名的巨大的半荒漠沙地平原,四周为高地。

1. 卡拉哈里盆地

卡拉哈里盆地,北界赞比西河上游,南界奥兰治河,东接德兰士瓦和津巴布
韦高原,西迄西南非洲高地。南北最长处约 1600 千米,东西最大宽度约为 960
千米,面积约 250 万平方千米(图 4—2)。① 它几乎占据了博茨瓦纳全部、纳米

图 4—2 南部非洲沙漠分布示意图

比亚东部的 1/3 以及南非开普省以北的部分,西南部与纳米比亚的海滨沙漠毗
邻。地貌上属非洲地台上的凹陷盆地,海拔 700—1000 米,四周被高 1200—1800

---

① Kalahari Desert[EB/OL]. Wikipedia. [2012-11-11]. http://en. wikipedia. org/wiki/Kalahari_Desert.

米的高原和山地环绕。盆地内地势起伏不大,偶有孤立岛山。中部有一条东西向的低矮分水岭,分盆地为南、北两部分。南部是莫洛波、诺索普河内流区,以荒漠、半荒漠为主,散布有沙丘和盐沼;北部多沼泽、湖泊和洼地,较大的沼泽有马卡迪盐沼、奥卡万戈沼泽、埃托沙盐沼等。卡拉哈里盆地地处副热带高压控制区,属热带干旱与半干旱气候,年平均气温约21℃,年变化和日变化均较大,夏季最高气温可达47℃,冬季常出现冰冻;年降水量平均150—450毫米,从东北向西南递减,降水变率较大。除博泰蒂河外,无常流河。地面多古河床和干沟。土壤一般为红色软沙土。盆地西部和北部有浓密的灌木和草本植物,多羚羊和其他热带动物,西南部已辟为“卡拉哈里大羚羊国家公园”,保存有几乎所有的当地动物。富金刚石、铜、铅、锌、钒等矿藏。当地居民主要为班图语系黑人,其次是萨恩人(布须曼人)等,多从事牧业或狩猎。卡拉哈里盆地原为浅海,第四纪上升为陆地,表面堆积着松软的沉积层,在风的作用下形成波状起伏的卡拉哈里沙漠。

2. 卡拉哈里沙漠

卡拉哈里沙漠占据卡拉哈里盆地中心,沙漠面积90万平方千米。卡拉哈里源于茨瓦纳语“kgala”,意为极端干渴。这里气候较为干燥,多年平均降水76—190毫米,有些地区超过250毫米。[1] 夏季温度20℃—45℃。强烈的氧化作用使得沙漠的沙粒表层覆盖薄层的氧化铁而呈现红色色调(图4—3)。

图4—3　卡拉哈里沙漠[2]

① Kalahari Desert[EB/OL]. Wikipedia. [2012-11-11]. http://en.wikipedia.org/wiki/Kalahari_Desert.
② 全球最美的五大沙漠[EB/OL]. 新浪博客. [2012-09-12]. http://blog.sina.com.cn/s/blog_4e78fc730100f43q.html.

卡拉哈里沙漠地面多古河床和干沟,沙漠中的典型地貌为小沙原、纵向沙丘和浅水湖(洼地)。卡拉哈里沙漠的沙丘主要为固定沙丘,形成沙地,因此这里属于半荒漠。卡拉哈里沙漠以简单线形沙丘最为典型。线性沙丘长20—50千米,高 2—5 米,宽 150—250 米,间距 200—450 米。① 浅水湖或洼地是沙漠水系的最大特色,它们是极短溪流终点的干湖。卡拉哈里沙漠水系为内流水系,每条溪流将其流程结束在略低的凹坑里。当小溪干涸时,由缓慢溪水带来的粉沙和黏土与可溶钙矿物和由蒸发水所凝结的盐一起沉淀了下来形成盐沼(图4—4)。卡拉哈里沙漠中著名的盐沼叫马卡迪卡迪洼地(Makgadikgadi Pan)。

A. 盐沼全景　　　　　　　　　　　　B. 盐沼局部

图4—4　卡拉哈里沙漠中的盐沼②

该盐沼位于博茨瓦纳干旱萨王纳中部,是世界上最大的盐沼,由三个小盐沼组合而成,面积 16057.9 平方千米。盐沼中季节性有水和植物,主要为耐盐、耐旱植物,有些地区有灌木萨王纳和猴面包树分布。这里有明显的干湿季变化。干旱季节动物较少,有些昆虫和斑马等,这里分布有最大的斑马种群。在湿润季节,盐沼中有迁徙性水鸟生活,如野鸭、大白鹈鹕等。③

有研究表明,地质历史时期卡拉哈里沙漠曾经为较湿润区,这里发育有马卡迪卡迪(Makgadikgadi)湖,面积达 27.5 万平方千米,水深 30 米,奥卡万科河、赞比西河和宽多河注入湖中。大约 300 万年前,强烈的东风吹蚀和堆积作用在

---

① 李振山,倪晋仁. 国外沙丘研究综述[J]. 泥沙研究,2000,5:73-81.

② Makgadikgadi Pan[EB/OL]. Wikipedia. [2012-11-11]. http://en. wikipedia. org/wiki/Makgadikgadi_Pan.

③ Makgadikgadi_Pan[EB/OL]. Wikipedia. [2012-11-11]. http://en. wikipedia. org/wiki/Makgadikgadi_Pan.

卡拉哈里盆地中间形成横贯东西的沙丘,迫使上述大河向东流入印度洋。200
万年前,奥卡万科—赞比西断层的发育导致断陷盆地形成,上述大河流注盆地,
形成马卡迪卡迪湖。大约 2 万年前,湖泊向东、北方向外泄,导致赞比西河中下
游连接,形成维多利亚瀑布。湖泊的外流使得湖水位下降,在干旱的时段水量
的减少和蒸发的增加使得湖泊入不敷出,于 1 万年前干涸。①

（二）大断崖

卡拉哈里盆地的东南和西缘地势成阶梯状升高,形成半环状围绕高原的
"大崖壁",或称大断崖(图 4—5)。大断崖从内陆高原的西北缘进入本区,沿
高原西、南、东缘,一直伸展到津巴布韦东部的伊尼扬加尼山,全长约 2000 千
米,相对高度有的地段大于 2000 米,东南边缘的德拉肯斯堡山脉是崖壁的最高
部分。莱索托东北边境上的卡斯金峰,海拔 3657 米,是南非高原的最高点。大
断崖把内陆高原和边缘地带分隔开来。大断崖在一些地段常因河流切穿而缺
失,在无坚硬岩石覆盖的地方断崖形态很不明显。因此,大断崖在构造、高度、
陡峭程度等方面各处不同。在地表为结构坚硬、抗蚀力强的岩层覆盖的地段,

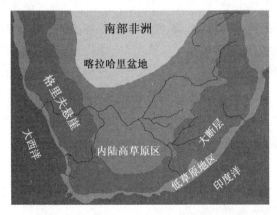

图 4—5 南部非洲的大断崖分布示意图②

大断崖似崖壁那样陡峭,并呈线状;在上下岩层一致,并且岩石抗风化能力较差
的地段,断崖则和缓、不规则。

德拉肯斯堡山脉(Drakensbery Mountains)又称喀什兰巴山,荷兰语称为龙

① Lake Makgadikgadi[EB/OL]. Wikipedia. [2012-11-11]. http://en. wikipedia. org/wiki/Lake_Mak-
gadikgadi.

② The Geological Map of South Africa[EB/OL]. [2012-11-11]. http://www. southafrica-travel. net/pa-
ges/e_geolog. htm.

之山,是大断崖的重要组成部分。山体略呈弧形,东北—西南走向,长约 1200
千米,为注入印度洋诸短小河流和注入大西洋的奥兰治河水系的分水岭。德拉
肯斯堡山脉系新生代抬升的古地块边缘,大部海拔 1000—2000 米,大于 3000
米的高峰有 6 座,最高峰塔巴纳恩特莱尼亚纳山海拔 3482 米。北段山体破碎,
地势较低;南段地势高峻。山体两侧呈阶梯状降低。东坡陡峻,地形崎岖破碎;
西坡较平缓,微向内陆高原倾斜。山体顶部为厚度约 1400 米的玄武岩覆盖,其
下为砂岩。

(三)纳米布沙漠

南非高原的边缘地带被分为东高原斜坡带、西高原斜坡带、莫桑比克平原
和南开普敦等地理分区。

东高原斜坡由德兰士瓦高原斜坡、东开普高地、东南沿岸带三个部分组成。
德兰士瓦高原斜坡西部曾受河流强烈切割,地形较破碎;东部较为平缓;东开普
高地是东高原斜坡的最南部分,地表几乎全由卡罗地层组成。特兰斯凯几乎到
处都以厚层粗玄岩露头占优势,因此河流常被迫形成曲流,形成深切峡谷;东南
沿岸带,南部狭窄,向北变宽,与莫桑比克平原合并,高度小于 600 米。纳塔尔
北部地表为低平的沙地,河谷开阔,纳塔尔南部花岗岩和桌状山砂岩接近海岸,
地表崎岖,河流常形成峡谷。

莫桑比克平原是南部非洲地表除卡拉哈里外最均一的地区,除个别由白
垩纪和第三纪石灰岩和砂岩形成的高原以外,地表平坦。平均海拔 100 米,
呈带状分布,北窄南宽,总面积 33 万平方千米,是非洲最大平原之一。海岸
地带有沙丘覆盖,沙丘高达 160 米。有时沙丘使一些小河下游堵塞,形成
潟湖。

南开普地区由褶皱带、海岸前地和大卡罗盆地组成,是非洲大陆最古老的
褶皱带之一。褶皱带是该地区的主体,山系主要由桌状山砂岩构成。主要山脉
有南北走向的象河山和东西走向的朗厄山和大斯瓦特山。这些山脉是古代褶
皱山系的残体,一度曾被夷平,近期又被抬升。朗厄山和大斯瓦特山之间称小
卡罗,海拔 300—600 米,地面高低不平。大斯瓦特山和高原边缘之间是大卡罗
盆地。海岸前地是开普褶皱带在海岸一侧的边缘地带。西海岸前地分布有主
要由板岩、页岩构成的马姆斯伯里平原,其西南部覆盖有厚层流沙。南海岸前
地位于朗厄山以南,构成比较复杂。斯韦伦丹以西的松德伦德山脉有明显的东

西向褶皱。南海岸前地大部分覆盖有页岩和板岩。[①]

　　西高原斜坡带较东高原斜坡狭窄,这些沿岸地带与内陆高原边缘的麓部较高地带相邻,纳米布荒漠沿岸准平原从开普省象河下游延伸到木萨米迪什以北的大断崖山脚,南面部分在陡崖顶部高原处与卡拉哈里沙漠合为一体。

　　纳米布(Namibe)是葡萄牙语,亦译那米比,意为一无所有的地方。纳米布沙漠是世界上最古老、最干燥的沙漠之一,是著名的海岸沙漠(图4—6),也是凉爽而多雾的沙漠。沙漠起于安哥拉和纳米比亚的边界,止于奥兰治河,沿非洲西南大西洋海岸延伸2100千米,该沙漠最宽处达160千米,而最狭处只有10千米,面积3.4万平方千米,沙子体积达到3.75千亿—10.2千亿立方米。纳米布沙漠为沿海沙漠,被凯塞布干谷分成两个部分。南面是一片浩瀚的沙海,内有横向、线性和星形的沙丘,其中有一些高度超过200米。横向沙丘砂的平

图4—6　纳米布沙漠[②]

---

　　① 苏世荣. 非洲自然地理[M]. 北京:商务印书馆,1983.

　　② Namb Desert[EB/OL]. Wikipedia. [2012-11-11]. http://en. wikipedia. org/wiki/File:Namib_desert _MODIS. jpg.

均粒径 2.10—2.20Φ[①]，分选系数 0.55—0.84Φ[②]。纳米布沙漠的复合型线形沙丘高 50—170 米，间距 1600—1800 米。[③] 沙丘脊线附近为 28°—5°的交错层理，侧部为 10°—0°的加积层理，底部为 8°或倾角更小的加积层理。纳米布沙漠的星状沙丘高度可大于 300 米，平均宽度 1 千米，丘间平均距离 1.33 千米。[④]根据兰开斯特(Lancaster)1989 年报道，纳米布沙漠中星状沙丘的粒度特点是沙粒极细，平均粒径由丘间低地的 0.25 毫米减小到丘底和丘顶的 0.22 毫米；滑落面和迎风坡上的沙粒更细，分别为 0.18 毫米和 0.20 毫米；沙粒分选性从中等到很好，丘顶、上坡及滑落面的分选性比丘底和丘间地要好。凯塞布干河以北是砾石平原，平原上长有一种名叫"百岁兰"的植物，能存活 2000 年，可长到 4 米高，但露出地面的部分矮小，只有两片皮革般的带状叶子，所需的水分是从叶子吸入。沙漠的颜色变化较大。靠近海滨呈黄灰色，内陆呈红色。沙丘走向近南北，或呈西北—东南走向，单一的沙丘长达 16—32 千米，高 240 千米。[⑤]

二、独具特色的高原水系

非洲水系的地区分布是不均衡的。南部非洲的地形和气候特点决定了该区的水文特征，大部分地区的主要特点是负水分平衡。干涸河床和封闭洼地较多，一些河流一年的大部分时间干涸无水，只有到雨季时才有水。

南部非洲的高原水系以多季节性河流为特征。除卡拉哈里部分水系外，所有的高原水系都流经边缘地带，到达海洋。赞比西是高原水系中最大的流域（一部分在东非裂谷高原区），面积约 135 万平方千米。赞比西河发源于隆达高地，西面有较大的支流汇入，而南面只有小支流汇入。库班戈—奥卡万戈河大部分水量被蒸发，分成一系列汊河，只有一条雨季时到达赞比西河。奥兰治河及其主流法尔河发源于雨量丰富、接近东部大断崖的平顶山，但从平顶山向西流时只汇入一些季节性的支流。林波波河和萨比河也属于高原水系，流域面积共 58.88 万平方千米。卡拉哈里流域面积约为 117.76 万平方千米，将近

---

① Φ 为沉积物颗粒的粒径。Φ = $-\log_2^D$ （D 为粒径，单位毫米）。

② 哈斯，王贵勇. 腾格里沙漠东南缘横向沙丘粒度变化及其与坡面形态的关系[J]. 中国沙漠，1996,16(3)：216-221.

③ N. Lancaster. Linear Dunes of the Namib Sand Sea[J]. Zeitschrift Für Geomorpholgie,1983,45(Supplement B)：27-49.

④ 李志中. 星状沙丘研究综述[J]. 干旱区地理,1996,19(2)：91-96.

⑤ 纳米布沙漠[EB/OL]. 百度百科. [2012-11-11]. http://baike.baidu.com/view/66693.htm.

50%为无流区,另外还有不少季节性河流,大都流入一些洼地,如埃托沙、马卡里卡里相思加米等。南部的莫诺波—诺索普水系原是奥兰治水系的一部分,现已成为内流河。[①] 与高原水系相关的世界著名自然景观有奥卡万戈三角洲和维多利亚瀑布等。

（一）奥卡万戈三角洲

奥卡万戈河(Okavango River)亦称库班戈河(Kubango River),是非洲南部高原水系中的一条内陆河,也是非洲第四长河,全长1600千米,流域面积80万平方千米,河口流量250立方米/秒。主要支流有奎托河、库希河等。南部支流有的最终汇入恩加米湖,北部支流汇入赞比西河支流——宽多河。奥卡万戈河发源于安哥拉比耶高原,向东南经纳米比亚流入博茨瓦纳,最后形成奥卡万戈内陆三角洲(图4—7)。奥卡万戈三角洲是季节洪水漫溢的产物,奥卡万戈河每年带来约66万吨的沉积物堆积于三角洲上。[②] 三角洲最宽处约达240千米,

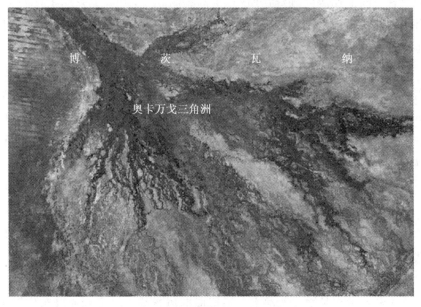

图4—7 奥卡万戈三角洲[③]

① 苏世荣. 非洲自然地理[M]. 北京:商务印书馆,1983.

② Okavango River[EB/OL]. Wikipedia. [2012-11-11]. http://en. wikipedia. org/wiki/Okavango_River.

③ United Nations Environment Programme. Africa-Atlas of Our Changing Environment[M]. Malta:Progress Press Ltd., 2008.

面积约 1.68 万平方千米,是世界上最大的内陆三角洲,雨季洪水泛滥,形成大片沼泽,其中长年沼泽地将近一半。三角洲地势起伏和缓,高差小于 2 米。① 奥卡万戈河上游河段穿过森林地区,向南流淌,越向南,两岸林木越稀疏。转向东南后,河流穿行于干旱草原地区。

在奥卡万戈沼泽区,主要有两种植被类型,一是生长于河床和泛滥平原上的茂密的纸莎草和其他水生植物,另一种是占据三角洲较高地区的小块林地和干旱草原。三角洲中生长茂密的纸莎草不断堵塞河道,从而不断造成河水流向的改变。作为干旱区的绿洲,奥卡万戈三角洲多年平均降水为 450 毫米,通常在 12—3 月午后以强雷阵雨形式出现。该时段温度高达 40℃,湿度为 50%—80% 之间,其他月份最高温也可达到 30℃。三角洲的水分消耗于蒸发和蒸腾,近 60% 被植物蒸腾,36% 被蒸发,仅有 2% 渗入沙漠,另外有 2% 从三角洲南缘流出。径流分布特征决定了河流带来的盐分不能完全外排,尽管有些盐生植物在不断消耗盐分,但盐分在三角洲不断积累,形成了数以千计的小岛。小岛由于盐分的积累在不断生长,岛中心因为盐分的大量析出而成为不毛之地。②

在博茨瓦纳干旱的冬季,奥卡万戈三角洲面积扩大至平常的 3 倍,吸引大量野生动物,形成了非洲最大的野生动物中心。奥卡万戈沼泽东北角的莫里梅(Moremi)野生生物保护区面积达 3788 平方千米,区内有许多动物,如狮、猎豹、野牛、牛羚、河马、斑马、野狗和鳄鱼等;鸟类有鹳、朱鹭、苍鹭、白鹭、鹤和织布鸟,还有许多鸭、鹅及鹌鹑;鱼类有欧鳊、狗鱼及虎鱼等。③

奥卡万戈三角洲的居民有 5 个种族组成,每个都有自己的民族特征和语言。其中哈姆布库苏(Hambukushu)、德昔日库(Dceriku)和瓦叶侬(Wayeyi)都属于班图人,处于渔猎、采集和农业混合经济阶段;另外两个部族属于布须人,仍然处于传统的渔猎与采集阶段。

(二)维多利亚瀑布

维多利亚瀑布是赞比西河上一道美丽的风景线。维多利亚瀑布位于非洲赞比西河中游,赞比亚与津巴布韦接壤处。宽约 1700 米,最高处 108 米,为世界著名瀑布之一,1989 年被列入《世界遗产目录》。维多利亚瀑布地处赞比西

① Okavango Delta[EB/OL]. Wikipedia. [2012-11-11]. http://en. wikipedia. org/wiki/Okavango_Delta.
② Okavango Delta[EB/OL]. Wikipedia. [2012-11-11]. http://en. wikipedia. org/wiki/Okavango_Delta.
③ 奥卡万戈河[EB/OL]. 百度百科. [2012-11-11]. http://baike. baidu. com/view/550988. htm.

河上游和中游交界处,由"魔鬼瀑布"、"马蹄瀑布"、"彩虹瀑布"、"主瀑布"及"东瀑布"共五条大瀑布组成,水流流过横切赞比西河的断裂,泻入长72千米、宽度25—75米的峡谷,水雾上升超过400米,远在50千米之外就能看见。水汽反射光线不仅能在白日形成彩虹,在满月的夜晚也能看到月光形成的彩虹。津巴布韦人称该瀑布为"曼古昂冬尼亚",即"声若雷鸣的雨雾"或"轰轰作响的烟雾"。瀑布年平均流量约935立方米/秒,赞比亚一侧建有两座水电站,发电能力共10万千瓦。维多利亚瀑布国家公园与李文斯顿狩猎公园是非洲著名的旅游胜地。由于上游赞比西盆地具有明显的干湿季,因此在每年9—1月的干季,瀑布下的岩石多半裸露,可以看到第一峡谷的全貌,甚至可以在河谷中行走。瀑布流量最小出现在11月,仅为4月的1/10。维多利亚瀑布的形成是由于赞比西河上游玄武岩高原上发育丰富的裂隙,裂隙中为后期砂岩充填。流水的侵蚀沿着裂隙不均衡地进行,导致了瀑布的形成。从瀑布向下游有多达7段峡谷,代表了多次的瀑布形成期。随着侵蚀作用的进行,瀑布不断向上游后退。目前流水正在切向一条东北东向的裂隙,预计将沿着该软弱带形成更加宽阔的瀑布。[①]

三、热带亚热带气候

(一) 影响气候的地理因素

南部非洲的气候是在地理位置、高度、地形和下垫面性质以及洋流等因素综合影响下形成的,以热带、亚热带气候为主。该区南部经常处于亚热带反气旋高压带的控制之下,大致以南纬30°为中心,季节性位移约4°。夏季由于大陆增温使高压带分为南大西洋高压和印度洋高压。冬季次大陆降温,陆地高压增强,形成连续的亚热带高压带。东南信风在该区域东部表现最为明显,冬季主要影响南纬25°—15°的东岸,夏季主要影响南纬20°—30°较为深入的陆地内部地区。本区西部边缘处于南大西洋信风系统的负影响之下,信风吹离次大陆,从而形成西岸的干旱气候。带状西风冬季影响次大陆的南端,形成地中海型气候。洋流也是影响该区气候形成的重要因素。次大陆的东岸有莫桑比克暖流,故东岸温暖,东南信风使东岸夏季气候更加湿热。而西岸有本格拉寒流经过,冷海水上涌现象加强了寒流的影响,故西岸较寒冷而干旱。

① Victoria Falls[EB/OL]. Wikipedia. [2012-11-11]. http://en. wikipedia. org/wiki/Victoria_Falls.

（二）热带亚热带气候特点

南部非洲气候以热带亚热带类型为主,呈现气温由北至南逐渐降低,降水则自东向西减少的空间分布特点。全区大部分地区降水偏少,并以夏雨为主,雨量从东向西逐渐减少。东高原斜坡年降水达到 1000—2000 毫米,内陆高原的东高地降水减少至 500—750 毫米;向西到卡拉哈里盆地仅 250 毫米或小于 250 毫米。内陆高原的西部高地降水 360 毫米左右,西海岸纳米布降水只有几十毫米,甚至无降水。但是由于冷洋流的影响,纳米布的相对湿度达到 70%—80%,因而成为世界上独特的空气潮湿的"荒漠"。①

南部非洲气候类型包括热带草原气候、热带干旱气候、亚热带干旱气候和地中海气候等。热带草原气候区主要包括赞比亚、马拉维、莫桑比克大部分地区、南非高原的北部与东北大部、安哥拉的大部分地区,夏季潮湿多雨,冬季干燥。一月份的平均气温在 24℃—30℃之间,年雨量为 500—1000 毫米,在多雨时期呈现出一片繁茂草原的景象。卡拉哈里荒漠区属于热带干旱气候,降水稀少。纳米布沙漠属于亚热带干旱气候。而大陆南端和西南沿海属于地中海式气候。在南非高原的东部与南部地区,大致从林波波河以南到南部的海岸地带,形成了较为温和与夏季多雨的温带草原气候。

四、类型多样的萨王纳植被和灌木植被

南部非洲区虽然植被类型多样,如硬叶灌木植被、荒漠植被、萨王纳植被和森林等,但萨王纳群落是该区域主要的植被类型,也是世界主要的萨王纳分布区之一。

（一）萨王纳植被

萨王纳(Savanna)为非洲当地语言的音译。通常也意译为"热带草原"、"热带稀树草原"。主要分布于热带雨林的南北两侧,热带草原气候控制的地区。气候特点为终年炎热,降水分配不均匀,一年有明显的干湿两季。由此形成的植被特点是:以草本植物为主,雨季草类生长旺盛,旱季则枯萎;群落中生有一定的乔木,但由于旱季水分不足,树木分布稀疏,树木之间的距离通常是其高度的 5—10 倍;且均为适应干旱气候的树种,常有储水构造,耐旱、耐火烧。典型的如金合欢、波巴布树(亦称猴面包树)、纺锤树、瓶子树等。萨王纳中生

---

① 苏世荣. 非洲自然地理[M]. 北京:商务印书馆,1983.

长着善奔跑、物种占优势的动物群,如斑马、角马、长颈鹿等食草动物,以及狮子、猎豹等食肉动物。

在南部非洲,萨王纳群落是分布最广泛的植被,差不多整个次大陆部都覆盖着这种植被。本区萨王纳有四种类型。

1. 混交型萨王纳

该类型中一般没有优势的乔木和禾草。乔木因地形部位和气候条件的不同而有很大变化,有的地方很稠密似森林,有的地方很稀疏,成为稀疏的萨王纳,或草本占优势的萨王纳。在南非共和国境内,混交型萨王纳的分布从北部向南通过纳塔尔和开普省东部,至伊丽莎白港腹地,并一直到小卡罗。在西部,与较高的草地交错分布。在南部,与卡罗植被和马其亚群落邻接。较干旱地段最常见的乔木为金合欢,与其伴生的是波巴布树。较湿润地区一般为阔叶落叶乔木,如马罗那、苹婆属的各个树种、南非桃花心木等。优势草本是三芒草黍属和须芒草属等。

2. 短盖豆——伊苏豆萨王纳

该类型一般也是稀树草原,主要乔木是伊苏豆和短盖豆属的各个种,但乔木密度变化较大,从乔木极少的开阔草地到几乎郁闭的森林都有。

3. 莫帕尼萨王纳

主要分布于大陆内地势较低、较干旱和较温暖的河谷和盆地。这里常出现波巴布树,表明这些地方温度较高,大气湿度较低,表土一般为中性式微酸性。这些地区莫帕尼树占有优势,不少地方几乎以纯林形式出现,特别是在一些黏质土壤上。该树可长到 18 米高,树干直径达 1.2 米,树干防火,芽和新叶有托叶保护,但对霜冻敏感,它们的二线裂叶成对生长,形似蝴蝶,树名莫帕尼(mopani)即"蝴蝶"的意思。

4. 有刺萨王纳

这种萨王纳几乎覆盖整个卡拉哈里盆地南部,并向南延伸到锡兰士瓦省和奥兰治自由邦,以及纳米比亚的大纳马兰。这里雨量从西南部的 75 毫米增加到东北部的 500 毫米左右,植被类型特征是乔木有刺,比较稀疏。南部除了干河谷有稠密的灌木生长外,草本占优势。向北至雨量较多的地区,乔木比例增加。最为典型的带刺乔木是骆驼刺,它在整个地区广泛分布。有刺萨王纳的草本植物种类很多,最典型的是西瓜的一个变种。[①]

(二) 灌木植被

1. 硬叶灌木

硬叶林又称"硬叶常绿林",是地中海气候下的典型植被,为常绿乔木或灌木群落。叶片常绿坚硬,机械组织发达,常披茸毛或退化成刺,以适应夏季炎热干燥的气候。主要分布在地中海沿岸、北美洲的加利福尼亚,大洋洲的东部和西南部。硬叶林中植物的叶片与阳光成锐角,躲避阳光的灼晒;叶子坚硬而有锯齿,叶片不大或变成尖刺状,叶片表面没有光泽而常有茸毛,常有分泌芳香油的腺体,减少水分蒸发。硬叶植被通常并不高大,除了乔木组成的森林外,还有不少长成低矮的灌木丛。南部非洲虽然地中海式气候分布仅局限于南部和西南部,但地中海式气候条件下发育的硬叶灌木类型较为丰富,通常由具有革质叶的常绿灌木组成。包括典型硬叶灌木、湿硬叶灌木、山地硬叶灌木、干硬叶灌木和单种硬叶灌木五种类型。它们的生存环境因降水和海拔高度的差异而不同。这五种类型有一个共同特征,即灌木中部没有乔木,这与北非地中海型植被显著不同。另一方面,本区的硬叶植被与森林相邻,而欧洲、大洋洲的地中海型植被没有这种现象。[②]

2. 荒漠灌木

南部非洲的荒漠植被区主要有两种不同类型的荒漠灌木:肉质灌木和木质灌木。

肉质灌木分布于卡罗地区西部最干旱地带,以及从奥兰治河下游以北到圣赫勒拿湾的整个沿岸地带。肉质灌木有低肉质和高肉质植物之分。低肉质植物分布在更为干旱的地区,高肉质植物分布在相对湿润的地方。低肉质植物一般由不超过20厘米高的肉质灌木组成,常与小灌木伴生;高肉质植物生长比较繁茂,一般高1米以上,常常和非肉质灌木伴生。

木质灌木也有两种类型:一是较高的山地类型,多半分布于山脊和小山丘;另一种是较低的类型,分布于大断崖以北大部分高原地区和大断崖以南的卡罗盆地。较低的灌木系多年生木质灌木,高7—30厘米,叶很小,根系深扎。常见的木质灌木有苦卡罗、甜树胶灌木等。

---

① 苏世荣. 非洲自然地理[M]. 北京:商务印书馆,1983.
② 苏世荣. 非洲自然地理[M]. 北京:商务印书馆,1983.

从开普省西部的象河河口向北到安哥拉的本格拉,分布着沿岸荒漠,但由于这里多雾,地表常覆盖有连续的低肉质灌木植物。到奥兰治河以北,开普沙质地区的低肉质灌木植被逐渐稀疏,变为覆有大面积沙丘的沙漠,沙丘带以北,沙漠向东逐渐过渡为高原的稀疏禾草和有刺灌木。向东随着雨量的增加相继出现稀疏的灌木和稠密的灌木。

3. 其他灌木

在南非斯普林博克平原的黑黏土上,生长着有刺的"甜"灌木,而在红色花岗岩土上,则有较多的灌木类型,其总的趋势是倾向于变"酸"。

五、较为发达的采矿业

南部非洲许多国家,矿产资源丰富,矿业较为发达。根据2007年矿业年鉴,非洲铬和金刚石生产各占世界产量的50%和55%,而南部非洲铬的生产占非洲铬产量的98.2%,金刚石占全非洲产量的67.1%。其他矿业也多占据较高比例,如铝占80.83%,铜占78.83%,金占64.27%,铁矿石占72.87%,锰占57.1%,煤占99.8%,铀占51.93%,而镍、铂金和钯金的生产则占100%(表4—1)。

南部非洲矿业大国产量的变化影响非洲矿业的发展。美国地质调查局的数据显示,2006—2007年,非洲精炼铝减产4%,其中南非共和国占50%,莫桑比克占31%;非洲铜矿石产量增加7%,其中赞比亚占61%,南非共和国占14%;精炼铜增长16%,主要来自赞比亚,2007年赞比亚铜的生产占非洲总量的78%,南非共和国占18%。2007年非洲金的产量为477吨,与2006年相比减少7%,主要是南非共和国金生产的减少,尽管有些非洲国家金产量是增加的。2007年南非共和国金产量占非洲的53%,坦桑尼亚占8%,而铂金和钯金的生产南非共和国占95%。2007年非洲铁矿石产量3700万吨,南非共和国占72%,精炼铅占56%。2007年非洲镍的产量减少18%,南非共和国、博茨瓦纳和津巴布韦各国都有减少。在镍的生产中,南非共和国占52%,博茨瓦纳占38%,津巴布韦占10%。在金刚石的生产中,南非共和国占据主导地位,2007年约97%的金刚石来自该国。①

---

① U. S. Geological Survey. 2007 Minerals Yearbook:The Mineral Industries of Africa[R]. 2009.

表4—1 2007年南部非洲矿业概况①

	镍（千吨）	铂（吨）	钯（吨）	铝（千吨）	铬（千吨）	钴（千吨）	铜（千吨）	金（吨）	铁矿石（百万吨）	铅（千吨）	锰（千吨）	锌（千吨）	金刚石（百万克拉）	石墨（千吨）	煤（百万吨）	原油（百万桶）	铀（千吨）
安哥拉	27.60												9.70			628.90	
博茨瓦纳							22.00	2.72					33.60		0.83		
莱索托													0.11				
马拉维															0.06		
莫桑比克				564.0				0.45							0.07		
纳米比亚						0.40	9.00	2.60		11.90	21.00	52.00	2.27				3.15
南非	37.92	160.94	83.64	899.0	9.67		117.00	25.30	42.10	41.90	2600.00	30.85	15.30		247.7	2.56	0.53
斯威士兰															0.24		
坦桑尼亚							3.00	40.20					0.28		0.027		
赞比亚						7.60	520.00	1.27							0.22		
津巴布韦	7.10	5.30	4.30		0.65	0.05	3.00	6.75	0.11				0.70	5.00	2.40		
占非洲矿业比率（%）	100	100	100	80.80	98.20	23.30	78.80	64.30	72.90	46.30	57.10	46.60	67.10	25.00	99.80	17.70	51.90

① U. S. Geological Survey. 2007 Minerals Yearbook, The Mineral Industries of Africa[R]. 2009.

第二节 南部非洲自然资源特征

南部非洲具有古老的结晶岩基底,矿产资源丰富,金、铂、铬、锰、钒、锂、铀、石棉、铜的开采和输出居世界重要地位,尤其是金、铬、铂族、金刚石、铜、锰、铁等矿产资源异常富饶。另一方面,受多样气候的影响,南部非洲植被具有多种类型,主要包括硬叶林、荒漠、草地、萨王纳和森林。南部非洲区域内拥有维多利亚湖、坦噶尼喀湖和马拉维湖等大湖和赞比西河、库尼尼河、奥卡万戈河(Okavango River)、林波波河(Limpopo River)和奥兰治河(Orange River)等大河,渔业、水力和旅游资源丰富。

一、闻名世界的贵金属与金刚石产地

(一)贵金属

南部非洲是全大陆矿产资源最丰富的地区之一,南非高原是世界上著名的矿产带。具有种类多、储量大的特点。贵金属主要指金、银和铂族金属(钌、铑、钯、锇、铱、铂)8 种金属元素。这些金属大多数拥有美丽的色泽,耐腐蚀,常被用来作为装饰品。在南部非洲,金、铂金和钯金矿藏较为丰富。

黄金主要分布在南非共和国、坦桑尼亚和津巴布韦等国,在博茨瓦纳、纳米比亚西部和莫桑比克等也有分布。该区原生金矿床大多与太古宙或古元古代绿岩带有关,产于绿岩带中,矿床类型主要为含金石英脉型和断裂蚀变岩型,其次为各种层状及层控浸染型金矿床。此外,原生金矿床还有少量与岩浆活动有关的矽卡岩型、热液型金矿床。次生金矿床主要有含金古砾岩型和中新生代冲积、残积型砂金矿床。

南非共和国是非洲,也是世界第一大金资源国,金储量达 8000 吨,其金矿床主要有两种,一为含金古砾岩型,分布在威特瓦特斯兰德盆地中,产于新太古代—古元古代不整合面上的砂砾岩中,储量巨大,是南非金矿生产主要开采对象;另一为绿岩型(主要含金石英脉型),产于太古宙绿岩带中。有研究表明,南非金矿资源由于不断开采将面临枯竭的危险。除了黄金之外,南非也是世界重要的铂金和钯金生产国。根据美国地质调查所的数据,2003 年南非铂族金属的储量基础和储量分别为 63 万吨和 7 万吨,分别占世界储量基础和储量的

88.7%和87%。南非的铂族金属分布比较集中,这类矿床主要在安普玛兰卡省、林波波省和西北省的灌木丛地带。南非的主要铂族金属产于布什维尔德杂岩体中的四个含铂层位,即梅林斯基层、UG2铬铁矿岩层、普拉特层和含铂纯橄岩筒。[①]

坦桑尼亚也是矿藏丰富的国家。2001年统计,坦桑尼亚的金储量为710吨,资源量1300吨,主要分布在维多利亚湖东面和南面的绿岩带中,以及坦桑尼亚南部和西北部地区。位于维多利亚湖南岸地区的金矿带是坦桑尼亚最大的金矿产区。坦桑尼亚近年来发现的主要金矿床有:布利扬胡鲁、盖塔、尼扬坎加。塔金矿区位于西北部,东距姆万扎88千米,有公路相通。[②]

津巴布韦是非洲第五大金资源国,金资源量约600吨,主要产于太古宙绿岩带中。

位于纳米比亚中部卡里比布市附近的纳瓦查布(Navachab)金矿是纳米比亚唯一的原生金矿,也是纳米比亚最大的金矿。其产量占纳全国金矿总产量的90%以上。该矿位于达马拉(Damara)绿岩带,围岩为绿片岩角闪岩相岩石、大理岩和火山碎屑岩,金矿富集在席状岩脉组和交代矽卡岩体中。

在莫桑比克,金主要产在太古宙和古元古代绿岩带中。产在太古宙绿岩带中的金主要分布在和津巴布韦交界的地区,产在古元古代绿岩带中的金主要分布在西北部的尼亚萨(Niassa)省,储量为4.7吨。[③] 由于莫桑比克地质演化复杂,在其西北部,是太古宙、古元古代绿岩带的广泛分布区,金成矿条件和特征与邻国津巴布韦及坦桑尼亚太古宙、古元古代绿岩带金成矿区相似,有极大的含金潜力。

(二) 金刚石

南部非洲金刚石矿床主要为两种类型,一为原生金伯利岩型,另一为砂矿型。其中砂矿型金刚石矿床主要分布在南部非洲(以纳米比亚、南非为主)的大西洋沿岸一带,博茨瓦纳等以原生矿床为主。产金刚石的原岩称为金伯利岩,通常以岩筒和岩墙形式出现,但不是所有的金伯利岩都含有金刚石。著名的南非金伯利岩就是由十多个著名的岩筒组成的岩筒群。其中以具斑状结构且富含颗粒粗大橄榄石的金伯利岩含金刚石较富;而呈显微斑状结构,富含金

① 宋国明. 非洲矿业投资指南[M]. 北京:地质出版社,2004.
② 宋国明. 非洲矿业投资指南[M]. 北京:地质出版社,2004.
③ 宋国明. 非洲矿业投资指南[M]. 北京:地质出版社,2004.

云母的金伯利岩,含金刚石贫。金伯利是南非的小镇,1867 年世人首次在那里发现蕴藏金刚石的母岩,于是将这种岩石命名为金伯利岩。目前,全世界已发现金伯利岩体上万个,其中含金刚石的占 20%—30%,具工业价值的不足 5%。具有工业意义的含金刚石金伯利岩体,主要分布在南非、博茨瓦纳。①

　　博茨瓦纳金刚石储量 1.3 亿克拉,矿床主要形成在博国东部,以原生金伯利岩型矿床为主,成矿时代主要为白垩纪。2000 年金刚石储量 1.3 亿克拉,储量基础 2 亿克拉。博茨瓦纳的金伯利岩岩筒均产于地台上大型凹陷(卡拉哈迪台向斜)和大型隆起(罗得西亚卡普瓦尔克拉通)的交接带。根据已发现的金伯利岩岩筒的分布状况,可以分为 3 个岩筒群,即奥拉帕岩筒群、朱瓦能岩筒群和莫楚迪岩筒群。博茨瓦纳的 3 个主要金刚石矿床——奥拉帕金刚石矿床、朱瓦能金刚石矿床和莱特拉卡内金刚石矿床就建立在与前两个矿床同名的岩筒群上。

　　奥拉帕岩筒群包括 32 个含金刚石的岩筒,分布在直径约 50 千米的范围内。其大地构造位置处于近东西向的林波波活动带和北东向的达马腊活动带的交会部位。奥拉帕金刚石矿分布的奥拉帕岩筒(AK1 岩筒)为博茨瓦纳已知的最大岩筒,是世界第二大岩筒。奥拉帕矿床由 AK1 岩筒构成,该岩筒地表面积 114 万平方米。地表呈椭圆形,到深部变为窄长形,在垂深 120 米处,岩筒断面面积减少 20%。该岩筒所处地形略高于周围地面,被砂和钙质结砾岩覆盖。岩筒上部约 80 米为"沉积金伯利岩",其边缘是金伯利岩砂砾,中心为时代较晚的沉积物,由薄层页岩、泥岩与粗砂砾、漂砾互层组成。岩筒内可见到滑动褶皱和压实构造,还有直径 2 米的玄武岩捕虏体。在垂深 90 米处,变为深绿色蛇纹石化金伯利岩,已不具沉积特征。垂深 300 米处,见到较坚硬的蛇纹石化的浅绿色金伯利岩。在垂深 3000 米处仍含金刚石。在岩筒上部的沉积金伯利岩中,金刚石品位变化很大,在细粒物质中品位很低,中粒物质中,品位大于 2.5 克拉/立方米。平均品位为 2.2 克拉/立方米。该岩筒 37 米深度以内的金刚石探明储量大于 8500 万克拉,周围地表砂层中还有 600 万克拉。

　　莱特拉卡内矿床由奥帕拉岩筒群的 DK1 和 DK2 岩筒组成。DK1 岩筒出露地表的部分呈低矮小山包状,位于奥拉帕岩筒南南东 45 千米处,地表面积

---

①　金伯利岩[EB/OL].百度百科.[2012-11-11].http://baike.baidu.com/view/126427.htm?fr=ala0_1_1.

12万平方米。DK2岩筒距DK1岩筒仅400米,地表面积3.5万平方米,金刚石产自岩筒及周围的含铁砾石层中,岩筒围岩为玄武岩,厚达150米,其下为砂岩。岩筒之上被钙结砾岩化的金伯利岩覆盖,约3米以下为金伯利岩。两岩筒金伯利岩中所含的玄武岩捕虏体数量和大小各不相同。金伯利岩周围的含金刚石砾岩层呈不规则条带和不连续的透镜体产出,似乎与玄武岩上部不规则风化面有关。砾石层平均厚度2米,由圆的及棱角状含铁碎屑组成,其中一些碎屑被褐铁矿或针铁矿及氧化锰胶结。砾石层以上为卡拉哈里系沙砾层,厚1—5米。DK1岩筒金伯利岩中的金刚石品位为0.5克拉/立方米。37米深度内,原生金伯利岩中的金刚石储量约为200万克拉;DK2岩筒金伯利岩中金刚石品位接近0.4克拉/立方米。

位于奥拉帕首都哈博罗内以西120千米处的朱瓦能矿床是非洲最丰富的金刚石矿床,总资源量达到4.12亿克拉,该矿床发育在朱瓦能岩筒群中,包括7个岩筒。在构造上位于卡拉哈里台向斜和罗得西亚卡普瓦尔克拉通的交接地带,由太古宙片麻岩和超基性岩组成,但出露不好。该岩筒被40—60米厚的卡拉哈里系覆盖,自上而下由风成砂、钙结砾岩和硅结砾岩组成,其下为形状平缓的元古宙沉积岩盖层——文斯特多普系和德兰士瓦系,面积50万平方米。有3个岩筒在近地表处连在一起,组成朱瓦能矿床。岩筒上部50—100米为风化的"黄土",其下为坚硬的蓝土,围岩为元古宙的沉积岩。岩筒侵入德兰士瓦系各种岩石、年龄为26亿年的哈博罗内花岗岩和时代可能为元古宙的正长岩中。岩筒上部金刚石含量高。初勘表明,金刚石品位为5—6.7克拉/立方米,宝石级金刚石约占15%—20%,金刚石质量高于奥拉帕岩筒,低于DK1岩筒。[①]

南非被认为是金和金刚石的王国,2001年金刚石的储量和矿石的储量分别为0.7亿克拉和11.2亿克拉。[②]这里有最早发现的金伯利岩原生金刚石,也有丰富的砂矿床。这里的金刚石以颗粒巨大为特点。例如,世界最大宝石金刚石"库利南"(3106克拉)、第三位"库利南另一半"(1500克拉)、第四位"高贵无比"(995.2克拉)、第七位"琼克尔"(736克拉)和第八位"欢乐"(650.8克拉),全产自南非。世界上已发现1900多粒重100克拉以上宝石金刚石,95%

① 宋国明. 非洲矿业投资指南[M]. 北京:地质出版社,2004.
② 南非矿产资源及其生产情况[EB/OL]. 中国有色网. (2008-03-13). http://www.cnmn.com.cn/Show_18007.aspx.

产于南非。① 在 1870 年以前,世界各国发现的金刚石都产自砂矿。南非一个最大的"普列米尔"金伯利岩岩筒发现于 1902 年,该岩筒 1903 年投产以来,截至 20 世纪 70 年代末已采出金刚石 7800 万克拉。该岩筒还产出了许多著名的大金刚石,世界最大的宝石金刚石"库利南"就产自该岩筒。该岩筒金刚石种类也十分丰富,达 1000 多种,且金刚石质量很好,宝石级金刚石约占 55%。

纳米比亚钻石产值居世界第五,是世界最大的首饰钻生产国,这里产出世界上品质最好的钻石。金刚石矿床主要分布在该国大西洋沿岸一带,为砂矿型矿床,形成于中新生代②,宝石级金刚石约占 95%。

安哥拉是世界上公认的金刚石富国,据估计金刚石资源量近 2 亿克拉。③

莫桑比克的金刚石主要是砂矿金刚石,主要分布在加沙(Gaza)省的马派—马辛日尔(Mapai-Massingir)地区和太特(Tete)省的都安(Doa)地区。目前,在该国北部的马尼安巴(Maniamba)盆地中和马普托(Maputo)及加沙省都指示有原生金伯利岩的存在。

坦桑尼亚是世界上主要金刚石资源国之一。金刚石探明矿石储量超过 5000 万克拉,主要分布在坦桑尼亚西北部东非裂谷带附近的辛扬加省。坦桑尼亚金刚石属于能够用于制造饰物的高档品种,被称为坦桑尼亚金刚石。加工以后的坦桑尼亚金刚石,光彩夺目,颜色透明。只是与完全纯净的南非金刚石相比,颜色略呈微黄,色彩等级偏低。④

二、内陆"铜矿之国"赞比亚

赞比亚是一个贫穷的非洲内陆国家,外债高达 74 亿美元,但是又是一个矿产资源种类和数量都相当丰富的国家,有金、银、铜、钴、铅、锌、铁、锰、镍等金属矿,磷、石墨、云母、重晶石、大理石等非金属矿和祖母绿、黄宝石、紫金石、海宝蓝、孔雀石、石榴石等宝石矿。铜是赞比亚最重要的矿产资源,储量达 9 亿万吨,约占世界铜储量的 6%,素有"铜矿之国"的美称;钴的储量约 36 万吨,是世界上第二大钴生产国。⑤ 赞比亚北部位于世界上最大的沉积型铜矿床赞—刚

① 金刚石产地的变迁[EB/OL].中国研磨网.[2009-08-11].http://www.yanmo.net/zx_view.asp?NewsID=39835.

② 宋国明.非洲矿业投资指南[M].北京:地质出版社,2004.

③ 宋国明.非洲矿业投资指南[M].北京:地质出版社,2004.

④ 宋国明.非洲矿业投资指南[M].北京:地质出版社,2004.

⑤ 高潮.投资世界"铜矿之国"——赞比亚[J].中国对外贸易,2009,3:76-79.

铜矿带上,铜的储量占世界总储量的 25%,伴生的钴资源储量则位居世界第一。这条矿带在赞比亚境内形成了长 220 千米、宽 65 千米的"铜带",储量丰富,品位较高,已探明铜储量 19 亿吨,基础储量 35 亿吨,平均品位为 2.5%。铜矿带明显受卡弗复背斜构造的控制。矿床在背斜的两翼呈链状沿两条相距 30 千米的北西向平行线分布。已查明有 7 个重要的层控矿床和两个相对小一些的层控矿床。背斜的北东翼上主要有穆富里纳、布瓦纳、姆库布瓦等矿床;南西翼上主要有康科拉、恩昌加、强姆毕什、巴卢巴、齐布卢玛、恩卡纳、卢安夏等。铜矿带矿体主要产于晚元古代加丹加群下罗安组的沉积砂页岩中。由于矿体产于沉积岩中,一般呈板状或透镜状,厚度从几米到大于 60 米,延伸达 2000 米以上。大约 60% 的铜出现于这种含矿页岩中。大多数矿床原生硫化物带的排列,在横向上下倾或垂向上呈带状延伸。其顺序为辉铜矿、斑铜矿、黄铜矿、硫铜钴矿和黄铁矿。代表着古海岸线海进、海退时期由浅到深的水体条件,反映出从沉积到再沉积的硫化物矿物变化规律。风化作用破坏了硫化物的变化规律,从地表到深度 500 米的位置,硫化矿物转变成了次生矿物,如孔雀石、兰铜矿、赤铜矿、自然铜和其他一些次生矿物。大多矿床除铜—钴矿产外,还含有少量的金、银、硒、铀等元素。[①]

西北省卢姆瓦那(Lumwana)铜矿,探明矿石储量 1.02 亿吨,品位 1.1%,据称是世界上最大的尚未开发的铜矿之一。澳大利亚春分(Equinox)公司投入 5 亿美元开采此矿,2008 年投产,年产量达 14 万吨。西北省索尔韦兹地区(Solwezi)坎萨希(Kansan-shi)铜矿,位于索尔韦兹北 15 千米,离刚果南部边境 16 千米,探明矿石储量 2.67 亿吨,品位 1.5%—3%。加拿大第一昆图姆矿业(First Quantum Minerals)公司已投入了 2.9 亿美元进行开采,年产量 11 万吨。康科拉(Konkola)铜矿,探明矿石储量 2.5 亿吨,品位 3.8%。原为英美集团经营,2002 年撤资。2005 年,印度吠檀多(Vedanta)控股公司接手,再投入 4 亿美元进行扩建。扩建部分 2009 年投产后,铜精矿年产量增加到 600 万吨。康科拉北部又发现了面积 4300 公顷、探明矿石储量 1 亿吨的新矿。恩昌加(Nchanga)铜矿,以硫化矿和氧化矿为主,探明储量 2.06 亿吨,是赞比亚最大、世界第四大露天铜矿。上部矿体露天开采,平均品位 2.3%;下部矿体地下开采,平均品位 3.7%。该矿归康科拉矿业公司所有。恩卡纳(Nkana)铜矿和穆

---

① 宋国明. 赞比亚矿业开发与投资环境[J]. 国土资源情报,2003,7: 50-57.

富利拉(Mufulira)铜矿,探明矿石储量近 1 亿吨,平均品位 2.33%,矿体以黄铜矿、赤铜矿、斑铜矿为主,姆帕尼铜矿公司(Mopani Copper Mines)拥有开采权。西北省姆富布韦(Mufumbwe)铜矿,探明矿石储量 720 万吨,品位 2.2%。西北省卡棱瓜(Kalengwa)铜矿,探明矿石储量 160 万吨,品位 6.45%。①《赞比亚时报》报道,一家英国勘探公司宣布其在赞比亚西北省的索卢韦齐地区发现了一个 10 亿吨级的露天铜矿,这将是该地区发现的第三个世界级的大型露天铜矿。这家名为金威澳(Kiwaro)的英国勘探公司在一份声明中称,新发现的这个铜矿储量大约在 13.8 亿吨,其平均品位为 0.78%。②

与铜矿伴生的钴是赞比亚另一重要的矿产资源,在世界上也占有重要地位。据美国地质调查局 2007 年报告显示,2006 年赞比亚钴的储量为 27 万吨,储量基础为 68 万吨,主要分布在"铜带"上,和上述铜矿伴生,也有一部分分布在姆维尼隆加和靠近索卢韦齐的金马雷地区。大的钴矿主要集中分布在罗卡纳、奇步卢马矿区。③ 奇布卢马矿区钴矿石探明储量约 1500 万吨,品位 0.21%。巴卢巴矿区钴矿石探明储量约 5900 万吨,品位 0.14%。矿物主要含硫铜钴矿、硫钴矿以及氧化矿。奇布卢马矿业公司投资近 2 亿美元开办的铜矿投产后,每年还能生产几千吨钴。

三、非洲地盾上的石油王国安哥拉

安哥拉共和国北部与刚果(金)和刚果(布)为邻,南与纳米比亚接壤,东面是赞比亚,西濒大西洋,国土面积 124.6 万平方千米。全国海岸线长 1650 千米。平均海拔 1000 米以上的比耶高原是全国的主体,沿海有狭窄的低地平原。库邦戈河、宽扎河、库内内河及宽扎河的支流勒韦河是境内的主要河流。刚果河的下游河口段从北部边境流过。气候以热带草原气候为主。虽靠近赤道,但由于地势较高,沿海有寒流经过,故气候比较温和。安哥拉矿产资源丰富,已探明的有石油、天然气、金刚石、铁、铜、锰、黄金、钨、钒、铅、锡、锌、铬、钛、煤、石膏、绿柱石、高岭土、石英、大理石等 30 多种。其中,石油和天然气储量位于南部非洲之首。据国际太平洋合作伙伴公司对非洲油气资源潜力作出的最新估计,北非石油储量为 60 亿吨,资源潜力还很大;撒哈拉以南地区的潜在石油资

① 现代矿业编辑部. 赞比亚矿产资源状况[J]. 现代矿业,2009,10:137-138.
② 邓昕. 赞比亚新发现 10 亿吨级铜矿[J]. 中国金属通报,2009,26:10.
③ 赵琰. 赞比亚矿产资源及矿业投资前景分析[J]. 中国矿业,2007,16(12):12-14.

源量超过 136 亿—164 亿吨。自 1996 年以来,安哥拉获得 21 个海上石油发现,探明石油储量 16 亿—20 亿吨,主要集中在卡宾达和扎伊尔两省。2002 年非洲地区天然气产量 1332 亿立方米,仅占世界天然气产量的 2.2%。其中安哥拉 804 亿立方米,约占非洲天然气产量的 60%。截至 2005 年底,安哥拉的石油探明储量为 90 亿桶,天然气探明储量为 453 亿立方米,预计未来分别可以达到 228 亿桶和 2689 亿立方米。①

2006 年,安哥拉的原油产量为 124 万桶/天。安哥拉一直以来是非洲撒哈拉以南地区第二大石油生产国,仅次于尼日利亚。2008 年 4 月,安哥拉以日均产石油 187 万桶,高出尼日利亚 6 万桶的优势,首次成为非洲最大的石油生产国。2009 年初,安哥拉石油部部长德瓦斯康塞洛斯表示,安哥拉石油生产能力已达到每天 210 万桶,2008 年石油产量创历史新高,达到 6.957 亿桶。2009 年 6 月,在欧佩克公布的各成员国石油产量排名中,安哥拉以 182 万桶日均原油产量继续保持非洲第一位。② 安哥拉原油产量约 20% 用于国内消费,80% 出口国外。原油主要出口到美国、亚洲和欧洲,分别占安哥拉出口总量的 70%、20% 和 10%。美国从安哥拉进口原油 40.6 万桶/天,占美国进口石油总量的 7%,安哥拉是美国第九大石油供应国。安哥拉天然气开发利用率很低,约 85% 的天然气产量被白白烧掉,其余的用于回注或制成液化石油气(LPG),安哥拉正采取多项措施提高天然气的利用效率。据中国商务部 2009 年 10 月 30 日消息,安哥拉国家石油公司(Sonangol)与意大利埃尼石油公司(ENI)在 2009 年 10 月 28 日联合宣布,安哥拉 15/06 深海区块名为"北头 1 号"探井发现石油,该井位于罗安达以北 350 千米处,水深 500 米,水面以下钻井总深度 2830 米,测试原油产量为 6500 桶/日。③

四、极其丰富的生物资源

多样的生态系统决定了南部非洲具有丰富的生物资源(表 4—2),从安哥拉的热带雨林到赞比亚的萨王纳、海岸森林、红树林、荒漠、半荒漠再到开普敦

---

① 安哥拉油气工业现状[EB/OL]. 中国发改委网. (2006-11-24). http://www. sdpc. gov. cn/nyjt/gjdt/t20061124_95238. htm.

② 安哥拉石油日产非洲第一[EB/OL]. 中国石油新闻中心. (2009-09-08). http://news. cnpc. com. cn/system/2009/09/08/001257359. shtml.

③ 安哥拉石油公司再次宣布石油新发现[EB/OL]. 中国商务部. (2006-11-24). http://www. mof-com. gov. cn/aarticle/i/jyjl/k/200910/20091006591140. html.

植物王国,具有多样的物种。根据 2000 年的统计数据,南部非洲每 10000 平方千米平均有 57 种哺乳动物,136 种鸟类。这些生物资源在非洲的食物安全中扮演着重要角色。有些动植物除了作为食物而被饲养、栽培种植外,还具有药用的功效。南部非洲植物中约有 10%(约 3000 种)有药用,其中约 350 种较为常用,并且应用广泛。穆兰加十数樟就是其中的一种,其树根和树皮被用于治疗咳嗽、头痛和胃痛。非洲马铃薯种的植物酸提纯被用于治疗晕眩和膀胱疾病,研究证明,该类物质能够抑制肿瘤细胞的生长,也有抗炎性能。[1]

表 4—2　南部非洲生物资源　　　　　　　单位:种

国　家	面积(平方千米)	哺乳动物	鸟　类	植　物
安哥拉	1246700	276	765	5185
博茨瓦纳	581730	164	386	2151
莱索托	30350	33	58	1591
马拉维	118480	195	521	3765
莫桑比克	801590	179	498	5692
纳米比亚	824290	250	469	3174
南非共和国	1221040	247	596	23420
斯威士兰	17360	47	364	2715
坦桑尼亚	945090	316	822	10008
赞比亚	752610	233	605	4747
津巴布韦	390760	270	532	4440
合计	6930000	2210	5616	66888

南部非洲拥有丰富多样的昆虫和蛛形纲动物,其中至少有 580 属约 100 万物种记录。纳米比亚则被认为是全球蛛形纲动物最丰富的中心地区之一。约 1/3 的昆虫物种被认为分布于南部非洲的纳米比亚。南非东部海岸还有鱼、珊瑚、蜗牛和龙虾等特有种类。[2]

---

① United Nations Environment Programme. Africa Environment Outlook1－Past,Present and Future Perspectives[EB/OL].[2012-10-30]. http://www.grida.no/publications/other/aeo/? src=/aeo/.

② United Nations Environment Programme. Africa Environment Outlook 2—Our Environment,Our Wealth [M]. Malta:Progress Press Ltd., 2006.

五、以自然保护区为特色的旅游资源

非洲是自然保护区最多的大洲,保护区面积占 7%,共设有 1254 个保护区,包括 198 个海洋保护区,50 个生物圈保护区,80 个国际重要湿地和 34 个世界遗产遗址。而南部非洲又是非洲自然保护区最多的亚地区(图 4—8),这赋予了南部非洲十分丰富的旅游资源。

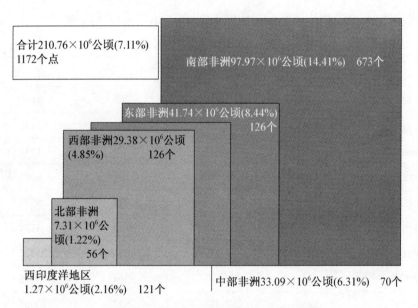

合计210.76×10⁶公顷(7.11%) 1172个点

南部非洲97.97×10⁶公顷(14.41%) 673个

东部非洲41.74×10⁶公顷(8.44%) 126个

西部非洲29.38×10⁶公顷(4.85%) 126个

北部非洲7.31×10⁶公顷(1.22%) 56个

西印度洋地区 1.27×10⁶公顷(2.16%) 121个

中部非洲33.09×10⁶公顷(6.31%) 70个

图 4—8 非洲各地区自然保护区的分布①

(一)南部非洲的明珠——南非共和国

南非是全球十大最具吸引力的旅游目的地之一,拥有各种不同类型的景观和多样的文化,既有亚热带丛林原野,也有白雪皑皑的高山、森林、热带沼泽、无垠的沙滩、寂静的河流和喧闹的城市。大部分地区气候温暖,夏天不是很热;除了内陆、山区外,冬季无雪;秋季可以看见漫山遍野的红叶;春天则全部是花的海洋,向日葵和玉米田一望无际,苹果园和葡萄园果实累累。当游客来到这里,从好望角到克鲁格国家公园,从"非洲五霸"到纳马夸兰花海,从神秘的祖鲁王国到钻石之都金伯利,在欣赏南非天然生态的同时,也能体验传统部落文化和现代时尚潮流。

---

① 联合国环境规划署. 全球环境展望 3[M]. 北京:中国环境科学出版社,2002.

南非拥有世界上一流的沙滩。该国三面环海,其西、南和东面均为海洋,海岸线长达近 3000 千米。好望角为太平洋与印度洋冷暖流水的分界,气象万变,景象奇妙,耸立于大海,更有高逾二千尺的达卡马峰,危崖峭壁,卷浪飞溅,令人眼界大开。"桌山"其实是一组群山的总称,著名地貌景观"桌山"位于开普敦城区西部,由狮子头、信号山、魔鬼峰等组成,主峰海拔 1082 米,山顶却平展恰似一个巨大的桌面,由于地处两洋交汇的特殊地理位置,加上地中海的奇特气候环境,山顶终年云雾缭绕,充满神奇莫测的气氛。

南非以丰富的野生动物资源而闻名于世(包括著名的"非洲五霸"),同时还拥有丰富的鸟类资源以及丰富的生态旅游资源。克鲁格国家公园是世界上最大、动物保护措施最完善的野生动物园。它位于南非共和国姆普马兰加省的东北部。它南北长约 350 千米,东西宽 60 千米,总面积超过 2 万平方千米。据最新资料统计,克鲁格国家公园内有 147 种哺乳类动物、114 种爬行类动物、507 种鸟、49 种鱼和 336 种植物。这里是真正的动物王国,许多在世界上濒临灭绝的动物在公园里漫步。在南非北开普省(Northern Cape)的纳马夸兰是最著名的赏花胜地。在春天到来时,这个半沙漠地区忽然魔术般地变成花的海洋,令人眼花缭乱。从莫塞尔港(Mossel Bay)到斯托姆河(Storms River)连续 255 千米的一级海滨公路被称为花园大道,也是南非最著名的风景之一。花园大道与湖泊、山脉、黄金海滩、悬崖峭壁和茂密原始森林丛生的海岸线平行,沿途可见清澈的河流自欧坦尼科与齐齐卡马山脉流入蔚蓝的大海。[①]

多样的民族和文化是这个充满活力的国家的真正动力来源。南非之所以被称为人类的摇篮,是因为考古学家在这里发现了 250 万年前的远古化石和 10 万年前的人类遗骸。南非拥有丰富的文化宝藏。从现代艺术画廊到古代岩画艺术,从第一座世界博物馆到奇特的文化村,从爵士乐俱乐部到露天音乐节,从户外烧烤到名厨大餐,到处都洋溢着一种由艺术、美食、历史和文化所组成的独特韵味。南非是世界上一些最美丽(也是最古老)艺术的发源地,它拥有布须曼和闪族人的千年岩画以及众多富有活力的现代艺术家。传统艺术和手工艺品等五光十色的南非艺术品也增加了这个美丽国度对游客的吸引力。

南非沧桑的历史也体现在全国各地的很多历史性建筑中。这些建筑风格

---

① 南非旅游[EB/OL].南方华人网.(2012-08-16).引自 http://www.nanfei8.com/article/nanfei-vyou/.

多种多样,既有独具殖民地风格的农庄,也有亚洲风格的建筑和著名的开普敦荷兰式农舍。约翰内斯堡和开普敦等城市的现代建筑可与世界一些最知名的当代设计相媲美。约翰内斯堡、开普敦、德班、东伦敦、比勒陀利亚、伊丽莎白港等一座座充满活力的城市,既是繁华的经济中心,也是大企业的根据地,餐馆和娱乐场所的聚集地,游客可以在这里享受到各种各样的夜生活。美国拉斯维加斯在贫瘠的沙漠中,成为扬名国际的娱乐之城,而位于南非的太阳城(Sun City),同样也以豪华而完整的设备及浑然天成的自然美景,吸引了世人的目光,几乎是所有到南非旅游的观光客不会错过的好地方。在南非,太阳城就是娱乐、美食、赌博、舒适、浪漫加上惊奇的同义词,很少人能摆脱它的迷人魅力。丰富的旅游资源和完好的基础设施使得旅游业成为南非第三大外汇收入来源和就业部门。旅游业产值占国内生产总值的3%左右。旅游资源丰富,设施完善。有700多家大饭店,2800多家大小宾馆、旅馆及1万多家饭馆。生态世界最佳五星级饭店南非开普格雷斯饭店旅游与民俗旅游是南非旅游业两大最主要的增长点。2002年到南非旅游的外国旅客达643万人次。

(二) 南部非洲和平公园

在南部非洲,除了南非共和国之外,在博茨瓦纳、津巴布韦、赞比亚、斯威士兰和纳米比亚等国也有较为丰富的旅游资源,如博茨瓦纳有三个国家公园,五个野生动物保护区,奥卡万戈湿地是吸引力较大景点之一;津巴布韦省维多利亚瀑布,还有26个国家公园和野生动物保护区;纳米比亚有海滩等。专家认为,大型跨境保护区的建立有利于动物种群数量的自我平衡,例如目前在博茨瓦纳、津巴布韦等国都存在大象繁衍过剩的问题,人们一直在争论是否应捕杀一部分大象以控制数量。研究表明,如果大象有更大的活动空间,它们在迁徙的过程中会自然淘汰一部分成员,这也许可以帮助平息人为捕杀大象导致的争议。但建立跨国保护区的工作将十分艰巨,这些国家不仅要拆除国境线上的障碍,还要清理以前内乱时期遗留下来的地雷。为了更好地管理和保护这些资源,该区域经过协商,得到和平公园基金会资助,成立了南部非洲和平公园。

南部非洲和平公园(Southern Africa Peace Parks)的建立是为了发挥多方面的财力和物力,更好地管理跨境的自然资源,是为了协调人和自然的关系,也是为了维护区域的和平和稳定,促进经济的发展。和平公园也称跨境自然保护区,(Transfrontier Conservation Areas,简称 TFCAs)。南部非洲和平公园包括以下几个跨境公园和保护区:

1. 爱—艾斯/里希特斯韦特跨境公园（Ai-Ais/Richtersveld Transfrontier Park）

爱—艾斯/里希特斯韦特跨境公园地跨纳米比亚和南非共和国,占地面积6045平方千米,其中纳米比亚占73%,南非共和国占27%。这里有南部非洲特殊的干旱荒漠景观(图4—9),也有世界第二大峡谷——鱼河大峡谷(The Fisher River Canyon)。峡谷具有3.5亿年漫长的地质史,强烈的褶皱和断裂活动使得地块抬升,奥兰治河不断侵蚀下切,形成峡谷。公园北部是亨斯山(Huns),最高峰1652米。南部最高山脉是范德斯特雷堡(Vandersterreberg)山,最高峰1363米。鱼河大峡谷位于纳米比亚南部鱼河下游,最宽处达到27千米,但在长达161千米的大峡谷中,多数地段比较狭窄。鱼河蜿蜒在壮观的陡崖间,将平坦的纳米布高原一分为二。峡谷最深可达550米,沿河出露有不同时代的岩层,最老为2.6亿年。河流在峡谷中流淌,在巨砾之间形成深槽,雨季常常形成汹涌的洪流。大峡谷的南端分布有爱—艾斯温泉(Ai-Ais),形成约65千米长的温泉池。在公园中形成跳羚(Springbok)和乔卢加布(Keoroegab)两个冲洪积扇。这里夏季最高气温可超过40℃,冬季则常常低于0℃。

图4—9　爱—艾斯/里希特斯韦特跨境公园①

这里下伏的岩石为纳马夸兰变质岩系中的富矿变质岩。奥兰治河群的岩石分布在里希特斯韦特(Richtersveld)公园的东北部,包括可里门斯(Klipneus)组、帕拉迪(Paradys)组、罗希底伯(Rosytjieber)组(其中发育有交错层理和波

---

① Peace Parks Foundation. Ai-Ais/Richtersveld Transfrontier Park［EB/OL］.［2012-11-30］. http://www. peaceparks. org/story. php? pid = 100&mid = 19.

纹)和迪乎(De Hoop)亚群。熔岩、凝灰岩和沉积岩在公园中呈窄条状分布,走向北东—南西。公园中还有侵入岩分布,岩石类型包括花岗岩、花岗斑岩和正长岩。斯汀克福坦(Stinkfontein)组的岩石分布在南部的最高山峰处,公园的东南部,则分布着杜依卡(Dwyka)组的砂岩、泥岩等沉积岩系。

爱—艾斯/里希特斯韦特跨境公园是世界物种最丰富的地方之一,这里山地荒漠和大峡谷景观是无可比拟的。由于气候的差异植被分为东西两个区。西部较为湿润,发育了肉质植物草原(Succulent Karoo),而较为干旱的东部发育了纳马干草原(Nama Karoo)。肉质植物种群在冬雨之后鲜花盛开的景色吸引了世界各地的游客。主要的花为番杏科松叶菊、浅茅菊和细叶日中花等,而最有名的植物红皮书物种是棒槌树,主要分布在公园北部。在植被较为稠密的奥兰治河沿岸生活着 56 种哺乳动物,包括 6 个南部非洲地方种,8 个动物红皮书种类。捕食者包括豹、狞猫、褐色鬣狗和黑背豺,唯一的有蹄类是山羚。在植被较为稀疏地区,有蹄类动物包括哈特曼山斑马、灰色短角羚羊、小羚羊、小岩羚、大羚羊和纰角鹿。狒狒被发现在一些地区活动,较小的哺乳动物包括岩蹄兔和山地松鼠。[①]

公园中的土著纳马人传统的生活方式为游牧。考古证据表明,绵羊和山羊早在 2000 年前就出现在这里。游牧业在南北非洲不断萎缩,在里奇特斯维尔德这种生活方式得以保留,实际上,这是一种能够适应干旱环境的很好的生活方式,牧民和他们的牲畜在两个雨季之间的迁移使得草场不至于过度放牧。在该公园中有一系列考古,发现的动物骨骼表明,4000 年前这里有跳羚、斑马和山羚生活;而鱼类骨骼的发现,说明奥兰治河是该区域的重要的食物来源地。[②]

2. 卡拉哈迪跨境公园(The Kgalagadi Transfrontier Park)

卡拉哈迪跨境公园是非洲第一个和平公园,建立于 2000 年,面积 37991 平方千米,73% 在博茨瓦纳,其他在南非共和国,公园绝大多数地段(37256 平方千米)是人类干扰相对比较少的巨大生态系统。卡拉哈迪来源于闪人语,意为"干渴之地",有诺索布河流和阿沃布河穿越该区(图4—10)。这些河流为季节性河流,只有大雨之后才有流水。在河流之间为内草原,其间分布着红色的沙

---

① Peace Parks Foundation. Ai-Ais/Richtersveld Transfrontier Park [EB/OL]. [2012-12-10]. http://www.peaceparks.org/tfca.php? pid = 19&mid = 1001.

② Peace Parks Foundation. Ai-Ais/Richtersveld Transfrontier Park [EB/OL]. [2012-12-10]. http://www.peaceparks.org/story.php? pid = 1001&mid = 1033.

丘。三个大的盐沼以及一些小盐沼和盐碱滩成为种类繁多的野生动物的家园。公园海拔600—1000米,气候干旱,年降水东部127毫米,西部为350毫米。雨季发生在从1月—4月的晚夏季节,降水峰值出现在3月。冬季寒冷而且干燥,有些时段出现霜冻。年平均温度4℃—32℃,最高可达45℃。这里土壤为荒漠土,其下为杜依卡(Dwyka)组的钙质蓝页岩。植被以卡拉哈里沙丘灌丛草原为主,其中散生着灰骆驼刺、骆驼刺、金合欢和牧羊人之树等。到目前为止,它仍然是唯一一个真正意义上的和平公园,向世界开放,在这里游客可以自由行走。这里的几乎无人类干扰的自然环境使得有蹄类和其天敌能够在这片土地上平衡发展,被记录的哺乳动物群有60种,大型有蹄类动物主要是大羚羊、跳羚、蓝角马和少量的红麋羚。大型食肉动物包括豹、棕鬣狗、斑鬣犬、狮子和猎豹,其他食肉动物如野猫、黑背豺狗、蝙蝠耳狐和披肩狐狸。其他受威胁的哺乳动物、濒危的动物包括野狗、穿山甲、蜂蜜獾和伍氏沙漠鼠。①

图4—10　卡拉哈迪跨境公园②

2004年10月,卡拉哈迪跨境公园采取了重要的土地利用举措,将27769公顷土地划为闪人遗产地,30134公顷划为迈尔人遗产地。

3. 大马邦谷布韦跨境保护区(Greater Mapungubwe TFCA)

大马邦谷布韦公园占地面积约4872平方千米,地跨博茨瓦纳(28%)、南非共和国(53%)和津巴布韦(19%)三国。林波波河以南地形较平,砂岩、砾岩形成山峰和小丘(图4—11)。距离林波波河较近处,平坦的地形为崎岖的山地

---

① Peace Parks Foundation. The Kgalagadi Transfrontier Park [EB/OL]. [2012-12-30]. http://www.peaceparks. org/tfca. php? pid=19&mid=1002.

② Peace Parks Foundation. The Kgalagadi Transfrontier Park [EB/OL]. [2012-12-30]. http://www.peaceparks. org/story. php? pid=100&mid=19.

替代,海拔 300—780 米。在图利(Tuli Circle)野生动物园区,平坦的玄武岩一直延伸至东边的沙希(Shashe)河。其他主要的河流包括博茨瓦纳的马里(Mali)河,莫提途斯(Motioutse)河和南非的莫加拉奎纳(Mogalakwena)河。这里属于半干旱气候区,年降水 350—400 毫米。夏季为雨季,温度高达 45℃;冬季较为温和,有时有霜冻发生。境内为大面积沙地和富钙土壤。植被主要有三类:金合欢—萨尔瓦多群落,河岸林和草原。其中河岸林和金合欢群落是濒危物种,有 26 个红皮书植物物种。在图利环路野生动物园区有 3 个植物区:吐露港河(0.44 平方千米),先锋(0.38 平方千米),南营(0.26 平方千米)。这里的动物有狮子、豹、猎豹和斑点鬣狗,在博茨瓦纳的图利保护区有 900 多头大象生活在这里。有蹄类动物包括大羚羊、小羚羊、黑斑羚、斑马、沙氏岩羚、小岩羚和蓝色牛羚。作为黑、白犀牛的栖息地,2004 年 7 月这里引入了 4 头白犀牛。林波波的池沼为鳄鱼和其他鱼类提供庇护。除此之外,大马邦谷布韦公园还具有

图4—11 大马邦谷布韦跨境保护区的岩丘①

① Peace Parks Foundation. Greater Mapungubwe TFCA-Tourist Attractions[EB/OL].[2012-10-30]. http://www.peaceparks.org/story.php?pid=100&mid=19.

较好的鸟类多样性,记录到的鸟类多达 350 种。①

4. 马洛提—德拉肯斯堡跨境保护区和发展区(Maloti-Drakensberg TFCA and Development Area)

2001 年,莱索托王国与南非共和国签署协议,建立马洛提—德拉肯斯堡跨境保护区和发展区,使之成为南部非洲和平公园的一部分。该保护区占地面积 13000 平方千米,由莱索托的国家公园和南非共和国的几个自然保护区和乌卡兰巴区(uKhahlamba)德拉肯斯堡世界遗产地组成。这里地跨莱索托王国与南非共和国的东北边界,是高山植物地方特有种中心,是次大陆最大最重要的高海拔保护。最高峰塔巴莱尼亚纳山海拔 3482 米,风景如画(图 4—12)。

图 4—12 马洛提—德拉肯斯堡跨境保护区②

素有世界最大的露天画廊之称,包含有撒哈拉以南非洲最大、最集中的岩画,在已知的约 600 个岩画景点中有 3.5 万—4 万幅独立的图画(图 4—13),是过去 4000 年来闪人的杰作。这里还是莱索托和南非共和国最重要的水源地。区域

---

① Peace Parks Foundation. Greater Mapungubwe TFCA-Tourist Attractions[EB/OL]. [2012-10-30]. http://www.peaceparks.org/story.php? pid = 1003&mid = 1056.

② Peace Parks Foundation. Maloti-Drakensberg TFCA-Major Features[EB/OL]. [2012-10-30]. http://www.peaceparks.org/story.php? pid = 100&mid = 19.

内崎岖的山地享誉世界,一座半圆形高大陡崖构成的著名"半圆形露天竞技场"上形成了落差613米的图格拉瀑布。高山河流、牛厄湖和湿地滋润着当地动植物的生长。年平均降水 800—2000 毫米,80% 发生在夏季,冬季出现降雪。[1]

图 4—13　马洛提—德拉肯斯堡跨境保护区中的岩画[2]

这里的植被主要为高山草原。600—1400 米,分布着湿润高山草原,包括孔颖草、针茅、毛三叉戟草、弯叶画眉草和丝草等;高山草原发生在陡峭的、没有树木的莱索托高山区及毗邻的夸祖鲁纳塔尔德拉肯斯山,海拔 2500—3480 米,包括生草丛,似欧石南属矮灌木和一些匍匐、垫状植被。谷地中有森林分布。德拉肯斯堡也是地方特有植物种群的重要分布中心,在南德拉肯斯堡有 1390 种植物,约占地方特有种的 30%,其中 317 种仅仅分布在南部非洲的山地和亚山地。同时,由于适宜的气候条件,这里还是一些新生种的发育中心。

马洛提—德拉肯斯堡跨境保护区也是一个有蹄类动物种类繁多的野生动物中心,包括羚羊、大羚羊、蓝小羚羊、小苇羚、山苇羚、灰色短角羚和侏羚等。羚羊、红麋羚、黑角马已重新引入一些地区。其他的较大的哺乳动物包括狒狒、

① Peace Parks Foundation. Maloti-Drakensberg TFCA-Major Features[EB/OL]. [2012-10-30]. http://www.peaceparks.org/story.php? pid=1004&mid=1059.

② Peace Parks Foundation. Maloti-Drakensberg TFCA-Major Features[EB/OL]. [2012-10-30]. http://www.peaceparks.org/story.php? pid=1004&mid=1059.

黑背豺、土狼和山猫。在录的鸟类 246 种,有 14 种载入红皮书。其他重要物种有肉垂鹤、白鹳、黑头苍鹭和南非兀鹫等。途奥利卡纳(Tsoelikana)河港湾里生活着濒临灭绝的马洛提—德拉肯斯米诺鲤科小鱼。

5. 大林波波跨境公园(Great Limpopo Transfrontier Park)

大林波波跨境公园由莫桑比克的林波波公园,南非共和国的克鲁格国家公园、哥纳瑞州国家公园,曼金吉盐沼(Manjinji Pan)自然保护区和津巴布韦的马里帕(Malipati)野生动物园区以及克鲁格与哥纳瑞州之间的津巴布韦森格韦公用土地和南非共和国的马克勒克地区组成,占地面积约 35000 平方千米。大林波波跨境公园将是南部非洲最好的野生动物保护区。[1] 该地气候干旱,有大量的食肉动物,还有疟疾等传染病,进而限制了人口的大幅增长和居民点的扩张。林波波山地将公园一分为二,主要景观为平坦的萨王纳。有四条水系自西向东流淌。区内冬季气候温和,很少到零度以下;夏季炎热,平均气温高达 30℃。年平均降水 550 毫米,主要集中在夏季。大林波波跨境公园的景观有四类:莫桑比克低平原,海拔 450 米,如克鲁格公园;花岗岩高原,海拔 500—750 米;林波波山地,将低平原沿着南北方向一分为二,平均海拔约 500 米;河流、河谷中发育有与环境相适应的生态系统,主要的河流有撒乌河、林波波河、奥利凡茨河和科马提河(图 4—14)。

图 4—14　大林波波跨境公园[2]

① Peace Parks Foundation. Great Limpopo Transfrontier Park-Location & Map[EB/OL]. [2012-10-30]. http://www. peaceparks. org/story. php? pid = 1005&mid = 1048.

② Peace parks foundation. Great Limpopo[EB/OL]. [2012-10-30]. http://www. peaceparks. org/story. php? pid = 100&mid = 19.

植被群落有阔叶林地与热带灌丛稀树草原、混生热带灌丛稀树草原、沙地热带稀树草原和河谷林(图4—15),包括2000多个种类。这里将建成世界最大的野生动物王国。然而,园区只有在少数地区生物多样性的属性被深入调查过。目前被记录的哺乳动物有147种,其中有世界仅存的数量较多的野狗栖息。在克鲁格国家公园有1万头白犀牛、300头黑犀牛,因为受到保护,这些濒临灭绝的动物种群的数量正在稳定增长。克鲁格国家公园其他重要的哺乳动物种群包括1500头狮子,2000只斑状鬣狗,1.3万—1.5万头大象,3.2万只伯氏斑马,2200头河马,5000只长颈鹿,1500头疣猪,1.7万头水牛,3500头纰角鹿,1500只非洲大羚羊,1.4万头蓝角马和超过10万头的黑斑羚。其他有蹄类包括大羚羊、林羚、羚羊、杂色马、紫貂、小岩羚、小苇羚、沙氏岩羚、岛羚、侏羚、红色小羚羊和普通小羚羊,其中有18个种群进入哺乳动物红皮书。克鲁格公园有鸟类505种。在整个跨境公园,有114种爬行动物,49种鱼,34种蛙。①

图4—15   大林波波跨境公园中阔叶树②

考古研究表明,自从石器时代直到铁器时代,该地区都有人类活动。早期的居民是闪人,他们以狩猎和采集为生,留下了大量的岩画散布在公园区。班图人大约在800年前进入该地区并逐渐取代了闪人。大量证据表明,这里长期以来人和自然和谐相处,人类活动未对保护区构成重大影响。

6. 卢邦博跨境自然保护区与资源区(Lubombo TFCA and Resource Area)

① Peace Parks Foundation. Great Limpopo Transfrontier Park-Major Features[EB/OL]. [2012-10-30]. http://www. peaceparks. org/story. php? pid = 1005&mid = 1049.

② Peace Parks Foundation. Great Limpopo[EB/OL]. [2012-10-30]. http://www. peaceparks. org/story. php? pid = 100&mid = 19.

卢邦博跨境保护区和资源区包括5个分别位于莫桑比克、南非共和国和斯威士兰的次级跨境保护区,是位于马普兰地方生物特有种中心多样性最好的地区之一(图4—16)。斯威士兰的恩圭尼亚是世界上最老的矿区,大约在公元前4100年,狮子洞赤铁矿和镜铁矿被开采用作祭祀用途和化妆品。另外,在斯威士兰,在建议的跨境自然保护区(Transfrontier Conservation Area)附近,考古学家已有一些有趣的发现,其中包括可追溯到11万年前的最早的人类活动记录。跨境公园的建设将使得滕贝汤加人重新集聚。他们曾经是这里的统治者。

图4—16　卢邦博跨境自然保护区①

该保护区占地面积4195平方千米,主要在莫桑比克,约占66%,南非共和国和斯威士兰各占26%和8%,地貌类型以平坦、低海拔(最高150米)的海岸平原为主。沿着海岸平原的西边界,是海拔600米左右的莱邦博山,东侧以海为界是高达200米的夸祖鲁—纳塔尔覆盖有植被的高大沙丘。区域气候为热

---

① Peace Parks Foundation. Lubombo TFCA and Resource Area[EB/OL].[2012-10-30]. http://www.peaceparks. org/story. php? pid = 100&mid = 19.

带亚热带气候,没有霜冻,当冬天出现逆温层时,在莱邦博山区和平原地区有雾发生。大多数地区相对干旱,最大降水出现在 10 月—3 月的夏季,年平均降水在海岸地带大于 1000 毫米,向着内陆西部平原区逐渐降低为 500—600 毫米。莱邦博山地降水可达 800—1000 毫米。温度和湿度较高,年平均温度在海岸地带为 8℃—34℃,在内陆 17℃—28℃。有多条大河流过该区,包括乌苏图和彭哥拉。一条季节性河流富提(Futi)河形成了富提(Futi)廊道的西边界,一年中多数时间呈现为沼泽地。夸祖鲁—纳塔尔北部的海岸平原内有多块大面积的湿地,包括 5 个拉姆萨尔站点:恩杜莫野生动物保护区、戈西海湾系统、西巴亚湖、海龟滩与同阿兰(Tongaland)珊瑚礁、圣卢西亚湖。在莫桑比克境内,发育有海岸湖泊和盐沼。莱邦博山由流纹岩熔岩组成,而其他海岸平原由松软的海相沉积组成。区内大多数地表有红色或灰色的现代风成砂覆盖,在大河的洪积平原上覆盖有肥沃的黏土冲积物。

卢邦博跨境保护区的植被类型属于萨王纳群落,主要由半湿润的灌丛草原组成,沿海有斑块式分布的森林。这里是重要的野生大象保护区,在滕贝有 180 头,在马普托有 200 头。其他哺乳动物有白犀牛、黑犀牛、鳄鱼和河马等。红皮书中的动物包括猴、岛羚、红色小羚羊、美洲豹和印度豹。有蹄类包括斑马、蓝角马、小苇羚、杂色马、紫貂、侏羚、大羚羊、纰角鹿、黑斑羚、羚羊、岛羚、林羚、灰色和红色小羚羊等。长颈鹿和其他许多有蹄类动物已经出现在现有的保护区。在斯威士兰,有河马、疣猪、纰角鹿、伯氏斑马、黑斑羚、大羚羊、羚羊、林羚、普通小羚羊、红色小羚羊、小岩羚、蓝牛羚、山苇羚、大角斑羚、夏普氏小岩羚、豹和斑鬣狗等,并且重新引进了长颈鹿和猎豹,进一步还将引进其他动物。记录在案的鸟类 427 种,有 3 个种和 43 个亚种属于地方特有种。卢邦博跨境保护区长长的海滩是海龟的繁殖地。这里也有大量的无脊椎动物,具体有待研究。①

7. 马拉维—赞比亚跨境自然保护区(Malawi/Zambia TFCA)

马拉维—赞比亚跨境自然保护区是以高海拔山地草原保护为主题,这里高原地形起伏,海拔超过 2000 米,植被类型为灌丛草地和湿地(图 4—17)。夏季,各种野花盛开在高原,景色无与伦比。另一方面,这里也是一个生物多样性保护区。按照相关计划,这里将发展成为占地面积超过 3.5 万平方千米的跨境

---

① Peace Parks Foundation. Lubombo TFCA and Resource Area-Major Features[EB/OL]. [2012-10-30]. http://www.peaceparks.org/story.php? pid = 1006&mid = 1064.

保护区,包括国家公园、野生动物保护区、森林保护区和野生动物管理区等部分。重要的文化资源和文物古迹在该跨境保护区的尼卡高原和卡松古国家公园被发现。其中包括岩画,还有各种各样的铁矿石矿山和采矿遗迹。尼卡高原由起伏的海拔 1800 米的高原、山地和陡崖组成,最高点位于马拉维境内的恩甘达山,海拔 2607 米。这里的气候较周边地区寒冷、潮湿,并且多雾。高原南面为湿地野生动物保护区,对面为低丘和剥蚀平原,西面为冲积平原和湿地。保护区总体较为平坦,平均海拔 1125 米。

图 4—17　马拉维—赞比亚跨境自然保护区①

　　马拉维—赞比亚跨境自然保护区海拔 1800 米以上的地区植被以高山草地为主,间生有常绿森林,得益于该地的多雾天气。山麓,覆盖着各种东非旱生林地。在卢安瓜谷地,较高处分布有东非旱生林地和森林草原,在沟谷中生长着阔叶林。卡松古—卢布苏吉跨境保护区也是一个重要的东非旱地生态系统生物多样性保护区。②

　　保护区内的尼卡高原,具有良好的生物多样性。高原有大约 102 种哺乳动物以及 3000 种植物,462 种鸟,47 种爬行动物,34 种两栖类,31 种鱼,无脊椎动物物种的数量不明,其中包括 287 种蝴蝶。

　　8. 卡万戈—赞比西跨境保护区(The Kavango-Zambezi(KAZA)TFCA)

　　2006 年南部非洲 5 国安哥拉、博茨瓦纳、纳米比亚、赞比亚和津巴布韦决

---

　　① Peace Parks Foundation. Malawi/Zambia TFCA[EB/OL].[2012-10-30]. http://www. peaceparks. org/tfca. php? pid=19&mid=1007.

　　② Peace Parks Foundation. Malawi Zambia TFCA-Major Features[EB/OL].[2012-10-30]. http://www. peaceparks. org/story. php? pid=1007&mid=1069.

定,将用4年时间联合建立一个能让野生动物自由迁徙的跨国自然保护区。根据已签署的备忘录,5国联合建立的这一保护区将成为世界上最大的自然保护区。这个名为"卡万戈—赞比西"的跨国自然保护区位于赞比西河与奥卡万戈河盆地之间,面积将超过28.7万平方千米,几乎和意大利国土面积相当,由5个国家的36个国家公园、野生动物禁猎区等组成。

卡万戈—赞比西跨境保护区位于奥卡万戈和赞比西流域盆地(图4—18),地跨安哥拉、博茨瓦纳、纳米比亚、赞比亚和津巴布韦,是世界最大的自然保护区,最终面积可达到287132平方千米,包括36个国家公园、野生动物保护区和管理区。其中最为著名的是卡普里维地带、乔贝国家公园、奥卡万戈三角洲和维多利亚瀑布。同时,这里有最大的非洲象群,大约有2.5万头。[1]

图4—18 卡万戈—赞比西跨境自然保护区[2]

---

① Peace Parks Foundation. Kavango-Zambezi TFCA-Location & Map[EB/OL]. [2012-10-30]. http://www. peaceparks. org/story. php? pid =1008&mid =1073.

② Peace Parks Foundation. The Kavango-Zambezi(KAZA)TFCA[EB/OL]. [2012-10-30]. http://www. peaceparks. org/story. php? pid =1008&mid =1073.

　　卡万戈—赞比西跨境自然保护区拥有南部非洲最丰富的哺乳动物组合之一,即食草动物和食肉动物组合,组成了捕食者与被捕食者食物链。记录的鸟类601种,该保护区有524种。76种为古北区迁移种,52种为非洲内部迁移种。这些鸟一部分往往在湿地居住数月,然后迁徙到湿地、盐沼或洪泛区,而另一些将在草原和刺状草原间徘徊。这里还是来自卡拉哈里、赞比西河上游和中非爬行动物和两栖动物的会聚地,有爬行动物128中,两栖类50种。录得蝴蝶300种。

　　9. 赞比西河下游—马纳湖跨境自然保护区(The Lower Zambezi-Mana Pools TFCA)

　　赞比西河下游—马纳湖跨境自然保护区位于赞比亚和津巴布韦两国的赞比西峡谷中(图4—19),自从一开始这里就是赞比西河与大断崖之间的野生动物保护区。赞比西河两岸各有一个国家公园。马纳湖因为其美丽和野性被列入世界遗产,这里有多样的大型哺乳动物,超过350种鸟类和水生生物。马纳在绍纳语中意为"四",因为从赞比西河到内陆有4个大湖。这些湖是赞比西河千百年来截弯取直留下的典型的牛轭湖,湖中生活着河马、鳄鱼和各种水鸟。长湖是四个湖中最大的一个,其中生活着大量河马和鳄鱼,也是大象的饮水地和澡堂。①

图4—19　赞比西河下游—马纳湖跨境自然保护区②

---

　　① Peace Parks Foundation. The Lower Zambezi-Mana Pools TFCA-Background[EB/OL]. [2012-10-30]. http://www. peaceparks. org/tfca. php? pid =19&mid =1019.

　　② Peace Parks Foundation. The Lower Zambezi-Mana Pools TFCA [EB/OL]. [2012-10-30]. http:// www. peaceparks. org/tfca. php? pid =19&mid =1019.

10. 柳瓦平原—穆苏马跨境自然保护区(Liuwa Plain-Mussuma TFCA)

位于安哥拉和赞比亚之间的柳瓦平原——穆苏马跨境保护区是蓝角马保护区。蓝角马是非洲的第三大迁徙种群。每年大量的蓝角马在安哥拉和赞比亚之间来回迁徙(图4—20)。

图4—20　柳瓦平原—穆苏马跨境自然保护区的蓝角马①

(三)恩戈罗恩戈罗自然保护区(Ngorongoro Conservation Area)

恩戈罗恩戈罗自然保护区位于坦桑尼亚中北部,面积约8288平方千米(另有资料称6475平方千米)。保护区的中心部分是世界闻名的恩戈罗恩戈罗火山口(破火山口)。恩戈罗恩戈罗位于大裂谷东支,从莫桑比克穿过非洲直至叙利亚。千百万年里,在地心的巨大压力下,熔岩从断层的薄弱处向地面喷出,形成一连串的火山,恩戈罗恩戈罗正是这些火山中的一个。250万年前它最后一次爆发,形成破火山口。恩戈罗恩戈罗是世界第六大破火山口,大致成圆形,是边缘保持完整的众多破火山口之中最大的一个。非洲人将其称为恩戈罗恩戈罗,即"大洞"之意。据测,恩戈罗恩戈罗火山口宽度为14.5千米,深度610—762米,直径约18千米,底部直径约16千米,占地总面积广达264平方千米。1979年被列入《世界遗产目录》,2010年在巴西举行的第34届世界遗产大会上,晋升成为自然文化双遗产。②

恩戈罗恩戈罗火山口气候因地而异。在迎风坡,受东来信风影响,年平均

---

① Peace Parks Foundation. Peace parks foundation. Liuwa Plain-Mussuma TFCA[EB/OL]. [2012-10-30]. http://www.peaceparks.org/tfca.php? pid=19&mid=1020.

② 恩戈罗恩戈罗自然保护区[EB/OL]. 百度百科. [2012-11-11]. http://baike.baidu.com/view/107549.htm.

降水 800—1200 毫米;而在背风坡,年降水仅 400—600 毫米。受降水影响,迎风坡生长着森林,而背风坡为草原。蒙盖河是这里主要的水源,注入火山口中的季节盐湖。壮丽多变的景色包罗了从恩戈罗恩戈罗火山口壁上陡峭的斜坡到金合欢灌木丛。保护区内生态环境多样,有林地、沼泽、湖泊以及广阔的草地或萨王纳。萨王纳是塞伦盖蒂生态系统的一部分,此生态系统一直延续至肯尼亚,包括毗邻的马沙良—马拉自然保护区。萨王纳草地供养着丰富多样的食草动物,这里树木茂盛,水源丰富,适合野生动物繁衍生息。

巨大的恩戈罗恩戈罗火山口内是野生动物的聚集地,有大量的大型哺乳物,每当春天来临,准备一年一度迁徙的火烈鸟大量地云集在火山口的咸湖,形成壮观的美景。火山口内的野花,百合花、菖兰花、矮牵牛、雏菊、羽扁豆、三叶草竞相怒放,万紫千红,使火山口景色迷人。即使是在干旱季节,火山口内也有足够的水供动物饮用,也有足够的食物供给 200 多万头不同大小的食草动物。这里是非洲野生动物最集中的地方,约有 2.5 万头大型动物生活在这里[1],包括黑犀牛、狮子、大象、河马、长颈鹿、猴子、狒狒、疣猪、鬣狗及各种羚羊等。同时,这里也是大量鸟类生活、繁殖、越冬或长途迁徙中停留的重要地区,估计有 200 多种鸟,包括鸵鸟、野鸭、珍珠鸡、鸨、暗棕鹭、黑雕和白兀鹫等。在雨季,这里是许多欧洲候鸟如白鹳、黄鹡鸰和燕等鸟类避寒之地。

火山口周围山势险峻,林木葱茂,水源丰盛,适宜野生动物繁衍栖息(图 4—21)。主要野生动物有犀牛、大象、狮、豹等,总头数在 4 万以上。每年五六月间,庞大的斑马群和花斑牛羚群会聚在塞伦盖蒂高原,六七匹一排横立,准备开始行程 500 千米的向西迁徙。其中包括 170 万只牛羚、26 万匹斑马和 47 万只瞪羚。

20 世纪 50 年代中期,在距恩戈罗恩戈罗火山口西侧 40 千米处发现了奥杜瓦伊浅峡谷。1959 年人类学家在这里发掘出距今 125 万年的"东非人"头骨化石,1960 年又发掘出距今 190 万年的能人化石残骸、石器以及迄今仍被狩猎的动物的远祖化石。这些发现对目前复杂而又有争议的人种系谱学的研究有重要价值。

[1] Ngorongoro Conservation Area[EB/OL]. Wikipedia. [2012-11-11]. http://en.wikipedia.org/wiki/Ngorongoro_Conservation_Area.

图4—21　恩戈罗恩戈罗自然保护区的野生动物①

（四）乞力马扎罗国家公园

乞力马扎罗国家公园位于赤道与南纬3°之间的坦桑尼亚东北部，是坦桑尼亚和肯尼亚的分水岭，距离东非大裂谷约160千米。该公园建于1968年，1979年被列入世界遗产名录。

乞力马扎罗山是一个东西方向延伸约80千米的火山群，由3座主要火山组成，有两个主峰，即基博和马文济。坦桑尼亚独立后，基博峰已改名为"乌呼鲁峰"，两峰之间有一个约10千米长的马鞍形的山脊相连。主峰乌呼鲁峰海拔5895米，是非洲最高的山峰，面积756平方千米，被称做非洲的"珠穆朗玛峰"，也被称做"非洲屋脊"。由于山顶终年积雪，在斯瓦希里语中，乞力马扎罗山意为"闪闪发光的山"。

乞力马扎罗山的植被，因高度及坡向不同而发生明显的垂直变化。山麓地带降水较少，分布着广阔的热带稀树草原，是山地垂直带谱的基带。南部为迎风坡；在海拔1000米左右，为热带雨林带。随着高度上升，气温逐渐降低，山地垂直带谱变化明显。1000—2000米，为亚热带常绿阔叶林带；2000—3000米为温带森林带；3000米以上逐渐过渡为高山草地带、荒漠带和积雪冰。背风的北坡，气候干燥，热带雨林几乎不复存在。海拔2700米以上为草地，草地在不同的地形部位分别上升到4200—5100米，再往上则为高山荒漠或高山冰雪带。目前海拔1800米以下的山麓南坡，多已开垦为耕地，种植香蕉、咖啡、谷物和蔬菜。乞力马扎罗山地分布有长颈鹿、大象、疣猴、蓝猴、阿拉伯羚、大角斑羚和狮子等多种野生动物。

---

① Ngorongoro Crater, Tanzania, Africa[EB/OL]. Wikipedia. [2012-11-11]. http://en. wikipedia. org/wiki/File: Ngorongoro_Crater, _Tanzania, _Africa. jpg.

六、具有潜力可挖的港口

南部非洲拥有丰富的资源和潜在广阔的市场,但如果没有完善的交通运输设施,这些资源就无法被有效利用,市场也得不到开发。在南部非洲的交通运输中,港口占有重要位置。

南非铁路线大部分在南非共和国和纳米比亚;安哥拉(3810千米)、坦桑尼亚(3449千米)、莫桑比克(3843千米)和津巴布韦(2836千米)境内虽然有较长的铁路线,但有些铁路线管理和运力水平不高;而在坦桑尼亚和莫桑比克之间、坦桑尼亚和马拉维之间、赞比亚和莫桑比克之间、赞比亚和安哥拉之间都没有铁路连接。除了南非和纳米比亚外,南部非洲协调会议国家的公路里程约为30万千米,但大都状况极差,只有不到10%为柏油路,50%为沙砾路,剩下的全是雨季无法使用的土路,并且与铁路系统存在同样的管理问题。① 因此,港口成为南部非洲连接内陆和沿海以及对外贸易和交流的主要设施。据联合国对非洲港口的一项调查,运输成本占非洲国家商品进口成本的12.65%,是全球平均水平的两倍,对许多非洲内陆国家而言,这一比例更高达20.69%。由于对港口的投入普遍不足,多数非洲国家的港口建设严重滞后,吞吐能力不足、效率低下成为非洲港口的通病,因而制约了非洲贸易和经济的发展。随着各港口间业务竞争的加剧,非洲各国政府也开始逐步对港口进行改造或者引入新的管理机制,以提升港口的效率,降低货物进出口成本。②

南部非洲具有较长的海岸线以及赞比西、林波波等大河,不少国家具有良港(表4—3)。这些港口中,纳卡拉的年运力大约只有80万吨,洛比托和贝拉港的运力稍大,分别为110万吨和150万吨,只有马普托的运力最强,为760万吨。有研究表明,位于南非共和国西海岸的撒尔达尼亚湾角港和莫桑比克境内的纳卡拉港两个港口自然条件最好,其航道和泊位水深在2.0米以上。不少国际经济分析家认为,分布于南部非洲两侧的这两座非大陆港口发展潜力巨大,值得国际开发商和投资商关注。撒尔达尼亚湾西角港,位于开普敦港西北方向60海里,进出口航道深度超过23米。该港以出口铁矿砂为主、钢材为辅,集装箱货物的中转量很少。而位于莫桑比克境内濒临印度洋的纳卡拉港,至今仅仅

① 刘伟才. 南部非洲发展协调会议研究[D]. 上海:上海师范大学,2010.
② 非洲港口发展商机各不同[EB/OL]. 中国水运网. (2006-11-17). http://www.zgsyb.com/GB/Article/ShowArticle.asp? ArticleID=35465.

有通往内陆国马拉维和莫桑比克内地的一条长达914千米铁路,中转货物大多是农产品。[①]

表4—3 南部非洲主要港口

港口名	港口中译名称	所在国家	港口名称	港口中译名称	所在国家
Cape Town	开普敦	南非共和国	Tanga	坦噶	坦桑尼亚
Durban	德班	南非共和国	Dar es Salaam	达累斯萨拉姆	坦桑尼亚
East London	东伦敦	南非共和国	Zanzibar	桑给巴尔	坦桑尼亚
Johannesborg	约翰内斯堡	南非共和国	Luanda	罗安达	安哥拉
Port Elizabeth	伊丽莎白港	南非共和国	Cabinda	卡宾达	安哥拉
Walvis Bay	鲸湾	纳米比亚	Lobito	洛比托	安哥拉
Beira	贝拉	莫桑比克	Namibe	纳米比	安哥拉
Mapputo	马普托	莫桑比克	Harare	哈拉雷	津巴布韦
Nacala	纳卡拉	莫桑比克	Lusaka	卢萨卡	赞比亚
Mozambique	莫桑比克	坦桑尼亚	Masaru	马塞卢	莱索托

莫桑比克境内的马普托港位于莫桑比克东南沿海圣埃斯皮里图(Espirito Santo)河口,地处马普托湾的西岸,濒临印度洋的西南侧,又名洛伦索贵斯(Lourenco Marques),是莫桑比克的最大海港。它始建于1544年,由于1855年通往南非的铁路建成后,该港迅速发展成为该区域的最大港口之一。依托港口发展起来的马普托市现为莫桑比克的首都及全国政治、经济中心,扼印度洋南大西洋的航道要冲,是全国最大的工业基地,主要工业有炼油、纺织、锯木、化学、制糖、食品加工及水泥等,并拥有全国最大的腰果加工厂。该港的腹地除莫桑比克南部外,还包括津巴布韦、南非及斯威士兰等地。港口距马普托国际机场约4千米,有定期航班飞往世界各地,与约翰内斯堡相距大约555千米。南非北方高登地区的加工制造企业多从马普托进出口集装箱,马普托港口俨然已是南非北方地区的重要海运口岸。此外,还有斯威士兰盛产的水果和食糖,津巴布韦的水果和农产品,也从马普托港出口。同时进口的消费品也都是从马普托转运。在国际金融集团的资助下,近年来马普托港斥资5000万美元扩建了250公顷面积的码头。由于马普托港口码头费率低于德班港,也没有德班港那

① 张荣忠. 南部非洲港口不可忽视的明天[J]. 水路运输文摘,2005,10:20-21.

样拥堵,加上约翰内斯堡与马普托港之间有 4 车道现代化高速公路通行,因此,越来越多的南非托运人选择从马普托港进出口货物。马普托港区主要码头泊位有 11 个,岸线长 3275 米,最大水深为 12.8 米。装卸设备有各种岸吊、可移式吊、集装箱吊、重吊、装船机、输送带及拖船等,其中岸吊最大起重能力为 60 吨,重吊达 80 吨,拖船的功率最大为 2350 千瓦。港区有散杂货堆场容量达 43 万吨,集装箱可储存 1300 标准箱(TEU)①,油罐容量为 20 万吨。装卸效率:谷物每天 2900 吨,煤每天装 5000 吨,糖每天卸 1 万吨。该港转口区始建于 1980 年。1992 年集装箱吞吐量达 1.3 万标准箱(TEU),年货物吞吐量约 2500 万吨,其中约 90% 为中转货物。主要出口货物为煤、铁、石棉、铬、锰、玉米、蔗糖、水果、剑麻及棉花等,进口货物为木材、化肥、燃料、机械及粮食等。② 2010 年 5 月,约翰内斯堡工商联合会(JCCI)在南非约翰内斯堡组织召开了莫桑比克商机研讨会,会上公布了马普托港未来 20 年发展规划的总体框架,列出了若干发展项目,包括引导航道与停泊点的疏浚等,总耗资 7.5 亿美元。马普托走廊物流公司(MCLI)表示,马普托港是马普托走廊的组成部分,该走廊是莫桑比克、斯威士兰、南非、津巴布韦和博茨瓦纳等国生产厂家通往地区市场和国际市场的优选通道,因此未来投资项目将建设一个复杂的基础设施网。发展规划的目标是把马普托走廊建设成为南部非洲次大陆进口商和出口商的可持续发展运输路线。该走廊也包括马托拉港、马普托—威特班克高速公路(N4)、雷萨诺加西亚铁路和戈巴铁路。目前正在进行的马普托港引导航道疏浚工程是投资项目的一部分,目标是航道水深达到 9.4—11 米。2011 年 4 月将开展类似的项目,目标是航道水深达到 11 米,以便使该港能够接纳更多的船舶和吃水更深的大船。约翰内斯堡会议公布的资料显示,发展规划的目标是,到 2015 年,马普托港引导航道的水深将达到 12.1 米,停泊区的水深达到 12.8 米。③ 根据 2010 年 5 月 26 日莫桑比克媒体报道,马普托港口开发公司将投资 7000 万美元对马普托港和马托拉港进行现代化改造,以提高这两个港口对南非及周边国家货物运输的竞争力。该项工程包括疏浚航道,维修码头、公路、仓库区等基础设施,以及更新

① TEU 是"twentyfoot equivalent unit"的缩写,意思是:标准箱(系集装箱运量统计单位,以长 20 英尺的集装箱为标准)。例如能装载 5000 个标准箱的船,便称为拥有 5000TEU 的运载力。
② 马普托港[EB/OL].百度百科.[2012-11-11].http://baike.baidu.com/view/175814.htm?fr=ala0_1_1.
③ 莫桑比克制定了马普托港 20 年发展规划[EB/OL].澳门新闻中心网.(2010-06-02).http://www.macauhub.com.mo/cn/2010/06/02/9193/.

和维护港口起重设备等项目。全部工程计划在 3 年内完成。[①]

贝拉港位于莫桑比克东部沿海蓬(Pungoe)河口,濒临莫桑比克海峡的西南侧,是莫桑比克的第二大港。贝拉港始建于 1891 年,是邻国津巴布韦、赞比亚及马拉维的主要转口港之一。它是莫桑比克的第二大经济中心,主要工业有纺织、制糖、炼铁、铝器、水泥、造纸、电器、烟草及食品等工业,并拥有大型轧棉厂、造纸厂及钢铁联合企业。港口有铁路可直达内陆邻国。港口距机场约 7 千米,每天有定期航班飞往马普托国际机场。港区主要码头泊位有 10 个,岸线长 1670 米,最大水深为 9.6 米。装卸设备有各种电吊、可移式吊、集装箱吊、拖船及滚装设施等,其中电吊最大起重能力为 30 吨,集装箱吊为 40 吨,拖船功率最大为 2300 千瓦。另有油船泊位 2 个,最大允许吃水约 9.4 米,备有直径为 250—550 毫米的输油管可直通油罐区。港区有货棚面积 3.3 万平方米,露天堆场可堆存矿石约 20 万吨,码头均有铁路线可直接装卸。装卸效率:装煤每小时 700 吨,卸油每小时 400 吨,散矿每小时装 350 吨。大船锚地水深达 13 米。本港转口区始建于 1980 年。1994 年集装箱吞吐量为 3.2 万标准箱。年吞吐能力约 1000 万吨。主要出口货物为云母、铝、锌、粗炼铜、烟草、茶叶、玉米、棉花、兽皮、剑麻及象牙等,进口货物主要有木材、化肥、机械、棉纺织品、建筑材料、小麦、汽油及铁轨等。[②]

位于坦桑尼亚东部沿海的达累斯萨拉姆湾内的达累斯萨拉姆港,濒临印度洋的西侧,是坦桑尼亚最大的海港。它是坦桑尼亚的首都和全国政治、经济、文化及交通中心,又是非洲重要的政治都市,非洲有许多重要会议在这里举行。该港交通运输发达,有横贯坦桑尼亚的中央铁路,东起达累斯萨拉姆,西至坦噶尼喀(Tanganyika)湖畔的基戈马(Kigoma)。另一条是 1975 年 9 月在中国政府的援助下建成的坦赞铁路,以达累斯萨拉姆为起点,全长 1860 千米(在坦桑尼亚境内 977 千米)。这条铁路的建成不仅沟通了坦桑尼亚与赞比亚的交通,也促进了坦桑尼亚国民经济的发展。在内陆及边远地区则以公路为主。该港的工业产值约占全国的一大半,主要工业有炼油、轻纺、机械、化肥、食品、水泥、机车修理、农具修配及火力发电等。港口距国际机场约 3.6 千米,有定期航班飞

---

① 莫桑比克将对马普托港和马托拉港进行现代化改造[EB/OL]. 天山网. (2010-05-27). http://www.tianshannet.com.cn/news/content/2010-05/27/content_5001206.htm.

② 贝拉港[EB/OL]. 百度百科. [2012-11-11]. http://baike.baidu.com/view/176676.htm? fr = ala0_1_1.

往世界各地及国内主要城市。该港口也是赞比亚物资中转港,有输油管道从港口至赞比亚铜矿中心恩多拉。港口水域开阔,面积约 95 万平方米,港内避风浪条件良好,即使外口有强风大浪,对港内也无大的影响。港区主要码头泊位有 11 个,岸线长 2016 米,最大水深为 10 米。装卸设备有各种岸吊、门吊、可移式吊、浮吊、集装箱吊、驳船、拖船及滚装设施等,其中最大起重能力达 120 吨。散装码头可靠泊 3 万载重吨的散货船,油船突堤式码头可泊 3.6 万载重吨的油船。大船锚地水深达 15 米。1992 年集装箱吞吐量为 8.7 万标准箱,年货物吞吐量达 400 万吨。达累斯萨拉姆港主要出口货物为剑麻、茶叶、棉花、豆饼、木材、咖啡、铜及油籽等,进口货物主要有钢铁、棉制品、食品、机械、石油及车辆等。[1]

德班港位于南非东部沿海德班湾北岸,濒临印度洋西南侧,与约翰内斯堡的距离是 578 千米,是南非第三大城市和南非最大的集装箱港。德班港建于 1835 年,1855 年开始扩建,1935 年设市,现已成为非洲大陆上最繁忙的港口之一及世界第 9 大港,拥有 57 个泊位、14 个货物集散地,岸长 21 千米,水面面积达 892 公顷。第一次世界大战后,德班从维多利亚式城镇发展为现代化大都市。1886 年特兰士瓦省金矿和敦提煤矿的发现,促进了铁路的建设,也提升了德班作为重要港口的地位。现在的德班港是整个南部非洲地区农产品的主要出口港口,在南非所有的港口中最繁忙,吞吐量逐年升高,2004 年超过 3200 万吨,其中还不包括石油和汽油产品。南非交通运输当局曾作出决定,拨款扩建德班港与南非北部工商业发达地区之间的交通运输基础设施。德班港集装箱码头扩建工程和港口泊位航道疏浚工程第一期集装箱码头 3 个深水泊位工程已经全部竣工,大幅度提高了德班港集装箱码头的吞吐能力。

伊丽莎白港是南部非洲系列港口中的现代化水平很高的港口。伊丽莎白港位于南非共和国东南沿海阿尔戈湾西南岸,濒临印度洋西南侧,始建于 1799 年,是南非最大的羊毛交易市场。伊丽莎白港有铁路干线可直达北开普省北部和库鲁曼矿区。伊丽莎白港还是南非前总统曼德拉的故乡,通常作为开普敦港和德班港的替补港。一旦前面两个港口发生拥堵,伊丽莎白港立即分流一部分进出口集装箱和其他货物。伊丽莎白港还是一座汽车产品出口大港,年均出口

---

① 达累斯萨拉姆港[EB/OL]. 百度百科. [2012-11-11]. http://baike.baidu.com/view/176549.htm?fr=ala0_1_1.

的 25 万标准箱货物中,有大约 50% 是汽车或汽车零配件。南非政府计划将伊丽莎白港旁边的两个地区合并一起,更名为纳尔逊·曼德拉港,将其建成为南非乃至非洲最大的港口。

位于南非西南角的开普敦港,由于距离南非首都约翰内斯堡和高登地区大约 1000 千米,再加上位于好望角风景地区,其港口发展受到严格限制。[①] 开普敦港位于非洲大陆西南缘开普半岛北端的狭长地带,濒临大西洋的特布尔湾,即桌子湾,南距好望角 52 千米,为天然良港。好望角北连开普半岛,是一条细长的岩石呷角,长约 4.8 千米。这里地势险峻,向西进入大西洋时,常常风暴骤起,波浪滔天,有"风暴角"之称;向东驶入印度洋时则风平浪静,故而称"好望角"。开普敦是印度洋和大西洋间绕非洲南端航海的必经之地,多条国际航线交汇点,交通和战略位置极为重要。开普敦港港区面积 1.5 平方千米,由防波堤屏障,港口优良。有 3 个坞式港池、40 多个深水泊位,码头总长 11 千米,港口可同时停泊深水海轮 40 多艘,有集装箱码头和滚装泊位,港口年吞吐量 1000 万吨。[②]

从港口吞吐量讲,南非规模最大的港口不是举世闻名的开普敦港,而是 1976 年才正式开港的理查兹贝港。该港最近年均货物吞吐量超过 8500 万吨,相当于南非从本国和邻国港口海运进出口贸易货物总量的 55%,进出口货物大多是煤炭和矿砂。

东伦敦港位于布法罗河口,濒临印度洋的西南侧,是南非的主要港口之一,始建于 1867 年,港口铁路线可直达奥兰治河流域的钻石矿区。港区主要码头泊位 15 个,岸线长 2662 米,最大水深 107 米。东伦敦港,该港口先天不足,位于狭窄水浅的河口,发展港口受到严重限制,目前只作为附近地区戴姆勒—克莱斯勒汽车公司南非汽车制造厂的专用集装箱港口。

罗安达港位于安哥拉西海岸北部的本戈(Bengo)湾的东南岸,濒临大西洋的东侧,是安哥拉最大海港。该港始建于 1575 年,曾经是奴隶的贩运出口港。现为安哥拉的首都及全国政治、经济、文化的中心,也是全国的主要工业中心,主要工业有炼油、食品加工、机械制造、冶金、水泥、化学、建材、纺织、造纸和服装等,并拥有大型炼油厂及纺织厂。农业以咖啡及剑麻为主,其中咖啡的产量居非洲第 2 位

---

① 张荣忠. 南部非洲港口不可忽视的明天[J]. 水路运输文摘,2005,10:20-21.
② 张建伟. 南非港口[J]. 集邮博览,2005,12:43.

和世界第 4 位,咖啡的出口占安哥拉外贸总出口的第 3 位,仅次于石油及钻石。其他农产品还有玉米、木薯、高粱、水稻、甘蔗及油棕等。交通运输以公路为主,铁路可达马兰热(Malanje)。港口距机场约 8.3 千米,可起降大型飞机,有定期航班飞往欧洲、非洲及巴西等地。装卸设备有各种岸吊、可移式吊、集装箱吊、吸谷机、浮吊、铲车及拖船等,其中集装箱吊最大起重能力为 50 吨,浮吊达 100 吨,拖船的功率最大为 1103 千瓦。还有直径为 152.4—304.8 毫米的输油管供装卸使用。港区有仓库容积 40000 立方米。装卸效率:谷物每小时 100 吨,矿石每天平均装 4000 吨。另有 2 个系船浮,水深达 16.7 米,最大可泊 5 万载重吨的油船。主要出口货物为咖啡、玉米、糖、豆、木材、盐、花生、棕榈油及锰矿等,进口货物主要有机械、石油制品、汽车、棉织品、麻袋、酒、水泥及药品等。①

纳米比亚的沃尔维斯港位于纳米比亚西海岸中部的沃尔维斯湾(鲸湾)内,濒临大西洋。鲸湾是一座天然良港。主要输出楚梅布的铅、锌、铜等精矿。它也是一座重要的渔港,鱼类加工工业发达。1977 年南非曾将其划归南非开普省,1978 年联合国安理会通过决议,申明它属于纳米比亚。

第三节　当代南部非洲资源与环境问题

一、全球变化对南部非洲的影响

(一)温度升高对环境的影响

气象记录显示,在过去 100 年里,全球气温上升了 0.5℃,20 世纪 90 年代是有史以来最热的。根据目前的气候模型预测,到 2100 年全球平均气温要升高 1℃—3.5℃,海平面要上升 15—95 厘米。随着全球气温上升,非洲地区将有 5 亿人面临饮用水短缺的威胁,在一些地方农业减产可达 10%—20%。而气候变化还将致使疟疾、脑膜炎、登革热等疾病更为流行。预计携带疟疾病毒的雌性虐蚊将传播到南非和纳米比亚,而这两个地方以前是没有虐蚊泛滥的。撒哈拉沙漠以南非洲地区的野生动物中,有 25%—40% 将面临灭绝危险。

---

① 罗安达港[EB/OL]. 百度百科. [2012-11-11]. http://baike. baidu. com/view/175830. htm? fr = ala0_1.

　　据国际及南非的科学家预测,开普敦的好望角自然保护区是受全球变暖影响最严重的地区,也是最先开始受害的地区。预计在 10 年之内,随着海水面的上升,保护区内特有的地中海式珍稀灌木将被淹没在海水之中,许多这一门类的植物就此灭绝。据了解,这种灌木是经过上百万年的演变进化才存留至今,是全球不可多得的植物活化石,它们的灭绝是非常巨大的损失。除此之外,在好望角水域生活的稀有鱼类也会因水温升高而死去。英国经济学家斯特恩在最近发表的一篇报道中评估道,全球气候变暖将给非洲带来最严重的经济打击,其中南非的好望角地区就是重灾区之一。他认为随着气候变暖,南非桌山将出现异常气候,大面积的干旱将使植被枯死,而雨季时又会导致山洪暴发,这将对当地农业造成重大打击,使更多人处于贫困状态。[①] 南非应对全球气候变暖监控组织的本尼博士认为,随着降雨量的减少,遍布开普敦的葡萄园因为得不到足够的雨水而被迫向东迁移。同样,这里的农场、牧场都将迁至内陆,现在西开普省的美丽田园风光将不复存在,将被一片荒漠取代。而受害最深的将是开普敦的旅游业。在《非洲环境展望 1》(*Africa Environment Outlook*1—Past, Presentand Future Perspective)中,专家们提出,在全球变化的背景下,南部非洲在气候易变、食物安全和水资源压力方面都将是比较脆弱的地区。如果该地区像预测的那样年平均温度升高 1.5℃,降水变率将增加,导致草原面积缩小,萨王纳和干旱森林及荒漠化范围扩大,进而将影响野生动物的生存和国家公园的经济。作物产量预计也将有所不同,有些地区跌幅将高达 10%—20%,携带疟疾的蚊子会蔓延到纳米比亚和南非的一些地方。

　　(二) ENSO 的影响

　　厄尔尼诺现象被认为是非洲南部降水减少的重要原因。在厄尔尼诺现象持续期间,非洲南部大部分国家都经历着旱灾。与之相对应,在拉尼娜现象持续期间,降雨量又特别大。有研究揭示[②],在南部非洲近几十年来旱灾总是周期性地发生,而且发生频率较高(图 4—22)。严重的旱灾发生在 1986—1987年、1991—1992 年、1994—1995 年、2001—2003 年,严重影响了这一地区经济社会的发展。20 世纪 80 年代和 20 世纪 90 年代旱灾造成的后果尤为严重。赞比

---

① 全球气候变暖使南部非洲面临严峻考验[EB/OL]. 全球气候变暖国际在线. (2007-08-01). http://gb. cri. cn/14404/2007/08/01/401@1700456_4. htm.

② United Nations Environment Programme. Africa Environment Outlook 2—Our Environment,Our Wealth [M]. Malta:Progress Press Ltd. ,2006.

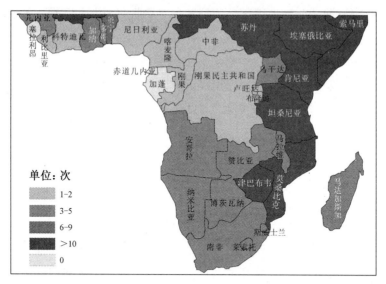

图4—22　南部非洲1970—2004年干旱事件发生频率①

西河上的卡里巴(Kariba)大坝在1981—1992年之间水位下降了11.6米,这也使得这座大坝水力发电的能力受到极大影响。1991—1992年的旱灾,是历史上最为严重的旱灾之一,导致54%的谷物减产,1700万人陷入饥荒,仅津巴布韦一国就进口80万吨玉米、25万吨小麦和20万吨的糖;1999—2000年,台风爱丽使得莫桑比克15万个家庭受灾,损失高达5.7亿美元。② 高山王国莱索托2007年因干旱宣布国家进入紧急经济状态。莱索托全境高山环绕,土地资源贫乏,水资源短缺,主要依靠高山雪水和人工灌溉。该国的主要农作物是玉米,生产方式原始,在年景好的情况下可以自足,但通常情况下需要进口才能满足国内需要。2006年底雨季期间降水不足,导致该国玉米大量减产,致使40万人面临食品短缺。持续的干旱使该国2007年粮食产量下降了42%。而南部非洲区域性的干旱使粮食价格上涨,高昂的价格使贫困的莱索托居民无力在市场上购买粮食。③

① United Nations Economic Commission for Africa. Africa Review Report on Drought and Desertification [R]. 2008.

② United Nations Environment Programme. Southern Africa, Africa Environment Outlook1—Past, Present and Future Perspectives[EB/OL]. [2012-11-11]. http://www. unep. org/dewa/Africa/publications/AEO-1/050. htm.

③ 全球气候变暖使南部非洲面临严峻考验[EB/OL]. 全球气候变暖国际在线. (2007-08-01). http://gb. cri. cn/14404/2007/08/01/401@1700456. htm.

除此之外,非洲南部地区所经历的异常湿季还带来洪灾泛滥。多数洪水与印度洋上生成的、活跃的台风有关。1999—2001 年的雨季主要受热带飓风控制,给人类生活造成了相当大的损失。在此期间热带飓风埃利纳(Eline)造成的损失是最具破坏性的,莫桑比克南部,南非林波波省部分地区以及津巴布韦南部经历了罕见的暴雨,许多气象观测站在 48 小时内的降水达到 200 毫米。

二、土地荒漠化和稀树草原生态退化

(一) 土地荒漠化

非洲有 2/3 的土地已经逐渐沦为荒漠或干旱之地,3 亿多人经受着荒漠化的困扰。尤其是自 20 世纪 60 年代末期开始,撒哈拉以南非洲地区降水减少,连年干旱,许多地方河流干涸,黄沙弥漫,田园荒芜,牲畜死亡,居民严重缺粮。为了解决粮食问题,人们毁林开荒,滥垦草原,从而加剧了土地的荒漠化。近年来,南部非洲国家逐渐意识到土地荒漠化所带来的问题,在国际社会特别是联合国有关机构帮助下,将防治土地荒漠化、保护生态环境作为国家可持续发展的重要内容,并根据各国国情制定实施防治荒漠化计划,取得可喜成效。

如表 4—4 所示,南部非洲土地总面积为 69.3 万公顷,其中超过 20% 以上是耕地。土地荒漠化日渐成为南非共和国面临的一项巨大挑战,联合国环境规划署将南非 90% 的国土列为干旱、半干旱或半湿润地区。南非国家植物学协会在提交给政府的一份报告中指出,南非 25% 由地方政府管理的土地已经严重荒漠化,全国每年因土地荒漠化流失约 3 亿—4 亿吨地表土。南非政府早在 1997 年 9 月便批准《联合国防治荒漠化公约》,并多管齐下解决本国土地荒漠化问题。政府先后实施多项措施,鼓励非政府组织和各地农场主大力保护地表层土壤,努力提高土地质量。[①]

表 4—4　南部非洲国家土地与耕地面积[②]

国家	土地面积(百万公顷)	耕地(百万公顷)
安哥拉	124.7	3.0
博茨瓦纳	58.2	0.3

① 李锋.南部非洲重视治理荒漠化(防治荒漠化系列报道之一)[N].人民日报,2005-06-13(7).

② United Nations Environment Programme. Africa Environment Outlook 2—Our Environment, Our Wealth [M]. Malta：Progress Press Ltd. ,2006.

续　表

国家	土地面积(百万公顷)	耕地(百万公顷)
莱索托	3.0	0.3
马拉维	11.8	2.1
莫桑比克	80.2	3.9
纳米比亚	82.4	0.8
南非	122.1	114.7
斯威士兰	1.7	0.1
坦桑尼亚	94.5	4.0
赞比亚	75.3	5.3
津巴布韦	39.1	5.2
总计	693.0	139.7

纳米比亚是南部非洲最干旱的国家。2002年纳米比亚在联合国有关机构帮助下,专门建立起应对土地荒漠化的地方网络系统,通过组织会议、派遣工作队、加强培训以及经验交流等方式大力治理土地荒漠化问题。联合国防治荒漠化会议2004年派员考察纳米比亚全国防治荒漠化情况后大加赞扬,并认为纳米比亚的经验值得推广。

(二)稀树草原生态退化

气候变化和人类活动的影响不仅导致南部非洲土地荒漠化,同时也引起稀树草原生态退化。任海等的研究表明①,生态系统退化是南部非洲当前稀树草原面临的一个主要问题。南部非洲稀树草原(Savanna)覆盖面积达到46%,是南非共和国、博茨瓦纳、纳米比亚和津巴布韦等国的主要植被类型。目前稀树草原主要用于牛羊等牧业生产,约有5%被划为自然保护区。退化的主要原因包括:过度放牧、不当放牧、陡坡和高降雨区域、贫困区域人们为了生存而损害生态利益、缺乏有关法律和执法不严引起的人类干扰、无控制的火耕、自然灾害和生物入侵等。

南部非洲稀树草原区农业生产历史较长,特别是南非钻石和黄金的发现和生产,导致人口急剧增加,不合理的人类活动造成稀树草原大面积退化。土壤

---

① 任海,等. 非洲稀树草原生态概况[J]. 热带亚热带植物学报,2002,10(4):381-390.

有机质是稀树草原生态系统的重要组成部分,稀树草原土壤有机质含量一般低于2.5%。过去15年内,南部非洲50毫米以上土层有机质降低了20.5%—32.5%,氮(N)降低了14.3%—22.5%。水土流失也是导致生态退化的重要原因。有研究者提出,一旦水土流失速度超过土壤形成速度时,即形成水土流失。南北非洲12—40年可形成1毫米的顶土层,即每年每公顷可形成0.25—0.38吨土壤。在裸地上一场降雨量仅仅4.4毫米就会引发水土流失。对于比较干旱的稀树草原而言,风蚀比水蚀更为严重,特别是在路边、牲畜饮水点和居民点附近,长期践踏使得土壤水分结构改变,影响植被恢复,形成裸地,进而成为风蚀重点区域,甚至形成沙尘暴。根据估算,南部非洲约有19%的稀树草原面临风蚀问题。①

非洲草原生态学家针对生态退化,提出了稀树草原管理的主要原则:第一,持续放牧,即将牲畜长期置于牧区摄食;第二,轮作放牧,即在摄食期间,将动物分为几组,保证某些稀树草原不被同时摄食;第三,休牧,即春季放牧后让稀树草原休牧6个月,或全年休牧3—4个月;第四,控制存栏率,即控制单位面积内某一类动物的数量。

三、珍贵木材资源急剧减少

南非木雕制品业不断兴旺使得南部非洲的硬木森林为此面临被毁灭的危险,尤其是南非的邻国马拉维的黑木森林几乎消失殆尽。黑木是一种材质很硬、颜色和纹理非常漂亮的树木,木雕艺人对它十分青睐。手艺精巧的木雕艺人用它可以雕刻出栩栩如生的各种动物造型、朴实而又具有非洲土著民族风格的人物面罩等。南非的近邻马拉维就盛产这种树木,因而成为木雕制品的交易中心。南非的环境保护主义人士警告,由于木雕业的发展没有受到具体规范的约束,马拉维的黑木已几乎被毁尽。更令人担忧的是,对木雕制品的无节制需求将会进一步危及莫桑比克、赞比亚等近邻国家的其他硬木树种。世界上最大的野生物种贸易监测组织(TRAFFIC)在非洲东部和南部分支机构的负责人汤姆·米利肯说:"该地区的森林正在消失。未来的木雕业要继续生存,必须依赖更远地方的木材资源。在马拉维,这种木材资源正面临严峻的压力,雕刻艺

---

① N. M. Tainton. Veld Management in South Africa[M]. Pietermaritzburg: University of Natal Press, 1999.

人正加速把目光转向邻近的莫桑比克、赞比亚等国的木材资源。"早在 2000 年，野生物种贸易监测组织（TRAFFIC）在其年度报告中就曾警告马拉维的森林资源状况非常糟糕。该报告指出："由于雕刻艺人特别喜爱使用经久耐用、厚重、颜色黑，同时具有漂亮纹理的木材来雕刻，这消耗了当地大量的树木。对森林资源恶性掠夺行为没有收敛，导致某些树种几乎消失殆尽。"由于南非的旅游业非常繁荣，马拉维生产的木雕制品大部分都通过到南非旅游的外国游客带往世界各地。据南非海关统计，2002、2003 年，从马拉维经由约翰内斯堡国际机场运往世界各地的精美木雕品为 446326 件，总价值接近 230 万兰特。南非海关的统计数据还显示，2003 年南非从马拉维进口了总价值为 900 万兰特的木制品，2002 年这一数据为 880 万兰特。此外，还有相当数量的木制品通过边境非法进入南非境内。在南非商业中心约翰内斯堡，一个非常热闹的木雕工艺品市场拥有将近 70 个摊位，在这里小贩们向顾客兜售各种各样的木雕品。在南非其他市场也大量存在很多店铺出售木雕品现象，这意味着这些木雕品具有一定的批量生产规模，正在大量消耗珍贵木材。①

四、外来物种入侵

2010 年 5 月 21 日，世界自然保护联盟与国际应用生物科学中心在内罗毕发布的联合研究报告显示，由于自然保护区管理机制不完善及应对方案缺乏，入侵物种近年来已严重威胁到非洲多个自然保护区的生物多样性及居民生活。如原产于北美洲西部的旱地入侵物种牧豆树至今已覆盖肯尼亚和埃塞俄比亚境内自然保护区的 120 万公顷土地，并正在以每 5 年覆盖面积翻一番的速度急速扩张。这份研究报告是上述两个组织共同发起的"全球入侵物种研究项目"的一部分。项目负责人萨拉·西蒙斯说，自然保护区对非洲地区有着巨大的社会和经济价值，是许多非洲国家最主要的经济收入来源。同时，自然保护区的建立和维护也是实现减缓生物多样性退化这一目标的重要机制。然而，随着非洲地区多个自然保护区管理者无视入侵物种的快速增长，这些地区的生物多样性保护正面临着有史以来的最大威胁。南部非洲这方面的问题也很突出。

20 世纪 80 年代入侵赞比亚卡富埃冲积平原的外来野草"巨型含羞草"目

---

① 国际视点：南部非洲硬质树木面临灭绝困境［EB/OL］. 中国红木古典家具网. (2005-01-27).
http://www. hm-3223. net/html/2/list_1310. html.

前已覆盖该地区 3000 公顷的面积,导致当地大量重要物种,如水栖羚羊、水鸟、昆虫、两栖和无脊椎动物等被迫迁徙。黑荆树的种植也被用来作为一种土壤固化剂,以减少水土流失。作为一个潜在的土壤改良剂,黑荆树本来是作为农林业推广使用这一物种(包括其他类似的物种)的,但它生产大量的长寿命的种子,竞争并取代土著植被。它可取代草皮,减少了土地承载能力(世界自然保护联盟/南南合作/入侵物种专家组 2004 年);黑荆树增加降雨量拦截和蒸腾,使其下面的土壤变得比在草皮下更容易脱水;黑荆树还破坏水体,降低物种多样性。在南非共和国,外来植物物种现在覆盖超过 1010 万公顷,威胁土著植物的生长。其中黑荆树也是要集中消灭的物种。南非的黑荆树是在约 150 年前被引进来提供树皮产品的。现在,黑荆树是约 110 个外来入侵物种之一。这些外来入侵物种来自南非进口的近 750 个名树种和 8000 个灌木和草本植物的物种中的一部分,主要来自北美洲、南美洲和中美洲、澳大利亚、欧洲、大洋洲和亚洲的一些国家。它们成为"开普植物王国威胁生物多样性的最好杀手"。开普植物王国是南部非洲重要的生物多样性热点地区,含有世界总的特有物种的1%,生物入侵将对开普植物王国造成重要影响。

入侵鸟种包括家雀和印度乌鸦,对许多非洲本土鸟类构成威胁。在过去 20 年中,印度乌鸦已从坦桑尼亚海岸蔓延到内陆。它们破坏了许多其他鸟类栖息地,结果在坦桑尼亚首都达累斯萨拉姆,目前只有少数其他常见的鸟种。乌鸦早在 19 世纪末期由印度船舶携带而来,现在其活动区域已延伸到了开普敦。

南部非洲各国为消除黑荆树已经花费巨大的成本。自 1995 年以来,财务费用达 7000 万美元,大约 40000 名工人已参与消除黑荆树连同其他入侵物种的行动中。南非政府每年花费约 4000 万美元在开普植物王国进行对外来入侵物种的人工和化学控制。[①]

五、将要消失的乞力马扎罗的雪

海明威笔下的乞力马扎罗的雪美丽、迷人(图 4—23)。但从 20 世纪 90 年代末期开始,乞力马扎罗山顶积雪加速融化,冰川逐年后退的速度快得令人担

---

① United Nations Environment Programme. Africa Environment Outlook 2—Our Environment, Our Wealth [M]. Malta: Progress Press Ltd., 2006.

忧。据专家预测,乞力马扎罗山的冰层将会在未来的 20 年内完全消失。有些科学家认为火山正在再次增温,加速了融冰过程,而另一些科学家则认为,这是因为全球升温的结果。无论是什么引起的,乞力马扎罗山的冰川现在比 20 世纪小是没有争议的。据保守的估计,乞力马扎罗山的冰帽 2200 年后也将全部消失。

图 4—23　乞力马扎罗山上的雪①②

专门研究乞力马扎罗山冰川的专家布莱恩·马克在接受记者采访时表示:目前,乞力马扎罗的冰川不仅在急速缩小,而且正变得越来越薄(图 4—24)。研究人员对位于火山喷火口后方的冰川进行长时间观测研究后发现,从 2000—2009 年,该地带冰川厚度变薄 50%,最坏的可能是在 10 年内消失。通过研究科考队员从乞力马扎罗山南部取回的冰川冰芯分析发现,乞力马扎罗的冰川早在 11700 年前就存在了。在 4200 年前,这一地带的冰川开始遭受极度干旱的考验。人类对于乞力马扎罗冰川的研究始于 19 世纪。通过标绘“冰川融化趋势线”,科学家发现乞力马扎罗的冰川在过去 80 年内,缩小了 80%(图 4—25)。③

① 非洲乞力马扎罗的雪[EB/OL]. 华龙网. (2009-09-09). http://www. xici. net/main. asp? url = /u14881846/d98329511. htm.

② 乞力马扎罗山:非洲屋脊[EB/OL]. 中国经济网. (2009-10-14). http://www. flyconcep. com/mount-kilimanjaro-with-its-three-volcanic-cones-kibo-mawenzi-and-shira/.

③ 周一妍. 非洲乞力马扎罗冰川可能在 10 年内消失[EB/OL]. (2009-10-19). http://news. sina. com. cn/w/sd/2009-10-19/172118861669. shtml.

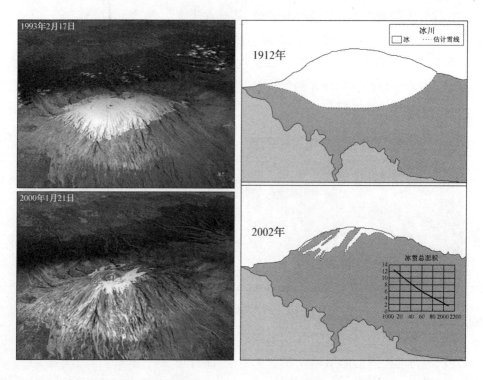

图 4—24 1993—2000 年乞力 图 4—25 乞力马扎罗冰川变化
马扎罗山积雪变化①

---

① 周一妍. 非洲乞力马扎罗冰川可能在 10 年内消失 [EB/OL]. (2009-10-19). http://news. sina.
com. cn/w/sd/2009-10-19/172118861669. shtml.

⟡ 第五章 ⟡

东部非洲资源与环境

　　按照《非洲环境展望2》的分区,东非包括厄立特里亚、埃塞俄比亚、吉布提、索马里、乌干达、肯尼亚、布隆迪、卢旺达8个国家,简称东非。根据联合国粮农组织统计数据,总土地面积275.83万平方千米,占非洲总面积的9.18%[①],2009年人口1.88708亿,约占全非总人口(10.08354亿)的18.72%[②]。

　　东非地处非洲大陆最东部,东临红海、印度洋,西部与北非尼罗河上游盆地和中非刚果盆地东缘接壤,南部接坦桑尼亚,与南非区相邻。大致位于北纬18°—南纬5°和东经28°—东经52°之间,南北占23个纬度,东西横跨14个经度,赤道横穿其南部。地形上,东非位于刚果河口至红海西岸中部的卡萨尔角一线以东的高非洲部分,其北部是素有"非洲屋脊"之称的埃塞俄比亚高原,南部是东非高原的一部分,是非洲地势最高的地理区,非洲4500米以上的山峰大部集中于此。这里是非洲古人类起源中心,世界农作物起源中心之一,咖啡原产地。东非各国一般均为农业历史悠久的农业国,农业人口比重高,所产除虫菊、丁香、剑麻、咖啡、茶叶等在世界或非洲均占有重要地位。

---

① United Nations Environment Programme. Africa Environment Outlook 2—Our Environment, Our Wealth [M]. Malta: Progress Press Ltd., 2006.

② African Development Bank, African Union, Economic Commission for Africa. African Statistical Yearbook 2010[G]. 2010.

第一节　东非地理环境概况

一、地势高峻

东非区是非洲地势最高的地理区。"非洲屋脊"埃塞俄比亚高原雄踞北部,为典型的熔岩台地,玄武岩覆盖层厚达几百米至两千米,面积80多万平方千米,平均海拔2500—3000米,最高峰达尚峰海拔4620米。高原中部突起,四周低下,东非大裂谷带东支北段东北—西南向斜贯中央,谷深崖陡,将高原分为东西两部分。裂谷带以西为高原主体,大部为玄武岩覆盖,北伸至红海海岸,形成悬崖峭壁,向西形成一系列河谷降至苏丹平原,高原面上耸立着许多3500米以上的死火山,地势高峻;裂谷带以东地势较平缓,西北至东南缓倾,海拔从1500米降至800米,接狭窄的沿海平原。裂谷区宽40千米—60千米,深1000米左右,谷底形成著名的湖群,为许多河流发源地。埃塞俄比亚高原以南,刚果盆地以东,为东非湖群高原的一部分,地势雄伟,中部辽阔坦荡,分布着非洲最大的淡水湖维多利亚湖,周边则被东、西两支裂谷带湖群环抱,裂谷带通过之处形成深窄凹地和陡峭边坡,谷底由许多闭塞盆地和深浅不等的湖泊组成,裂谷带两侧则为高耸的熔岩台地、巨大的火山锥、陡峭的断崖和阶地。很多火山锥和断块山海拔均在3000米以上。

二、裂谷奇观

(一)地球伤疤

东非大裂谷(East African Great Rift Valley)是纵贯东部非洲的地理奇观,长6400千米,相当于地球周长的1/6,平均宽度48—64千米,气势宏伟,景色壮观,是世界上最大的断层陷落带,有地球伤疤之称。地理上,裂谷带已超出东非的范围,南起赞比西河口,北至死海,也有人将其称为"非洲—阿拉伯裂谷系统"。裂谷带南起赞比西河口一带,向北经希雷河谷至马拉维湖(尼亚萨湖),之后向北分为东西两支。东支裂谷带为主裂谷,沿维多利亚湖东侧,经坦桑尼亚,向北进入肯尼亚境内,穿过埃塞俄比亚高原入红海,再由红海向西北方向延伸抵约旦谷地,长近6000千米,宽几十千米至200千米。西支裂谷带规模较小,沿维多利亚湖西侧由南向北穿过坦桑尼亚、布隆迪、卢旺达、乌干达等国,向北逐渐消失,全长1700多千米。

（二）壮观的构造、火山、熔岩地貌

板块构造学说认为,裂谷带是陆块分离的地方,也就是说非洲东部正好处于地幔物质上升对流的强烈地带。在上升流作用下,东非地壳抬升形成高原,上升流向两侧相反方向的分流作用使地壳脆弱部分张裂、断陷而成为裂谷带。张裂作用始于中新世,上新世至更新世大幅度错动,扩张持续至今。近200万年来,平均张裂速度2—4厘米/年。正是因为活跃的地壳运动,地下熔岩沿裂谷带不断涌出,形成高大熔岩高原,并多火山、地震。埃塞俄比亚高原是非洲面积最大的熔岩高原(图5—1A)。肯尼亚山、尼拉贡戈山等是裂谷区著名的火山(图5—1B)。裂谷两侧有陡峭的断崖,鲁文佐里山就是跨越赤道山顶有永久冰雪覆盖的断块山,最高点玛格丽塔峰5109米。裂谷区许多著名的断块山、火山熔岩区已建立国家公园,并先后成为世界自然遗产,如鲁文佐里山国家公园、肯尼亚山国家公园等。

A. 熔岩覆盖的埃塞俄比亚高原　　B. 刚果(金)与乌干达边界一度喷发的尼拉贡戈火山

图5—1　埃塞俄比亚熔岩高原

（三）串珠状高原湖群

裂谷带内构造断层湖串珠状排列,东支裂谷带内,马拉维湖、鲁夸湖、埃亚西湖、纳特龙湖、奈瓦沙湖、巴林戈湖、图尔卡纳湖、乔乌湖、查莫湖、阿巴亚湖、沙拉湖、阿比亚塔湖、齐瓦伊湖、阿贝湖等湖自南向北排列;西支裂谷带内有坦噶尼喀湖、基伍湖、爱德华湖、阿尔伯特湖等湖。这些湖泊水色湛蓝,辽阔浩荡,千变万化,成为东非高原上的一大美景。布隆迪西南部的坦噶尼喀湖,是世界著名的构造湖,南北长670千米,东西宽40—80千米,平均水深1130米,仅次于北亚的贝加尔湖,为世界第二深湖。此外,高原面上因地表升降或挠曲作用形成洼地,积水成凹陷湖。肯尼亚、乌干达、坦桑尼亚三国交界处的维多利亚湖就是非洲最大的凹陷湖。赤道横贯其北部,集水面积 20 万平方千米,湖泊面积 6.9 万平方千米,湖面海拔 1134 米,平均水深 40 米,湖水位年内变化 0.3 米,表层湖水水温 23℃—28℃,湖岸曲折,多湖湾和岛屿,岸线长 7000 千米,湖水从北岸里本瀑布排出,成为白尼罗河的水源。湖泊作为水体景观资源的同时,也成为水生生物和鸟类的栖息繁殖地,如肯尼亚境内的图尔卡纳湖就是以突出湖泊景观为基础的生态型国家公园,1997 年被联合国教科文组织列为"世界自然遗产"。

三、热带高原气候

东非地处低纬,赤道横贯南部,终年高温。绝大部分地区 1 月均温高于 18℃;7 月均温高于 20℃,气温年较差不超过 5℃,具备生长热带常绿森林的条件。然而,东非地处强大的南部亚洲热带季风系统西缘,受亚洲大陆、南部非洲、印度洋及大西洋上随季节而消长的高低气压中心的制约,大部地区(北纬15°以南地区)属季风区,季风指数大于 60%[1],从而热带稀树草原取代了热带常绿森林。每年 12 月到次年 2 月,赤道以北为东北风,越赤道后转为西北风,当地人称为"北风"。北风源于亚洲内陆中高纬度的冷高压,禀性干燥,向低纬移行过程中气温升高,相对湿度减小,又经干燥的西亚,到达东非。6—9 月,赤道以南为东南信风,越赤道转向而成西南季风,当地人称"南风"。南风源于印度洋副高,流经暖湿的莫桑比克暖流而增湿,但水汽多被南部非洲沿岸山地截流,至东非变干并越赤道转为西南风。受热带辐合带位置南北摆动的影响,年内有两个不等长的雨季,年雨量一般在 1000 毫米以下,其中 750 毫米以下地区占全区面积的一半以上[2],仅维多利亚湖周围及其以西以北地区,年降雨量1150—2000 毫米,湿度 70%左右,没有真正的干季。此外,东非地势高峻,气温随海拔增加而降低,高原地形也削弱了赤道气候特征,取而代之的则是类型多样的热带高原气候。

埃塞俄比亚高原大部地区属温暖、凉爽的热带高原气候,干湿季节明显。大裂谷北段平原区降水不足 100 毫米,形成热带荒漠气候。索马里台地,每年

---

① 包澄润. 热带天气学[M]. 北京:科学出版社,1980.
② 李燕芬. 东非气候及其对农业的影响[J].陕西师范大学学报,1987,(4):76-80.

12月到次年3月盛行东北季风,气候十分干热;7—9月盛行西南季风,气候干凉,属热带大陆性季风气候。亚丁湾和内陆地区气候干热,印度洋沿岸则凉爽宜人,并有阵雨。肯尼亚西南部的中央高地一带,由于海拔较高,热带气候强烈变型,具有高地亚热带气候特征,为赤道地区罕见的气候类型。

此外,受地形影响气候还表现为一定的垂直地带规律。如埃塞俄比亚高原海拔1800米以下为科拉带,气候炎热,年平均气温22℃—26℃,其中500米以下又称贝雷哈带,气候极其炎热干燥,年平均气温超过30℃,属热带沙漠气候;海拔1800—2400米之间为沃伊纳德加带,气候温暖,年平均气温18℃—20℃;海拔2400米以上为德加带,气候凉爽,年平均气温14℃—16℃,如果海拔超过3500米,还可划分出一个维尔其带,多为高山顶部,年平均气温约14℃,常见冰雹。沃伊纳德加带和德加带3500米以下气候温和,而且雨量丰富,对农业生产十分有利。

四、类型多样的热带植被

热带稀树草原(Savanna,萨王纳)是本区面积最大分布最广的热带植被类型,主要分布在埃塞俄比亚高原、索马里台地、肯尼亚高地。这里年降水500—1000毫米,由热带型旱生禾本科草类和簇生灌木及小乔木组成,季相变化明显。草原中草本植物和林地中乔木、灌木的种类随气候、地形、土壤含水量的不同而变化,是众多食草动物、食肉动物、鸟类、啮齿类、昆虫类动物的栖息地。此外,区内还可见到热带森林、热带疏林和半荒漠、热带荒漠、沼泽、红树林等热带植被。

埃塞俄比亚高原植物区系非常复杂。高原和山地温暖湿润,发育热带森林和热带草原,尤其广布的热带稀树草原,分相思树萨王纳和风车子—榄仁树萨王纳两种类型;低地平原高温少雨,发育热带荒漠和半荒漠;沿海低地则分布有小面积的河岸林、海岸植被、沼泽植被和红树林等。这里因海拔差异,植被分布的垂直地带性表现比较显著。如高原西南部海拔1500—1800米之间地带,年雨量1500—2000毫米,无干旱月份,发育热带雨林;热带雨林向上海拔1800—2200米处,年降雨量700—1000毫米,生长亚热带罗汉松林,林相单一整齐。高原北部和东部海拔2200—2300米的悬崖顶部,年雨量减至700—800毫米,生长由小乔木和灌木组成的山地常绿灌丛。高原南部海拔2600—3000米地带,生长繁茂的青篱竹林;3300米以上分布热带高山植被,4000米以下为山地灌木,4000 米以上为高山草原。

索马里台地雨量稀少,植被类型主要有热带稀树草原、热带疏林和半荒漠。热带稀树草原分布在台地南部、朱巴河和谢贝利河之间年平均气温 22℃—24℃、年雨量 500 毫米以上的地区。热带疏林主要分布在台地比较湿润的地区以及南部年平均气温 28℃—29℃、年雨量 250—500 毫米的地方。年降雨量不足 250 毫米的地区为半荒漠,沿海有沼泽植物和红树林。

东非湖群高原的维多利亚湖周围及其以北以西地区,降水丰沛且全年分配比较均匀,生长热带雨林;基奥加湖的沼泽化地区莎草丛生;肯尼亚高地属高地亚热带气候,优势植被是热带草原,草原上稀疏分布金合欢、有刺乔木甚至是仙人掌,海拔较高处分布常绿林和竹林。肯尼亚东部、北部属荒漠和半荒漠气候,植被主要为热带灌丛草原。沿海有红树林;谷地或内陆盆地经常积水的地方生长有沼泽植物。

五、古人类的起源中心

达尔文在他 1871 年出版的《人类起源与性的选择》一书中就作过一个大胆的推测——非洲是人类的摇篮,当时少见化石证据。随着考古学的进展,东非大裂谷被认为是人类文明最早的发祥地之一。20 世纪 50 年代末期,在东非大裂谷东支的西侧、坦桑尼亚北部的奥杜韦谷地,发现了生存于距今 200 万年的史前人头骨化石,被命名为"东非人"。1972 年,在裂谷北段的图尔卡纳湖畔,发现生存年代已经有 290 万年的猿人头骨,被认为是已经完成从猿到人过渡阶段的典型的"能人"。1975 年,在坦桑尼亚与肯尼亚交界处的裂谷地带,发现了距今已经有 350 万年的"能人"遗骨,并在硬化的火山灰烬层中发现了一段延续 22 米的"能人"足印。据此认为,350 万年以前,生存于大裂谷地区的"能人"已经能够直立行走,属于人类最早的成员。东非大裂谷地区的一系列考古发现证明,昔日被西方殖民主义者说成"野蛮、贫穷、落后"的非洲,实际上是人类文明的摇篮之一,是一块拥有光辉灿烂古代文明的土地,是世界科学考察的重地。

2007 年 12 月,中国应埃塞俄比亚亚贝斯亚贝巴大学等邀请,组成了由中国科学院地质与地球所、地理与资源所、古脊椎与古人类研究所等科学家参加的科学考察团,前往埃塞俄比亚和肯尼亚进行为期 20 天的东非大裂谷科学考察。其目的在于探索东非大裂谷形成与演变的复杂机制,包括物理与化学变化、地质构造与地质作用及其相关的构造理论;东非大裂谷未来变化可能给人类带来的影响,如火山爆发泥石流、洪水等自然灾害对全球气候变化的影响;大裂谷地区生态环境的变化对全球的影响;人类的起源等,并进一步探讨与非洲地区的合作。

六、农业为主的社会经济体系

(一)埃塞俄比亚

埃塞俄比亚,国土面积 110.43 万平方千米①,2/3 为高原,平均海拔近 3000米,大部地区为火山熔岩覆盖的高原,素有"非洲屋脊"之称,地势中部隆起,四周低下。大部地区气候温和,年平均气温 10℃—27℃,年降水量从西部高原的1500 毫米,向东北、东南递减到 100 毫米。中部高原发源有 30 多条较大河流,其中阿巴伊河、特克泽河、巴罗河等属尼罗河水系;谢贝利河和朱巴河属印度洋水系;塔纳湖、齐瓦伊湖、阿比亚塔湖为较大湖泊,境内河湖众多。然而,境内也有 1/4 的沙漠和半沙漠。2009 年人口 8282.5 万,人口增长率 2.9%,城市人口比例 17.2%。②

埃塞俄比亚为传统农业国,也是世界最不发达国家之一,劳动力的 80% 从事农业,农产品占出口的 80%。③ 2005 年土地利用结构表明,农、林、牧等农业用地比例 42.07%,潜在可耕地 39.18%。④ 境内主要种植苔麸、大麦、小麦、高粱、玉米等粮食作物;咖啡、豆类、努格(油菊)、油菜、棉花、芝麻、亚麻等经济作物;特产恰特和葛须。该国是非洲农作物种类最多的国家之一。其中,咖啡产量居非洲第二位,是世界咖啡的原产地。2007 年谷物种植面积 85.11 亿公顷,谷物产量 1184.6 万吨⑤,其中,玉米、小麦、高粱分别为 400 万吨、300 万吨、230万吨。2007 年,谷物进口额为 24.14 亿美元,谷物出口额仅 93.7 万美元,谷物生产远不能满足国内消费需求。畜牧业方面,除牛、羊、马、驴、骡、骆驼外,还饲养

---

① United Nations Environment Programme. Africa Environment Outlook 2—Our Environment,Our Wealth [M]. Malta:Progress Press Ltd.,2006.

② African Development Bank Group, African Union, Economic Commission for Africa. African Statistical Yearbook[G].2010.

③ Ethiopia[EB/OL]. Wikipedia.[2012-11-11]. http://en.wikipedia.org/wiki/Ethiopia#Geography.

④ Food and Agriculture Organization of the United Nations. FAO Statistical Databases[EB/OL].(2008-10-03). http://faostat.fao.org.

⑤ Food and Agriculture Organization of the United Nations. FAO Statistical Databases[EB/OL].(2008-10-03). http://faostat.fao.org.

高山珍兽灵猫,是非洲牲畜存栏总数最多的国家。畜牧产值约占国内生产总值的20%,吸收约30%农业人口。2009年其三大产业结构比为47.8∶10.1∶42.1。① 目前埃塞俄比亚农牧产品占出口总值的95%以上,咖啡、皮张、蔬菜、油料、豆类为主要出口货物。近年来,花卉和苗木业有较快发展,有望成为世界主要花卉苗木出口国之一。

(二) 布隆迪

布隆迪,国土面积2.783万平方千米②,无出海口。境内多高原和山地,平均海拔1600米,有"山国"之称。中央高原,海拔多在2000米以上,为尼罗河和刚果河(扎伊尔河)的分水岭,属热带山地气候;裂谷带地势比较平缓,热带草原气候,西南是坦噶尼喀湖低地。境内河网稠密,较大的河流有鲁齐齐河和和马拉加拉西河,鲁武武河是尼罗河的源头。2009年人口830.3万人,人口增长率1.9%,城市人口比例10.7%。③

布隆迪为农牧业国家,是联合国宣布的世界最不发达国家之一,贫困人口达80%,90%为温饱型农业人口,全国56.8%的5岁以下儿童长期营养不良。④2005年,农、林、牧等农业用地比例87.39%,其中耕地40.16%,草场40.94%,林地6.29%,潜在可耕地占总土地面积的58.48%。⑤ 国内90%以上人口从事农牧业。主要种植玉米、大米、高粱、薯类、芭蕉等粮食作物;咖啡、茶叶、棉花、烟草等经济作物,经济作物大部分供出口,其中咖啡占出口的93%。2007年谷物种植面积2.23亿公顷,谷物产量29.1万吨⑥,此外香蕉、甘薯、木薯、豆类产量分别为160万吨、83.5万吨、71万吨、22万吨,谷物进口额3.58亿美元,谷物出口额仅2.8万美元。2009年,其农业产值占国内生产总值(GDP)的46.99%。布隆迪政府自1991年同国际货币基金组织签订结构调整计划协议以来,优

① African Development Bank Group, African Union, Economic Commission for Africa. African Statistical Yearbook[G].2010.

② United Nations Environment Programme. Africa Environment Outlook 2—Our Environment, Our Wealth [M]. Malta: Progress Press Ltd.,2006.

③ African Development Bank Group, African Union, Economic Commission for Africa. African Statistical Yearbook[G].2010.

④ Burundi[EB/OL]. Wikipedia. [2012-11-11]. http://en. wikipedia. org/wiki/Burundi#cite_note-52.

⑤ Food and Agriculture Organization of the United Nations. FAO Statistical Databases[BE/OL]. (2008-10-03). http://faostat. fao. org.

⑥ Food and Agriculture Organization of the United Nations. FAO Statistical Databases[BE/OL]. (2008-10-03). http://faostat. fao. org.

先发展农业,在此基础上进一步扶植多种经营,发展农产品加工,改善交通运输,扩大对外贸易,整顿国营企业以及私营化等。2009 年其三大产业结构比为42.0∶13.4∶44.6。①

（三）肯尼亚

肯尼亚,国土面积 58.037 万平方千米②,位于非洲东部,赤道横贯中部,东非大裂谷纵贯南北,东南濒临印度洋,海岸线长 536 千米。境内多高原,平均海拔 1500 米,中部的肯尼亚山海拔 5199 米,山顶有积雪,为非洲第二高峰。全境位于热带季风区,但受其地势较高的影响,为热带草原气候,降水季节差异大。沿海地区湿热,高原气候温和,全年最高气温 22℃—26℃,最低气温10℃—14℃。2009 年人口 3980.2 万人,人口增长率 2.3%,城市人口比例21.9%。③

肯尼亚是撒哈拉以南非洲经济基础较好的国家之一。实行以私营经济为主、多种经济形式并存的"混合经济"体制,私营经济占整体经济的 70%。2009 年人均 GDP 值 911.95 美元。2008 年三大产业结构比为 26.96∶14.51∶58.53。④ 农业在国民经济中仍占重要地位,全国 70% 以上的人口从事农牧业。境内可耕地占国土面积的 18%,潜在可耕地占国土面积的 27.52%,2005 年已耕地面积占土地面积的 9.14%。⑤ 主要种植玉米、小麦、稻子、高粱、木薯等粮食作物;咖啡、茶叶、剑麻、除虫菊、棉花等经济作物。正常年份粮食基本自给。茶叶、咖啡和花卉是肯尼亚农业的三大创汇项目,目前肯尼亚是世界上除虫菊主产国,产量占世界总产量的 80%;也是非洲最大的鲜花出口国。草场占土地面积的36.99%,适于畜牧业,皮革和肉类也是主要的出口商品。全国林木储量 9.5 亿吨。境内淡水湖的渔业资源也相当丰富,其中维多利亚湖产鱼量占渔业生产总量的 90%。

① African Development Bank Group, African Union, Economic Commission for Africa. African Statistical Yearbook[G].2010.

② United Nations Environment Programme. Africa Environment Outlook 2—Our Environment, Our Wealth [M]. Malta: Progress Press Ltd.,2006.

③ African Development Bank Group, African Union, Economic Commission for Africa. African Statistical Yearbook[G].2010.

④ African Development Bank Group, African Union, Economic Commission for Africa. African Statistical Yearbook[G].2010.

⑤ Food and Agriculture Organization of the United Nations. FAO Statistical Databases[EB/OL].(2008-10-03). http://faostat.fao.org.

（四）索马里

索马里,国土面积 63.766 万平方千米[1],位于非洲大陆最东部的索马里半岛,临亚丁湾和印度洋,海岸线长 3200 千米,印度洋沿海为平原,沿岸多沙丘;亚丁湾沿岸为低地,称吉班平原;内陆为索马里高原,海拔 500—1500 米,自北向南和东南递降;北部多山。大部分地区属热带沙漠气候,西南部为热带草原气候,全境终年高温少雨,河流稀少,除南部的朱巴河和谢贝利河外,其他河流均属间歇河。2009 年人口 913.3 万人,人口增长率 2.2%,城市人口比例 37%。[2]

索马里以畜牧业为主,近 70% 的人口以畜牧业和半农半牧业为生,多以游牧或半游牧方式饲养羊、牛等牲畜,是世界上人均占有牲畜最多的国家之一,也是世界骆驼最多的国家。牲畜及其产品占出口总值 80% 以上。2005 年,全国草场面积占土地面积的 67.46%;其次是林地,占 11.19%;耕地仅占 2.12%[3],耕地主要集中在南部朱巴河和谢贝利河流域,种植香蕉、甘蔗、棉花、高粱、玉米等农作物,其中香蕉为其第二大出口商品。乳香、没药和阿拉伯树胶为索马里特产。索马里是世界最大的香料生产国之一,乳香、没药和鱼品等也是主要出口商品。2008 年索马里三大产业结构比为 60.09:5.63:34.28。[4] 国内工业基础薄弱,也主要由食品、卷烟、皮革、纺织、制糖、建材、鱼肉罐头等企业构成。

（五）乌干达

乌干达,国土面积 24.104 万平方千米[5],非洲东部内陆国家,横跨赤道,东邻肯尼亚,南界坦桑尼亚和卢旺达,西接刚果(金),北连苏丹。全境大部为高原,平均海拔 1000—1200 米。多湖,境内湖泊沼泽面积超过 4.2 万平方千米,内陆水域面积约占全国土地面积的 20.06%[6],有"高原水乡"之称。其东、西边

---

① United Nations Environment Programme. Africa Environment Outlook 2—Our Environment, Our Wealth [M]. Malta: Progress Press Ltd., 2006.

② African Development Bank Group, African Union, Economic Commission for Africa. African Statistical Yearbook[G]. 2010.

③ Food and Agriculture Organization of the United Nations. FAO Statistical Databases[EB/OL]. (2008-10-03). http://faostat.fao.org.

④ African Development Bank Group, African Union, Economic Commission for Africa. African Statistical Yearbook[G]. 2010.

⑤ United Nations Environment Programme. Africa Environment Outlook 2—Our Environment, Our Wealth [M]. Malta: Progress Press Ltd., 2006.

⑥ Food and Agriculture Organization of the United Nations. FAO Statistical Databases[EB/OL]. (2008-10-03). http://faostat.fao.org.

境分别有东非大裂谷东支和西支纵贯,多山,如东部边界有埃尔贡山,海拔4321 米;西南部与刚果(金)接壤处有鲁文佐里山玛格丽塔峰,海拔 5109 米,为非洲第三高峰。西支裂谷带谷底河湖众多,著名的有爱德华湖和阿尔伯特湖。西支裂谷带与东部山地之间为宽阔的浅盆地,多河湖沼泽。维多利亚湖是世界第二、非洲最大的淡水湖,有 42.8% 在乌干达境内。此外还有基奥加湖、乔治湖、比西纳湖等。维多利亚尼罗河与艾伯特尼罗河水量丰沛,沿河多险滩瀑布。大部地区属热带草原气候,年平均气温 22.3℃,年降雨量 1000—1500 毫米,每年 3—5 月、9—11 月为雨季,其间为两个旱季。2009 年人口 3271 万人,人口增长率 3.2%,城市人口比例 13.1%。[①]

乌干达大部分地区自然条件较好,土地肥沃,雨量充沛,气候适宜,农牧业在国民经济中占主导地位。农牧业产值占 GDP 总量的 70%,农牧产品出口额占出口总额的 95%,粮食自给有余。全国可耕地面积占陆地总面积的 42%,已耕地面积 540 万公顷,占土地面积 24.7%,潜在可耕地 1416.9 万公顷,占总土地面积的 64.7%。[②] 主要种植饭蕉、小米、木薯、玉米、高粱、水稻等粮食作物,咖啡、棉花、烟草、茶叶等经济作物。全国近 50 万人从事畜牧业生产,草场面积23.34%,畜牧业在经济中占重要地位。但瘟疫及缺乏必要的设施和药品是其畜牧业发展的主要障碍。渔业资源较丰富。渔业也是乌干达经济的一个重要组成部分,境内水域广,渔业资源丰富,但因缺乏现代化捕捞设备及保鲜和储藏技术,捕鱼量很低。2008 年三大产业结构比为 23.38:12.63:63.99。工业落后,企业数量少、设备差、开工率低。

(六)卢旺达

卢旺达,国土面积 2.634 万平方千米[③],东非内陆国。境内多山,地势西高东低,被称为"千丘国"。西部属东非大裂谷带,西北部熔岩山地平均海拔 2300米,卡里辛比火山 4507 米,为境内最高峰;中部为多丘陵的高原,海拔 1400—1800 米;东、南部海拔 1000 米以下,为丘陵、湖泊和沼泽地带,这里有著名的卡盖拉国家公园。全国大部地区属热带高原气候和热带草原气候,温和凉爽,年

---

① African Development Bank Group, African Union, Economic Commission for Africa. African Statistical Yearbook[G]. 2010.

② Food and Agriculture Organization of the United Nations. FAO Statistical Databases[EB/OL]. (2008-10-03). http://faostat.fao.org.

③ United Nations Environment Programme. Africa Environment Outlook 2—Our Environment, Our Wealth [M]. Malta: Progress Press Ltd., 2006.

平均气温 18℃。年降水量 1000—1400 毫米,3—5 月为大雨季,10—12 月为小雨季,其间为旱季。卡盖拉河、尼瓦龙古河、基伍湖等为境内主要河湖。2009年人口 999.8 万,人口增长率 2.5%,城市人口比例 18.6%。[①]

2008 年卢旺达三大产业结构比为 36.17:8.22:55.61。[②] 农牧业生产总值占 GDP 总量的 36.17%。全国可耕地面积约 185 万公顷,已耕地面积 120 万公顷。潜在可耕地 74.6 万公顷。主要生产玉米、高粱、水稻、薯类、豆类、芭蕉等粮食作物和咖啡、茶叶、棉花、除虫菊、金鸡纳等经济作物。经济作物大部分供出口。国内约 50% 以上的农民拥有小于 1 公顷的土地;其余农民则耕种国有土地,向国家纳税。受内战、暴雨等因素影响,卢旺达农业生产有较大波动,畜牧业也呈下滑趋势。卢旺达咖啡、茶叶、卷烟、饮料、火柴、造纸、肥皂、电池、水泥等加工业和制造业有所发展,但绝大部分工业品依赖进口。

(七) 厄立特里亚

厄立特里亚,国土面积 11.76 万平方千米[③],位于东非及非洲之角最北部,西接苏丹,南邻埃塞俄比亚,东南与吉布提相连,东北濒临红海,海岸线长 1200千米。中部为海拔 1800—2500 米的高原,向西至苏丹逐渐倾斜,向东至红海平原陡降。沿海有狭长平原,海滨多珊瑚礁。高原地区气候温和,12 月至次年 2月为凉季,气温 15℃,每年 5—6 月为热季,气温 25℃。东部和西部平原地区气候炎热,最高气温可达 40℃ 以上。高原和西部地区年雨量 1000—2000 毫米。东部除阿斯马拉东北有一狭长的多雨带外,大部分地区雨量不足,尤其是红海沿岸平原。境内草原与半荒漠广布,最大的河流马雷布河,全长 440 千米,流域面积 23455 平方千米。2009 年人口 507.3 万,人口增长率 2.48%,城市人口比例 21.1%。[④]

厄立特里亚全国 80% 的人口从事农牧业。农产品占出口收入的 70%。2005 年土地结构中耕地、草场、森林、内陆水域和其他土地的比例分别为

---

① African Development Bank Group, African Union, Economic Commission for Africa. African Statistical Yearbook[G].2010.

② African Development Bank Group, African Union, Economic Commission for Africa. African Statistical Yearbook[G].2010.

③ African Development Bank Group, African Union, Economic Commission for Africa. African Statistical Yearbook[G].2010.

④ African Development Bank Group, African Union, Economic Commission for Africa. African Statistical Yearbook[G].2010.

5.42%、59.26%、13.22%、14.12%、7.99%。[①] 其中草场面积最广,畜牧业在农业和国民经济中占有相当比重。农牧业人口中的 35%—40% 从事畜牧业,主要饲养绵羊、山羊、牛和骆驼等牲畜。境内现有可耕地 320 万公顷,2005 年已耕地 63.7 万公顷[②],占可耕地面积的 19.9%。主要生产玉米、大麦、高粱、小麦、豆类等粮食作物和油料籽、芝麻、花生、亚麻、剑麻、棉花、蔬菜和水果等经济作物。厄立特里亚沿海渔业资源丰富,但渔业基本停留在浅水捕捞的水平,捕捞的鱼大多制成鱼粉、冻鱼和鱼干出口。2008 年三大产业结构比为 23.84:13.51:62.65。[③]

(八)吉布提

吉布提,国土面积 2.32 万平方千米[④],位于非洲东北部亚丁湾西岸,扼红海进入印度洋的要冲,海岸线全长 372 千米。北上穿过苏伊士运河开往欧洲或由红海南下印度洋绕道好望角的船只,都要在吉布提港上加水、加油,有"石油通道上的哨兵"之称。境内大部地区为海拔不高的火山高原,间有低洼平原和湖泊。南部地区多为高原山地,海拔 500—800 米之间。东非大裂谷经过中部,裂谷带北端的阿萨尔湖湖面海拔 -150 米,为非洲大陆的最低点。北部穆萨·阿里山海拔 2010 米,为全国最高点。吉布提属热带沙漠气候,终年炎热少雨,年降水量不足 150 毫米,热季平均气温 31℃—41℃,凉季平均气温 23℃—29℃,年平均气温 30℃ 以上,为"炽热的海滨之国"。境内沙漠与火山占国土面积的 90%。2009 年人口 86.4 万,人口增长率 2.36%,城市人口比例 87.8%。[⑤]贫困线以下人口 50%。

吉布提工农业基础薄弱,95% 以上的农产品依靠进口,服务业在经济中占

① Food and Agriculture Organization of the United Nations. FAO Statistical Databases[EB/OL]. (2008-10-03). http://faostat.fao.org.

② Food and Agriculture Organization of the United Nations. FAO Statistical Databases[EB/OL]. (2008-10-03). http://faostat.fao.org.

③ African Development Bank Group, African Union, Economic Commission for Africa. African Statistical Yearbook[G]. 2010.

④ United Nations Environment Programme. Africa Environment Outlook 2—Our Environment, Our Wealth [M]. Malta: Progress Press Ltd., 2006.

⑤ African Development Bank Group, African Union, Economic Commission for Africa. African Statistical Yearbook[G]. 2010.

主导地位。2008 三大产业结构比为 4.19:8.0:87.86。[①] 从土地结构看,境内畜牧用地比例远远大于耕地和林地,2005 年耕地面积 1000 公顷,仅占土地总量的 0.04%,并且没有潜在可耕地;林地面积 5600 公顷,占 0.24%;草场面积 170 万公顷,占 73.28%,从而耕作业发展受限制,畜牧业则有一定潜力。

第二节 东非自然资源特征

一、相对优越的农业资源

土地、水、光、热资源等是保障一个地区农业生产的基础。东非区大致位于北纬 18°—南纬 3°之间,赤道横穿,发育多种热带气候类型,热量资源丰富;大部地区为干湿季分明的热带草原气候,降水适中,光照充足;耕地、草场、森林面积分别达 2793.8 万公顷、9953.4 万公顷、2947.16 万公顷,占非洲耕地、草场、森林总量的 13.11%、10.98%、4.64%,农业资源相对优越。

(一) 光热资源优越

据《非洲环境展望 2》,东非高原大部地区的太阳辐射能可达 6000—7000 瓦·时/平方米,是非洲太阳辐射能高值区之一。其太阳辐射能值接近北非撒哈拉沙漠干旱半干旱区,略高于南非中西部卡拉哈里—纳米比亚地区,为作物的全年生长提供了热量保证。如埃塞俄比亚境内大部分地区的海拔在 2000—2500 米之间,气温较同纬度赤道附近地区偏凉,但每天平均日照达 7 小时左右,年内晴天日数占 60%。光热资源足以满足全年作物生长。

(二) 有一定数量的潜在可耕地

东非土地资源总量 2.72 亿公顷,其中农业面积 1.05 亿公顷,占 38.49%;潜在可耕地总量 0.78 亿公顷,占东非土地资源总量的 28.74%。除吉布提境内受自然条件限制无可耕地资源,卢旺达境内实际可耕地已超出潜在可耕地资源量外,其他东非国家均有一定数量的潜在可耕地(表 5—1);埃塞俄比亚和肯尼亚两国潜在可耕地的可利用空间还相对较大。

---

① African Development Bank Group, African Union, Economic Commission for Africa. African Statistical Yearbook[G]. 2010.

表5—1　东非国家潜在可耕地①　　　　　　　　　单位：千公顷

国　家	总面积 平方千米	潜在可耕地占 总面积的百分率		1994 年实际可耕地 占潜在可耕地的百分率	
布隆迪	27830	1414	50.8	1180	83.5
吉布提	23200	0	0.0	0	0.0
厄立特里亚	117600	590	5.0	519	88.0
埃塞俄比亚	1104300	42945	38.9	11012	25.6
肯尼亚	580370	15845	27.3	4520	28.5
卢旺达	26340	746	28.3	1170	156.8
索马里	637660	2381	3.7	1020	42.8
乌干达	241040	14169	58.8	6800	48.0

（三）水资源相对丰富

东非区水资源总量 278.28 亿立方米，其中 74.6% 为地表水，25.4% 为地下水，合计占非洲水资源总量的 52.98%。有东非水塔之称的埃塞俄比亚高台地是 30 多条河流的发源地；较大的湖泊有塔纳湖、阿巴亚湖、查莫湖、齐瓦伊湖、沙拉湖、阿比亚塔湖、兹怀湖等。跨界湖泊——维多利亚湖的 51% 湖面属东非（乌干达境内湖面积 31000 平方千米，占湖泊总面积的 45%，肯尼亚境内湖面积 4100 平方千米，占湖泊总面积的 6%），湖区水产丰富，为环湖周围棉花、水稻、甘蔗、咖啡和香蕉的广泛种植提供水源。1954 年欧文瀑布水坝的修建，使湖面水位逐渐提高，成为大水库水坝，并提供大量电力。肯尼亚北部与埃塞俄比亚交界处的图尔卡纳湖，面积 6405 平方千米，作为内陆咸水湖，以"人类的摇篮"著称于世，提供了丰富的渔业资源。鳄鱼和河马也时有所见，也是红鹳、鸬鹚和翠鸟等的重要栖息地。沿湖种植少量粟。靠近沙漠丛林的居民大部分为游牧民。

（四）埃塞俄比亚和肯尼亚水土组合潜力较好

东非各国的水分条件、人均土地资源量、农业用水规模等存在一定地区差异（表 5—2），这也意味着水土资源组合状况存在地区差异。索马里、吉布提、厄立特里亚人均土地资源量较多，尤以人均草场为多；布隆迪、乌干达、卢旺达

---

① United Nations Environment Programme. *Africa Environment Outlook 2—Our Environment, Our Wealth* [M]. Malta: Progress Press Ltd., 2006.

人均土地资源量非常有限;可更新水资源以埃塞俄比亚、乌干达、肯尼亚三国较高,尤以埃塞俄比亚最丰富,拥有东非近1/2的可更新水资源量,占非洲总量的2.2%,有东非水塔之称。从水土资源组合来看,埃塞俄比亚、肯尼亚农业资源和农牧业生产条件相对最好。埃塞俄比亚高地、肯尼亚中西部、布隆迪、乌干达、卢旺达境内农业生产潜力较好。尽管如此,东非各国有长期的殖民统治史,导致农业单一性结构比较明显,产量和出口量极高的农产品对农业生产条件也十分依赖。

表5—2　东非地区水土资源量地区差异①　　单位:亿立方米

	人均土地资源②(公顷/人)	1961—1990年平均降水(立方千米)	2008年可更新水资源占非洲总量(%)		2003—2007年平均农业用水量
东非	1.60	1918.00	262.04	4.72	—
布隆迪	0.31	33.91	12.54	0.23	—
吉布提	2.88	5.11	0.30	0.01	—
厄立特里亚	2.60	45.15	6.30	0.11	0.55
埃塞俄比亚	1.46	936.00	122.00	2.20	—
肯尼亚	1.62	401.80	30.70	0.55	2.17
卢旺达	0.26	31.93	9.50	0.17	—
索马里	7.78	179.90	14.70	0.26	3.28
乌干达	0.76	284.50	66.00	1.19	—
非洲总计	3.30	20446.00	5557.00	100.00	—

1. 埃塞俄比亚——咖啡故乡

埃塞俄比亚是非洲阿拉伯种咖啡的主要生产国之一,出产全世界最好的阿拉伯种咖啡。据说,咖啡是由埃塞俄比亚咖法地区的牧羊人最先发现的,咖啡一词即由"咖法"演变而来,所以埃塞俄比亚是咖啡的故乡。

栽培高品质的咖啡要求相当严格的阳光、雨量、土壤、气温等自然条件,如温度在15℃—25℃之间,年降雨量1500—2000毫米,土壤肥沃且排水良好,阳

---

① 联合国环境规划署. 全球环境展望4——旨在发展的环境[M]. 北京:中国环境科学出版社, 2008.

② United Nations Environment Programme. Africa Environment Outlook 2—Our Environment, Our Wealth [M]. Malta:Progress Press Ltd., 2006.

光不至于过强,500—2000 米海拔高度等。

　　埃塞俄比亚拥有得天独厚的自然条件,适宜种植各种咖啡,季节性降水还能配合咖啡树的开花周期。埃塞俄比亚南部海拔 1100—2300 米的地段,土层深,排水良好,微酸,红色疏松,至今该地区仍可见有野生咖啡树。埃塞俄比亚 95% 的咖啡生产由小股份持有者完成,平均产出量为每公顷 561 公斤。全国约 25% 的人口直接或间接依靠咖啡生产为生。埃塞俄比亚咖啡品质、天然特性以及种类的不同都源于"海拔"、"地区"、"位置"甚至是土地类型的差异。通常情况下,埃塞俄比亚总是作为"咖啡超级市场"供客户挑选中意的咖啡品种。目前全国咖啡种植面积 4000 平方千米。①

　　咖啡是埃塞俄比亚最重要的出口经济作物,也是外汇收入的主要来源。每年生产咖啡 20 万—25 万吨,2006 年达 26 万吨,产量居世界第 7 位,非洲第 4 位。出口约占世界市场份额的 3%,出口量居世界第 8 位。欧盟国家是其最大的出口市场,约占出口量的 50%。每年咖啡出口收入占政府总收入的 10%,占埃塞俄比亚外汇收入的 35% 左右。②

　　2. 肯尼亚——茶和花卉出口国

　　肯尼亚境内大峡谷两侧海拔 1500—2700 米之间的热带火山岩红壤地区,是著名的产茶区。这里年降水 1200—1400 毫米,有利的气候条件、不断扩大的种植面积、日渐提高的加工能力,使茶产业占据了肯尼亚经济的主导地位。茶叶是肯尼亚主要的外汇收入来源和出口商品。每年约有 96% 的茶叶供出口,占整个出口收入的 26%,占国内生产总值(GDP)的 2%。至今肯尼亚仍然是世界上最主要的茶叶出口国,占世界茶叶出口的 22%。肯尼亚茶叶种植主要基于农村企业,对改善当地生活标准和基础设施有积极意义,解决了肯尼亚 300 万人的劳动就业。③

　　花卉产业是肯尼亚继茶产业之后的第二大创汇产业,目前创汇超过 2.5 亿美元,直接从业者 10 万人,间接从业者超过 200 万人。肯尼亚花卉产业以鲜花为主,月季占 73%,混合花束占 11%,康乃馨占 5%,匙叶草占 3%,婆婆纳占

---

　　① Coffee Production in Ethiopia[EB/OL]. Wikipedia. (2010-10-20) http://en. wikipedia. org/wiki/Coffee_production_in_Ethiopia.

　　② 埃塞俄比亚的咖啡业介绍[EB/OL]. 中国商品网. (2007-03-02). http://nc. mofcom. gov. cn/news/1486243. html.

　　③ Godfrey Titus Kipyas. 肯尼亚茶产业发展概况[J]. 朱仲海,译. 茶叶经济信息,2006,4:20.

1%,此外还包括晚香玉、东方百合、飞燕草、天堂鸟、蕨类、刺芹草和多种肯尼亚本土观赏植物。其产量和产值在过去 15 年中保持着不低于 35% 的年增长率。目前已成为世界第三大花卉出口国,占欧盟 31% 的市场份额。69% 的肯尼亚花卉进入荷兰阿斯米尔拍卖市场,19% 直接运往英国,6% 运往德国,其余运往其他欧洲国家。①

二、世界重要的物种多样性热点地区

(一) 生态系统多样

东非地势高峻,裂谷发育,赤道横穿,临红海和印度洋,陆地和海洋生态系统多样,生物多样性条件优越,全球 34 个生物多样性热点地区中非洲共有 9 个,东非有 3 个。东非是当今世界上生物资源最丰富和最古老的地区(表5—3)。

表5—3　东非各国生物多样性②

国　家	面积（平方千米）	哺乳动物		鸟　类		植　物	
		总数	地方种	总数	地方种	总数	地方种
布隆迪	27830	107	0	451	0	2500	未知
吉布提	23200	61	0	126	1	826	6
厄立特里亚	117600	112	0	319	0	未知	未知
埃塞俄比亚	1104300	277	31	626	28	6603	1000
肯尼亚	580370	359	23	844	9	6506	265
卢旺达	26340	161	0	513	0	2288	26
索马里	637660	171	12	422	11	3028	500
乌干达	241040	345	6	830	3	4900	未知

1. 热带草原生态系统

东非广袤的热带草原区,气候有明显的干季和湿季,干季气温高于热带雨林地区,年降雨量多集中在湿季,形成由茂密高草和散生乔灌木组成的萨王纳稀树草原群落。植被具有热带型旱生特性,乔灌木树形奇特,湿季时,草木葱绿,万象更新;干季时,万物凋零,一片枯黄。草原上多有蹄类哺乳动物,如各种

---

① 张云. 肯尼亚花卉产业考察报告(上)[N]. 中国花卉报,2007-03-05.

② United Nations Environment Programme. Africa Environment Outlook 2—Our Environment,Our Wealth [M]. Malta：Progress Press Ltd.,2006.

羚羊、长颈鹿、斑马等;昆虫类中白蚁最多;也给狮、豹等大型肉食动物提供了理想栖息环境,野生动物资源繁多,具有极高的经济、生态、旅游观赏、科学研究价值。

2. 热带森林生态系统

东非高原地势高,气温偏低,仅在湿润的山麓低坡上和高原西部靠近刚果盆地处见有面积不大的热带雨林,如爱德华湖所在裂谷段的低海拔赤道森林等。虽然雨林面积不大,但物种丰富特有。位于乌干达西南的布恩迪国家公园是东非少有的几片森林之一,这里洼地和山地植物群落汇集,又是更新世植物物种的避难所,被选做非洲 29 个植被多样性森林保护区之一,树木种类和蕨类植物在东非最丰富。受海拔影响,森林常被分为中海拔常绿雨林和高海拔森林;30% 的地区被低矮群落占据;还有小片沼泽、草地和竹林。公园内森林鸟类超过 214 种,占东非鸟类总数 336 种的 63.7%;哺乳动物 120 种,包括 7 种昼行性灵长目动物;蝴蝶 202 种,占乌干达蝴蝶种数的 84%;拥有世界上 1/3 以上的山地大猩猩。其中地方性特有鸟类 12 种,特有灵长目 1 种,特有蝴蝶 3 种,特有物种占 5%。布隆迪境内尼罗河盆地和刚果盆地之间分水高地上的基比拉(Kibira)森林,是国内唯一的山地雨林分布区,有生物多样性岛屿之称。保护区内森林面积 4 万公顷,是 644 种植物、98 种哺乳类动物和 200 多种鸟类的栖息场所。

3. 湖泊湿地生态系统

东非高原湖泊发育,又占尼罗河流域的很大部分,有丰富的漫滩、沼泽和湿地,也维持着多种生态系统。维多利亚湖是非洲最大的湖泊,赤道横贯北部,由凹陷盆地形成,面积 6.7 万—6.9 万平方千米①,位于乌干达、坦桑尼亚与肯尼亚三国交界处;湖泊海拔 1134 米,湖域呈不规则四边形,湖岸线长逾 3220 千米,平均水深 40 米,已知最大深度 82 米。其周边湿地拥有 430 个鱼种,其中的 350 个是地方性的②;湖区也是尼罗河主要水库。乌干达中部的基奥加湖,由维多利亚尼罗河形成,多湖港汊道,沼泽广布。湖区芦苇、纸莎草和许多漂浮植物

---

① United Nations Economic Commission for Africa. Transboundary River/Lake Basin Water Development in Africa: Prospects, Problems and Achivements[EB/OL]. (2009-10-22). http://www. uneca. org/publications/RCID/Transboundary_v2. PDF.

② Nile Basin. Initiative Efficient Water Use for Agricultural Production-Project Document[EB/OL]. (2009-10-20). http://www. nilebasin. org/Documents/svp_agric. pdf.

丛生,湖中盛产各种鱼类,水鸟、野鸭等在此栖息繁衍。图尔卡纳湖位于肯尼亚北部,与埃塞俄比亚边境相连,是东非大裂谷最大的内陆湖。湖长而狭窄,湖水较浅,东、南为多岩湖岸,西、北湖岸由沙丘、沙坑和泥滩构成。奥莫河是注入湖泊的唯一长年支流,其他均为间歇性河流,湖无出口,水位和水面积不定,水中含盐,是一个渔业资源极其丰富的渔场,盛产尖吻鲈、虎鱼、多鳍鱼和各种吴郭鱼属(Tilapia)鱼类。该湖是候鸟和本地鸟类红鹳、鸬鹚和翠鸟等的重要栖息地。图尔卡纳湖的中心岛上有长达2米的蜥蜴,随处可见蟒蛇、眼镜蛇、响尾蛇等毒蛇,岛内小湖中盛产鲈鱼,湖内还生存着上万条鳄鱼。

4. 海岸海洋生态系统

厄立特里亚、吉布提、索马里、肯尼亚等临海国,海岸线长,构成了东部非洲的海岸—海洋生态系统,大多数国家具有重要的海洋渔业资源,珊瑚礁在东非海岸广泛出现,红树林生态系统和珊瑚礁动物群具有全球意义。20世纪90年代末对珊瑚礁的调查显示,在亚丁湾沿岸,珊瑚礁的健康水平总体较好,珊瑚的生物多样性和珊瑚礁相关的动物群均保持了高水平的物种多样性和特有性。[1][2] 红树林繁殖于红海和南部索马里的一些受保护河口,在肯尼亚拉穆地区,红树林作为潮汐溪流的衬里向南延伸,总面积610平方千米。[3] 索马里洋流大海洋生态系统的珊瑚礁、海草海床和红树林构成了具有巨大生态功能和重要社会经济作用的生产性和多样性的生态系统;红树林也为各种各样的陆地动物提供庇护地[4]。珊瑚礁还构成了对渔业、旅游业和娱乐业的重要资源,并对脆弱的、易受海啸破坏的海岸提供保护。

---

① PERSGA(红海和亚丁湾环境保护区域组织),GEF(全球环境基金会). Coral Reefs in the Red Sea and Gulf of Aden Surveys. 1990 to 2000 Summary and Recommendations[EB/OL]. (2009-10-20). http:// www. persga. org/publications/technical/pdf/4% 20technical% 20. series/ts7% 20coral% 20reefs% 20rsga% 20surveys% 201990. pdf.

② M. Kotb, M. Abdulaziz, Z. Al-Agwan, K. Alshaikh, et al. Status of the Coral Reefs in the Red Sea and Gulf of Aden[EB/OL]. (2009-10-20). http://www. aims. gov. au/pages/research/coral-bleaching/scr2004/ pdf/scr2004v1-04. pdf.

③ M. Taylor, C. Ravilious, E. P. Green. Mangroves of East Africa[EB/OL]. (2009-10-20). http:// www. unep-wcmc. org/resources/publications/UNEP_WCMC_bio_series/13/MangrovesHR. pdf.

④ UNEP,GPA (保护海洋环境免受陆源污染全球行动计划), WIOMSA(西印度洋海洋科学协会). Regional Overview of Physical Alteration and Destruction of Habitats (PADH) in the Western Indian Ocean region[R]//The Western Indian Ocean Marine Science Association for United Nations Environment Programme. Global Programme of Action The Hague. 2004.

（二）生物多样性保护为主的世界自然遗产丰富

截至 2007 年,东非各国在世界自然遗产目录中占有 6 席(表 5—4),大部均为保护生物多样性而建。

表 5—4　东非各国世界自然遗产(截至 2007 年)

世界遗产名称	所在国家	批准年份
锡门国家公园	埃塞俄比亚	1978
阿瓦什河下游河谷	埃塞俄比亚	1980
鲁文佐里山国家公园	乌干达	1994
布恩迪国家公园	乌干达	1994
图尔卡纳湖国家公园	肯尼亚	1997
肯尼亚山国家公园	肯尼亚	1997

1. 锡门国家公园(Simien National Park)

公园位于埃塞俄比亚西北部锡门山脉西部。1978 年被批准为世界遗产,1996 年被列入世界濒危遗产名录。占地面积 2.2 万公顷,海拔介于 1900—4430 米。公园内广阔起伏的台地,草木繁茂;2500 万年前火山喷发形成的玄武岩一直受到侵蚀,形成陡峭的悬崖和深深的沟谷。这里兼有非洲高山森林、欧石南森林、热带山区草原和山区高地沼泽,高山苔藓自更新世延续至今,是杰拉达狒狒、锡门狐狸和瓦利亚野生山羊等稀世珍奇动物的分布地。公园内记录在案的哺乳动物有 21 种,3 种为当地特有种;鸟类 63 种,7 种为当地特有种。受保护的动物有北山羊、锡门狐、狮尾狒狒、疣牛、猫、猎豹、薮猫、野猫、斑鬣狗、豺狗、薮羚、麂羚、岩羚、髯鹫、雕、红隼、兰纳隼、兀鹰等。

2. 鲁文佐里山国家公园(Rwenzori Mountains National Park)

公园位于乌干达西部,面积 10 万公顷。公园主干为跨越赤道的三大山岳之一鲁文佐里山脉,以冰川、瀑布、湖泊成为非洲最美丽的山区之一,包括非洲第三高峰(玛格丽塔峰 5109 米)。1994 年根据自然遗产遴选标准 N(Ⅲ)、(Ⅳ)被列入世界遗产目录,1999 年被列入世界濒危遗产名录。

沿玛格丽塔峰上行,生态环境的变化幅度很大。山脚下是茂密的热带草原,一直延伸至 1200—1500 米;向上让位于高大森林,雨林占优势的高度可上抵 2400 米,2400—3000 米为茂密的竹林;3000 米以上为亚高山沼泽,4270 米以上是由湖泊、冰斗湖、冰瀑和独特植物群组成的高山带,植物区系独特。众多山坡也维持着复杂多样的动物区系,公园内有不少于 37 种的地方鸟类和 14 种蝴蝶;栖居着山地大猩猩、黑疣猴、白疣猴、丛猴、象、黑犀牛、小羚羊、肯尼亚林羚、霍加狓、野猪、野牛等哺乳类动物。

3. 布恩迪国家公园(Bwindi Impenetrable National Park)

公园位于乌干达西南基盖济高地、西部裂谷边缘,海拔介于 1190—2607 米之间,处于平原和山区森林的交会处,北部最低,东部边界的卢瓦穆尼奥尼山最高,具有陡峭山峰和狭窄的河谷,现有保护区面积 32080 公顷,整个保护区为动物禁猎区。1994 年被列入世界遗产名录。

布恩迪是东非少有的几片森林之一,洼地和山地植物群落会合于此;又是更新世植物物种的避难所,因此物种丰富,成为东非树木种类和蕨类植物种类最丰富的地区。谷底被草本植物、藤本植物和灌木覆盖严密;中高海拔为森林,40% 为茂密的混生林,拥有 160 多种树木和 100 多种蕨类植物;公园内还有小片沼泽草地和竹林。植物特有种比例 5%。有森林鸟类超过 214 种,哺乳动物 120 种,蝴蝶 202 种,9 种全球濒危物种和世界 1/3 以上的山地大猩猩。其中,12 种鸟、3 种蝴蝶、1 种灵长目为布恩迪特有。

4. 图尔卡纳湖国家公园(Lake Turkana National Park)

公园位于肯尼亚西北部半沙漠地带,北接埃塞俄比亚。它是肯尼亚最大的内陆湖,也是世界上最大的咸水湖之一。南北长 289.7 千米,东西宽 30—50 千米,面积 6405 平方千米。1997 年被列入世界遗产名录。

图尔卡纳湖的生态系统以其种类繁多的鸟类生活和沙漠环境为动植物的研究提供了一个特殊的实验室。湖中水产丰富,湖区记录到的水生和陆生鸟类超过 360 种,岸边岩石和沙地,伴有少量水生植物。湖中央 500 公顷的火山岛,是大批水鸟、尼罗河鳄鱼、毒蛇类动物的中转、繁殖和栖息之地。开放平原两边常见角马、斑马、瞪羚、长角羚、狷羚、转角牛羚、小弯角羚、狮子、猎豹等。锡比罗依山有 700 万年历史的化石森林,湖区发现哺乳动物化石和大批古人类化石,为湖盆地区第四纪古环境重建奠定了基础。也是了解非洲大陆史前地理、气候等自然环境的最佳研究材料。

5. 肯尼亚山国家公园(Mount Kenya National Park)

公园位于内罗毕东北 193 千米处,横跨赤道,海拔 1600—5199 米,占地面积为 142.02 千公顷,其中,肯尼亚山自然森林 70.52 千公顷。1949 年建立国家公园。1978 年 4 月成为联合国教科文组织人与生物圈规划的一个生态保护区,1997 年被列入世界遗产名录。

肯尼亚山由间歇性火山喷发形成,最高峰5199米。整个山脉被辐射状伸展的沟谷深深切开。沟谷大都是冰川侵蚀造成,留有大约20个冰斗湖,大小不一,拥有各种冰碛特征。每年3—6月湿润期较长,12—2月为短暂的干燥季节。降雨量900—2300毫米。海拔2800—3800米处常年存在降雨云带,4500米以上多降雪,峰顶经常为白雪覆盖。大多数低海拔地区不在保护区内,种植麦。保护区植被种类随海拔和降雨量变化。如东南坡海拔较高地区(2500—3000米,年降雨超过2000毫米)优势树种是青篱竹;中海拔地区(2600—2800米)为竹子和罗汉松混生区;海拔稍低处(2500—2600米)为罗汉松。西坡和北坡,海拔2000—3500米,年降水2400毫米的地区,哈根属乔木占优势;海拔3000米以上,金丝桃属树木占优势,林间空地青草茂盛。海拔3400—3800米丛生禾本植物、羊茅及苔草类植物;海拔3800—4500米花卉种类丰富,有巨大的莲叶植物,半边莲,千里光,飞廉属植物等;4500米以上,连绵的植被消失。大林猪、岩狸、非洲象、黑犀牛、麂羚、岛羚、黑胸麂羚、猎豹、金猫、瞎鼠等哺乳动物和绿鹦、鹰雕、长耳猫头鹰等鸟类受到保护。

三、较为丰富的矿产资源

东部非洲矿产资源较为丰富,主要矿产有石墨、金、铬、镍、金刚石、铁、铀、磷矿、钾矿、天然气、煤炭和各种宝石等。埃塞俄比亚、肯尼亚、乌干达、卢旺达等为主要矿产国。东非国家国民经济中矿业所占的比例很低,但矿产品是重要的出口商品。[1][2] 据世界银行专家研究,在25个值得外国矿产公司增加勘查投资的非洲国家中,东非有4个,分别是埃塞俄比亚、布隆迪、肯尼亚和卢旺达,其中埃塞俄比亚地质潜力很高,值得投入1000万—2000万美元的勘探资金。

(一)埃塞俄比亚

埃塞俄比亚采矿业份额很低,金、钽铌矿、宝石、硅藻土、银、长石、石膏和硬石膏、高岭土、岩盐、天然碱、砂石料等为主要矿产品,金是出口的主要矿产产品(表5—5)。目前政府正在采取措施,改善矿业投资环境,吸引国内外资本投资

① Sunday W. Petters. Regional Geology of Africa[M]. Heidelberg:Springer-Verlag,1991.
② 宋国明. 非洲矿业投资指南[M]. 北京:地质出版社,2004.

矿业。2001—2009 年,采矿业以年均 5.8% 的速率增长。[1]

表 5—5　埃塞俄比亚主要矿产品产量

年份	2000	2001	2002	2003	2004	2005	2006
金(千克)	3206	3862	3670	3875	4500	3726	3828
银(千克)	1000	4000	1000	1000	1000		
钽铌矿(千克)	64940		61000				
岩盐(吨)	56400		61000				
石膏(吨)	46798		51000				
天然碱(吨)	3805		7600				

1. 钽、铌、铊

埃塞俄比亚南部阿多拉(Adola)地区的肯蒂查(Kenticha)是东非高原钽、铌储量较为丰富的地区。肯蒂查地区稀有金属矿产资源又集中分布在从卡塔威查(Katewhicha)山脉到几内尔河(Genale)左岸绵延超过 100 千米的一条狭长直线地带中,被称为"肯蒂查地带"。矿带距离埃塞俄比亚首都亚的斯亚贝巴南部 550 千米,富含高质量的铊,是世界上最好的矿床之一。该地区被发现的矿石资源有三种:(1)富含结晶花岗岩复矿的钽金属矿;(2)红土矿,系因暴晒褪色发展成的地幔覆盖下的结晶花岗岩矿;(3)残积层淋岩矿,由雨水冲击而成。1990 年起政府授权在肯蒂查地区进行试验性开采,日出产矿石200 吨。

2. 宝石

埃塞俄比亚宝石资源种类比较多,主要包括橄榄石、石榴子石、蛋白石、玛瑙、碧玉等。其储量和资源量没有得到详细证实,但开发潜力大。(1)蛋白石主要分布在阿马拉(Amhara)州的沙瓦(Shawa)北部地区的流纹岩中。这里产出的蛋白石矿中都有小块呈圆形或者椭圆形的蛋白宝石。1 平方米的矿中,很有可能会发现多达 8 小块的蛋白宝石,而且色彩多样,包括白色、淡紫色、橙红色、黄绿色和蓝色等。(2)绿宝石矿主要发现于南部地区基布里蒙吉斯特(Kibremengist)以北 35 千米处的切姆比村(Chembi)。这一地区结晶花岗岩群引人

① African Development Bank Group, African Union, Economic Commission for Africa. African Statistical Yearbook[G]. 2010.

注目,富含相当数量的石榴子石、辉黝石、不规则的钠长石、孔雀石、磷灰石、绿宝石和绿色金属矿产等矿产资源。(3)石榴子石主要发现于莫亚尔(Moyale)小镇以东大约20千米名叫哈尔希特米(Harshitmi)的矿点、哈拉尔(Harar)附近地区和奥罗米亚(Oromia)西部地区。

3. 盐

岩盐主要分布于埃塞俄比亚西北地区,资源量约30亿吨。另外在南方的一些咸水湖也有大量的盐资源,开发潜力较大。

(二)肯尼亚

肯尼亚拥有金、各类宝石、萤石、盐、重晶石、硅藻土、长石、石膏、石灰、硅酸盐、蛭石等矿产资源。境内主要矿区有:东南部塔莫塔附近的重晶石、姆里马山的铌;西南部卡卡梅加、马卡尔杰的金;吉尔吉尔的硅藻土矿;马加迪湖中丰富的天然碱和盐等。肯尼亚采金大多靠手工业生产,2002年金产量1477千克,出口值1310万美元。肯尼亚东南部有钛铁矿、金红石、锆石,主要矿床有科里非、夸勒、马姆布里、维平勾等。大裂谷中硅藻土矿床丰富。萤石主要发现于科罗山谷。肯尼亚有多种宝石资源,包括紫水晶、绿玉、青石、绿石榴子石、红宝石、蓝宝石、玛瑙、大河石、电气石。大多数宝石产于泰塔塔维塔(Taita Taveta)地区。肯尼亚矿产品出口总额中金占23%,萤石占16%,宝石占10%。肯尼亚还是非洲唯一的二次精炼铝的生产国,2007年金属铝产量2000吨。[1]

(三)乌干达

乌干达航空探矿已覆盖80%的地区,全国分七大矿区,主要矿产资源包括金、钻石、铌、钽、锡、钨、钴、镍、铜、褐铁矿和其他铁矿石,以及磷块岩、石膏、高岭土和其他黏土、盐等。以乌干达西南部的第七区,矿产资源品种最齐全、储量最丰富。钽铌矿主要分布在乌干达西南部的卡卡尼纳(Kakanena)、杰姆比(Jemubi)河、恩阳噶(Nyanga)、卢瓦科轮兹(Rwakirenzi)、恩亚布申伊(Nyabushenyi)、卡比拉(Kabira)、恩亚巴沃里(Nyabakweri)、布利马(Bulema)、基海姆比(Kihimbi)、卢文亢噶(Rwenkanga)、布干噶利(Bugangari)、基恨姆比(Kihenmbe)、卢旺加(Rwanja)和恩通噶莫(Ntungamo)等地区。乌干达铁矿资源丰富,主要分布在穆库(Muko)矿区、苏库卢(Sukulu)矿区、布库苏(Bukusu)矿区、穆加布奇(Mugabuzi)矿区,储量分别达3000万—5000万吨、4500万吨、2300万

---

① U. S. Geological Survey. 2007 Minerals Yearbook,the Mineral Industries of Africa[R]. 2009.

吨、100 万—200 万吨①。此外,乌干达东部的托罗山(Tororhill),卡巴雷(Kabale)地区的穆兰布(Murambo)、哈莫瓦(Hamurwa)和卡巴雷(Kabale),以及马辛迪(Masindi)地区的恩亚突马(Nyaituma)等地也蕴藏有高品位的铁矿。

最新发布的矿产资源报告指出:乌干达东南部第一区的金贾(Jinja)、布希亚(Busia)、伊干嘎(Iganga)、卡姆利(Kamuli)、特若若(Tororo)和布基里(Bugiri),探明储有金、铅锌和铜矿。而位于尼罗河西岸的第五区和中部的第六区也已探明储有金矿、碳酸盐岩和结晶花岗岩等矿藏。

(四)吉布提

盐是吉布提最主要的天然资源之一,也是主要的出口物资之一。其次是地热资源,还有少量未开发的铁、铜、冰洲石、石膏等。首都吉布提附近沿海的盐田,盐总储量为 20 亿吨,年产量万吨至十几万吨。吉布提市西北面的阿萨尔湖,方圆 10 平方千米,湖面 -150 米,为一天然大盐田,含有丰富的钾盐、溴,每升水含盐达 330 克,盐量之丰富,世界罕见。石灰岩和石膏矿均属埋藏浅、储量大、易开发的优质矿;国内珍珠岩估算储量超过 4 亿吨;目前,内地四县均发现含金构造,沿海地区发现有含油构造,地热资源也正着力开发。

(五)厄立特里亚

厄立特里亚主要矿产资源有铜、铁、金、镍、锰、煤,重晶石、长石、高岭土、钾碱、岩盐、石膏、石棉、大理石。此外,地热资源丰富,红海可能有石油和天然气资源。

(六)布隆迪

布隆迪矿藏主要有镍、泥炭、铈、钒、锡、金、高岭土等。镍矿蕴藏量约 3 亿吨,品位为 1.5%。泥炭储量约 5 亿吨。磷酸盐储量 3050 万吨,品位 11.1%—12.6%。钒储量 1600 万吨。石灰石储量 200 万吨。金矿分布较广,西北部储量较大,开采于 20 世纪 30 年代,多走私国外,2007 年金产量,2423 千克。②

(七)卢旺达

采矿业对卢旺达经济有较大的贡献。2008 年,采矿业产值达 9300 万美元。目前已开采的矿藏有锡、钨、铌、钽、绿柱石、黄金等。锡储藏量约 9 万吨。铌钽蕴藏量估计为 3000 万吨。基伍湖天然气蕴藏量约 600 亿立方米。尼亚卡

---

① 乌干达铁矿资源概况[EB/OL].中国商品网.(2009-11-15).http://ccn. mofcom. gov. cn/spbg/show. php? id = 2402.

② U. S. Geological Survey. 2007 Minerals Yearbook,the Mineral Industries of Africa[R]. 2009.

班戈钨矿是非洲最大的钨矿之一。

（八）索马里

索马里主要有铁、锡、锰、钨、镍、铬、镁、锌、铝、铀、石英石、绿柱石和石膏等。此外，还有石油和天然气。除绿柱石和石膏外，大部矿藏均未被开发。

四、潜力巨大的旅游资源

东非旅游资源异常丰富，乌干达、肯尼亚、埃塞俄比亚三国旅游业走在东非各国前列。该三国于 2001 年成立东非共同体（East African Community，缩写 EAC），由共同体"东非旅游和野生动植物保护局"协调管理区域旅游资源，在保护地区旅游资源的基础上实现区域旅游利益最大化。

乌干达以其瑰丽的自然风光，包括湖泊、河流、深山、雨林和热带稀树大草原，以及各种各样的野生动物吸引着游客。境内河湖沼泽占全国面积的17.8%，有"高原水乡"之称。维多利亚尼罗河与艾伯特尼罗河水量充沛，沿河多险滩瀑布。维多利亚湖的42.8%在乌干达境内。高山气候对游客来说十分宜人。乌干达已经规划了 10 个国家公园、一系列历史景区和传统的文化景区，但旅游设施还十分有限。乌干达的旅游发展战略是在恢复野生动物数量的同时，发展多方面的旅游产物。

肯尼亚8%的土地面积是自然保护区。其经济很大程度上依赖于野生动物资源的非消费性利用，旅游就是最好的方式。旅游业产生的效益反过来也为国家环境保护，尤其是保护区环境起到了很大作用。如多年反盗猎的努力和其他管理措施的改善，肯尼亚境内的象群数目已经提高了 4%。2007 年，旅游业已占到政府收入的20%。根据肯尼亚 2030 年远景经济蓝图，全国经济中旅游将发挥中心作用。全球以野生动植物为基础的游客中将有 75% 选择肯尼亚作为目的地。

埃塞俄比亚是非洲仅次于埃及的具有 3000 年历史文明的古国，迄今已有 7 处自然和文化遗产被联合国教科文组织批准列入"世界遗产"名录，旅游资源十分丰富。这里有多姿多彩的自然风景区和丰富的野生动物资源，还有 2000 年前奥斯曼帝国的遗迹石头教堂和中世纪修道院。2001 年共接待 14 万名外国游客，外汇收入 7900 万美元。国内政局的不稳定和饥荒灾害对该国旅游业和整体经济的发展都造成了严重的破坏。埃塞俄比亚每年接待的游客数量中只有 20% 的度假游客，其余为中转游客。

厄立特里亚的旅游业历史悠久,也是目前该国唯一赚取外汇的服务行业。14 世纪时就有欧洲旅行家在这一地区游览。阿克苏姆王国的大部分区域在厄立特里亚境内,目前尚存不少遗迹。厄立特里亚境内地形多样,自然景观丰富。东北濒临红海,海岸线长 1200 千米,沿海有狭长平原,海滨多珊瑚礁;中心地带为海拔 1800—2500 米的高原,气候温和;向西至苏丹逐渐倾斜。阿斯马拉、马萨瓦、阿萨布和达赫拉克群岛为知名旅游点。厄立特里亚服务业在 GDP 中所占份额高达 61.2%,其中旅游业的贡献起重要作用。

第三节 当代东部非洲环境问题

根据联合国环境规划署《非洲——改变中的家园面貌》(Africa—Atlas of Our Changing Environment)协议,东非各国受人口增长、气候变化、生产方式、资源格局等因素的影响,存在很多环境问题,而且很多是跨界环境问题。

一、土地资源退化

土地是东非生产和发展的主要资源,也在支持生态系统过程中发挥着多种功能。土地更是养育着广大的东非农业人口。卢旺达、埃塞俄比亚、布隆迪、厄立特里亚和乌干达 80% 以上的人口生活在农村;肯尼亚和索马里 60% 以上的人口生活在农村。[①] 东非土地结构中,耕地、草场、森林、内陆水域的比例分别为 10.28%、36.63%、10.85% 和 7.00%。[②]

东非许多国家都位于山区,卢旺达、布隆迪、埃塞俄比亚等国由于地势陡峭,土地承受最高的潜在侵蚀风险。受地形、降水、土地属性、使用权不安全、体制支持不足、政治不稳定等相关因素影响,加之土地经营粗放和不断加大的人口压力,许多土地因强风化、强淋溶、强侵蚀而营养贫瘠,大部分土地改善营养的方式仍然停留在"燃烧秸秆还田"[③],土地退化已成为东非国家面临的严重问

---

① Food and Agriculture Organization of the United Nations. FAO Statistical Databases[EB/OL]. (2006-08-23). http://faostat.fao.org.

② Food and Agriculture Organization of the United Nations. FAO Statistical Databases[EB/OL]. (2006-08-23). http://faostat.fao.org.

③ United Nations Environment Programme. Africa-Atlas of Our Changing Environment[M]. Malta: Progress Press Ltd., 2008.

题。东非区内严重退化土地面积已达14%。如表5—6所示,布隆迪和卢旺达严重退化土地面积为两国土地面积的76%和71%。其次是厄立特里亚、乌干达、肯尼亚和埃塞俄比亚,这些地区土地退化也非常严重,退化土地分别占土地总面积的63%、53%、30%和28%。

表5—6　东非国家土地退化① 单位:%

国　家	退化土地比例	严重退化土地比例
布隆迪	0	76
吉布提	0	0
埃塞俄比亚	28	20
厄立特里亚	63	8
肯尼亚	30	11
卢旺达	0	71
索马里	0	15
乌干达	53	12

卢旺达严重退化的土地,每年流失沃土500吨。这一数量足以支撑4万人的粮食需求,同时还使卢旺达的湖泊湿地遭受淤积威胁。埃塞俄比亚高原上生活着全国85%的人口和75%的牲畜。在日益增长的人口压力下,50%的土地都发生了显著土壤侵蚀;25%的土地遭受严重土壤侵蚀;5%的土地已经不能种植农作物。这片高原平均每年流失4毫米厚的土壤,远远超过了非洲平均每年不超过0.25毫米厚的新土壤形成速度。如果视埃塞俄比亚的有效土壤深度为20—59厘米,当前土壤流失速度又得不到缓解的话,这片高原在未来100—150年内将流失几乎所有表土层。②

另外,东非各国农业用水规模偏低,即灌溉土地和灌溉农业的比重不高。气候干旱的索马里、吉布提、厄立特里亚等国人均土地资源量虽较多,但耕地和灌溉耕地比例都很低,土壤风蚀严重。即便是可更新水资源量比较丰富的埃塞俄比亚、乌干达、肯尼亚三国,灌溉耕地的比例也不高。就埃塞俄比亚来说,它

① United Nations Environment Programme. Africa Environment Outlook 2—Our Environment,Our Wealth [M]. Malta:Progress Press Ltd., 2006.

② 联合国环境规划署. 2006年全球环境展望年鉴[M]. 北京:中国环境科学出版社,2006.

拥有东非近 1/2 的可更新水资源量,占非洲可更新水资源总量的 2.2%,但用于灌溉的水资源量仅有 1.5%。[①] 综合东非土地退化状况,草场退化、土地荒漠化、耕地退化是其重要后果。

(一) 草场退化

东非永久草地面积超过 1/3,是发展畜牧业的基础。吉布提、厄立特里亚、索马里等国因气候干热,这一比例有所下降。中南部经常用于放牧的草场面积约 1.7 亿公顷,占非洲同类草场面积的 1/5 左右,饲养牛、羊、骆驼、猪、马等。骆驼和羊主要饲养于气候干燥的地方;在较湿润的地带和农区,牛的比重增大。东非畜牧业在非洲有重要地位,但草场退化也比较严重。如乌干达 1985—2005 年间,天然草场面积连年减少(图 5—2),从 1985 年的 70 万公顷,降至 2005 年的 46.5 万公顷,畜牧业也呈下滑趋势。

图 5—2　卢旺达草场面积变化

东非区内定居放牧主要分布在广大的农区及索马里境内的朱巴河和谢贝利河流域,草场轮牧和农牧结合的"混合农业"的进展并不理想,游牧和半游牧仍是重要的畜牧业经营方式,尤其是居住在海拔 1200—2000 米的干旱高原山地的马赛族,会随着气候的干湿季节在经常性水源地和临时性水源地之间游牧,索马里中北部的索马里族的流动性也很大。

---

① Ethiopia from Wikipedia,the Free Encyclopedia[EB/OL]. Wikipedia. (2009-08-23). http://en.wikipedia. org/wiki/Ethiopia#Geography.

（二）土地荒漠化

吉布提因土壤贫瘠和极度干旱,国内可耕地面积不足 1%,仅为 0.04%。50% 以上的土地为永久性牧场。[①] 劳动力构成中,75% 为牧民,创造不足 4% 的 GDP 产值。[②] 83% 的贫困人口生活在首都吉布提唯一的城区,失业人口超过 50%。[③] 荒漠化导致土地可用性差,生产力低,贫困人口多。

厄立特里亚气候干旱,可用土地有限,国内仅有 6.3% 的土地真正适合耕作[④],随着人口的不断增长,一些贫瘠的土地和坡地均被开辟为耕地,63% 的土地因水蚀、风蚀而退化[⑤],土地荒漠化风险尤其高。

索马里境内 70% 的土地被辟为放牧草场,畜牧产值占 GDP 的 40%,大部分草场超载。加之木材作为燃料使用的趋势近年来有增无减,2005 年木炭产量是 1965 年的 4 倍[⑥],生长缓慢的刺槐林遭受严重破坏。加之频繁的干旱,索马里 100% 的土地都处于高风险荒漠化状态。

（三）耕地质量下降

过度种植和人口压力是东非耕地质量下降的主要原因。东非耕地比例 10.3%,以传统种植业为主,热带非洲所有的粮食品种在这里几乎全能看到,主要有玉米、薯类、高粱、豆类、稻谷、粟、小麦、苔麸、大麦、食用芭蕉等;咖啡、剑麻、棉花、烟叶、茶叶、腰果、除虫菊等经济作物集约种植也很普遍。卢旺达、布隆迪和乌干达境内的布干达等地,甚至早在殖民者入侵之前,就有比较集约的种植业。东非的咖啡产量与中西非热带森林带不相上下,椰子产量占非洲总产量的一半,棉田面积占全洲总面积的 1/3 以上。可见,很多东非国家用不足 10% 的耕地创造着国家农业总产值的 70%—80%,养活着国家 80% 以上的人口。东非耕地虽有一定潜力,但地区差异显著。乌干达潜在可耕地比例最高,

① FAO. FAOSTAT Online Statistical Service, 2007［EB/OL］. (2009-03-19) http://faostat. fao. org.

② World Bank Group. Djibouti at A Glance, Country Environment Fact Sheets［EB/OL］. (2009-08-12). http://devdata. worldbank. org/AAG/dji_aag. pdf.

③ USAID（美国国际开发署）. Djibouti Congressional Budget Justifi Cation to the Congress-Fiscal Year, 2006.［EB/OL］. (2009-08-12) http://www. usaid. gov/policy/budget/cbj2006/afr/dj. html.

④ United Nations Environment Programme. Africa Environment Outlook 2—Our Environment, Our Wealth ［M］. Malta: Progress Press Ltd., 2006.

⑤ Food and Agriculture Organization of the United Nations. Land Degradation Severity. ［EB/OL］. (2009-08-12) http://www. fao. org/ag/agl/agll/terrastat/#terrastatdb.

⑥ United Nations Environment Programme. Africa-Atlas of Our Changing Environment［M］. Malta: Progress Press Ltd., 2008.

占其土地总面积的 64.7%，而在卢旺达，虽有大面积肥沃火山灰土，但因人口压力而导致过度种植，2003 年，耕地已占到该国土地面积的一半以上，98% 的可耕地都已被使用，几乎不存在潜在可耕地。厄立特里亚，88% 可耕地被用于种植业。卢旺达和布隆迪国土面积小，人口密度高（布隆迪为 265.8 人/平方千米，卢旺达为 340.1 人/平方千米）。吉布提几乎不存在任何耕地潜力，因为该国极度干旱。

其次，东非国家土地投入不足（表 5—7），难以抵御土地质量的不断下降。东非灌溉土地比例不高且利用不充分。如肯尼亚潜在灌溉土地估计为 54 万公顷，其中只有 9.6%（5.2 万公顷）得到开发。埃塞俄比亚实有灌溉土地面积 21.47 万公顷，是潜在的灌溉土地面积（估计为 333 万公顷）的 6.5%[1]，灌溉土地约生产粮食总产量的 3%。[2] 每千公顷土地的肥料施用量和农机数投入也非常不足，土地效率和潜力低。

表 5—7　东非国家耕地投入[3]

国　家	灌溉耕地比例(%)	每千公顷耕地肥料消费(吨)	每千公顷耕地拖拉机数量(台)	每千公顷耕地收割机与脱粒机数量(台)
布隆迪	1.6	1.77	0.2	0.0
吉布提	—	—	—	—
厄立特里亚	3.3	3.67	0.7	0.2
埃塞俄比亚	1.9	7.97	0.2	0.0
肯尼亚	1.8	25.70	2.6	0.2
索马里	19.5	—	1.2	
卢旺达	0.6	7.35	0.0	—
乌干达	0.1	1.39	0.9	0.0

另外，土地的自然退化也是耕地质量下降的原因。受地形、成土过程、气候变化等自然因素或自然过程影响，东非耕地多贫瘠且易受侵蚀，其退化可以被视为

① MOWRD. Water and Development Bulletin, No. 20[R]. Addis Ababa: Ministry of Water Resources Development, 2001.

② Federal Democratic Republic of Ethiopia. The New Coalition for Food Security in Ethiopia: Food Security Programme I, 2003[EB/OL]. (2008-07-05). http://www.dagethiopia.org/pdf/The_New_Coalition_for_Food_Security.pdf.

③ Food and Agriculture Organization of the United Nations. FAO Statistical Databases, 2005[EB/OL]. (2006-08-23). http://faostat.fao.org.

"自然的"。如吉布提,土地风力侵蚀严重,耕地质量和生产效率受到严峻挑战。

二、森林资源减少

东非 18.32% 的土地为森林和林地,包括高海拔森林,中等海拔的常绿林和落叶林。大部分林地被作为森林保护区受法律保护,部分森林没有受到法律保护而成为房地产管理下当地社区或私人的土地。

薪材和木材是东非最重要的森林产品,每年大约生产 1.73 亿立方米薪材和 520 万立方米原木,大部分产品在本区域内消费[1],木材主要用于建筑等行业。东部非洲森林和林地覆盖相当有限,最高的肯尼亚和乌干达两国,森林和林地的覆盖面积分别达 30% 和 21%;吉布提森林覆盖只占土地面积的 0.3%;在厄立特里亚,森林谈不上受保护而更易被破坏。[2][3] 受过度砍伐、气候变暖和森林火灾等因素的影响,东非森林覆盖以每年 0.51% 的速率减少,1990—2000 年的十年间,东非各国森林年变化率均呈降低趋势(表 5—8)。在当前的毁林率下,如果不及时采用可持续森林管理行为,到 2020 年森林和林地可能会迅速减少。[4]

表5—8　2000 年东非部分国家森林面积及其变化[5]

国　　家	土地总面积(千公顷)	森林总面积(千公顷)	森林占土地面积(%)	1999—2000 年森林变化面积/(千公顷)	1999—2000 年森林年变化率(%)
布隆迪	2528	94	3.7	−15	−9.0
吉布提	2317	6	0.3	不详	不详
厄立特里亚	11759	1585	13.5	−5	−0.3
埃塞俄比亚	11430	4593	4.2	−40	−0.8

① Food and Agriculture Organization of the United Nations. FAO Statistical Databases, 2005[EB/OL]. (2006-8-23). http://faostat. fao. org.

② MOLWE Department of Environment. National Environmental Management Plan for Eritrea (NEMP-E) [R]. Asmara: Department of Environment, Ministry of Land,Water and Environment,1995.

③ MOLWE Department of Environment. National Biodiversity Strategy and Action Plan for Eritrea[R]. Asmara: Department of Environment, Ministry of Land,Water and Environment,2000.

④ FAO. Forestry Outlook Study for Africa-African Forests: A View to 2020[R]. Rome: African Development Bank, European Commission and the Food and Agriculture Organization of the United Nations, 2003[EB/OL]. (2008-09-18). http://ftp. fao. org/docrep/fao/005/Y4526B/y4526b00. pdf.

⑤ Food and Agriculture Organization of the United Nations. State of the World's Forests, 2005[EB/OL]. [2008-09-18]. http://ftp. fao. org/docrep/fao/007/y5574e/y5574e00. pdf.

国　　家	土地总面积(千公顷)	森林总面积(千公顷)	森林占土地面积(%)	1999—2000 年森林变化面积/(千公顷)	1999—2000 年森林年变化率(%)
肯尼亚	56915	17096	30.0	−93	−0.5
卢旺达	2466	307	12.4	−15	−3.9
索马里	62734	7515	12.0	−77	−1.0
乌干达	19964	4190	21.0	−91	−0.2

　　布隆迪是非洲毁林率最高的国家,1999—2000 年,森林覆盖面积以 9% 的速度减少,2000—2005 年森林覆盖面积以每年 5.2% 的速度减少[1]。国内大约 95% 人口以薪材为主要燃料。[2] 联合国 2007 年统计表明,因过度依赖薪材而导致全国林地面积的 6% 被迫转为农田和牧场。1990—2005 年,布隆迪境内因薪材需求致使森林面积减少 50%。[3]

　　在厄立特里亚,森林占土地面积的 15%,受农业扩展、燃料需求、火灾的影响,森林正在以每年 0.28% 的平均速率逐年减少。

　　受气候和地形多样性影响,埃塞俄比亚境内拥有动植物资源 7900 种,特有种超过 10%。当前因人口增加和耕作业需求,境内森林面积不断缩减,从 1990 年的 1674 万公顷到 2005 年的 1300 万公顷,森林面积减少了 374 万公顷,年均递减速率 1.6%。据估计,目前森林覆盖率已不足原有原始森林范围的 4%。

　　肯尼亚高地是东非重要农业区,集中了全国 3/4 的人口,迫于可耕地和草场的人口压力,林地面积也大量流转,从 1990 年的 371 万公顷至 2005 年的 352 万公顷,森林减少了 18.6 万公顷。目前,肯尼亚境内原始森林已完全消失,森林面积仅占国土面积的 6%。人们对薪材和木炭的高度依赖和国内商业采伐过度,肯尼亚的造林措施未能抵消人口增长。

　　1990 年乌干达自然森林植被 492.4 万公顷,占总土地面积的 22.5%,被政府林业部或野生动物局管理的 190 万公顷,占 38.6%。1990—2005 年乌干达森林以 2%

　　① Food and Agriculture Organization of the United Nations. State of the World's Forests, 2005[EB/OL]. (2008-09-18). http://ftp. fao. org/docrep/fao/007/y5574e/y5574e00. pdf.

　　② Food and Agriculture Organization of the United Nations. Land Degradation Severity, Terrastat Online Database, 2003[EB/OL]. (2009-08-12). http://www. fao. org/ag/agl/agll/terrastat/#terrastatdb.

　　③ United Nations Environment Programme. Africa-Atlas of Our Changing Environment[M]. Malta: Progress Press Ltd., 2008.

的速度递减①,每年减少 9 万公顷。到目前为止乌干达森林资源已减少了 28%。

三、淡水资源面临危机

东非"水塔"淡水资源占整个非洲的 4.7%。埃塞俄比亚 12 条河流中的 11 条流入邻国,其中对埃及的贡献比尼罗河水域多 78%;乌干达 41% 的水域来自境外。② 东部非洲年可再生淡水资源量 187 立方千米,占年平均降水量的 9.8%。这些淡水资源以多种用途为农业、渔业、工业、水产业、生物多样性和能源部门供水。该区还拥有丰富的湿地,在减缓污染、洪水和泥沙淤积,提供良好生态环境,提供季节性草场等方面发挥着重要作用。所以,东非"水塔"的生态价值不容低估。受气候变化、人口增长、水量水质安全、用水结构等因素的影响,东非水资源系统下的社会、经济、环境功能甚至是人类健康仍然存在较大风险。

东非各国农业用水比例高(表5—9)。与世界农业用水的平均水平 70% 相比,乌干达农业用水比例低于世界平均水平,肯尼亚、卢旺达接近世界平均水平,布隆迪、厄立特里亚、埃塞俄比亚、索马里等国明显高于世界平均水平。厄立特里亚、埃塞俄比亚、索马里三国农业用水比例甚至高达 93% 以上。

表 5—9　东非各国水利用和国家降雨指数

项目　　　国家	2000 年用水比例(%)			全国降雨指数③(毫米/年)		
	农业	工业	家庭生活	1991—2000	2001	2002
布隆迪	77.1	5.9	17.0	991	998	1 042
吉布提	—	—	—	—	—	—
厄立特里亚	96.7	0.0	3.3	375	333	323
埃塞俄比亚	93.6	0.4	6.0	1113	1068	1050
肯尼亚	63.9	6.3	29.7	914	902	998
索马里	99.7	0.0	0.3			
卢旺达	68.0	8.0	24.0	1038	1052	1115
乌干达	40.0	16.7	43.3	1258	1366	1401

① Food and Agriculture Organization of the United Nations. FAO Statistical Databases, 2005[EB/OL]. (2006-08-23). http://faostat. fao. org.

② Environment Protection Authority(EPA). State of the Environment Report for Ethiopia[R]. Addis A-baba: Envrionment Protection Authority, 2003.

③ 全国降雨指数是指实测降水量相对于降水概率分布函数的标准偏差。

据非洲统计年鉴,2009 年东非人口已达 1. 89 亿人,占非洲总人口的 19%。[1] 各国城市人口也有较快增长,2009 年东非国家城市人口总数已达 6204.4 万,占人口总数的 32.9%。迅速增长的人口和城市化将会在很多方面影响现有的淡水资源和湿地。如许多湿地正在迅速转化为其他土地用途;有些湿地还存在淤积过度,接受固体废物倾倒和大量的污水排入等现象;河湖水质受家庭垃圾、工业废物、农业径流、物种入侵的影响而恶化;一些地区地下水位降低、海水入侵。

受全球气候变暖影响,肯尼亚境内的冰雪在过去 43 年中消融了 40%。乌干达境内鲁文佐里山等也面临同样问题。预计 2025 年之前厄立特里亚和乌干达水压力最大,其他东非国家也不同程度缺水。土壤侵蚀、毁坏集水、缩减湿地、破坏森林等种种迹象表明,东非干旱的频率和强度都将增加。淡水的可用性方面也面临更大矛盾,如需、供水竞争;不同用户群体、不同国家获取水资源的量和水质有差异。

四、生物多样性受到威胁

来自气候变化和负面人为干预,东非国家森林减少,湿地淤积,水体污染,战乱频繁,生物多样性经受严峻挑战。

布隆迪森林减少已严重影响该国的生态系统和生物多样性,如大猩猩、象等哺乳类动物减少,由此引起的土壤侵蚀导致河、湖、湿地淤积,从而进一步影响水生态系统和淡水供应。如布隆迪西南的坦噶尼喀湖是非洲裂谷中最老的湖泊之一,拥有 308 种鱼类,238 种为特有鱼类,是当地人获取蛋白质和经济收入的重要资源。近年来,环湖区域定居人口增加,森林减少,湖区淤积加速,水体污染加剧,鱼类生存环境受到威胁。

在埃塞俄比亚,长达 17 年的内战再加上频发的干旱,致使许多生物栖息地环境退化或被摧毁,大量物种被列为全球濒危物种。即便是国家公园保护区内,一些物种的数量也趋减少,如锡门山特有的埃塞俄比亚亚种北山羊,1989 年的估计数量 400 只,1996 年已减少到 250 只。

肯尼亚自然环境日益恶化。境内主要河流和湖泊的水量都有不同程度的

---

① African Development Bank Group, African Union, Economic Commission for Africa. African Statistical Yearbook[G]. 2010.

减少。著名的马拉河水量只有原来的 1/12,已无法为马赛马拉自然保护区的动物提供足够的水源,严重威胁到动物的生存和当地旅游业。目前肯尼亚濒危野生动植物的种类已增至 33 个。20 世纪 80 年代以来,狮子数量减少了一半。2000—2008 年,10 万公顷原始森林消失,占森林总面积的 1/4。纳库鲁湖国家公园素有"观鸟天堂"美誉,上百万只火烈鸟映红湖面的美景吸引着来自全球各地游客。但近年来由于气候干旱、森林植被遭破坏等原因,纳库鲁湖火烈鸟数量日益减少。仅 2009 年 7—12 月的 5 个月间,纳库鲁湖火烈鸟数量就从 150 万只锐减到不足 50 万只[1],主要原因是肯尼亚西部马乌山森林及其他纳库鲁湖水源遭到破坏,加上连月来干旱,湖水面积不断缩小,火烈鸟缺少足够水源和食物,生存环境不断恶化。专家预警表明,湖区周围环境破坏得不到遏制的话,当地火烈鸟可能于 3 年后彻底消失。在象牙交易的巨额利益驱动下,20 世纪 80 年代,肯尼亚每年至少有 3000—5000 头大象被猎杀,大象数量锐减。

厄立特里亚森林砍伐造成象、野驴、果子狸等的栖息地濒临消失,因森林减少,受威胁的哺乳类动物 13 种,鸟类 12 种,爬行类动物 6 种,植物 3 种。[2]

乌干达 2009 年出口烟叶 3.2 万吨,获取外汇 5700 万美元。然而烟草业繁荣的背后,森林植被却面临着危机。90% 以上的乌干达家庭依靠木材燃料作为能源用于烘烤加工烟叶;烟草公司所消耗的木材中,有 69% 是作为加工烘烤烟草所用的燃料,15% 被用做建造烟草烘烤仓所需的桩和棍。最新数据表明,乌干达目前每年有 80 万立方米的原木被砍伐。[3] 乌干达国家环境管理局发布的 2008 年国家环境报告称,照目前森林面积减少速率,41 年后乌干达森林将全部毁灭。此外,乌干达湿地生态也不容乐观,2005 年乌干达鱼类种群湿地捕鱼量 41.6 万吨,已超过每年 35 万吨的可持续水平,加之人口增长,至少导致 7% 的湿地移为他用,国内生物多样性明显下降。

---

① 王璐,刘潺,周瑜,淡然.肯尼亚"观鸟天堂"火烈鸟可能在 3 年后消失[EB/OL]. (2010-01-05). http://www.fmprc.gov.cn/zflt/chn/zjfz/fzfq/t649840.htm.

② United Nations Environment Programme. Africa-Atlas of Our Changing Environment[M]. Malta: ProgressPress Ltd., 2008.

③ 乌干达:烟草业繁荣 森林植被随之减少[EB/OL]. 烟草在线. (2010-08-19). http://www.tobaccochina.com/news_gj/leaf/wu/20108/2010818164845_424772.shtml.

第四节　东部非洲国家环境可持续发展

一、布隆迪

（一）背景

布隆迪是非洲大陆国土面积最小的国家之一,境内多山地丘陵,受海拔影响,气候尤其是降水量差异很大,非洲两大河流孕育于此,整个国家水系被划分为尼罗河、刚果河流域,还有众多湖泊湿地,地表水资源丰富。人口密度居非洲第二位,高达298.4人/平方千米,年均人口增长2%,预计2050年人口密度将超过1000人/平方千米,届时将高于非洲撒哈拉以南地区人口平均密度10倍。当前,国内90%的人口分布于农村,创造GDP总量的51%。2/3的人口生活在贫困线以下。

（二）现状

土地数量不足且质量下降,森林采伐过度,坦噶尼喀湖生态系统恶化是当前布隆迪面临的重要环境问题。

人们对木质燃料的过度依赖,使得在1990—2005年的15年间,布隆迪森林面积减少了50%,每年有3万公顷林木和1.7万公顷天然森林被毁,成为东非采伐森林最严重的国家。1990年、2000年、2005年的森林覆盖率分别为11.3%、7.7%、5.9%,呈不断降低趋势。基比拉(Kibira)山地雨林的退化也十分严重,正在被周围大大小小的种植斑块"吞噬"。无疑,森林退化给生态系统和生物资源带来了极大威胁,大猩猩、象的栖息环境濒临灭绝,由此引发的土壤侵蚀致使河湖和湿地淤积,且威胁着水生态系统和淡水供应。布隆迪与邻国共享着三个湖泊,坦噶尼喀湖是其中之一,充当着整个国家淡水渔业的核心。然而,湖泊周围定居人口增多,渔业资源过度捕捞,湖泊淤积和水污染也相当严重。从土地利用角度看,一个国家土地利用达到国土面积的70%时,可被看做土地资源稀缺。布隆迪这一比例已高达87%。充足的降水、良好的土壤曾使布隆迪食物生产能够自足,然而布隆迪境内的许多土地是不适宜种植作物的,土地稀缺将对农业继续施加压力,国内粮食供应仍有较大缺口,且大部分需要国际援助。

以上环境问题及压力已引起布隆迪政府乃至许多国际组织的广泛关注。某些方面的环境可持续能力有了一定改善。主要表现在：（1）1990—2005 年间保护区面积比例有所增长，从 1990 年的 4%，增加到 2005 年的 5.6%；（2）10% 的人口饮用水状况得以改善；（3）城市贫困人口的比例略有下降，1991 年为 83.3%，2001 年为 65.3%；（4）人均二氧化碳排放量略有好转。1990 年、2000 年、2004 年人均二氧化碳排放量分别为 34.1 千克、37.4 千克、29.1 千克。

（三）目标与对策

1. 坦噶尼喀湖生态系统改善

坦噶尼喀湖为布隆迪、刚果（布）、坦桑尼亚、赞比亚四国之间的跨界湖泊，按湖区容积为世界第二大淡水湖，仅次于贝加尔湖的世界第二大深湖，也是世界最狭长的湖泊。湖面积 32900 平方千米，湖岸线长 1 828 千米，南北长 673 千米，东西宽 50 千米，平均深度 570 米，最大深度 1470 米，拥有水量 18900 立方千米，集水面积 23.1 万平方千米。水量由多条河流常年来水补给，主要有鲁西西河、马拉加拉兹河、鲁夫古河、略热勒河、依夫莫河、卡兰波河、穆位瀑位河和穆罗波兹河。卢库干河是湖泊唯一的水流出口，经此湖水排入刚果河最终注入大西洋。

湖区拥有至少 250 种鲷鱼和 150 种非鲷鱼类，主要生活在离湖岸较近的 180 米水深范围内。数量最多的鱼类是西利德鱼，共有 200 个品种，其中 195 个为当地特有种。此外还有著名的淡水水母，种类繁多的软体动物、甲壳动物和地方特有的两种水蛇，在生物多样性学术研究上具有相当重要的地位。丰富的渔业资源提供着环湖地区 100 万人食物蛋白质来源的 25%—40%。湖区内生活着 1000 万人，10 万人直接以渔业为生。湖区商业捕捞开始于 20 世纪 50 年代中期，繁荣于 80 年代，1995 年湖区渔获量大约 18 万吨，此后产量大幅度下滑。这足以表明湖区生态系统出现了问题。尤以布隆迪岸区严重。

布隆迪岸区，岸线长 177 千米，湖面 2000 平方千米左右，淡水渔业居全国核心地位，向国内尤其是环湖地区人们提供食物蛋白，并成为重要经济来源。20 世纪 90 年代以来，湖区渔业生产水平持续下降（图 5—3），生态系统健康水平受到严重威胁。（1）城市的生活污水和工业废水排放导致湖区水污染加重。按恩泽伊马纳·约瑟夫（Nzeyimana Joseph）2003 年的计算[1]，布隆迪岸区每年产生 1760 万立方米生活污水和 125.1 万立方米工业废水，到 2050 年湖区生活

① Nzeyimana Joseph. 非洲中部坦噶尼喀湖污染灾害的初步研究[J]. 河海大学学报（自然科学版），2003,31(1)：84-86.

污水量和工业废水量还要增加 5 倍和 11 倍。生活污水的 91.87% 和工业废水的 86.87% 均来自首都城市布琼布拉。(2)湖区周围是国内农业密集程度最高的地带,耕地开垦不断向布琼布拉东南的丘陵山地扩进,森林正在继续遭受砍伐,来自森林砍伐后的水土流失量,加速着湖区淤积。(3)湖区渔业资源面临过度捕捞。(4)坦噶尼喀湖在过去 80 年间生产力的下降与区域气候变化有关。① 近年来,湖泊表层水温升高 0.6℃,该地区气温在今后 80 年很可能再升高1.3℃—1.7℃。寻求四国协调一致的跨界水环境治理和水生态保护对策应该是解决以上问题的关键。

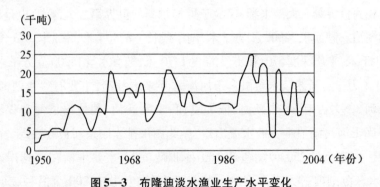

图 5—3 布隆迪淡水渔业生产水平变化

2. 恢复森林湿地,保护生物多样性

森林具有强大的含蓄水源、减少水土流失、改善气候和生态环境功能的作用,除了向人们提供木材等森林产品外,所能提供的非木材产品(NTFPs)的价值更高。布隆迪森林资源遭受着每年减少 1.5 万公顷的破坏,如果不采取任何限制和可持续管理措施的话,境内现有的 9.4 万公顷森林将会在 2020 年之前完全消失。森林保护与恢复是解决当下环境问题的重要途径。

布隆迪 60% 的湿地生物也受到威胁。至 2005 年,布隆迪国内已确定 8 个湿地保护区,以保护国内 40% 的鸟类和 2/3 的鱼类的栖息环境。它们分别是坦噶尼喀湖(Tanganyika Lake)、马拉噶拉齐河(Malagarazi River)、卡盖拉沼泽地(Kagera Marsh)、胡微罕达湖(Rwihinda Lake)、胡微卢湖(Rweru Lake)、可荷拉湖(Cohoha Lake)、鲁微布及鲁微隆扎森林公园(Ruvubu and Ruvyironza Park)。

---

① Catherine M. O'Reilly, Simone R. Alin, Pierre-Dennis Plisnier, Andrew S. Cohen, Brent A. Mc-Kee. Climate Change Decreases Aquatic Ecosystem Productivity of Lake Tanganyika, Africa[J]. Nature,2003 (424):766-768.

3. 提高农业土地潜力

布隆迪农业人口众多,国内土地资源利用已接近极限,很多土地因为土壤侵蚀、肥料不足、旱涝频发、缩短休耕期而丧失生产能力。退耕还林,增加人工林面积,有效改善农业土地利用效率,增加农业资金、技术等方面的投入,是提高现有农业生产力水平并逐渐实现其经济持续发展的基础。布隆迪境内水资源尚未达到最大化利用,设计一个好的灌溉系统可以保证 10.5 万公顷耕地旱涝保收。而目前国内仅有灌溉耕地 3.9 万公顷,占耕地总量的 5.5%。仅仅改善灌溉系统,就能使近 7 万公顷耕地进一步提高农业生产效率。[①] 另外,布隆迪茶叶公司计划引种新的茶叶品种,提高茶叶产量。同时,将利用 100 万欧元的茶叶发展基金对茶叶加工设备进行改造。

二、吉布提

（一）背景

吉布提东临红海亚丁湾,海岸线长 443 千米,拥有重要国际航线和独特的热带海洋生态系统。全国气候干热,冬季平均温度 25℃,夏季平均温度 35℃,90% 的地区为极度干旱的沙漠。国内有地热能、石膏、铜等能源矿产,基本没有得到开发利用。

（二）现状

吉布提面临的重要环境问题是淡水缺乏、土地荒漠化、海洋污染。

受炎热气候、降水稀少的影响,吉布提国内饮用水供应不足,每人每年水资源量 416 立方米,远低于国际水稀缺门槛。因缺乏永久性河流,地下水成为主要水源,然而过度开采地下水已导致地下水矿化度不断增加,淡水还不断受到海水入侵盐度增加的威胁。2000 年的一项调查表明,国内一半以上的水井含有高浓度的盐。因人口增长,水资源的压力不断加大,自 20 世纪 70 年代中期以来人均可利用水资源就低于 1000 立方米的门槛标准（图 5—4）。吉布提生活用水比例高达 86%,加之降水极不稳定,极端降雨常导致频繁的干旱和洪水,粮食安全和农村生计受到严重威胁,80% 的食品依赖进口。吉布提境内可用土地的 50% 被作为永久性牧场,75% 的人口从事畜牧业。1965—2000 年,

① Agriculture in Burundi[EB/OL]. Wikipedia. (2010-10-20). http://en. wikipedia. org/wiki/Agriculture_in_Burundi.

牛、羊头数从 60 万头增至 130 万头,牧场普遍超载;耕地和森林面积仅占国土面积的 0.04% 和 0.2%,土地贫瘠,荒漠化严重。

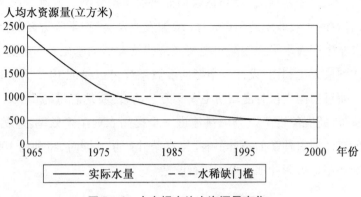

图 5—4 吉布提人均水资源量变化

吉布提临海,但海洋渔业规模很小,年均捕获量 350 吨,与每年 5000 吨的最大海洋渔业可持续能力相比,还有较大发展空间,但这要依赖于海洋环境保护。目前沿海地带的开发,城市废弃物的排放,石油开采和运输中的污染已经造成沿海生态系统的退化。

（三）目标与对策

人口增长迅速(图 5—5A)和生态脆弱是吉布提环境持续发展的主要障碍。1990—2009 年间吉布提人口年均增长率 2.36%,2009 年城市人口比例高达 87.8%,主要集中在首都吉布提市及其周边地区,但失业率却高达 50% 以上。1950—2002 年间吉布提城市人口增加了 10 倍,至 2025 年,还将增长 25%,届时城市人口将达到 80 万。人口增长速率与其缺乏耕地、降水稀少的恶劣环境完全不相适应,从而使水、食物的供给问题日益恶化,还伴随着农村饮水安全问题和对城市基础设施的巨大压力。因过度放牧而导致的草场退化和土地荒漠化趋势正在加剧,控制人口增长势在必然。2002 年以来吉布提人口增长速率有所减缓并维持在 1.6%—1.8% 左右(图 5—5B)。与此同时,1% 人口的饮水水源和 2% 人口的卫生设施得以改善。最近吉布提农业部与欧盟的一项国际合作,使 2.5 万农村人口获得洁净安全的饮用水。人均二氧化碳排放量也由 1990 年的 0.6278 吨/人下降至 2004 年的 0.4936 吨/人。但在增加森林面积方面尚未取得有效进展。近年海洋环境保护受到一定重视,政府已在沿海部分海域设定保护区,以保护珊瑚礁和沿海红树林。

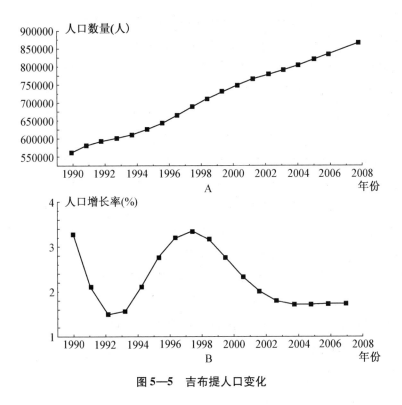

图5—5 吉布提人口变化

三、厄立特里亚

（一）背景

厄立特里亚境内气候、地貌类型多样,东部为狭长的红海沿海平原,气候炎热干燥,海岸线长达 1011 千米;西部为半干旱低地;中部是中央高地,海拔介于1500—2000 米之间,气候温暖,是世界上最古老的种植区,高地面积占全国的19%,生活着全国65%的人口。城市人口以每年6%的高增长率递增,但其中的69.9%仍生活于贫困状态。

（二）现状

淡水缺乏、土地退化、森林减少和生物多样性受到威胁是厄立特里亚面临的重要环境问题。

厄立特里亚仅有一条常年有水的河流,地表淡水匮乏,生产生活用水基本取决于有地域局限性的地下水,人均每年水资源量 1338 立方米,低于国际水压力警戒水平。国内95%的水量用于农业,但可耕地灌溉比例只有4%。据联合国开发计划署估计,厄立特里亚每年需水缺口 35 亿立方米。

受干旱气候影响,厄立特里亚土地荒漠化风险很高。尽管境内耕地有限,人们还是严重依赖农业。国内有可耕地 39.1 万公顷,永久性耕地 0.2 万公顷;适于耕作的土地仅有 6.3%;3/4 的耕农家庭平均抚养 7 个孩子,过着"靠天吃饭"的生活。日益增长的人口,迫使陡坡开荒,加剧水土流失的同时境内森林也处于不断减少中(图 5—6A),1990—2005 年,森林覆被率下降 0.6 个百分点;畜牧业集中于西部半干旱低地,水蚀、风蚀导致许多裸地;国内 63% 的土地严重退化。戈登·佐藤博士(Dr. Gordon Sato)研究发现,沿厄立特里亚海岸,红树林呈间断性分布,而不是沿海岸整体都有分布。其原因在于季节性降水通过陆地溪流将营养输给了红树林生长区,这足以从另一视角说明其内陆地区水土流失的严重性。受耕作业和人们对木质燃料需求的驱动,加之蓄意的森林火灾,使许多林地消失或退化,生物多样性受到严重威胁(图 5—6B),野驴、象、大捻角羚、果子狸等因栖息地破坏而处于濒危状态。人均二氧化碳排放量也还在增加,从 2000 年的 0.1625 吨/人至 2004 年的 0.1735 吨/人。

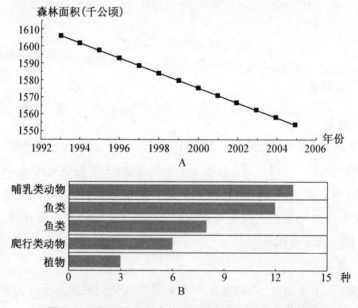

图5—6 厄立特里亚森林面积变化与受威胁物种数量

(三) 目标与对策

保护水源、森林、海洋生态系统是厄立特里亚未来重要的环境可持续目标。为此,厄立特里亚政府已将国内 3.2% 的地区辟为自然保护区;2006 年,又宣布政府将把国内全部的海岸都纳为环境保护带,沿红海海岸种植有超过 70 万株的红树林幼苗,长势茂盛。红树叶被作为饲料用来饲养山羊,最终为人们提供食物。通过这种种植红树林发展饲养业甚至是水产养殖业的陆—海经济基地的建设,海岸地带有望在不久的将来逐村实现自给自足的经济发展目标。另外,在国际组织和厄立特里亚政府的努力下,17% 人口的饮水水源得到了改善;2% 人口的卫生设施得到了改善。厄立特里亚还正在通过全球环境基金项目寻求与埃塞俄比亚、乌干达和坦桑尼亚等国建立太阳能光伏系统的可持续供应链,以减轻人们对木质燃料的过度依赖。最后,城市人口增速过快,城市贫困人口比例居高不下,也应该引起厄立特里亚政府的高度重视。

四、埃塞俄比亚

（一）背景

埃塞俄比亚国土面积居非洲国家第十位,人口居非洲国家第二位。地势中高周低,高原为主,且被东非裂谷带一分为二,四周有低地环绕,多为荒漠。大部分人口也分布于中部高原。高原西北部是青尼罗河发源地,贡献着尼罗河流域 2/3 的水量。

（二）现状

水利用率和水源安全、畜牧业引起的土壤侵蚀和土地退化、生物多样性和特有种受到威胁是埃塞俄比亚面临的重要环境问题。

埃塞俄比亚 12 条河流中 11 条流入周边邻国,尤其是提供着尼罗河水量的 78%,但国内留有的水资源量却不到 9%。[①] 换句话说就是埃塞俄比亚地表水资源相对丰富,但开发程度很低,分配也很不均匀。70% 的径流集中于每年 6—8 月,极端降水导致的频发的干旱洪涝在大规模农牧业减产和影响食物安全中扮演重要作用。如 2003 年的旱灾,导致 1000 多万人需要食物援助,GDP 产值减少 3.3%。埃塞俄比亚地表水资源利用程度低,水资源管理薄弱,目前国内仅有 22% 人口的饮用水源能够获得改善,这一比例是非洲国家中最低的。阿巴亚湖 20 世纪 70 年代末最大水深 8 米,水面积 4.72 平方千米,曾经提供周边地区生活、灌溉、饲养业尤其是水产业的重要水源。近年,政府推进并鼓励生

---

① United Nations Environment Programme. Africa Environment Outlook 2—Our Environment, Our Wealth [M]. Malta: Progress Press Ltd., 2006.

产市场型作物策略,环湖广泛种植换汇农产品阿拉伯茶,与此相伴的是湖区周围的人口增加以及生活、灌溉用水量增加,加之20世纪80年代以来气候增暖,湖水蒸发加快,阿巴亚湖湖面严重萎缩,盐分增加,周围10万人水供给中断。

荒漠化和土壤侵蚀在埃塞俄比亚非常普遍,地形坡度较陡的农产品种植区更为严重;过度放牧,载畜量远远高于撒哈拉以南非洲国家平均水平(图5—7);严重依赖木质燃料也驱动着土地退化。近年来人均二氧化碳排放量有明显增加,从1990年的0.058吨增加到2004年的0.1037吨。目前,国内中等退化至严重退化的土地面积占85%;70%的土地受荒漠化威胁。

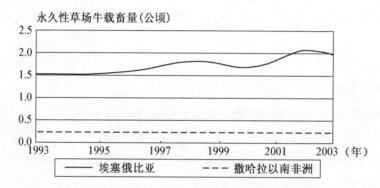

图5—7 埃塞俄比亚与撒哈拉以南非洲牛载畜量比较

气候和地形的复杂性增加了埃塞俄比亚生物资源的多样性,国内约有7900种动植物,特有种比例超过10%(图5—8)。然而随着农业垦殖、林木砍伐,湿地和森林面积趋于减少(图5—9),给生物多样性带来了威胁。20世纪初,埃塞俄比亚森林覆被率35%,1990年为13.8%,2005年下降至11.9%,每年减少森林面积1410平方千米,1990—2005年间,消失森林21000平方千米,濒危和受威胁物种已接近40种(表5—10)。

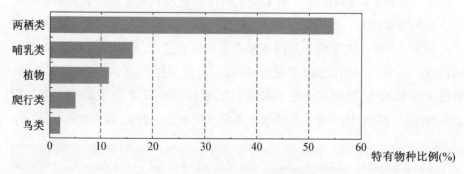

图5—8 埃塞俄比亚特有物种比例

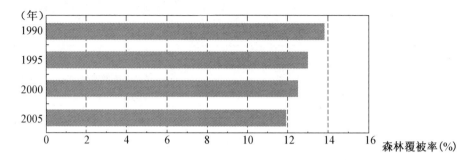

图 5—9 埃塞俄比亚森林覆被率变化

表 5—10 埃塞俄比亚受威胁及濒危物种①

严重濒危物种	濒危物种	受威胁物种
比伦沙鼠(Bilen Gerbil)	细纹斑马(Grevy's Zebra)	非洲象(African Elephant)
黑犀牛(Black Rhinoceros)	山薮羚(Mountain Nyala)	鳞掌沙鼠(Ammodile)
埃塞俄比亚狼(Ethiopian Wolf)	努比亚北山羊(Nubian Ibex)	贝里鼩(Bailey's Shrew)
古兰巴鼩(Guramba Shrew)	非洲野犬(African Wild Dog)	非洲野犬(Bale Shrew)
沙麝鼩(Harenna Shrew)		贝拉羚羊(Beira Antelope)
麦克米兰鼩(MacMillan's Shrew)		猎豹(Cheetah)
锡门北山羊(Walia Ibex)		沙羚(Dibatag)
		小鹿瞪羚(Dorcas Gazelle)
		格拉斯麝鼩(Glass's Shrew)
		大耳游尾蝠(Large-eared Free-tailed Bat)
		小蹄蝠(Lesser Horseshoe Bat)
		狮(Lion)
		穆尔兰鼩(Moorland Shrew)
		鼠耳蝠(Morris's Bat)
		鼠尾蝠(Mouse-tailed Bat)
		纳塔耳游尾蝠(Natal Free-Tailed Bat)

① Ethiopia[EB/OL]. Wikipedia. (2010-10-20). http://en. wikipedia. org/wiki/Ethiopia#Geography.

严重濒危物种	濒危物种	受威胁物种
		尼古拉鼠（Nikolaus's Mouse）
		东非三叉蹄蝠（Patrizi's Trident Leaf-Nosed Bat）
		红额瞪羚（Red-Fronted Gazelle）
		鲁普鼠（Rupp's Mouse）
		斯考特鼠耳蝠（Scott's Mouse-eared Bat）
		泽默林氏瞪羚（Soemmerring's Gazelle）
		斯氏瞪羚（Speke's Gazelle）
		斑颈水獭（Spotted-necked Otter）
		棱背鼠（Stripe-backed Mouse）

（三）目标与对策

保护森林、加强水资源管理是埃塞俄比亚改善当前环境问题的重要目标。

1. 森林保护对策

（1）重视自然保护区建设。国内已有 16.7% 的国土面积被设定为自然保护区。锡门国家公园自 1978 年收入世界遗产名录以来，在稀有动植物和森林保护方面起到了重要作用。这里山峰险峻，峡谷幽深，谷底的常绿阔叶林以及山顶的稀树草原、高地沼泽受到保护，狮尾狒狒、疣牛、猫、猎豹，薮猫、野猫、斑鬣狗、豺狗、薮羚、麂羚、岩羚、髯鹫、雕、红隼、兰纳隼、兀鹰以及只在该地生活的瓦利亚山羊、锡门狐、锡门豺等珍稀动物也受到保护。

（2）加强环保宣传。国内成立了埃塞俄比亚野生动物和自然历史学会等环保组织，在传播自然环境知识，支持环境资源保护和立法方面发挥着积极作用。

（3）多途径保护森林资源。政府也正在通过教育、造林、提供替代木材的原料等方式，保护现有森林不再遭受继续破坏。如对农村地区，政府就提供非木质燃料，并在非林地实施提高农业生产水平的措施，以保护森林栖息地。埃塞俄比亚联邦政府及地方政府正在与非洲农业 SOS 组织一道建立森林管理系统，投入 230 万欧元用于 80 多个社区的人员技术培训和灌溉技术改善，对保护森林资源减轻水土流失起到了一定作用。①

2. 水资源管理对策

埃塞俄比亚是世界上水资源占有量最低的国家之一,每人每年可用水资源1749 立方米,与法国、圭亚那等水资源占有量丰富的国家相比,人均量约相差500 倍之多。同时埃塞俄比亚也是世界上供水水质最差的国家之一。

(1) 水资源管理投入进一步加大。2005 年埃塞俄比亚水资源部划拨 7.16亿比尔(埃塞俄比亚货币)用于如灌溉、安全供水和流域开发,是过去投入的5.5倍。② 项目包括塔纳湖地区灌溉开发的可行性研究;吉尔格尔海湾项目的初步设计;杰玛(Jema)、利浦(Rib)、梅格西(Megech)大坝的建设;休姆拉和阿基奥得德萨(Arjo Dedesa)地区灌溉项目的初步设计;克塞姆(Kesem)、坦达欧(Tendaho)大坝以及灌溉设施开发项目的建设;瓦彼舍卑勒(Wabi Shebele)流域灌溉开发项目的设计和可行性研究。水资源部已经在欧若米亚(Oromia)、阿姆哈拉、提格瑞(Tigray)、本尼山古——古目(Benishangul-Gumuz)、甘巴拉和南部人口少于15000 人的各个城镇展开相关职员的招募工作,致力于改善城市安全供水问题和卫生项目。

(2) 加强国际合作,推广多重用水。埃塞俄比亚政府已经在境内推广多重水使用,并针对家庭用水的多元化需求作了相关尝试和了解。一些私人和组织机构也开始关注乡镇居民及牲畜水源改善、卫生安全设施、卫生问题和灌溉服务等问题。1990—2004 年,已有 10% 人口的卫生设施进一步得到改善,饮用水安全水平有所提高,该方面的国际合作也在进一步开展。1999 年,埃塞俄比亚作为"尼罗河流域组织"成员国之一,从平等利用共有的尼罗河流域水资源中受益,以实现社会经济的可持续发展为目标。中国中地海外建设集团埃塞公司自 2004 年成立以来,一直关注亚的斯亚贝巴的供水情况,积极参与钻井取水及水厂建设等一系列供水工程建设。在合作中,共钻井 32 口,钻井总长约 9000米,铺设各种口径的管道总长 50 千米,产水总量 800 升/秒,约合每天 7 万立方米,使亚的斯亚贝巴的自来水供应覆盖率从 48% 提高至 73%,每天为亚的斯亚贝巴提供 7.3 万立方米清洁用水,缓解了首都城市供水压力。

① J. Parry. Tree Choppers Become Tree Planters[J]. Appropriate Technology, 2006, 30(4),38-39.
② 埃塞俄比亚水资源部划拨 7.16 亿比尔用于项目投资[EB/OL]. 中国水利国际经济技术交流网.(2006-10-20). http://www.icec.org.cn/gwsldt/200610/t20061020_44817.html.

五、肯尼亚

(一) 背景

肯尼亚中部为赤道横穿,南北有东非裂谷纵贯,自然条件复杂多样。中部为地势较高的中央高原,被东非裂谷带一分为二,其中肯尼亚峰为非洲第二高峰,山顶有积雪;北部有图尔卡纳湖大部;西界是维多利亚湖的一小部分;东南临印度洋。自热带印度洋沿岸至北部平原区,气候类型多样。全国热带草原面积占 88%,为 50% 的牲畜和 70% 的野生动物提供栖息地。

(二) 现状

淡水不足和土地退化是肯尼亚面临的主要环境问题。土壤侵蚀、荒漠化和森林面积减少是肯尼亚土地退化的三个重要方面。目前,肯尼亚 83% 的土地易受干旱和荒漠化威胁;1990 年以来人们依旧高度依赖木质燃料,森林面积仍在继续减少,1990—2007 年,森林覆盖率下降 0.5 个百分点,覆盖率仅有 6%;肯尼亚高地农业生产集中,这里聚集了国内 3/4 的人口,耕地负荷很大;干旱半干旱地区放牧过度,旱灾频发,受荒漠化和干旱影响的牲畜头数超过 350 万头只;国内近 10% 的人口受旱灾影响。

肯尼亚境内多河流湖泊,20 世纪 60 年代,人均可再生水资源量 3000 立方米/人。随着人口的快速增长,1995 年以来人均可再生水资源量已低于 1000 立方米/人的国际水稀缺门槛标准(图 5—10),2007 年仅 935 立方米/人,预计 2020 年将减少至 359 立方米/人[1],2025 年将继续减少至 235 立方米/人,届时可再生利用的淡水资源量将下降至不足全球水平的 23%。[2] 国内河水流量减少、湖水水位降低、地下水源枯竭已经被证实,淡水资源严重不足。如巴林戈湖,里夫特山谷的主要水体之一,平均水深从 1921 年 15 米下降到了 2007 年的 1.8 米。从用水安全的角度看,肯尼亚国内安全用水量约占总用水量的 57%;基础卫生设施的使用率为 81%;落后的耕作方式、环境退化和蓄水区受到污染,尤其是有植被覆盖的蓄水区遭受到的严重破坏,常引发山洪、侵蚀、淤塞和农作物减产;作为撒哈拉以南非洲的主要工业国,肯尼亚持续增长的城乡人口

① United Nations Environment Programme. Africa-Atlas of Our Changing Environment[M]. Malta: Progress Press Ltd., 2008.

② 肯尼亚:水位降低隐现淡水危机[EB/OL]. 中国水网. (2007-01-07). http://news. h2o-china. com/html/2007/01/541111168105980_1. shtml.

已经超出了排水系统和公共卫生设施所能承受的范围,工业和城市水污染也尤为严重,容纳着71%城市人口的贫民窟里,废水几乎得不到任何处理,内罗毕基贝拉贫民窟面积为2平方千米,是非洲最大的贫民窟之一。国内工业品产量下降,洁净水源锐减,国内淡水资源的压力和饮用水安全的压力日益加剧,水资源开发量却不足20%。①

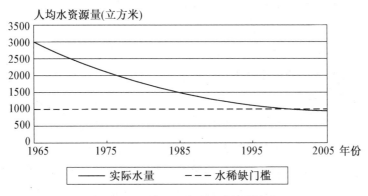

图5—10　肯尼亚人均水资源量变化

（三）目标与对策

1. 雨水集蓄

　　针对水资源问题,肯尼亚政府专门成立国家水资源管理战略组,为水资源的管理、存储、使用和控制提供指导,并对给水及排水服务实施管制。2006年政府已拨款11.5亿肯尼亚先令用于蓄水项目,其中包括在干旱地区修建水坝。如肯尼亚西南部卡贾多地区的吉萨马西雨水集蓄工程,通过修建微型水库储存雨水,水蓄存能力超过100万升,保障了当地小型蔬菜园的灌溉,妇女们也有更多的时间致力于经济活动,加强了当地的食物保障。目前,肯尼亚雨水集蓄量仅12300立方米,如果雨水在肯尼亚首都内罗毕得到有效收集的话,能满足600万—1000万人的水需求,可供应给每人每天60升水。

2. 源头治理与跨界水资源合理利用

　　肯尼亚作为整个东非供水的水塔,境内河流的65%流向邻国,维持着广大地区的生命。如肯尼亚提供着维多利亚湖和尼罗河上游总水量的45%,河流源头水塔的水质与环境恶化严重影响着相邻国家。为此肯尼亚制订《国家水

---

①　肯尼亚水利与灌溉部警告该国将面临严重的缺水窘境［EB/OL］.（2006-06-02）. http://www.hh-pdi.com/yeji/ShowArticle.asp？ArticleID=2093.

资源管理战略草案,2005—2007》,希望源头环境能够得到最大限度的保护和修复。这些源头水塔包括阿伯德尔(Aberdares),肯尼亚山(Mount Kenya),埃尔贡山(Mount Elgon)等,它们不仅为肯尼亚的北部、中部和东部供水,而且流向埃塞俄比亚、索马里、维多利亚湖、坦桑尼亚和乌干达。有关源头治理要与森林保护和土地修复密切联系,需要建立包括人口、土地覆被与利用、土地退化、能量生产、灌溉及技术、水供给、气候变化、降雨模式和可变性等在内的可靠数据库。

《国家水资源管理战略草案(2005—2007)》还指出,跨界河流的水资源、水供给、水质及其调配使用议题都应该得到优先考虑。通过跨边界河流保护和水资源合理利用来确保河水的流动和可用性,抵消水资源的日益退化。然而跨界水资源的利用与保护却始终缺乏有效机制。如尼罗河是一条国际河流,是埃及、苏丹、厄立特里亚、埃塞俄比亚、乌干达、肯尼亚、坦桑尼亚、布隆迪、卢旺达、刚果(金)10 个国家近 3 亿人口的生命线。但长期以来,由于历史原因形成的《尼罗河水协定》确立了埃及对尼罗河水使用的优先权,埃及和苏丹两国共享尼罗河水(年总量约 740 亿立方米)的 555 亿立方米和 185 立方米,未经埃及同意尼罗河上游或支流上不得兴建工程。而新的《尼罗河合作框架协议》则规定尼罗河流域的埃塞俄比亚、乌干达、卢旺达、坦桑尼亚和肯尼亚等国可以均等分享尼罗河水资源,并有权在不事先告知埃及和苏丹的情况下建设水利工程。可见,沿河国家在如何合理分配和利用尼罗河水资源的问题上一直争论不休,急需建立跨界水资源管理的有效模式。

3. 森林与湿地保护

肯尼亚地理环境复杂,以数量惊人的野生动植物而闻名于世。大裂谷在肯尼亚境内长约 800 千米,两侧断崖陡峭,底部是开阔的原野。裂谷两侧为非洲第一高峰乞力马扎罗山和第二高峰肯尼亚山,谷底有包括图尔卡纳湖、纳瓦沙湖、纳库鲁湖、马加迪湖等在内的 20 多个狭长湖泊,不仅物产丰富,而且也是各种野生动物赖以栖息的家园,森林与湿地的管理保护显得尤为重要。

肯尼亚政府自 1963 年脱离英国殖民统治而独立以来,就制定了非常严厉的野生动物保护政策,先后建有 40 多个保护区。如世界最大的马赛马拉国家野生动物保护区(Massai Mara Game Drive Reserve)内狮子、猎豹、大象、长颈鹿、斑马等野生动物比比皆是。纳库鲁湖国家公园内 450 种鸟类和白犀牛、长颈鹿、狮子、野牛、羚羊、斑马、鬣狗、疣猴、狒狒、狐狸等野生动物受到保护,以火烈鸟最为著名。内罗毕国家公园有世界唯一的位于首都城市的国家公园,这里保护着100多种哺乳动物和400多种迁徙鸟类。马拉河(Mara River)是众多尼罗鳄、河马的家园及野生哺乳动物的生命线。纳瓦沙湖周边有大片纸莎草沼泽,湖沼中生活着河马和多种水禽,盛产鲈鱼和非洲鳄鱼。图尔卡纳湖国家公园,从1997年的锡比洛伊/中央岛国家公园(Sibiloi/Central Island National Parks)至2001年的图尔卡纳湖国家公园群(Lake Turkana National Parks),保护区范围得以明显扩展,为众多鸟类和沙漠环境动植物研究提供场所;湖区盛产尖吻鲈、虎鱼、多鳍鱼和各种罗非鱼,还是尼罗河鳄鱼重要的非洲繁殖地之一。肯尼亚西部卡卡梅加(Kakamega)丛林、肯尼亚山高地森林、阿布戴尔(Aberdares)高原森林、阿拉布口—索口科(Arabuko Sokoke)沿海森林等是国内重要的森林保护区,鸟类、昆虫、爬行类、灵长类动物的栖息地。近年,海岸旅游业的繁荣和海岸地带70%人口的建房和薪材对红树林柱的依赖,端部直径8—13厘米之间的红树林柱遭受过度砍伐,海洋生态系统管理与保护得到进一步重视。如位于基利菲区蒙巴萨以北100千米处的米达(Mida)河或瓦塔姆(watamu),在海洋生态系统研究方面取得不少成果,为红树林更新保护、近岸珊瑚礁、泥滩、鸟类庇护奠定了基础。

六、卢旺达

(一)背景

卢旺达是非洲面积不大的内陆山国,位于赤道以南,因海拔较高发育热带温暖气候,每年有两个雨季和两个旱季。丘陵山谷组成中部高原,东部边界为湿地沼泽,北部为一系列火山链,西部山地充当尼罗河和刚果河两大流域的分水岭。地表水相对丰富,水域面积占国土面积的8%。

(二)现状

卢旺达土地的人口压力巨大,土壤侵蚀,森林和生物多样性较少是当今卢旺达面临的主要环境问题。历史上,卢旺达曾一度被森林广泛覆盖,但目前原始森林仅存于西部山区,东部的沼泽森林长廊也仅存几小片。尽管国内森林面积自1990年以来有增加,但人们对土地和木质燃料的高度需求仍然使现存天然森林受到威胁。甚至某些国家公园内的天然森林仍在继续遭受巨大破坏,图5—11A和图5—11B就显示了吉什瓦提(Gishwati)保护区内森林的退化。1986年7月19日和2001年12月11日两幅照片显示,吉什瓦提(Gishwati)保护区

原有的 10 万公顷森林目前只剩下 600 公顷,损失了 99.4%。图 5—12A 和图
5—12B是卢旺达东部沼泽森林和湿地的退化情况。在一个多雨和多山的国家
里,如此大面积的森林消失除了导致巨大的生物多样性损失之外,还会引发土
壤侵蚀、退化和坍塌等一系列环境问题。

A. 1986年7月19日吉什瓦提保护区影像　　B. 2002年12月11日吉什瓦提保护区影像

图 5—11　卢旺达吉什瓦提保护区内森林退化

 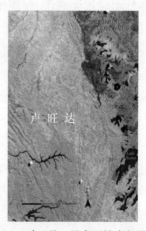

A. 1999年11月13日卢旺达东部影像　　B. 2004年7月21日卢旺达东部影像

图 5—12　卢旺达东部沼泽森林与湿地退化

卢旺达是非洲人口密度最大的国家之一,人口密度 394 人/平方千米以上,
80%的人口依靠土地从事农业活动,1965—2005 年国内木质燃料生产也一直
呈上升趋势[1],这足以造成土地资源和生物多样性巨大压力。卢旺达境内有大
面积的肥沃火山灰土,但人口压力导致过度垦殖,耕地退化并不断向陡峭的坡

---

① United Nations Environment Programme. Africa-Atlas of Our Changing Environment[M]. Malta: Progress Press Ltd., 2008.

地扩展,全国50%的土地成为可耕地,98%的潜在耕地已被开发利用,71%的耕地遭受严重退化,每年流失的土壤生产的作物可供养4万人食用。与此相伴的是许多自然生态系统被改变或破坏,湖泊湿地遭受淤积,很多动植物物种消失。采矿、农业等人类活动导致的自然栖息地转化以及外来物种入侵造成的生境丧失是其主要威胁。据估计,国内有115个植物物种、11种哺乳动物、4种鸟类(鲸头鹳、谷劳氏短翅莺、银色娇莺、非洲或刚果谷仓猫头鹰)等受到濒临灭绝的威胁。[①]

由于可耕地资源的减少,城市人口以每年12%的速度增长,卢旺达是非洲城市化速率最高的国家,而87.9%的城市人口属贫困人口,50%以上人口的基本卫生条件尚不能得到保障和改善。

(三)目标与对策

卢旺达丰富的水资源和生物多样性以及独特的地貌,是该国的人民生计、经济和社会结构的基础。然而目前这一切都变得非常脆弱,面对环境退化和气候变化的影响,政府发布了一系列针对环境管理的新政策和法律,并在其《2020远景目标》和《经济发展和减贫战略中》纳入了极具前瞻性的可持续发展和环境保护战略。

卢旺达已经采取的绿色举措包括:颁布有机环境法;设立卢旺达环境管理机构;制定生物多样性和野生物种政策;开展相关项目遏制气候变化的影响,包括保护湿地和森林,在全国范围开展植树活动;保护河岸和湖滨,从而保护生物多样性;对保护区周边的社区开展旅游收入分享计划;全国禁用无法生物降解的塑料袋;在全国范围内开展"乌姆冈达"(Umuganda)社区工作,活动包括垃圾清理、植树和城市绿化;在基加利开展垃圾收集,将垃圾回收并再造成块状薪柴替代品;开发可再生能源(沼气、太阳能、水电)并在学校、家庭和公共及私营机构中推广雨水收集。通过造林,国内森林覆被率已经由1990年的12.9%上升至2005年的19.5%,人均碳排放也从1990年的0.0724吨下降至2004年的0.063吨。

卢旺达位于东非大裂谷西侧的阿伯丁生态区的腹地,是动植物生物多样性的重要国家。该国拥有非洲哺乳动物物种总数(402个物种)的40%,1068种

① United Nations Environment Programme. Africa-Atlas of Our Changing Environment[M]. Malta: Progress Press Ltd., 2008.

鸟类,293 种爬行动物和两栖动物,5793 种植物。生物多样性主要体现在国家公园、自然森林和湿地三类保护区。如火山国家公园(Volcanoes National Park)、阿卡格拉国家公园(Akagera National Park)、纽恩威国家公园(Nyungwe National Park)、西部省自然山区林地、东部湖沼湿地等。2005 年保护区面积占国土面积的 7.6%,较 1990 年的 3.9% 有了较大幅度提高。继续保护生物多样性也是卢旺达发展旅游业的基础。

七、索马里

(一)背景

索马里位于非洲之角,地势相对平坦,亚丁湾沿岸和印度洋沿岸拥有 3330 千米的海岸线,全年气候干热,年降水量不足 280 毫米。

(二)现状

干旱和水资源匮乏是索马里面临的最大环境问题,同时相伴的还有森林退化、过度放牧、荒漠化、生物多样性水平降低等问题。索马里气候干旱,天然降水的变率很大,平均 2—3 年一次干旱,干旱之后紧随洪水。在干旱的索马里北部和东部,深井成为人们唯一的淡水水源。南部朱巴河和谢贝利河常年有水,在国家经济社会发展中扮演重要角色;受海啸影响地区的许多水井常常被堵塞或掩埋。总体来看,索马里水资源安全水平极低,仅 29% 的人口能够达到饮水安全。国内 70% 的土地被用作牧场,畜牧家禽产品占全国 GDP 产值的 40%,100% 的土地面临荒漠化威胁。

索马里境内查明植物物种的 17% 属特有种,特有的花卉植物种类居非洲大陆第二。沿海地区有丰富的珊瑚礁、红树林、海鸟群和海龟繁殖区,当前破坏严重而基本上未受任何保护。虽然大多数鱼类种群的状况是未知的,但鲨鱼、龙虾和其他一些鱼类被过度捕捞是可以肯定的。1995 年每条渔船的鲨鱼、龙虾、鱼获量分别为 620 千克、430 千克、200 千克,2005 年分别降低为 220 千克、90 千克、45 千克。鱼产品大量出口而换汇,外国船队非法捕鱼等是索马里渔业生产不断下降的主要原因。包括黑犀牛、大象在内的许多野生动物也因过度捕杀而从其名录中消失。土地退化多与相关的农业活动有关,并且缺乏官方保护。国内木炭产量由 1965 年的 20 多万吨增至 2005 年的 80 多万吨,森林的压力与日俱增。

（三）目标与对策

索马里离很多环境可持续目标还很远。20 世纪 80 年代以来,频繁的国内冲突极大地冲击了国内的资源环境管理。1990—2005 年,国内保护区面积一直停留在 0.7% 的水平,森林覆被率从 1990 年的 13.2% 降至 2005 年的 11.4%,有安全饮用水和卫生设施保障的人口比例均不足 30%。加大官方资源环境管理力度是改善以上环境问题的关键。

八、乌干达

（一）背景

乌干达气候湿热,年降水量 1000—2000 毫米,境内河流湖泊众多,东南临维多利亚湖,中部是基奥加湖,西部有阿尔伯特湖、爱德华湖、乔治湖,北部缓缓倾向苏丹平原,中南部排水不良,环河湖周围多有沼泽湿地分布,河流几乎属尼罗河水系。境内仅有 7% 的干旱半干旱区,是水源充足、土地肥沃的东非内陆国,湿地比例高达 13%。[①]

（二）现状

土地退化、森林和生物多样性减少、水环境遭受污染是乌干达目前面临的主要环境问题。乌干达属传统农业国,耕地占国土面积的 1/3,71% 的土地都适合作为潜在可耕地。鉴于农村人口的快速增长,大量湿地被排干作为农用,林地转为耕地的现象也极为普遍。湿地和林地的减少,加之偷猎和外来物种入侵,使得生物多样性面临较大威胁。羚羊、象、犀牛、河马、长颈鹿、水牛数量与 1960 年相比减少率均在 70% 以上;森林覆被率由 1990 年的 25% 降至 2005 年的 18.4%。当然,人们对木质燃料的过分依赖也是乌干达森林减少的另一重要原因。土地数量因湿地和森林减少而增加,但长期以来土地投入缺乏,垦殖过度,土地退化比较严重,有些地区严重退化土地的比例可高达 80% 以上。土地退化带来的损失占全国环境问题造成总损失的 80%。

地表水污染也是不容忽视的问题。乌干达每人每年拥有的可再生水资源量已从 1965 年的 4800 立方米,减少为 2005 年的不足 1500 立方米。除了人口增长因素外,水污染导致的可用水资源量减少也有重要影响。如坎帕拉市区和

① United Nations Environment Programme. Africa-Atlas of Our Changing Environment[M]. Malta: Progress Press Ltd., 2008.

卡兰加拉岛饮用水源地维多利亚湖的污染就很严重,加巴、姆钮钮、那基乌波和鲁兹拉湖湾地区的水面上到处覆盖着发臭有毒的海藻,且有向整个湖区蔓延的趋势。未经处理湖水饮用后可导致水传播病,如霍乱、痢疾和腹泻等。居民生活垃圾和工业废水是引起维多利亚湖水被污染的主要污染源。

(三) 目标与对策

1. 实施跨界水资源管理与保护

乌干达95%的水域为跨境水域,水环境一旦出现问题,波及面就比较广。维多利亚湖是最重要的跨界水源区,湖区为乌干达、坦桑尼亚、肯尼亚三国共享,同时充当尼罗河上源的跨界湖泊。30%以上的东非人口依赖维多利亚湖及其流域来生活。

根据乌干达金贾(Jinja)站历史上105年的水位观测记录,维多利亚湖湖水水位年际的涨落幅度还是比较大的,如1961—1962年的大暴雨曾导致湖水位上涨2米,2005—2007年的连续干旱导致水位又降低2米以上。20世纪60年代以来,湖区半径100千米范围内人口增长十分迅速,而同期湖泊水位又长期趋向下降,人均可用水资源数量不断下降。从湖区水质看,乌干达沿岸的瓦兹门亚湾(Wazimenya Bay)、默奇森湾(Murchison Bay)、噶贝罗湾(Gobero Bay)、布考湾(Buka Bay)沿岸和肯尼亚境内的维纳姆(Winam)湾都面临严重挑战。包括严重的淤积、有毒物质排放、富营养化、物种入侵等。维纳姆湾东西长约100千米,南北宽约50千米,岸线550千米,平均水深6米,是湖区人口最为密集的地带,人口和城市扩张产生了大量污水,未经任何处理就被排入松高罗(Sondu-Miriu)、奇伯(Kibos)、尼亚多(Nyando)、奇赛(Kisat)四条河流,继而以231立方米/秒的流量流入维纳姆湾。维纳姆湾也是湖区水葫芦入侵最严重的岸段。目前湖区面临的水质变差、水量波动和物种入侵等水环境问题,迫切需要实施多国参与的水源保护与水资源管理。维多利亚湖流域委员会(LVBC)的成立正是这种约定的成果。

2. 水土结合加强小流域治理

土地退化也是乌干达环境问题的重要表现。气候变化、土地管理不善、过度放牧、砍伐树木等是其主要原因。以前曾经绿化良好和肥沃的土地,或因干旱而荒漠化,或因侵蚀而贫瘠化,并有蔓延趋势。土壤生产力下降,农作物减产,最终导致食品短缺。乌干达针对其贫困面广、人口增长率高、水土资源管理分散、缺乏结合等国情,提倡小流域治理并取得了一些进展。全国启动了8个小流域治理项目：乌干达境内维多利亚湖治理，维多利亚湖下游流域治理，汇入基奥加湖的尼罗河下游流域治理，爱德华湖和乔治湖流域治理，爱德华湖下游汇入阿尔伯特湖流域治理，阿苏瓦河流域治理，阿尔伯特尼罗河小流域治理，基德博流域治理。但也面临新的问题，如流域治理方面的数据不足，包括洪灾、旱灾和相关灾害数据；考虑气候变化情境不充分；应对极端气候变化事件的能力不足等。

第六章

西部非洲资源与环境

西部非洲(Western Africa)通常是指非洲大陆南北分界线和向西凸起的大部分地区,东至乍得湖、西濒大西洋、南到几内亚湾、北为撒哈拉沙漠,简称西非。本区海拔200—500米,北部为沙漠,中部属苏丹草原,南部为狭窄的沿海平原,全境地势低平,气候和植被有明显的纬度地带性。同时也是地理、人种和文化的过渡地带。

按照《非洲环境展望2》的分区,西非包括贝宁、布基纳法索、佛得角、科特迪瓦、冈比亚、加纳、几内亚、几内亚比绍、利比里亚、马里、毛里塔尼亚、尼日尔、尼日利亚、塞内加尔、塞拉利昂和多哥16个国家;面积约613.803万平方千米[1],2009年人口2.98619亿[2],占全非总人口(10.08354亿)的29.62%。其中黑人约占总人口的85%,其余多为阿拉伯人。本区所产金刚石约占世界总产量12%,铝土矿约占非洲总产量90%以上,可可和棕榈仁均占世界总产量50%以上,棕榈油约占38%,花生约占11%,咖啡、天然橡胶在世界上也占有一定地位。

第一节　西部非洲地理环境概况

一、地质基础古老

根据现有资料,非洲大陆包含8个古老陆核,位于西非境内的有两个,塞拉

---

① United Nations Environment Programme. Africa Environment Outlook 2—Our Environment, Our Wealth [M]. Malta: Progress Press Ltd., 2006.

② African Development Bank Group, African Union, Economic Commission for Africa. African Statistical Yearbook[G]. 2010.

利昂—象牙海岸(Sierra Leone-lvory Coast)古陆核和毛里塔尼亚(Mauritania)古陆核。前者的主要组成岩石是云母片岩、石英岩、钙质岩、铁岩和变质岩的基性及酸性火山岩。它们遭到同一运动期花岗岩及伟晶岩的侵入。这些地层的年龄约 28×10^8 年;后者由变质沉积岩和变质火山岩组成,其年龄约在 25×10^8—26×10^8 年。这些古陆核在经受侵蚀及后期的地壳变动以后,往往成为沉积作用和火山活动的场所。

在距今 $185 \pm 25 \times 10^7$ 年前后,非洲大陆发生了相当广泛的地壳运动。8 个古陆核合并成 4 个稳定的克拉通(Craton),其中西非(West African)克拉通位于西非境内,相对于其他克拉通来说,西非克拉通较稳定。在距今 $11 \pm 2 \times 10^5 a$ 时,非洲中南部发生的一次重要的造山运动,对西非克拉通没有多大影响,而使固结硬化的吉巴里德带附加到安哥拉—开赛及坦桑尼亚这两个克拉通的边缘而连成一个刚果克拉通;而纳马夸兰—娜塔尔带也和罗德西亚—特朗斯瓦克拉通结合而形成卡拉哈里克拉通。它们和西非克拉通形成非洲三个稳定的地区。克拉通境内也有后期的沉积物,表明在沉积以后,只经过造陆运动而没有经过造山运动。

晚古生代至早中生代的造山运动使位于边缘的毛里塔尼亚(Mauritanides)褶皱带并入非洲大陆。西非地区广泛分布着奥陶纪海相砂岩,其中毛里塔尼亚可见寒武纪海相地层,几内亚、加纳等地区可见志留系海相地层。在石炭纪中晚期发生的海西运动产生了毛里塔尼亚山脉,它呈南北向,从摩洛哥延伸至几内亚。山脉的老地层发生变质,向东倾斜,在部分地区掩覆于平整的古生代地层上。在大陆的其他部分,运动表现形式为大规模隆起和沉降。西非还可以发现古新世海相地层,及始新世、渐新世、中新世海相地层。

二、台地和高原为主的地形特征

西非处于非洲的西部,隶属于低非洲,大部分地区海拔不高,沿海低地海拔都在 200 米以下,广大内陆一般海拔在 200—500 米之间,仅南部有一些海拔较高的山地。西部非洲主要地貌类型有高原、台地与沿海平原。还有一些地区广泛分布着由断裂作用造成的延伸几百千米、高达几十米至几百米的阶地。沿海平原的河川密度大,尼日尔河三角洲是西非也是非洲最大的冲积平原。

(一) 具有"西非水塔"之称的富塔贾隆(Fouta Djallon)高原

富塔贾隆高原位于几内亚中西部山岳地区,是由山地、高原和深谷组成的一个风貌奇特的自然区。系断层发育、侵蚀强烈的砂岩高原,高原面破碎,桌状地形发育,面积 77700 平方千米,约占几内亚国土面积的 1/3,海拔 500—1000 米;最高峰卢拉山(Loura)1537 米。气候温和,年雨量 1500—2000 毫米。高原水系密集,巨大水源蜿蜒曲折冲出山外呈放射状向四周奔流,瀑布众多,富水力,自然蕴藏量 983 万千瓦,西非尼日尔河、塞内加尔河和冈比亚河等均发源于此,素有"西非水塔"之称。该地区铁壳土分布广泛,形成铁质石漠景观,当地称"博瓦尔"。因为该区草原广阔,成为几内亚主要牧区。农作物以福尼奥(饿稻)、薯类、柑橘为主。图盖、达博拉一带蕴藏丰富铝土矿。[①]

(二)几内亚高原(Guinea Highlands)

几内亚高原大部在几内亚东南部,并向东西分别延伸至塞拉利昂和利比里亚北部以及科特迪瓦西北部。海拔 1000—1500 米,最高峰洛马山 1947 米。这里山高谷深,水系密布,气候潮湿,热带森林广布,是西非最长和最重要河流尼日尔河的发源地。一些山峦踞于高原之上,包括宁巴山脉(Nimba Range)、洛马曼萨(Loma Mansa)山、蒂吉群山脉(Tingi Mountains)、桑坎比里瓦(Sankanbiri-wa)山等。高原区居住土著部落民族,种植水稻、玉蜀黍、油棕榈、咖啡和可乐果等。宁巴山和锡芒杜山蕴藏丰富赤铁矿,品位 66% 以上,总储量约 90 亿吨。1960 年代初开始开采宁巴山脉的大量铁矿藏。[②] 此外还有金刚石开采。

(三)乔斯高原

乔斯高原位于尼日利亚中部,介于尼日尔河及其支流贝努埃河之间。全长 400 千米,宽 160 千米。平均海拔 1200—1400 米,最高峰谢雷山 1780 米。索科托、卡杜纳、贡戈拉等河发源于此。高原面起伏平缓,有岛山和死火山锥点缀其间;四周受强烈切割,西部、南部边缘断崖耸峙,多瀑布和深谷。这里年平均温度较高,降雨量 1000 毫米左右,旱、雨季变化明显。

三、典型的热带气候

西非区大约处于北纬 5°—北纬 25°间,全区终年高温,热带海洋气团与西南风是降雨的主要来源。因区间热辐合区随季节南北移动,夏季有来自大西洋暖流的西南季风,带来充沛的降水;冬季吹拂来自内陆撒哈拉沙漠的东北季风,

---

① 富塔贾隆高原[EB/OL]. 百度百科. [2012-11-11]. http://baike. baidu. com/view/640085. htm.
② 几内亚高原[EB/OL]. 百度百科. [2012-11-11]. http://baike. baidu. com/view/142495. htm.

也称哈马丹风,冬季少雨。由于地形平缓单调,距离几内亚湾的远近成为影响降水变化的主要因素。靠近几内亚湾的赤道附近是西非降水量最多的地区,由此向北,雨量逐渐减少,直至出现半干燥及极干燥的沙漠,等雨线分布大致与纬线平行,每向北递减一纬度,雨量减少近 100 毫米。(1)沿海地区多雨,年雨量通常 1500 毫米以上,多的地段 3000—4000 毫米,甚至超过 10000 毫米,有两个雨季;月均温 25℃ 以上,但 32 ℃ 以上高温很少出现。年较差很小,一般在 6 ℃以内,赤道附近最小,约 2℃左右;日较差稍大,但也多在 8℃—16 ℃ 之间,为热带雨林气候,这里因湿度大,人们有闷热之感。西非的赤道几内亚、尼日利亚的尼日尔河三角洲及其以东的部分,以及利比里亚、塞拉利昂、几内亚等属该气候类型。(2)北纬 8°—北纬 17°之间,雨量减少,干季增长,每年一个雨季,非雨季也有相当的雨量,并不显得干燥,形成热带草原气候,渐成草原景观,农业和畜牧业兼而有之。(3)北纬 17°以北,距海较远,全年气候干燥,气温变化剧烈。在晴朗夏日的气温曾高达 58℃,月均温常在 35℃ 上下;在冬季,平均温度只在 16℃ 上下,偏北地区且有结霜现象;因此,年较差很大,一般在 17℃—22 ℃ 之间。这是当地空气干燥,白天日照强烈,夜间地面辐射强烈的结果。本气候区降水量极少,一般在 100 毫米以下,少的地区只有几毫米,甚至完全无雨;降雨的形式多系猛烈的雷阵雨,属热带干燥气候,成荒漠景观。本区气候及自然景观明显呈与纬度平行带状分布。

影响西非的气团主要有赤道大陆气团和赤道大西洋气团。赤道大陆气团是活动在扎伊尔盆地一带的气团。它的源地是热带海洋,所以温暖潮湿;在进入西非地区后,由于和更热的地面接触,它的性质逐渐改变,下层剧烈增温,呈不稳定状态。在它控制下的天气,燠热郁闷,常产生雷雨。赤道大西洋气团具暖湿的性质,南半球的东南信风,过赤道后偏转而成西南风,形成非洲西岸中部几内亚湾一带的西南季风。它是西非区雨水的来源。

位于西非境内的辐合带主要由几内亚西南季风与哈马丹风及其他偏北风辐合而成;热带辐合带的北侧是干而热的哈马丹风,南侧是温度较低而非常潮湿的西南季风。一般将西非辐合带分为五个部分。甲带:在热带辐合带的北侧,完全处于哈马丹风控制之下。该带的天气是干燥无雨,白天非常炎热,入夜稍凉,昼夜皆有强风。乙带:在热带辐合带的甲带南侧,宽为 200—300 千米。本带的地面为西南季风,风的厚度小,上空为哈马丹风。一般天气是云多雨少,有时有雷雨;气温比甲带稍低,白天在 30℃ 上下,夜间可降在 20℃ 上下;风力微弱。丙带：在乙带之南,宽约 800 千米。本带内西南季风的厚度加大,扰动增强;雨多,雨量大且雨势猛;气温仍高,但日较差减小;风力时强时弱。丁带：在丙带之南,宽约 300 千米,西南季风在该带内的厚度比丙带更大,降下的雨量也更多,雨期较长而强度较小;气温稍低,白天为 26℃—30℃。戊带：这是最南的天气带,大部分时间在海上,盛夏可移行到陆上;西南季风在本带内层结的稳定性较高,云量虽大,但雨水比前两带皆小;气温和丁带差不多,夜温稍低。①

西非热带辐合带在北纬 5°—北纬 20°之间摆动。它在 2 月开始向北移动,8 月到达其最北位置,以后向南回返,1 月至其最南界限。

几内亚湾沿岸是非洲赤道热带多雨区向西延伸的一部分,这里盛行来自南大西洋的暖湿西南风。从几内亚到利比里亚一带的海岸线走向几乎与西南风行进的方向垂直相交,自海岸向内陆不远地势即逐渐隆升为高原山地。在这样有利的地形条件下,西南风的水汽大量凝结成雨,降雨量一般都在 2000 毫米以上,个别地段超过 4000 毫米。几内亚湾东端,从尼日尔河三角洲到喀麦隆一带,因类似地理条件而形成另一大面积多雨区,年降水一般在 2000 毫米以上,沿海部分达 3000 毫米以上。喀麦隆山超过 4000 毫米,在阻截并迫使西南风强烈上升的迎风坡,年降雨量超过 10000 毫米。象牙海岸到尼日尔河三角洲以西地段,年降雨量较少,一般在 1000—2000 毫米之间,加纳东部的沿海甚至在1000 毫米以下。造成这一情况的原因有三：海岸线的走向与西南风的移行方向大体平行,或者形成很小的交角;地面起伏不大,海拔不高,对西南风上陆以后的阻截抬升作用不强;加纳以东,岸外的离岸海流也有一定的影响。

四、海岸地貌类型多样

非洲海岸是冈瓦纳古陆断裂的产物,断裂形成的陡壁是其基本形态,沿岸海湾岛屿少。西非大西洋沿岸海岸地貌类型多样。

(一) 海湾

西非大西洋沿岸见有两个主要海湾：几内亚湾(Gulf of Guinea)和贝宁海湾(Bight of Bonny)。

几内亚湾是西非海岸外的大西洋海湾,亦是世界上最大的海湾。其西起利比里亚的帕尔马斯角,东至加蓬的洛佩斯角。沿岸国家有利比里亚、科特迪瓦、

---

① 刘德生. 世界自然地理[M]. 北京：高等教育出版社,1986.

加纳、多哥、贝宁、尼日利亚、喀麦隆、赤道几内亚、加蓬，以及湾头的岛国圣多美和普林西比。几内亚湾海岸可与从巴西到圭亚那的南美海岸凹凸形态吻合，为大陆漂移理论提供最清楚的论据。几内亚湾沿岸除塞拉利昂到几内亚比绍的比热戈斯群岛（Bijagos Archipelago）间，以及比夫拉湾（Bight of Biafra）内大陆架较宽，达 160 千米外，其余岸段的大陆架狭窄。尼日尔河以全新世泥沙堆积了一大片三角洲——非洲和南美板块间的契合只有在这里被严重破坏。

贝宁海湾亦称邦尼湾，也是西非海岸的大西洋海湾。从圣保罗角（Cape St. Paul，加纳）向东延伸 640 千米至尼日河农（Nun）河口（尼日利亚），位于几内亚湾内。有尼日河三角洲部分水系以及锡奥、哈霍、莫诺、库福、韦梅、贝宁和福卡多斯等河流注入。沿湾主要港口有洛美、科托努和拉哥斯。

（二）海岸

西非大西洋沿岸主要的有下列几种海岸：

1. 沙坝与潟湖海岸

分布于大致从圣安角（Cape St. Ahn）到拉各斯以东 900 千米内的地带。岸外海水很浅，减弱了海浪前进的力量，使其在离岸不远处堆积成沙坝，坝后近陆处形成了潟湖。这些潟湖是优良的天然航道，但因太浅，大船不能通过。西非的重要海港都要在沙坝区挖掘人工航道，以便船只出入。有些地区的潟湖逐渐被河流沉积物填塞，分裂成复杂的沙岛和水道体系；有的则已成为沼泽而接近于消失。有些地区的沙坝地带偶然出现一些岩石构成的岬角，在以前常常被选作贸易或防卫的基地。①

2. 里亚斯式海岸

这种类型的海岸从塞内加尔的达喀尔起向东南延伸到塞拉利昂，大约长1000 千米。它是低地和河口被上升的海面淹没的产物。它的突出形态是呈锯齿状的一系列深入陆地的小湾和罗列岸外的小岛。这里有较多的天然良港。

3. 上升海岸

上升海岸由地壳上升运动而形成。塞拉利昂、利比里亚、象牙海岸、加纳沿海都有这类海岸。塞拉利昂的上升海岸有两级，其高度分别为 45 米和 12 米。

4. 河口湾

冈比亚河的河口可见有较大规模的河口湾，深入内陆达 15 千米，下端近海

---

① 刘德生. 世界自然地理［M］. 北京：高等教育出版社，1986.

处宽达 10 千米,上端为 2—3 千米,是由地壳下降形成的。

5. 三角洲海岸

尼日尔河三角洲为西非典型的三角洲海岸,外缘呈弓形,弧形海岸延长约
480 千米,河口位于弧的最突出部分,这里沉积作用旺盛,各河都很浅,只有很
短的河段可以通航。三角洲上陆地运输也很困难,原因是沼泽遍布。

(三) 沿岸沙洲和岛屿

在有强风和强沿岸流的海岸,发育着范围不等的沿岸沙洲。冈比亚的班珠
尔城就位于一个钩状的沙嘴上。这个沙嘴是在冈比亚河水入海并与西南风推
动的沿岸流相遇而减缓流速的地区,由河流自内陆带来的沙泥与从沿岸砂岩剥
蚀下来的砂粒堆积而成的。

加那利群岛是西非大西洋中的主要群岛,属火山群岛,东距非洲西海岸约
130 千米,岛群呈弧形展布,长约 480 千米。由特内里费、大加那利、帕尔马、戈
梅拉、费罗、兰萨罗特、富埃特文图拉 7 个主要岛屿和若干小岛组成(图6—1),
总面积 7273 平方千米。其中最大岛屿是形如金字塔的特内里费岛。各岛崎岖
多山,海岸陡峭。加那利群岛分东、西两岛群,西岛群地势较高,包括特内里费、
大加那利、帕尔马、戈梅拉和费罗诸岛,由深海底床直接升起的山峰构成。特内
里费岛上的泰德峰(活火山)海拔 3718 米,为最高峰。东岛群地势较低,离非
洲大陆最近的兰萨罗特岛和富埃特文图拉岛,最高点海拔不到 730 米。群岛气
候温和干燥,8 月均温 26℃,1 月均温 21℃;年降水量仅 200—400 毫米,降雨集
中在 11—12 月,属亚热带气候,四季变化不大。岛上肥沃的火山土和温和的气

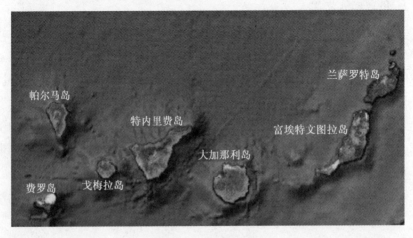

图 6—1 加那利群岛

候适宜多种植被生长,分布因地势高低不同而异。通常海拔低于 400 米的地区种植适宜炎热干旱气候的植物,较为湿润或灌溉条件较好的地区则可生长香蕉、柑橘、咖啡、枣、甘蔗和烟草等作物;海拔 400—700 米的地区,为近似地中海的气候,主要种植谷类、马铃薯和葡萄;高于 700 米的地区气候相当凉爽,生长冬青、香桃木、月桂等树木。

第二节　西非自然资源特征

一、相对丰富的水资源

西部非洲水资源量较丰富,年均水资源量 3860 立方千米,占非洲年均水资源总量的 17.27%。区内可更新水资源量仅次于中非,位居非洲六大地理区第二(表 6—1),但时空分布极不平衡。地表水资源受区域降水影响呈纬向地带分布。沿海多雨带国家水资源丰富,易受洪水影响;中部水资源适中,但季节分配不均;北部萨赫勒地区国家降水稀少,干旱频繁。许多河流跨多国和多气候区,境内三个最大的流域是尼日尔、塞内加尔和沃尔特河流流域。地下水主要分布于沿海和萨赫勒的沉积层内,还与实际补给地方的各级降水和渗透有关。

表 6—1　西非水资源量

地区	面积(万平方千米)	平均年降水量		区内可更新水资源量	
		毫米	立方千米	立方千米/年	%
北非	825.9	195	1611	79	>1
西非	613.8	629	3860	1058	27
中非	536.6	1257	6746	1743	44
东非	275.8	696	1919	187	5
南非	693.0	778	5395	537	14
西印度洋群岛	59.4	1518	2821	345	9

西非地表径流的季节变化分两种类型:(1)沃尔特型,几内亚湾沿岸河流的代表。这一带雨量丰富,不仅河网稠密,各河径流量及流域面积也很大。但受季风气候影响,河流流量的季节变化显著。夏秋季 7—9 月盛行西南季风,降

水丰沛,河流流量最大;冬季哈马丹风到达本地区,雨量锐减,河流出现最小流量。洪水期三个月的流量约等于全年水量的 50%—75%。(2)塞内加尔型,热带干、湿季气候区河流的代表。本型河流流量曲线也呈现一高一低,也是由季风气候决定的。但与前一类型相比流量较小,汛期较晚,汛期流量占总流量的比值更高,达 50%—80% 以上。

（一）尼日尔河

尼日尔河全长 4160 千米,流域面积 209 万平方千米,河口年平均流量 6300 立方米/秒;这三项都在非洲河流中占第三位。尼日尔河发源于西非富塔贾隆高原北麓,顺地势北流,在马里境内先向东北、继转东南流,作一向北弯曲的弧形。出马里境后,流经尼日尔西部,接着沿尼贝边界流入尼日利亚境,南流入几内亚湾(图 6—2)。上游支流均出于富塔贾隆高原,以巴尼河最长大。中游几乎无支流注入,下游接纳贝努埃河等大支流后入海,河口形成三角洲,面积约 2400 平方千米,洲上支流如网,夹杂许多沼泽。

图 6—2 尼日尔河

在第三纪后半期,尼日尔河上游是塞内加尔河的上游。后因气候变干,河床淤塞,它即改向东北流入一内陆湖。第四纪时气候又转湿润。自伊福拉斯高原等流出的河流在加奥附近汇成一条大河。以后,该河切穿山岭,加入那时就已存在、后来成为尼日尔河下游的那条大河。与此同时,尼日尔河上游所流注的那个内陆湖也因气候变湿,水量增加而向外漫溢,并切出一条石质河槽,从而在加奥附近接通了南面的那条大河。这样,现在的尼日尔河就出现了。以后,气候再度变干,撒哈拉地区各河再度干涸。那个古内陆湖只剩下一些残迹。目前尼日尔河河曲段的河床由于被泥沙填塞正在不断地向南迁移。例如廷巴克图原是河边城市,现已离河 11.5 千米。

尼日尔河的上、下游都在热带多雨区,而中游则在沙漠地带。这一事实造成了尼日尔河水文的一大特点:下游有两次洪峰,而上、中游则只有一次。6—9 月的雨水使上游出现洪峰,洪峰向下游缓慢移动;由于中游地区的强烈蒸发和渗漏,洪峰流量愈向下游愈小;又由于地势平坦,水流缓慢,洪峰要在次年 1 月才到达下游。这样,就使下游在当地雨水造成的洪峰到来以前出现一次"过早"的洪峰。

尼日尔河上游水量相当丰富,马里境内库利科罗的平均流量为 2300 立方米/秒。中游流量逐渐减少,尼日尔境内尼亚美的平均流量只有 1000 立方米/秒,下游再度进入热带多雨区后,又接受贝努埃河等支流,水量大增。

尼日尔河上游自库鲁萨至巴马科一段地势平缓,水流不急,7—10 月可以通航。巴马科以下河中有急滩,船舶不能通行,自库利科罗以下又可行船。在内陆三角洲范围内尼日尔河水道分支,配合各种水利设施,发挥着很大的经济效益。自奔巴至阿塔科拉山峡谷,河谷中急滩很多不利航行。凯因吉水库建成以后淹没了一些急滩,从而改善了这一河段的航行条件。在河口三角洲地区,河道分成港汊,并生长有大片红树林的沼泽,大船难以通行。

尼日尔河三角洲,由尼日尔河冲积形成。南濒几内亚湾,北起农河与福尔卡多斯河分流处,西起贝宁河,东至邦尼河,面积约 3.6 万平方千米,由淤泥、粉砂组成,地势低平,湖泊、沼泽、废弃河曲星罗棋布,是非洲最大的三角洲平原。这里气候湿热,年降水量 2300 毫米,汛期洪泛常引起河流改道,三角洲前沿河口多达 20 多处。居民向以捕鱼、采集加工油棕和橡胶为生,还种植薯类、花生、玉米等,水稻栽培日益重要。20 世纪 50 年代发现丰富的石油、天然气后,迅速成为重要的石油产区。有哈科特港、萨佩莱等重要城市和港口。

(二)塞内加尔河

塞内加尔河是西非一条较大的河流,发源于几内亚富塔贾隆高原,流经几内亚、马里、塞内加尔以及毛里塔尼亚等国家,注入大西洋。塞内加尔河上游河段称巴芬(Bafing)河,在马里的巴富拉贝接纳右岸支流巴科依(Bakoy)河后始称塞内加尔河。在卡斯和巴克尔两地之间,河流进入塞内加尔,汇合了来自左岸的法莱梅(Faleme)河,法莱梅河也起源于几内亚,是最后一条常年有水的支流。由此向下,塞内加尔河是塞内加尔与毛里塔尼亚的界河,蜿蜒向西,在圣路易注入大西洋。从巴芬河源头算起,河流全长 1430 千米,形成一个大弯曲,围绕塞内加尔的富塔和费尔洛的干旱平原。流域面积 44 万平方千米,河口年平均流量 760 立方米/秒。

塞内加尔河上游流经多雨的高原地区,在马里的卡伊以上河段多急流和瀑布,其中较大的瀑布有圭纳瀑布和费卢瀑布等。卡伊以下河段蜿蜒于地势低平的草原地带,两岸支流稀少,没有瀑布和急流,河床比降平缓,河道曲流发育。在河口处,由于大西洋沿岸漂流和贸易风的影响,形成一个狭窄的大沙洲,横卧河口,并逐渐向南发展,成为航运的障碍。由于沙洲面积逐渐扩大,已很难从海上直接到达该沙洲上游约 25 千米的圣路易城。

塞内加尔河虽然长度不大,但自上而下却流经不同气候区,各地降雨量相差很大,从而影响各河段径流的多寡及季节变化。上游雨量充沛,属多水区,年降水量 1500—2000 毫米;下游干旱少雨,属少水区。河流水量主要来自上游河段,洪水期出现的时期自上而下逐渐推迟。卡伊的洪峰出现在 6 月中旬,下游塞内加尔的波多尔的洪峰则推迟至 9 月中旬,各地水量的季节变化都很大。河口百年一遇洪水流量达 5000 立方米/秒,最大流量达 9340 立方米/秒,而枯水期流量不到 10 立方米/秒。

（三）冈比亚河

冈比亚河发源于几内亚富塔贾隆高原,在凯杜古附近流入塞内加尔境内,之后向西北方向曲折前进约 320 千米到达冈比亚边境,最后蜿蜒向西注入大西洋。全长 1120 千米,流域面积 7.7 万平方千米,在古隆布的平均流量为 300 立方米/秒。河道弯曲,多岛屿和瀑布,中游多沼泽,下游临近海口处河床变宽,达 20 千米,河口以上 350 千米河段可通航。除在右岸有几条间歇性支流以外,只有一条永久性支流库伦图（Koulountou）河,从几内亚向北在冈比亚边境汇入。

冈比亚河水能资源并不丰富,流量呈季节性变化。1978 年,冈比亚和塞内加尔两国成立冈比亚河流域开发组织,此后,几内亚和几内亚比绍两国也加入了该组织。主要负责在塞内加尔的克克瑞蒂（Kekriti）建一座综合利用水库,在冈比亚建一座防潮闸,在几内亚境内建一座坝。克克瑞蒂坝建成后可供给塞内加尔东部的灌溉用水,并控制防潮闸上游的水位和提供工业电力等。冈比亚的防潮闸在旱季阻挡盐水上溯,并储存淡水以供灌溉,建成之后可扩大耕种面积2.4 万公顷。

冈比亚河东西横贯冈比亚,在其境内长达 472 千米,水深谷宽,水流湍急,是冈比亚国内交通运输的主要通道。

（四）沃尔特河

沃尔特河是西非第二大河,源出布基纳法索西南部高地的黑沃尔特河在加纳耶季西北 60 千米处汇合白沃尔特河而成,向东南流去,在阿达注入几内亚湾。全长 1600 千米,流域面积约 38.85 万平方千米,流域上游主要有黑沃尔特河、白沃尔特河、红沃尔特河三条支流。黑沃尔特河最长,通常以它作为沃尔特河的主流。沃尔特河的上源支流穿过萨瓦纳草原进入了加纳国境内,贯穿全加纳,在加纳境内长 1100 千米,流域面积 15.8 万平方千米,约占总流域的 40.67%,占加纳总面积的 66.23%,因此,加纳非常重视开发和利用沃尔特河的水利资源。沃尔特河越过了甘巴加陡崖和沃尔特盆地后,流入沃尔特河的干流,最后在加纳国东南部的阿达镇汇入了几内亚湾。

黑沃尔特河从源头朝东北方向流出,然后急转直下成为加纳与布基纳法索和象牙海岸的一段边境,接着又从边境向东流经沃尔特盆地。沃尔特河流经地势平坦的萨瓦纳平原,河流平缓,河底因有很多水草,使得河水看上去像是黑色的,故称为黑沃尔特河。而白沃尔特河,由于流经的地区多数是地形复杂,激流险滩遍布,白浪滚滚翻腾,故称白沃尔特河。红沃尔特河则是因为她所流经的地方主要是高原,河床主要由红色的砂岩组成,因此得名红沃尔特河。

沃尔特河贯穿了位于大西洋几内亚湾中部加纳整个国家,热带植物簇拥着美丽的沃尔特河,构成了加纳独有的风光。

（五）乍得湖

乍得湖(Chad Lake)位于乍得、喀麦隆、尼日尔和尼日利亚四国交界处,乍得盆地中央。它是非洲第四大湖,内陆淡水湖。由大陆局部凹陷而成,为第四纪古乍得海的残余。湖面积随季节变化,雨季时可达 2.2 万平方千米,旱季时可缩小一半以上。湖面海拔 281 米。东部深,西部浅,平均深度 1.5 米,最大深度 12 米。水位年变幅 0.6—0.9 米。流域面积 100 万平方千米。水源主要补给者为沙里河,占总补给量的 2/3;其次有科马杜古约贝河、恩加达首都恩贾梅纳鸟瞰河、姆布利河和富尔贝韦尔河等注入。湖东部被水道隔成许多岛屿,较大的有库里岛、布都马岛等。湖滨多沼泽,长芦苇。湖中水产资源丰富,产河豚、鲶、虎形鱼等。沿岸多鸟类。沿湖为重要灌溉农业区。由于气候持续干旱,蒸发强烈,湖面正不断缩小;20 世纪 60 年代以来,因过度放牧、砍伐森林以及进行大规模灌溉等人为原因,湖水面积也急剧减少。1963 年,雨季涨水期乍得湖面积 2.5 万平方千米,淹没尼日尔和尼日利亚两国境内的部分土地。2007年,即便是在雨季涨水期,面积也始终不到 2000 平方千米,40 多年来湖泊面积缩减了 90% 以上(图 6—3)。

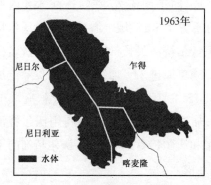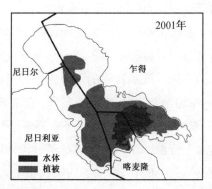

图 6—3　1963—2001 年乍得湖湖面缩减变化①

二、丰富的矿藏

西非海陆兼备,古老的地质背景孕育了许多具有世界意义的有用矿藏。

(一)石油、天然气

非洲西部大西洋岸边,特别是几内亚湾一带,分布着巨大海岸盆地群,绵延数千千米。中生代形成期有利的地质条件和自然环境,使这里贮存了极其丰富的油气资源。迄今几内亚湾的沿岸国家均已发现石油和天然气,并已有 200 个油气田投产。

尼日利亚石油、天然气资源居世界前列,是非洲第一大石油生产国、欧佩克成员国、世界第六大原油出口国。迄今已探明石油储量 270 亿桶,居世界第九位,以目前开采速度可再开采 30 年。尼日利亚的石油主要出口到美国和西欧市场,是美国的第五大石油供应国,同时对亚洲的石油出口也在日益扩大。尼日利亚政府报告,该国到 2025 年仍有潜在石油资源 34 亿—55 亿吨。

尼日利亚今后的石油产量将大部分来自深水开发,如表 6—2 所示的大项目在 2006—2010 年间将提供 80 万—85 万桶/日的新增石油产量。2002 年尼

---

① United Nations Environment Programme. Africa Environment Outlook 2—Our Environment, Our Wealth [M]. Malta: Progress Press Ltd., 2006.

日利亚国家石油产量平均每日 200 万桶,到 2010 年 3 月尼日利亚的原油产量达到了每日 250 万桶,原油产量数字在过去 7 年里达到了顶峰。虽然尼日利亚是非洲最大的石油生产国,但它仍然面临着严重的能源短缺,成品油大多依赖进口。据法新社 2010 年 7 月 7 日报道,中国将投资 80 亿美元在尼日利亚兴建一座炼油厂,位于拉各斯州自由贸易区,计划每日处理原油 30 万桶。除此之外中国还将在尼日利亚再修建两座炼油厂,总产能将达到日处理原油 88.5 万桶。这将使尼日利亚的炼油能力提高两倍。中国在尼日利亚兴建炼油厂将减少该国对进口成品油的依赖。[①]

表6—2　尼日利亚的深水油田开发项目

作 业 者	油气田	产能,投产日期
埃尼	阿波	5 万桶/日,2002 年中期
壳牌	拜加	22.5 万—28 万桶/日,2003 年 4 月
埃克森美孚	厄哈	22 万—25 万桶/日,2004 年
德士古	阿格巴米	20 万桶/日,2004 年
壳牌	EA/EIA	10 万桶/日,2003 年
道达尔非纳埃尔夫	阿米南	10 万桶/日,2003 年中期

尼日利亚天然气资源也很丰富,已探明天然气储量达 35000 亿立方米,主要分布在该国西南部和滨海地区的一些油气盆地中。居世界第五和非洲第一位,目前已开发量仅占总储量的 12%。[②] 由于天然气基础设施缺乏,75% 的天然气被放空烧掉,有 12% 经过回注用于提高石油采收率。2004 年,尼日利亚政府与石油公司签订了结束天然气点天灯现象的协议。2001 年 9 月,尼日利亚与菲利普和阿吉普公司签署了世界上第一个海上液化气处理厂,生产能力为 0.24 亿立方米/日。美国和加拿大的其他公司也正考虑在尼日利亚建立气转液处理厂。

（二）其他矿产资源

尼日利亚除石油、天然气资源外,还有矾土、钽铁矿、黄金、铁矿石、石灰石、锡、铌、石墨和锌等 30 多种矿藏。煤储量约 27.5 亿吨,是西非唯一产煤国。目

① 宋国明. 非洲矿业投资指南[M]. 北京:地质出版社,2004.
② 尼尼利亚[EB/OL]. 百度百科. [2012-11-11]. http://baike. baidu. com/view/10125. htm.

前已大规模开发锡、煤、石灰石等。

加纳金矿床是经济上最重要的矿床类型,产于加纳的黄金总量估计已超过1500吨,阿散蒂矿山为世界级矿山。加纳东中部地区的河流砾石层中发现有金刚石,总储量超过2300万克拉。在西部地区的阿瓦索储藏有铝土矿,由古元代的千枚岩风化后派生出来,已经开采,已知储量为1500万吨。此外,西部地区还储藏约470万吨的锰。①

几内亚的矿产资源相当丰富,拥有"地质奇迹"称号。② 几内亚是世界最大的铝土矿资源国,铝土矿遍布全国,2001年探明储量为74亿吨。已知矿床主要位于几内亚中西部,贮藏于新元古代、古生代和中生代岩石中。矿床极易开采,矿石质量好,矿产贮藏相对集中,矿点的矿石储量大。几内亚的铁矿石资源也相当丰富,估计有150亿吨,其中有相当数量的富铁矿,品位高达56%—78%,可露天开采。铁矿主要贮藏在宁巴山周围的太古宙岩石中,该山脉位于几内亚东部与利比里亚和科特迪瓦的交界处。宁巴山矿区总储量约20亿吨,矿体长度40千米,矿石类型为赤铁矿、针铁矿,品位60%—69%。其中皮埃尔矿体品位66.7%以上的储量估计大于3.5亿吨,且矿体埋藏浅,平均剥离量为0.6—1米,矿石松软,广泛露出地表。位于东南部西芒杜山的条带状铁建造中可能还有更大的含矿潜力。有资料称其资源量可达70亿吨,为铁英岩风化壳富铁矿床,矿体围岩为片岩、千枚岩,估计高品位铁矿石为4.51亿—6.14亿吨。几内亚金刚石含量约3亿克拉,大部分位于东部和南部。除此之外,几内亚还储存约1000吨的金,金矿主要存在于古元古代绿岩带中。

利比里亚的铁矿石储量约为40亿—65亿吨,数量与南非相当,是非洲最大的铁资源国之一。铁矿床以前寒武纪条带状铁建造形态出现,铁形成的时代为太古宙,高、中品位的矿床是热带风化和雨水作用,氧化硅被淋失,最后铁形成富集。利比里亚的金刚石潜力巨大,但尚未开发,特别是金伯利岩。此外,利比里亚还有一定量的金、镍、钴、重晶石、蓝晶石、硅砂、陶瓷黏土、铝土矿、重矿砂等。

科特迪瓦已经发现的矿藏有铝土矿、钴、铜、金刚石、金、铁、锰、镍和钽铁矿等。

---

① 加纳矿产资源勘探和开发[EB/OL].加纳旅游商务网.(2008-02-01).http://wenku.baidu.com/view/39f87021dd36a32d7375814d.html.

② 宋国明.几内亚矿业投资环境与合作趋势分析[EB/OL].(2008-01-24).http://www.lrn.cn/invest/internationalinvest/fzkytzzn/200603/t20060330_116719.htm.

塞拉利昂的矿产资源比较丰富,主要有:金刚石、金、铝土矿、金红石、铁、钛铁矿、铂、锡、铌、钽铁矿、褐煤、高岭土、石材、霞石正长岩、石棉等。

毛里塔尼亚铁矿石资源比较丰富,储量和产量在非洲均居第二位,在世界上也占有一定的位置。还包括金、金刚石、石油、天然气、石膏、磷酸盐、盐、高岭土等。

三、优良的港口资源

西非西临大西洋,南濒几内亚湾,多天然良港,海运在经济发展中占有重要地位。

塞内加尔共和国首都达喀尔位于非洲西部、佛得角半岛的南侧,是塞内加尔最大的贸易港,承担着全国95%进出口货物的集散任务,海运事业相当发达。达喀尔港位于城市东部,是西非最大的深水良港。港内面积2.41平方千米,入港口宽250米,全港总长8000米,建有9个码头,46个泊位,可以同时停靠40多艘10万吨以下、吃水不超过12米的远洋货轮。港口建有花生仓库、输油管、冷藏库、修配厂等设施,还有花生、磷酸盐、鱼和石油等专用码头,以及世界上一些著名石油公司的海轮加油站。进口货物有机器、粮食、石油、木材等,出口货物有花生、花生油、磷酸盐、鱼、布匹、纸张和火柴等。一些西非内陆国家的进出口货物也由达喀尔港过境。达喀尔港还为欧洲和南美洲之间来往的船舶提供维修、供水、添加燃料等服务。塞内加尔还包括济金绍尔、濡菲斯克、诺纳内、莱蒂安、考拉克、防迪乌涅等港口。

科纳克里是几内亚的首都,全国最大的城市,位于几内亚西南沿海,濒临大西洋东侧,由罗斯群岛、卡卢姆半岛和与半岛相连的沿海陆地组成,是几内亚的最大海港与重要的进出口通道,年吞吐量逾600万吨,也是西非的最大海港之一。港口有铝土矿、氧化铝、铁砂矿、香蕉、杂货等多个专业码头,并设现代化装卸和仓储设备。港口距国际机场约15千米,有定期航班飞往世界各地。几内亚还包括奴尼兹、卡姆萨尔、爱丽斯德洛斯、比绍等港口。

塞拉利昂半岛向西北突出,它与陆岸之间形成天然海湾。塞拉利昂的弗里敦港口,是著名的天然良港,位于该国西海岸的塞拉利昂半岛北岸,西北距科纳克里港129.64千米,东南距蒙罗维亚460千米。有铁路自码头通内陆彭登市等重要城镇。港口码头7个泊位自东向西连接排列,水深9.4—10.2米,为粮食、石油、杂货、集装箱等服务,港湾内还有众多锚地泊位,可停泊万吨轮船,年吞吐量达 125 万吨。① 塞拉利昂还有舍布洛岛、佩佩尔等港口。

利比里亚主要有四个天然良港：蒙罗维亚、格林维尔、哈珀和布坎南。其中布坎南港是运输铁矿砂的专用港口。② 便利的水运为矿藏资源的出口提供了有利的条件。利比里亚的铁矿砂和天然橡胶的产量和出口量均居非洲第一位。

阿比让是科特迪瓦最大的商港,同时也是内陆国布基纳法索的中转港。位于该国埃布里耶潟湖东端,船舶由弗里迪运河入港,运河水深 13.5 米。港口东距特马港 488 千米,拉各勒港 876 千米,西距蒙罗维亚港 889 千米,距达喀尔港 2215 千米,港区分布在市区西部,自北向南有:香蕉装卸码头,长 350 米,2 个泊位,水深 7 米;北码头长 775 米,5 个泊位,水深 10 米;西码头长 1525 米,10 个泊位,水深 10 米;南码头长 1 145 米,6 个泊位,水深 11.5 米;集装箱、滚装船码头长 1000 米,5 个泊位。水深 11.5—12.5 米。还有矿石,石油等专用码头,位于运河东北岸,码头上有铁路连接。全港计有 30 多个海洋泊位,是西非规模最大的港口之一,还计划在北部邦科湾西岸的半岛南端和东端扩建 10 个杂货和若干集装箱泊位。港口目前年吞吐能力已超过千万吨,特别是集装箱吞吐,居西非第一位。输出咖啡、可可、香蕉、木材矿产品等;进口石油、粮食、百货、机械等。③

特马是加纳最大的海港,位于首都阿克拉之东 27 千米,海路东至洛美港 169 千米,拉各斯港 384 千米,西至阿比让港 489 千米,南至开普敦港 4789 千米。港口由西南和东北伸出的两条防波堤合围保护。港口西南有两个码头,第一码头是大陆顺岸,有 7 个泊位,码头线总长 1340 米;第二码头为一东南伸展的突堤,有 5 个泊位,码头线总长 900 米。12 个干货泊位中除 1 号泊位水深9.9米、2 号泊位水深 8.8 米外,其他均在 7.6—8.1 米之间,但东防波堤顶端内侧有 2 个泊位水深达 10 米,港东北角船厂,港内水域还有 6 个装卸浮筒。全港年吞吐 300 万吨左右,其中集装箱 4.6 万标准箱,居西非第五位。输出木材、铝矾土、锰矿砂等;输入石油、粮食等。④ 除特马外,加纳还包括塞康第、海岸角、塔科拉迪、阿克拉港口。

---

① 弗里敦[EB/OL].词霸网汉语频道.[2012-11-11]. http://hanyu.iciba.com/wiki/104054.shtml.

② 利比亚国家的概况[EB/OL].世贸人才网.(2006-09-15). http://class.wtojob.com/class231_10210.shtml.

③ 阿比让港[EB/OL].世贸人才网.[2012-11-11]. http://class.wtojob.com/port_15.shtml.

④ 特马港[EB/OL].世贸人才网.[2012-11-11]. http://class.wtojob.com/port_483.shtml.

多哥的洛美港口,位于该国西南海岸,距科托努港107千米,距拉各斯港243千米,西距特马港169千米,距阿比让港652千米,有两条铁路通此。港口由陆岸南伸的2条防波堤合抱,港内西北角有南伸的一突堤,长183米,南段两侧前沿水深10米,北段仅7.6米,码头上设有9台10吨的电吊;港口北岸为渔港;东防波堤西侧南段有两个水深11—14米的矿石和石油泊位。输出磷灰石、可可、棕油等农产品,输入石油、食品、机械、百货等。① 多哥的克佩美港口,允许靠码头处最大吃水11.58米,海岸线附近10.06米,潮差1.8米,盛行西南风。每年进出口总吨位:出口300万吨(磷酸盐岩石)。有一个散装磷酸盐码头,装速2500吨/时;一个锚泊处,油轮泊位可停靠33000载重吨船只,在无涌浪时最大吃水10.06米,有涌浪时可停靠最大吃水9.45米的船只。②

贝宁的克托诺港口,位于该国南部诺奎湖出海口西岸,最大吃水12.5米,水的载重密度为1025千克/立方米,潮差1.75米,盛行西南风。港口锚地水深14米,有10个杂货、散装货泊位,总长近1500米;1个滚装船泊位,吃水11米;1个集装箱泊位;2个油轮泊位,分别长200米,吃水9.25米。③ 贝宁还有塞米港、维达港、波多诺伏港、大波波港、科托奴港、科托诺港等。

尼日利亚的廷坎岛是一个岛港,目前已经成为尼日利亚最现代化的港口。最大吃水能力为10米,水的载重密度为1026千克/立方米,潮差为1米,盛行西南风。实行强制引航。港口有一个码头,长2500米,拥有能同时停靠10—16艘船只的10个泊位和其他补充设施。航道宽200米、水深11.5米。港口被设计用来装卸杂货,年处理各类货物总计300万吨。9号泊位是一个适于滚装船使用的专用泊位。1号、1号A、2号、4号、4号A泊位的长度为180米,允许船只的最大吃水为10米。3号、5号、10号泊位的长度为185米,允许船只的最大吃水为9米。6号、7号、8号泊位长200米,船只的最大吃水为10米,其他一些相对小一些。港口装备有龙门起重机、移动式起重机、柴油铲运车、货吊、桥秤、拖拉机等各种装卸和运输机械,足以应付船只的各种作业。5座过境仓库,170米×40米,可用空间都为6800平方米,总面积34000平方米,3座普通仓库总面积20400平方米。露天堆场为125000平方米。港口码头上开凿有2口淡水井,每口水深250米,每天供水1000立方米。船上的燃油补充由尼日利

① 洛美港[EB/OL].世贸人才网.[2012-11-11].http://class.wtojob.com/port_265.shtml.
② 克佩美港[EB/OL].世贸人才网.[2012-11-11].http://class.wtojob.com/port_4239.shtml.
③ 科托诺港[EB/OL].世贸人才网.[2012-11-11].http://class.wtojob.com/port_126.shtml.

亚国家石油公司负责进行。港口有自己的电力供应站,既能满足装卸货物设备的用电,又能满足其他辅助设备的用电。电厂的柴油燃料贮藏在 3 个容积为20 万升的钢罐内。另外,还有 7 个较小的电站分布港口全区,能确保港口所有设备的用电及照明。在尼日利亚的水上警察局的协助下,可确保港区人身、货物及设备的 24 小时安全。一些消防水龙头布局在港口要害处,港区内还有警察邮政信箱和海关邮政箱。① 福卡多斯港口和埃斯克拉沃斯港口是尼日利亚的石油输出港。福卡多斯港位于尼日尔河三角洲西侧,临贝宁湾,最大吃水为19.81 米,水的载重密度为 1025 千克/立方米,盛行西南风。该石油输出终端有两个系泊浮筒,系泊的允许最大载重吃水能力为 19.81 米,船长不限。几艘船可以同时装油,油库容量为 7.3 百万桶。目前最大输油率为每小时 86250桶,平均每艘油船整个作业过程大约需 40 小时。② 埃斯克拉沃斯港口位于尼日尔河三角洲南侧,最大吃水能力为 30 米,水的载重密度为 1025 千克/立方米,盛行西南风。石油输出终端位于埃斯克拉沃斯(ESCRAVOS)河的河口,有两个单点系泊处,它们最小水深在低潮时分别为 32 米和 21.95 米,船的长度不限,油库库容量 2.8 百万桶。目前装油率为每小时 2.5 万桶,平均每艘船只的作业全过程约 36 小时。③ 除此之外,尼日利亚还包括瓦里、萨佩累、彭宁顿、奥克里拉、奥格罗德、克瓦伊博、克科、德格马、卡拉巴尔、布鲁图等在内的一些港口。

明德卢是佛得角的最大城市和港口,位于圣维森特岛的西北岸,东南距塞内加尔的达喀尔 1481 千米,是大西洋航线的重要中途站和船舶加煤站,也是海底电缆站。圣文森特港位于佛得角的西北部,最大吃水为 10.97 米,水的载重密度为 1025 千克/立方米,盛行东北风。港口服务设施有:修船、加燃料、小艇、医疗、牵引、排污、淡水供应、给养、遣返,无干船坞。入港船舶最长 236 米。港口有 10 个杂货泊位,岸线总长 1250 米,水深 3.5—9.3 米。油轮停泊使用浮筒泊位,或在锚地停泊。④ 佛得角还拥有塔拉法尔、圣安陶岛、圣玛利亚、圣卢西亚岛、圣菲利普、塞尔雷、普雷吉卡、普腊亚港、萨尔累港、法贾港、佩德拉卢梅、帕尔梅腊、因格雷希港等港口。

---

① 廷坎岛港[EB/OL].世贸人才网.[2012-11-11].http://class.wtojob.com/port_3517.shtml.
② 福卡多斯港[EB/OL].世贸人才网.[2012-11-11].http://class.wtojob.com/port_3507.shtml.
③ 埃斯克拉沃斯港[EB/OL].世贸人才网.[2012-11-11].http://class.wtojob.com/port_3505.shtml.
④ 圣文森特港[EB/OL].世贸人才网.[2012-11-11].http://class.wtojob.com/port_1513.shtml.

努瓦克肖特港是毛里塔尼亚的最大商港。港口北距努瓦迪布343千米，南至达喀尔港463千米。该港由中国技术人员和工人负责兴建，于1986年9月正式开港，又名友谊港。港口主体由一长750米、宽13.7米的栈桥组成。还有796米的防波堤和544米的拦沙堤。陆域建有2座总面积为7908平方米的仓库和42682平方米堆场，以及港务局、海关大楼，各种辅助设备一应俱全。年吞吐能力为50万吨。① 除了努瓦克肖特港外，毛里塔尼亚还有艾蒂安港、努瓦迪布港。

班珠尔位于冈比亚河口西岸，是冈比亚的首都，最大吃水能力为8.23米，水的载重密度为1025千克/立方米，盛行西风。港口服务设施有：修船、加燃料、干船坞、小艇、医疗、牵引、淡水供应、给养、遣返，无排污设施。港口政府码头长90米，吃水4.6米；班珠尔码头外侧长122米，吃水8.2米，可以停油轮，内侧长90米，吃水5.3米。②

四、旅游资源得天独厚

（一）尼日利亚

尼日利亚拥有丰富的自然景观，包括山川、瀑、泉、洞、湖泊和交错纵横的山脉，自然生态系统独特。迷人的风光和美丽的景色让尼日利亚成了休闲、探险和其他旅游活动的理想之地。它们成为发展国家农业和药业，并促进生态旅游发展的重要资源，其价值是无可比拟的。

1. 尼日利亚主要的国家公园

（1）乍得盆地国家公园（Chad Basin National Park）位于博尔诺州（Borno）和约贝州（Yobe）之间。巴德（Bade）和迦古罗（Nguru）湿地在国际上享有盛誉，是从欧洲飞来的候鸟的栖息地。公园中栖息着一些珍贵的沙漠野生动物，如：长颈鹿、鸵鸟、红额瞪羚等。（2）库穆库国家公园（Kamuku National Park）完全归属于卡杜纳的Birnin Gwari行政区。公园中有大象、叉角羚、侏羚、水羚、非洲野狗、青猴、缟鬣狗和豺狼，还有各种鸟类。（3）卡因吉湖国家公园（Kainji Lake National Park）位于夸拉州（Kwara State）的博尔古（Borgu）和祖古尔马（Zugurma）地区之间。公园中有各种各样的野生动植物、人类史学遗址和文化遗址，在那里可以看到水羚、叉角羚、河马、狮子等野生动物。这里靠近著名的卡

---

① 努瓦克肖特港口［EB/OL］.世贸人才网.［2012-11-11］.http://class.wtojob.com/port_345.shtml.
② 班珠尔港［EB/OL］.世贸人才网.［2012-11-11］.http://class.wtojob.com/port_52.shtml.

尼吉湖(Kaniji Lake)油水发电站。(4)克里斯河国家公园(Cross River National Park)位于尼日利亚东南部的森林地带,公园分为两部分,一部分在靠近卡拉巴尔(Calabar)的南部市区,另一部分在靠近奥布杜(Obudu)的北奥克旺渥(Okwangwo)地区。公园在保护和保存雨林生态系统及促进尼日利亚的生态旅游发展中起着重要的作用。克里斯河国家公园的旅游潜力在于开发 Kanyang 旅游村,从而开发姆贝大猩猩栖息地(Mbe Gorilla)和奥布杜牛场的大量旅游资源。公园中有许多当地的动植物,包括:大猩猩、海蜗牛、黑猩猩、小金熊猴、森林象和卷柏。(5)伽萨卡·伽密特国家公园(Gashaka Gumit National Park)是尼日利亚风景最美丽的国家公园,也是自然旅游最重要的地方。公园占地面积6402平方千米,这里有宜人的亚温带气候和山谷溪流等各色美景。公园中还栖息着一些濒临灭绝的野生动物。伽萨卡·伽密特国家公园分为北部的伽萨卡和南部的伽密特两部分,每部分都蕴藏着丰富的动植物资源。它被认为是尼日利亚最大的国家公园,覆盖了山脉和峡谷的辽阔区域,跨越了尼日利亚东北部的两大州——阿达马瓦州(Adamawa)和塔拉巴州(Taraba),并与迈杜古里(Maiduguri)、扎里亚(Jalingo)、约拉(Yola)和喀麦隆共和国相连。公园中有几处历史遗址,其中一处是加沙卡山(Gashaka Hill)边的老热尔曼堡(Old Germain Fort)。公园内的沙帕尔谷山(Chapal Wadi Mountain)的沃格尔(Gangarwal)峰是尼日利亚的最高点。这里的动物有黑猩猩、印度豹、美洲豹、巨林猪、科伦坡猴等。一些鱼类也在公园中产卵,如:尼罗河鲈鱼、发电鱼、罗非鱼等。[①]

2. 风光秀丽的海滩

(1)艾勒克海滩(Eleko Beach)(图6—4A)位于莱基半岛,距离拉各斯约48.27千米,是一处平和、安静的隐秘地点。(2)莱基海滩(Lekki Beach)(图6—4B)位于莱基半岛上,岛上有很多海滩,最好的当属距离市中心几英里的莱基海滩了。它是拉各斯的另一处充满魅力的海滩,如今仍然受到外国游客的青睐。由棕榈叶和伞(可出租)构成的海滩阴凉处很好地避开了阳光,是享用当地特色点心或饮料的理想地点。(3)卡拉巴海滩(Calabar Beach)位于卡拉巴新河的河口,除了有渔民小屋外无人居住,在人烟鲜至的漂亮背景中为游客提供豪华的私密环境。由于海滩被一片湿地包围,只能乘坐小船或独木舟到达,

---

① 国家公园[EB/OL].尼日利亚旅游局中文官网.[2012-11-11]. http://www.lvyou168.cn/travel/Nigeriatourism/national_parks.html.

因此到达那里的旅行充满了乐趣,也让游客对这片漂亮的海滩更为着迷。(4)
维多利亚海滩是尼日利亚最受欢迎的海滩。(5)椰树海滩(Coconut Beach)是
拉各斯西部的海岸城镇巴达格瑞(Badagry)的一处漂亮海滩。海滩周围是迷人
的椰子树,长约 32.14 千米,延伸至尼日利亚和贝宁共和国边界的方向。①

A. 艾勒克海滩

B. 莱基海滩

图 6—4　尼日利亚艾勒克海滩和莱基海滩

3. 其他著名的景点

(1)奥武瀑布(Owu Falls)位于夸拉州(Kwara State),是尼日利亚也是西非
最险峻的天然瀑布,其周围的热带雨林中生活着各种尼日利亚所特有的动植
物。(2)伊科格西温泉(Ikogosi Warm Springs)是一个天然的温泉,热泉水与另
一个泉眼中涌出的冷水相汇合,吸引了世界各地游客的到来。(3)塔克瓦海湾
是拉各斯港口一处受保护的海滩。这里的海滩环境舒适,条件极好,适合游泳,
即使是小孩子在这里玩耍也很安全。(4)谢雷山(Shere Hills)位于高原州的乔
斯,高 1829 米,因其适合运动的地形和环境而备受关注。(5)艾莫尔波加
(Imoleboja)岩屋是位于夸拉州的一块巨大的花岗岩,其内部可供多人居住。在
当地的方言中,Imoleboja 的意思是"上帝建了一所房子"。②

(二)科特迪瓦

1. 科莫埃国家公园

科特迪瓦科莫埃国家公园距阿比让(科特迪瓦实际上的行政中心)600 千
米,占地面积为 1.15 万平方千米,属国家所有。1983 年,该公园被联合国教科

---

① 旅游景观[EB/OL]. 尼日利亚旅游局中文官网. [2012-11-11]. http://www.lvyou168.cn/travel/Nigeriatourism/tourist_attractions.html.

② 旅游景观[EB/OL]. 尼日利亚旅游局中文官网. [2012-11-11]. http://www.lvyou168.cn/travel/Nigeriatourism/tourist_attractions.html.

文组织列入"生物圈保护计划"和"世界自然遗产"。科莫埃国家公园海拔在119—658 米之间,包含一片由花岗岩和片岩构成的海拔在 250—300 米之间的河间准平原地区。公园里很多地方的河流都是永久性或半永久性的,然而一些地方的土壤十分贫瘠,并不适合耕作种植。公园属苏丹型热带湿润过渡气候,年平均温度为26℃,年均降水量为1200 毫米,南部地区一年中有 6 个月会出现单一干燥期,北部地区则有 8 个月持续干燥。①

科莫埃国家公园的植物群落令人目不暇接(图 6—5),这里是植被由森林到稀树大草原过渡的典型代表。南部地区的热带稀树大草原、森林和河边草地则更为引人注目。森林里的植物以豆科类为主,其他有记载的种类还包括:榄仁树、非洲酪脂树、牛油树、龙眼树以及盍藤子属植物,不一而足;热带稀树大草原则主要包括黍、紫荆花、风车子、栀子和灌木层。

图 6—5　科特迪瓦科莫埃国家公园

---

① 科莫埃国家公园[EB/OL].百度百科.[2009-03-23].http://www.tourismeci.cn/Comoe.htm.

科莫埃国家公园是各种各样的动物的栖息地,也是西非最大的保护区。公园里科莫埃河的存在意味着通常只在南方生长的灌木丛草原和浓密的热带雨林也会在这里出现。科莫埃河是黄背小羚羊和非洲大羚羊等动物活动的最北界限。公园里生活着大量哺乳动物,其中仅猴类就有 11 种,主要包括狒狒、绿猴、白腹长尾猴、体积较小的白鼻猴、白眉猴、黑白花的疣猴及黑猩猩;食肉动物有 17 种,主要有狮子、豹、巨型穿山甲、土豚、蹄兔;除此之外还有 21 种偶蹄类动物,包括大河猪、疣猪、河马、非洲大象、非洲水牛、非洲水羚、花毛弯角羚羊以及侏羚等。鸟类则主要是苍鹭、白鹭、鸭子、珩科鸟、鹬鸪及一些猛禽,目前在西非共发现了 6 种鹳类和 6 种秃鹰,仅在科莫埃国家公园里就可以找到其中的 4 种和 5 种。此外,还能见到 3 种非洲产鳄鱼。[①]

2. 塔伊国家公园

塔伊国家公园位于科特迪瓦西南部距海岸 100 千米处,占地 3500 平方千米,其中包括 200 平方千米的缓冲地带。1972 年 8 月 28 日颁布第 75—545 号总统令,将该地列为国家公园。1978 年联合国教科文组织将其列入"生物圈保护计划",1982 年它又进一步成为"世界自然遗产"。塔伊国家公园属远古时代形成的倾斜花岗岩准平原地形,几座因火山喷发而成的孤山打破了地形的沉寂。大量片岩呈西南—东北走势穿插于公园内,一些河流与之平行而流,不时会有这些水道的支流横亘在岩石前方。公园里的土壤大都含有高铁酸盐,较为贫瘠,但南部地区要肥沃些。

塔伊国家公园有两种截然不同的赤道过渡带气候。南部年平均降水量 1700 毫米,北部平均 2200 毫米,一般在 6 月该地的降水量达到高峰,之后迎来一个短暂的湿润季节 9 月,12 月至来年 2 月则是典型的干燥气候。在海洋和森林的双重调节作用下,这里气温变化不明显,一般在 24℃—27℃ 之间,但相应地空气湿度很大。

塔伊国家公园是西非保留下来的最大的森林岛屿。从南到北,公园里的植被有明显的分带现象。公园南部有 1/3 的地区潮湿而富饶,150 种植物属极为典型的湿润热带雨林分布(尤以豆科植物居多)。塔伊国家公园里还生长着 1300 多种较高的植物,浓密、喜雨的常绿林占据绝对优势,40—60 米的高度及粗壮的树干是它们的主要特色,其中 54% 是几内亚特有植物。海拔较低处有

---

① 科莫埃国家公园［EB/OL］.百度百科.［2009-03-23］.http://www.tourismeci.cn/Comoe.htm.

众多的真菌和藤蔓植物,如铁角蕨属。东南部的土质优于北部,生长着棕榈树、黑檀树等植物。一些原本以为灭绝的植物也在塔伊国家公园出现过。1972 年塔伊国家公园明令禁止商业采伐树木,森林得到了很好的休养生息。

塔伊国家公园里的动物群亦属西非森林的代表物种。在几内亚雨林中出现的所有 54 种大型哺乳动物中,就有 47 种生活在这个公园里,其中包括 5 种濒危动物。这里的哺乳动物主要有白腹长尾猴、白鼻猴、黑白花的疣猴、赤疣猴、绿疣猴、乌色白眉猴、黑猩猩、巨型穿山甲、树生穿山甲、长尾穿山甲、金猫、非洲象、大河猪、巨型林猪、小河马、水鼷鹿、非洲大羚羊、非洲水牛以及森林小羚羊的变种,如黑色小羚羊、斑纹小羚羊、黄背小羚羊等。森林里还有诸如灰鼠的啮齿类动物。公园中有记载的鸟类已达到 230 多种,其中包括胸部呈白色的珠鸡、杜鹃鸟和伯劳鸟。大约有 1000 种脊椎动物也栖息在塔伊国家公园里。

科特迪瓦塔伊国家公园里各种各样的植物及几种濒危猴类的出现引起了科学家们的极大兴趣。塔伊国家公园已被国际自然和自然资源保护协会及世界野生动物基金列为全球可持续发展战略实施的先头工程和示范榜样。

3. 邦科国家公园

邦科国家公园是科特迪瓦的国家公园之一,位于国家的东南部,阿比让以北地区。公园面积为 3000 平方千米,地处热带雨林区,林木茂密,树种繁多。主要的野生动物包括:羚羊、长颈鹿、豹、狮等。1953 年这里被建设成为自然保护区。

4. 宁巴山自然保护区

宁巴山自然保护区(图 6—6)坐落于几内亚和科特迪瓦之间的宁巴山,占地总面积为 587.7 平方千米,其中核心地区占 88.14 平方千米,缓冲地带占 142.21 平方千米,过渡带为 357.25 平方千米。保护区海拔 450—1752 米,耸立于一片热带草原之上,草原脚下的山坡被浓密的森林所覆盖,动植物丰富,还有一些当地特殊的动物种类,如胎生蟾蜍和黑猩猩。保护区内主要的生态系统类型有:热带湿润森林、海拔较高的草地、被蕨类植物覆盖的峡谷、热带稀树草原、长廊林、中等海拔的较干型森林以及干燥型森林。

宁巴山是几内亚山脊的一部分,比其周围几乎平坦的地区高出 1000 米,形成了巨大无比的山梁,以西南至东北的方向为轴线,绵延数千里。这里是进行侵蚀面理论研究的最佳场所,山脉的凸凹起伏及显著的地形特征,加上绿草覆盖的山峰和陡峭的山坡,表明了这里有一条明显的含矿的石英山脉。

　　宁巴山地区于1980年被批准为自然保护区。近期有关宁巴山自然保护区的主要研究课题包括：生物的详细目录（包括动物、植物以及特产）；对浓密的热带湿润森林、热带稀树大草原、林间空地及长廊林土壤（土壤分类、演变）、地形、水文方向的研究；灵长类动物的保护；对生活在自然保护区内人类的社会经济学研究；旅游观光事业对该地发展的长期影响以及管理计划（例如对动植物生物地理学的地带分布的规划、自然储备的监控等）。

　　宁巴山自然保护区被列入世界濒危遗产目录，主要的原因有两个：国际联合协会于1992年提议了对铁矿进行开采，并得到了批准；大批难民涌进几内亚，闯入保护区内或保护区周边地区。保护区就此对世界遗产委员会的关注作出回应，成立了宁巴山环境管理中心（CEGEN），负责所有的环境和法律问题、水质量的监控、农村综合发展及生物社会经济研究。

图6—6　宁巴山自然保护区

（三）塞内加尔

　　尼奥科洛—科巴国家公园位于塞内加尔东南部富塔贾隆高原北麓，面积约8000平方千米，是塞内加尔建立最早、面积最大的国家公园，也是塞内加尔著名的旅游区之一。这里处于热带雨林向热带草原的过渡地带，年降水量在1000毫米以上，年均温在27℃左右，草原广袤、林大茂密，每当雨季来临，万木复苏，绿草如茵，百花争妍，动物云集。冈比亚河及其支流蜿蜒其间，形成深切的河谷、宽阔的河漫滩和宽广的河间盆地，即使在干季，仍然水草丰美。良好的生态环境使公园成为野生动物的王国，成群结队的羚羊四处觅食；狮子、豹、野水牛、河马、猞猁等时有出没;鳄鱼、龟、巨蜥、蜥蜴等爬行动物到处可见;300 多种鸟类营巢林间,啁啾枝头。每当夏季来临,大象常从几内亚密林来此做客。近年来又发现黑猩猩,成为灵长类学者研究和旅游者猎奇的对象。

（四）塞拉利昂

在塞拉利昂的原始森林(图 6—7)里绿色永远都是主旋律,一种植物退出马上又有一种迅速补上。植物的交替枯荣,使原始森林成为一个生机盎然的世界,但乱砍滥伐导致包括黑猩猩在内的很多物种濒临灭绝。

图 6—7 塞拉利昂原始雨林

（五）佛得角

萨尔岛(图 6—8)是佛得角群岛中最早形成的岛屿,由于风蚀作用,也是佛

图 6—8 佛得角的萨尔岛

得角最平坦的岛屿,其最高点海拔为 406 米。全岛面积为 216 平方千米,南北长 30 千米,东西宽约 12 千米。南岸的圣玛丽亚海滩位于机场以南 17 千米,细沙洁白,海水清澈,是萨尔岛最具魅力的去处。绵延 8 千米的海滩沉浸于蔚蓝色的海洋中,温和的海水,宜人的气候,舒适的环境,使其成为闻名的度假胜地。

五、西非地区农林牧资源

(一) 萨赫勒地带的牧农业

萨赫勒地带在阿拉伯语中意为“沙漠之边”。介于撒哈拉沙漠与苏丹草原带之间。北界大致相当于 250 毫米年降水量线,南界相当于 700 毫米年降水量线,宽约 320—480 千米,是典型的热带草原向撒哈拉沙漠过渡的干旱、半干旱地带。西起佛得角群岛、向东沿纬度方向一直延伸到苏丹的尼罗河谷,东西长约 6500 千米。萨赫勒带内的西非国家有佛得角、毛里塔尼亚、马里、尼日尔、塞内加尔、冈比亚、布基纳法索等。[①]

萨赫勒属于半荒漠或荒漠化热带草原,地形单调,多为起伏和缓的高原,气候干燥,植被稀疏,人烟稀少。该地带终年高温,日照充足,有利于农业生产,但稀少而多变的降水、稀疏的植被却又限制了农业的发展。年平均降水量由南到北逐渐递减。根据年降水量的多少可将萨赫勒分为南北两部分:北萨赫勒地带,年平均降水量不足 350 毫米,不能满足当地最耐旱农作物生长的最低需要,故此地没有种植业;南萨赫勒地带,年平均降水量在 350 毫米以上,可以种植御谷、高粱等作物,但降水年内分配不均、雨季迟早不一,雨量年季变化大,制约农牧业发展。长期以来,干旱一直是此地带限制农业生产的突出问题。萨赫勒地带降水少蒸发大,难以形成地表径流,故河川湖泊很少,大多数地区只有一些间歇性河流或干河谷。常年性水源只限于乍得湖、尼日尔河、塞内加尔河和沙里河等“客河”及其支流。这几条河具有发展灌溉的巨大潜力,但年内流量变化很大,如尼日尔河在库利科罗处年平均最大流量为 9200 立方米/秒,最小流量只有 50 立方米/秒。这不利于传统的退洪耕作和灌溉农业。[②]

萨赫勒地带的土壤主要属沙土和微红棕色土。沙土分布在北部,发育在古

---

① 曾尊固. 非洲农业地理[M]. 北京:商务印书馆,1984.
② 曾尊固. 非洲农业地理[M]. 北京:商务印书馆,1984.

沙丘或古河流冲积物上,土层很薄,渗水性强,肥力低,极易受风蚀。微红棕色土分布在南部,形成于砂岩风化物母质和灌丛草原条件下,矿物质成分较丰富,但土层薄、土质疏松、保水保肥能力差。这些土质决定了此地生态环境的脆弱性,一旦被破坏就很容易形成沙漠化。各大河和乍得湖沿岸分布有热带黑土,保水保肥能力好,质地黏重,结构致密,在河流洪水淹没地段,洪水退去之后可以种植高粱、御谷等作物,若实行灌溉也适合种植水稻,但易板结、龟裂。①

北萨赫勒地带的主要牧草有莎草属、三芒草属等耐旱的禾本科植物,它们能适应贫瘠的土壤。在干河谷中可见到一些带刺的小灌木和乔木,骆驼和山羊喜吃这些植物的叶子。南部萨赫勒地带的草场条件相对于北部较好,雨季植物茂盛,有牲畜喜吃的三芒草属和画眉草属等青饲料,具有重要的饲料价值。萨赫勒的草场广阔,又无萃萃蝇的危害,自然环境决定了该地区比较适合发展畜牧业,因此该地区成了非洲主要牧场之一和最重要的养牛区之一。

与畜牧业相比较,萨赫勒地带的种植业处于次要地位,是非洲耕作最粗放、生产水平最低的地区之一。主要耕作和土地利用方式有三种:(1)迁徙种植和草地轮种。主要种植御谷(当地最耐旱作物),其次是玉米、高粱和花生。(2)退洪耕作。主要种植高粱。(3)河谷灌溉农业。主要种植御谷、玉米、水稻、各种蔬菜(番茄、洋葱、辣椒、马铃薯)及烟叶、水果等。②

萨赫勒地带是世界阿拉伯树胶的主要产区。这种树胶产自各种含胶的合欢树,如阿拉伯胶树、阿拉伯相思树等。阿拉伯树胶的用途很广,既可用于食品、橡胶等工业,还可用于制胶水、陶器、化妆品、医药上的乳化剂、造纸工业等。采集树胶是萨赫勒地带一种普遍的农村副业。

(二)苏丹草原带的农牧业

苏丹草原带北接萨赫勒地带,南邻几内亚湾沿岸和刚果河流域的热带雨林带,东邻埃塞俄比亚高原,西濒大西洋。大部为海拔500—1000米的高原。夏湿热,冬干热,年降水量自北向南从250毫米递增到1000毫米左右,有"苏丹式气候"之称。植物以禾本科草类为主,有少数落叶乔木和伞形树木;还有特殊的猴面包树。食草动物丰富,且多猛兽。居民主要从事农牧业,盛产棉花、花生、玉米等,牲畜多牛、羊。③ 苏丹草原带内的西非国家有冈比亚、几内亚比绍、

---

① 曾尊固. 非洲农业地理[M]. 北京:商务印书馆,1984.
② 曾尊固. 非洲农业地理[M]. 北京:商务印书馆,1984.
③ 曾尊固. 非洲农业地理[M]. 北京:商务印书馆,1984.

塞内加尔、马里、尼日尔、几内亚、科特迪瓦、加纳、多哥、贝宁、尼日利亚等。

　　苏丹草原带土地资源丰富,土地类型多样,兼有高原、山地和平原,以平原为主。苏丹草原带土壤主要是红壤和红棕色土,局部地区有砖红壤、砖红壤性红壤与热带黑土等。红壤主要分布在南半部,年降水量比较丰富,土层较薄。这种土壤若能耕垦施肥适当,防治侵蚀得宜,可以种植粮食、棉花、烟草等作物。否则会加速水土流失,加速土壤结构和肥力状况恶化。红棕色土分布在北半部较干旱的稀树草原上,肥力不如红壤,可以种植多种作物,抗蚀力差。[①]

　　苏丹草原带位于低纬度,海拔多在1000米以下,气温终年较高,热量资源丰富,全年平均气温多在22℃—23℃,植物可以全年生长,除少数高原山地外,多可种植热带作物。苏丹草原旱雨季分明,旱季一般难以耕种,雨季的光热状况对作物生长具有重要意义。通常,各地雨季(北部6—9月,南部5—10月)的积温达3000℃—4000℃,平均最高气温30℃—35℃,平均最低气温19℃—25℃,各月平均光照约200小时。这样的光热条件有利于粟、高粱、玉米、花生、棉花等一年生喜温作物以及许多草类的生长。据估计,苏丹草原带玉米的干物质生产率和经济产量相当于湿润高地森林带的两倍。

　　水对作物分布和农业生产活动具有重要影响。苏丹草原带内降水量的变化,由沿海向内陆、高地向低地、南部向北部递减。年降水量的90%集中于雨季,雨季的起止和延续时间对作物的播种、收获等具有重要影响。此外,苏丹草原的降水年季变化大,雨季初期不稳定。苏丹草原拥有尼日尔河、塞内加尔河、冈比亚河、沃尔特河以及沙里河与洛贡河等大、中河流。其中尼日尔河为西非最大的河流,可灌溉几百万公顷土地,在散散丁至廷巴克图处形成了世界闻名的内陆三角洲。其他河流的灌溉面积不是很大。

　　苏丹草原带的地形、土壤、水热条件等自然环境决定了此地的农业耕作方式和耕种作物。耕地的利用方式依水田、旱地而异。主要的粮食作物包括粟类、高粱、玉米、稻谷、薯类、豆类等。经济类作物包括花生、棉花、剑麻、木棉、柯拉、烟草、芝麻、牛油果、阿拉伯树胶等。其中花生和棉花是主要的经济作物。苏丹草原带在非洲畜牧业中占据重要地位,是非洲牛羊的集中分布区之一。

　　(三) 热带森林带的农林业

　　西非的热带森林位于非洲大陆西侧赤道南北,西临大西洋,北、东、南三面

---

① 曾尊固. 非洲农业地理[M]. 北京:商务印书馆,1984.

为热带稀树草原和热带疏林环绕。① 区内树种繁多、千姿百态,被称为热带植物王国。非洲的热带森林也是众多珍贵的野生动物的栖息地,如长臂猿、黑猩猩等。西非热带森林带包括塞拉利昂、利比亚、几内亚、科特迪瓦、加纳、多哥、贝宁、尼日利亚等国家的全部或部分区域。

热带森林地域广阔,土地资源丰富。终年多雨,大部分地区达 1000—2000 毫米,在喀麦隆山和富塔贾隆高原西坡处,年降水量超过 3000 毫米,甚至达 1 万毫米以上。降雨多为对流型,下午或夜间以雷阵雨形式降落,有利于农业活动。这里全年高温,年平均温度 25℃—27℃,各月平均气温皆不低于 18℃,气温年较差和日较差普遍很小。土壤主要是砖红壤性红壤和砖红壤。

热带森林独特的自然环境,形成了林业和热带经济作物占突出地位的农业结构。从几内亚湾沿岸到刚果盆地,郁郁葱葱的森林连绵不断,森林覆盖率在 31% 以上,约占非洲森林总面积的 30.7%、雨林面积的 90%。森林以雨林为主,包括南北边缘的季雨林,树种繁多,大约有 3000 种。林中高大的乔木挺拔高耸,树冠紧密相连;其下长有矮小的灌木林,众多的藤本植物密密地缠绕其间,结构十分复杂。林中有许多珍贵的树种。例如加蓬榄,生长快、树干挺直、成材率高、木材纹理美观,是很好的用材树种;非洲桃花心木,质地轻盈、木纹漂亮,是制作家具的理想木材,也是非洲重要的经济木材;非洲梧桐树,体轻色浅,适于制作胶合板和造船;紫檀树,树身高大、木色深红、质地坚固耐用,为红木中的上品;此外还有非洲楝、西非乌木、西非合欢、非洲箭毒木、非洲朴等。非洲的热带雨林是世界上热带木材的重要产地和出口地区。世界上一些国家,如法、意、德等国 80% 左右的热带木材是从非洲进口的。② 主要包括三个林区:(1)几内亚林区。从塞拉利昂到加纳沃尔特平原,长 1280 千米,宽 400 千米。森林覆盖面积仅占热带森林带的 6.8% 左右,但工业性采伐、木材加工和出口却均居首要地位,是非洲最大的工业用材生产和出口地区。由于政府的支持和水运交通的便利,科特迪瓦是本林区内森林采伐和木材加工最发达的国家。加纳也是非洲木材和锯材生产和出口国之一。(2)尼日利亚林区。分布于从贝宁、尼日利亚边界延伸至喀麦隆山脉的沿海低地,宽约 100—600 千米。尼日利亚是世界热带木材第二大生产国和传统出口国。(3)赤道林区。这里的主要经济

---

① 曾尊固. 非洲农业地理[M]. 北京:商务印书馆,1984.
② 曾尊固. 非洲农业地理[M]. 北京:商务印书馆,1984.

作物包括咖啡、可可、油棕、橡胶、椰子、菠萝、香蕉、甘蔗等,粮食作物主要是木薯、稻谷、玉米、大蕉等。

第三节　当代西非人口、资源与环境问题

一、人地关系矛盾加剧

(一) 土地资源退化

西非70%的土地都属于干旱、半干旱的萨赫勒地区,其干湿土地比例如图6—9所示。

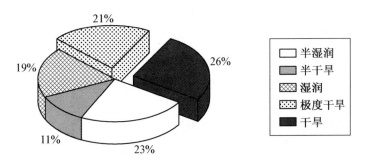

图6—9　西非干湿土地百分比

长期以来,西非人口增长快,人类活动不断加剧,土壤侵蚀加重,土壤肥力下降。土地资源的退化,直接导致土地生产力下降,生物多样性减少,同时贫困人口也相对增加。

造成西非地区土地退化的原因可归纳为以下几点:

第一,逐步加快的人口自然增长率对土地资源的压力。据非洲统计年鉴,1990—2003年,西非地区可耕地面积1990年为5980万公顷,2003年为7280万公顷,年均增长率为1.6%;同时期,人口年均增长率却达到2.7%,而且人口呈现加快增长的趋势。

第二,人类对土地的过度开发。西非邻接撒哈拉沙漠地区,特别是西非北部地区降水量少,土地沙化严重。而热带栽培业及采矿业是西非单一式的经济结构,造成区域发展不均。农民为扩展耕地,增加牲口,过度开发利用土地。

第三,丛林火灾。干旱少雨是西非中北部区域主要的气候类型,因此频繁

引发自然火灾,对植被造成大面积毁灭。

第四,其他因素,比如过度放牧、全球气候变化等。

（二）萨赫勒地带的荒漠化

西非萨赫勒地带的荒漠化是世界上最严重的,这里地形单调,降水稀少,植被稀疏。该地带的荒漠化研究,对于荒漠化的理论和防治实践具有重大意义。关于萨赫勒地带的荒漠化,存在不同观点。一种认为该地区的荒漠化是由气候变迁造成的,而另一种观点认为完全由人类活动影响形成的。丁登山认为气候是荒漠化自然因素中的重要因素,但不是唯一要素,还有诸如土质和地形等自然因素也会影响荒漠化。他认为,针对萨赫勒地带的荒漠化,气候因素具有复杂性,既有直接作用,也有间接作用,既能起单独作用,又能与人类过度的经济活动因素结合在一起发挥巨大作用。① 但是,总体来看,近几十年来萨赫勒地带的迅速荒漠化,主要是人类过度经济活动的结果。

（三）水资源日趋紧张

从全球水资源角度看,撒哈拉以南非洲地区是全球水资源形势最为严峻的地区之一。同时,提供安全、清洁的水源和用水设施也是这一地区面临的艰巨任务。该地区的水危机已引起国际社会的广泛关注。

从自然因素来说,西非除了萨赫勒地区,大部分地区水资源还是充足的,基本满足各国人民的需求。但是,由于水资源需求量不断增加,水资源利用不合理,水利基础设施建设投资不足,水资源的危机逐渐凸显。尤其是沿海地带,工业废水污染使得人们对水资源的质量越来越担忧。

由于人口的增长,西非各国对水的需求量逐步增加,工农业用水量到2025年将达到36立方千米/年,图6—10是西非各行业用水量趋势图（联合国开发计划署,Shiklomanov,1999）。到2025年,西非将有贝宁、布基纳法索、加纳、毛里塔尼亚、尼日尔和尼日利亚（Johns Hopkins,1998）6个国家缺水。② 当然,除了人口方面的因素,气候变化所导致的降水量减少、蒸发量增加等自然因素也是水资源日趋紧张的一个很大的因素。

---

① 丁登山. 论气候在西非萨赫勒地带荒漠化中的作用:兼谈近期人类活动的影响[J]. 干旱区地理,1995,18（3）:25-31.

② United Nations Environment Programme. Western Africa[EB/OL]. [2012-11-11]. http://www.unep.org/dewa/africa/publications/aeo‐1/166.htm.

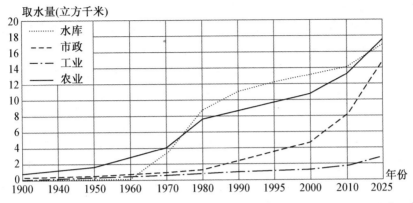

图6—10　1900—2025年部分年份西非用水量趋势图（Shiklomanov,1999）

面对水资源的严峻形势,各国采取了相应的措施,致力于水资源利用的合理化,重点改善居民用水条件。2008年,非洲联盟第11届首脑会议通过了关于加快非洲水资源与卫生发展的决议,各国政府承诺制定有效政策,大幅增加财政投入,促进水利基础设施建设,努力使非洲达到联合国有关千年发展目标。同时,一些国际机构和组织也积极帮助撒哈拉以南非洲国家改善用水条件。在西非国家加纳,联合国开发计划署与当地民间组织合作,向农村居民传授挖地打井、安装水泵、测试水质等技巧,在农村地区普及喝开水的习惯,效果显著。由于饮用水安全得到保障,农村地区水型痢疾、几内亚线虫病等与水有关的传播疾病显著减少。人们生活水平的提高,促进了农业生产,有效带动了当地的经济增长。①

（四）生态失衡②

西非的生态问题近年来越来越突出,这与许多国家大面积砍伐森林和毁坏植被、杀戮大量野生动物有很大关系。

1. 原始森林面积减少

除了萨赫勒地带,西非南部地区有大面积热带雨林,也是热带原始森林景观保存较为完整的地区,林木茂密,野生动植物繁多,其中科莫埃和塔伊两大原

---

① 撒哈拉以南非洲面临水危机［EB/OL］. 中国评论新闻网. ［2010-03-22］. http://www. chinare-viewnews. com/crn-webapp/doc/docDetailCNML. jsp？coluid＝7&docid＝101266710.

② 生态失衡是由于人类不合理地开发和利用自然资源,其干预程度超过生态系统的阈值范围,破坏了原有的生态平衡状态,而对生态环境带来不良影响的一种生态现象。例如:乱砍滥伐森林或毁林开荒,采伐速度大大超过其再生能力,则会使资源衰竭,生态失衡,后果是气候变劣,水土流失,引起生态的报复。

始森林区较具代表性。

科莫埃原始森林位于科特地迪瓦北部,这里有西非最大的自然保护区——科莫埃国家公园,动物和植物繁多,1983 年被列入《世界遗产名录》。科莫埃国家公园镶嵌在苏丹和亚苏丹草原上,面积 1.15 万平方千米,大部分处于海拔 200—300 米的丘陵地带,科莫埃河和沃尔特河蜿蜒流过,仅有几座海拔 600 米左右的小山兀立其间。

作为非洲最后一片重要的热带原始森林——塔伊国家公园以低雨林植被而闻名,1982 年被列入《世界遗产名录》。该公园西邻利比里亚边界,东以萨桑德拉河为界,原为一动物保护区(1956 年设立),1972 年辟为国家公园,面积 3500 平方千米,地貌以平原为主,南部有海拔 623 米高的涅诺奎山。

随着人类的乱砍滥伐,西非大部分国家在近十几年里森林面积减少(图 6—11),水土流失严重,造成巨大的经济损失。根据联合国粮农组织(2001 年)报告称,1990—2000 年,西非至少有 120 万公顷的森林消失。

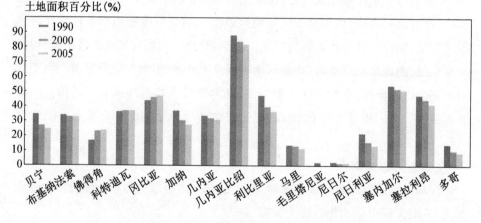

图 6—11　1990—2005 年部分年份西非各国森林覆盖率变化[①]

西非部分地区经常性的内乱,也对森林资源造成严重威胁。联合国环境署 2004 年报告,20 世纪 90 年代,在利比里亚和塞拉利昂两国,大片的森林被砍伐用来资助战争,导致两国森林覆盖率由 38.1% 降至 31.3%。

---

① United Nations Environment Programme. Africa Environment Outlook 2—Our Environment, Our Wealth [M]. Malta: Progress Press Ltd., 2006.

2. 濒危的西非红树林

红树林生态系统是热带、亚热带海滩以红树林为主的生物群落所形成独特的海陆边缘生态系统(图6—12),在全球生态平衡中起着不可替代的作用。西非沿海岸的红树林地区,是世界红树林分布最广泛的地区之一。2010年3月5日,据塞内加尔官方报纸《太阳报》报道,近年来,西非地区红树林遭到严重破坏,对该地区经济和社会发展产生负面影响。因而,毛里塔尼亚、几内亚、冈比亚、几内亚比绍、塞内加尔和塞拉利昂6个西部非洲国家在达喀尔签署《西非红树林保护规章》及行动计划,决定共同保护西非红树林,打击破坏红树林的行为,切实改变滥用红树林动植物资源的状态,有效保护本地区上千万人口赖以生存的自然生态环境。①

图6—12　红树林

3. 西非狮和西非黑犀牛的灭绝

狮子曾经广布于除了撒哈拉沙漠中部和热带雨林以外的非洲大陆。但由于人类的过度捕杀,狮子在东非及西非早已不见踪迹,现在只在东非及南非有少量分布,并且大多生活在国家公园内,仍处在濒临灭绝的危险之中。西非狮(图6—13A)在1865年灭绝。

狮子在动物界中一直被视为百兽之王,可是人类并没有把它们放在眼里。早在16世纪,欧洲人就踏上了西非。来到这里后,他们经常进行狩猎活动,并把猎杀狮子视为最隆重的狩猎活动,是显示勇敢和技巧的行为。狮子在这些人的贪婪与胜利的欢笑声中一只只地倒下去。人类不但猎杀成年的狮子,幼狮也被捕捉,然后带回欧洲,卖给那些有钱人及王公贵族。随着欧洲人的不断猎杀、捕捉,

---

① 西非6国决定联合保护红树林[EB/OL].新华网.[2010-03-06]. http://news.sohu.com/20100306/n270622061.shtml.

狮子在西非一天天地减少,到了1865年,最后一只西非狮也倒在了枪口之下。

A. 西非狮   B. 西非黑犀牛

图6—13　西非狮与西非黑犀牛

西非黑犀牛(图6—13B),又名西部黑犀牛,是黑犀牛中最珍稀的亚种。西非黑犀牛曾广泛分布在非洲中西部的大草原上,在过去的50多年间,西非黑犀牛种群数量下降超过80%,专家担忧该物种已经灭绝。据估计,这一珍稀物种的成年个体总数量不到50头,事实上可能已经彻底灭绝。它们被宣告灭绝于2006年,当时自然资源保护主义者未能在喀麦隆最后的栖息地找到它们。即使还有野生西非黑犀牛,如同其他黑犀牛种群一样,也难逃偷猎者的捕杀。

二、全球变化对西非自然环境的影响

近年来,全球变化导致的气候异常给世界各国带来了深重的灾难。西非地区也深受其害。

(一)全球变暖或致西非灾难性干旱

20世纪发生在西非萨赫勒地区长达几十年的干旱曾使很多人的生活无以为继。2010年4月,由美国国家科学基金会(NSF)资助的一项研究发现,近3000年来西非地区反复发生严重干旱,预计这一干旱模式未来还将持续下去。而且,未来的全球变暖可能使西非遭遇灾难性的干旱。

根据西非地区存在的反复干旱的气候模式,科学家发现,这一地区每隔30—65年就会出现灾难性大旱。而且纵观西非的干旱史,发生于20世纪60年代、持续几十年的"萨赫勒干旱"算是程度相对较轻的一次。西非历史上曾遭遇几次持续时间长达数百年的干旱,最近的一次发生在公元1400—1750年。另外,科学家还发现,西非气候模式很大程度上取决于北大西洋洋面温度的变化。如果这一模式成立,随着全球变暖,温度的上升可能会使西非的干旱形势恶化,旱期的旱情将更严重、持续时间更长。

　　我国的研究者也曾对西非夏季雨量的减少做了相关研究。徐群等学者认为,西非夏季雨量减少与太阳辐射变化有关。[①] 自然和人工所产生的气溶胶,如火山爆发、大气污染等,导致了太阳辐射直接减少的趋势,影响了西非夏季降水。

　　(二) 季风失常

　　西非地处撒哈拉沙漠南缘,除了夏季受海洋暖湿气流影响,带来较为充沛的降水,其他季节都是以干旱为主。但受全球变化影响,近来原本有规律的西非季风气候也越来越难捉摸。

　　2010 年夏季,西非 10 多个国家遭遇百年不遇的暴雨袭击。其中内陆小国布基纳法索所受灾害最为严重(图 6—14)。气象学家认为,西非国家遭遇罕见暴雨与季风反常有关。从 20 世纪 60 年代开始,西非的季风就发生了变化,雨量逐步减少,1974 年甚至一年都没有降水。根据过去 30 年来的统计,西非地区的降水量已经减少了 20%—50%。参与非洲季风多学科研究(AMMA)的科学家瑟格·贾尼科特曾根据模型推断,季风或许会随着气候变化而中断。随着气候变化的加剧,西非未来降水时节和降水量的变化难以预料。

图 6—14　2010 年 9 月西非国家布基纳法索遭遇洪灾[②]

　　① 徐群,王冰梅. 太阳辐射变化对我国中东部和西非夏季风雨量的影响[J]. 应用气象学报,1993,4(1):38-44.

　　② 季风变化让西非面临灾难,西非拟向富国索赔[EB/OL]. 新京报. [2009-10-29]. http://www.weather. com. cn/static/html/article/20091029/121056. shtml.

（三）西非海岸线可能因气候被重划

2008 年 8 月 23 日,在西非加纳首都阿克拉举行的新一轮联合国气候变化谈判分组会上,有学者指出,由于气候变化导致海平面上升,到 21 世纪末,从塞内加尔到喀麦隆长达 4000 千米的西非海岸线可能被重划①。

海洋地质学者、德国绿色环保组织"海因里希·伯尔基金会"驻尼日利亚负责人斯特凡·克拉梅尔指出,如果海平面因气候变化而每年上升 2 厘米,就足以摧毁西非海岸线的大片地带,尤其是沿海低洼地区和人口密集的三角洲地区,从而使西非海岸线发生改变。冈比亚、尼日利亚、布基纳法索和加纳将是受这一威胁最大的国家,其中尼日尔河三角洲地区的油田将尤为脆弱。在加纳,海平面上升以及洪水将导致沃尔塔三角洲丧失至少 1000 平方千米的土地。克拉梅尔还指出,海平面上升还将导致另一个威胁,即肥沃的耕地受到咸海水的侵蚀。"地球之友"组织加纳项目协调官乔治·阿武迪表示,海面上升致使很多地区的地下水无法饮用,也不适合农业耕种,从而引发食品和水危机。

---

① 学者称西非海岸线将可能因气候变化被重划[EB/OL]. 新华网(广州). (2008-08-23). http:// news.163.com/08/0823/18/4K261E6H000120GU.html.

∽ゅ 第七章 ゅ∽

中部非洲资源与环境

关于中部非洲有不同定义。定义之一,指非洲大陆的核心区域,其中包括布隆迪、中非共和国、乍得、刚果(金)、卢旺达,被视为核心五国。定义之二,指中部非洲联盟(1953—1963 年),也被称为罗得西亚和尼亚萨兰联邦,包括现在属于南部非洲或东部非洲的马拉维、赞比亚和津巴布韦等国家。[①] 定义之三,指中部非洲国家经济共同体,1981 年 12 月,中部非洲关税和经济联盟第 17 次首脑会议在加蓬首都利伯维尔举行,会议讨论成立中非经济共同体问题。从 1982 年起中非国家先后举行了 3 次部长会议,通过了一系列有关文件。1983 年 10 月 17—18 日,中部非洲国家元首和政府首脑在利伯维尔举行会议,于 18 日签署成立"中部非洲国家经济共同体(Economic Community of Central African States, ECCAS)"的条约。共同体于 1985 年 1 月开始运作,成员包括:布隆迪、赤道几内亚、刚果(布)、加蓬、喀麦隆、卢旺达、圣多美和普林西比、刚果(金)、乍得、中非、安哥拉。按照《非洲环境展望 2》的分区,中部非洲包括喀麦隆、中非共和国、乍得、刚果(金)、刚果(布)、赤道几内亚、加蓬、圣多美和普林西比 8 个国家。该区域土地总面积 536.60 万平方千米[②],2009 年人口 10716.7 万人,占全非人口(10.084 亿)的 10.63%[③]。

中部非洲,顾名思义位于非洲大陆的中部(图 7—1)。如果以中非共和国的首都班吉为圆心画一个 3300 千米为半径的圆,非洲四个的极点哈丰角、厄加

---

① Central Africa[EB/OL]. Wikipedia. [2012-11-11]. http://en. wikipedia. org/wiki/Central_Africa.

② United Nations Environment Programme. Africa Environment Outlook 2—Our Environment, Our Wealth [M]. Malta: Progress Press Ltd., 2006.

③ African Development Bank Group, African Union, Economic Commission for Africa. African Statistical Yearbook[G]. 2010.

勒斯角、佛得角、吉兰角都恰好落入其内,可谓是非洲的中心地带。中部非洲整体西邻大西洋,北接世界上最大的撒哈拉沙漠,东南至东非高原和南非高原。境内地势起伏,自北向南为提贝斯提高原、乍得盆地、阿赞德高原、刚果盆地、下几内亚高原与隆达—加丹加高原,跨撒哈拉沙漠、苏丹草原、热带雨林等自然带。该区域气候湿热,区内分布有流域面积仅次于亚马孙河的刚果河。丰富的水热资源使得中非各国的经济多以农业为主,矿业次之,大部分属于低收入国家。

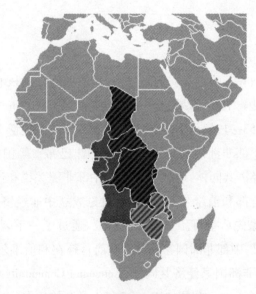

图 7—1　中部非洲位置示意图

第一节　中部非洲国家的地理环境概况

一、大盆地地形

非洲东部的地形可概括为一个由高原和盆地组成的大盆地,高原地带物质基础为火山岩和古老的结晶岩,而盆地则多由冲积物堆积形成,地势低平,沼泽广布。

(一) 提贝斯提高原

提贝斯提高原位于乍得西北部,属北非撒哈拉沙漠中部的熔岩高原,也是大盆地地形的北缘。高原长约 480 千米,宽约 280 千米,由 5 座海拔 3000 米左右的火山构成(图 7—2),平均海拔 2000 米,最高峰库西山海拔 3415 米,为一座死火山。这里属热带沙漠气候,气候条件极其恶劣,降水量少而变率大,气温高、温差大,蒸发强、相对湿度小。受风蚀和季节性水流强烈侵蚀,高原地势崎岖,戈壁广布。

图 7—2　提贝斯提高原上的火山①

（二）阿赞德高原

阿赞德高原(Azande Plateau)位于刚果盆地、乍得盆地、尼罗河上游盆地之间,充当三者分水岭。平均海拔 700—1000 米,地势东北高西南低。海拔由东北部的 1000 多米降至西南部的 600 多米,高原东西向延伸 300 多千米。地表破碎,结晶岩广泛裸露。中间被横向的乌班吉河支流博穆河切断,以北另称邦戈斯高原,有海拔 1300 米的邦戈斯山,起伏较大;以西为低平条形脊状地,海拔仅 550 米,南北两侧被一系列河流割切,因而多隘口,成为刚果盆地通往乍得湖流域的天然通道。阿赞德高原的北部是苏丹共和国的科尔多凡高原,东部是东非大裂谷。南部是刚果盆地的北缘,东部有邦戈斯高原,东北边境的恩加亚山海拔 1388 米,是中非共和国的最高点。阿赞德高原属热带草原气候,全年高温,干、湿季分明。南部的刚果盆地附近属热带雨林气候,终年湿润,北部向热

---

① Emi Koussi-Tibesti Mountains-Chad〔EB/OL〕. Wikipedia.〔2012-11-11〕. http://en. wikipedia. org/wiki/File：Emi_Koussi-Tibesti_Mountains-Chad. jpg.

带沙漠气候过渡。年平均气温 26℃。5—10 月大部分地区为雨季,11—4 月为旱季,年降水量为 1000—1600 毫米。

（三）阿达马瓦高原

阿达马瓦高原位于中部非洲的西部,从喀麦隆火山一直延伸到中非共和国境内,部分延伸到尼日利亚境内。高原平均海拔 1000 米,有些地方高度可达 2650 米,人烟稀少,植被稀疏,以养牛为主要生计。这里是包括西非贝努埃河之内的许多河流的发源地,也是重要的铝土矿产地。

图 7—3　阿达马瓦高原①

（四）乍得盆地和刚果盆地

1. 乍得盆地

乍得盆地是组成非洲中部大盆地地形的巨大内陆盆地之一,是在前寒武结晶基底的基础上发育的中新生代被动裂谷盆地。② 盆地中地势平坦,平均海拔在 300—500 米,面积约 250 万平方千米。整体地势呈现东北高、西南低、北部高、南部低的特征。北部是极其干旱的撒哈拉沙漠,东北部有埃尔迪—恩内迪高原区,西南是全国最低洼的地区,由乍得盆地和博德累盆地构成的准平原区。北部是提贝斯提高原区,南部是沙里河—洛贡河平原区。境内有非洲第四大湖泊——乍得湖。以乍得湖为中心的乍得水系内流流域,多洼地和沼泽,产食盐、

---

① Hills near Ngaoundal[EB/OL]. Wikipedia. [2012-11-11]. http://en.wikipedia.org/wiki/Adamawa_Plateau.

② G. J. Genik. Regional Framework, Structural and Petroleum Aspects of Rift Basins in Niger, Chad and the Central African Republic[J]. Tectonophysics, 1992, 213 (1-2): 169-185.

天然碱并赋存油气资源。湖区渔产丰富。乍得湖东北的博德莱洼地海拔 155 米,是盆地最低处之一。

2. 刚果盆地

刚果盆地是非洲最大盆地,也是世界上最大的盆地,又称扎伊尔盆地,是大盆地地形的主体。赤道横贯盆地中部,面积约 337 万平方千米(图 7—4)。

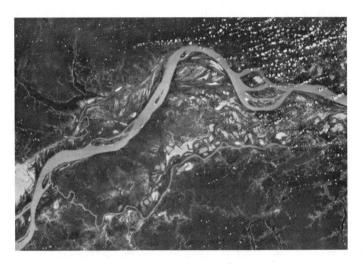

图 7—4 刚果盆地①

刚果盆地从地质构造上来看,是一个结构完整、形式紧凑的典型盆地,曾经是前寒武纪非洲古陆块的核心部分,由古老的变质岩、片麻岩、石英岩等组成,不同的岩层在刚果盆地从外到里、由老到新分布着。最外部是太古代的基底杂岩,往内依次是二叠纪、三叠纪的砾岩、石灰岩、砂岩,侏罗纪的砂岩。刚果盆地曾经是前寒武纪非洲古陆块的核心部分,由古老的变质岩、片麻岩、石英岩等组成。在中生代由于地盘的下陷而成为一个内陆湖,到了第四纪,因为地盘的上升和湖水外泄,形成今天的刚果盆地面貌,盆地中心为第四纪沉积。盆地地形四周高中间低,除西南部有狭窄缺口外,四周全被高原山地包围。北缘为中非高地,平均海拔 700—800 米,为刚果河、乍得湖、尼罗河三大水系的分水岭;东缘为米通巴山脉;东南缘是南非高原北端的加丹加高原,为刚果河和赞比西河的源地;西南缘隆达高原是安哥拉比耶高原的北延,为刚果河、开赛河和安哥拉

① 刚果河〔EB/OL〕. 互动百科网.〔2012-11-11〕. http://tupian. hudong. com/a4 _ 03 _ 53 _ 01300000165488121553532399553_jpg. html.

北部诸河的分水岭;西缘为喀麦隆低高原、苏安凯山地、凯莱山地和瀑布高原等一系列高地。盆地内部为平原,面积约 100 万平方千米,地势低下,平均海拔300—500 米,从东南向西北倾斜,多湖泊,有大片沼泽。金沙萨北的马莱博湖海拔 305 米,为盆地最低处。平原上刚果河及其支流具有宽广的谷地,排水不畅,河水漫出河床也形成大片沼泽。① 有研究者认为,刚果盆地是由于构造下陷而成的构造湖,后来由于地壳上升,原始的刚果河切穿盆地西缘,内湖逐渐消失,现在盆地西南部的两个大湖就是它的残迹。

在行政区划上,刚果盆地为刚果(金)、刚果(布)、中非共和国和喀麦隆 4 国共同占有。

刚果盆地约占刚果(金)国土总面积的 1/3。盆地东南高、西北低,盆地内多为沼泽、湿地和茂密的热带森林,人口比较稀少。盆地南、北为高原地貌,海拔一般在 600—1000 米之间,其中南部高地约占国土面积的 1/3。东部处于东非大裂谷带,沿坦噶尼喀湖、基伍湖、爱德华湖和艾伯特湖一带绵亘着高山峻岭,主要山脉自北向南有鲁文佐里山脉、维龙加火山群、米通巴山脉,这些山脉的海拔在 1000—5000 米之间,其中位于爱德华湖北侧恩加利马山(Mont Ngali-ema)的马格丽特峰(Pic Marguerite)高 5110 米,为全国最高点,也是非洲大陆第三高峰。

刚果(布)处于刚果盆地西部边缘,地形多样复杂,低地、沼泽、高山、丘陵、平川兼而有之。地形总貌是中部高南北两头低,西部高东部低。全境海拔平均高度不超过 1000 米,按照地表形态特征大体可分为:(1)东部为海拔 300 米左右的平原、盆地,占国土面积的一半。(2)中部和西部平均海拔高度在500—1000 米之间,多为山地和高原,在地质构造上是非洲古地块的一部分。主要由古老岩石所组成,久经侵蚀和风化,大部分已被夷平。高原是刚果河、奎卢河和奥果韦河(Ogooue,加蓬的最重要河流)三个水系的分水岭,大致从南往北有几个不同的块体高原:南部为瀑布高原,跨两个刚果边境地带,由于砂岩层大部分保存完好,刚果河及其支流富拉卡里河(Foulakari)穿越其间,形成一系列陡崖和瀑布,水力资源丰富,但不利于刚果河通向大西洋的船行;中部为巴太凯(Bateke)高原,面积广,地势高,平均海拔 700—1000 米,由几个面积不等的块状高原组成,沙尤(Chaillou)山从加蓬入境,构成高原的西界;东南部的姆

---

① 苏世荣. 非洲自然地理[M]. 北京:商务印书馆,1983.

贝高原,高约 650 米,面积最大。该区北部的莱凯蒂山海拔 1040 米,为刚果最高峰。它既是东西水系的分水岭,又是刚果、加蓬两国的天然疆界。(3)西南部是平均海拔在 300 米以下的狭长沿海低地,宽 50 千米,长约 140 千米,分为沿海平原和马永贝(Mayomba)山脉两个地理单元,呈狭长的梯形,从西北到东南,平均海拔不到 200 米。外缘受风和潮汐的影响,形成一系列沙丘,南部布满长满红树林的沼泽。平地上也有高于 200 米的低丘,有些低丘直迫于海,形成岩石毕露的岬角,如黑角(Point-Noire)、印第安角(Indien-Noire)等。海岸线除海角附近弯曲外,基本呈直线型。西南部的内陆是一个山谷相间的低山丘陵谷地区。马永贝褶皱山脉从西北走向东南,长 100 千米,宽 60 千米,海拔一般为500—800 米,大体上与海岸平行。奎卢河(Kouilou)切穿山地的中段,形成著名的松达峡,把马永贝山脉分为东、西两部分,东部风景最美。山地的内侧是奎卢河上游尼阿里河(Niari)斜谷,谷地宽广,平均海拔不到 200 米,两侧多丘陵和孤峰。在谷地的外围,平原层层叠起,组成一系列阶梯状平台,在高处的台地上俯视谷地中部,一片葱绿,农作物茂盛。

中非共和国处于两大盆地之间,北部是乍得盆地,南部是刚果盆地。境内大部分为海拔 700—1000 米的高原,东西高,中部低,并向南北两侧倾斜。因此中非共和国在地形地貌上大致可分为如下三个单元:第一个是西部耶德高原,该高原海拔 800 米左右,山地被河流切割,多深谷和峻峭的山脊;第二个是中部脊部高地,海拔 500—600 米,多隘口,东西横亘 500 多千米,是南北交通要道;第三个是东部邦戈斯高原,平均海拔在 1000 米左右,是苏丹阿赞德高原的西延。

喀麦隆共和国,从国家版图整体上看,南部宽广,往北逐渐狭窄,乍得湖位于它的顶端。全国地形复杂,除乍得湖畔和沿海有小部分平原外,全境大多是高原和山地。西部和中部为平均海拔 1500—3000 米的高原,成为尼日尔河、刚果河和乍得湖等水系的分水岭。

二、火山喷发活动较为强烈

中部非洲是个多火山的地区,该地域的山地和高原几乎都与火山活动有关。在喀麦隆高原的中西部,有很多锥形火山体,与几内亚湾的火山岛形成一条长达 1000 千米的火山链(图 7—5),这些火山一般都高达 2000 米。其中以几内亚湾湾角的喀麦隆火山最著名。最高峰海拔 4040 米,是非洲西部沿海最

图 7—5　喀麦隆火山链①

高山峰。该火山是一座复式活火山(图 7—6),在 20 世纪的 1909 年、1922 年、
1954 年、1959 年和 1999 年等有多次爆发,其中 1922 年喀麦隆火山喷出的熔岩
一直流到大西洋海岸,1999 年的火山熔岩流淌到达距离海岸线仅仅 200 米的
地方,炽热的熔岩切断了沿海的高速公路。② 2012 年 2 月 3 日,喀麦隆火山再
次喷发。③

　　位于几内亚湾的各岛屿上的火山也多属于喀麦隆火山链。圣多美和普林
西比诸岛上的岩石均为玄武岩构造的火山岩,地势均由沿海低地向中部升高。
这些岛屿小而高峻,表层土壤肥沃,受益于适宜的气候和丰富的降水,覆盖着茂
密葱绿的林木。圣多美岛就有高逾千米的山峰 10 余座,其中最高的圣多美峰
海拔高达 2024 米,海岛沿岸多是悬崖峭壁。普林西比岛上的普林西比峰高达
948 米。圣多美岛南部的山脉主要有两个走向:一种是从西北向东南。这些山

---

　　① Mount Cameroon[EB/OL]. Wikipedia. [2012-11-11]. http://en. wikipedia. org/wiki/Mount_Came-
roon.

　　·② John Seach. Volcanolive-Mt. Cameroon Volcano[EB/OL]. [2012-11-11]. http://www. volcanolive.
com/mtcameroon. html.

　　③ Cameroon Line[EB/OL]. Wikipedia. [2012-11-11]. http://en. wikipedia. org/wiki/Cameroon_Vol-
canic_Line.

图7—6　喀麦隆火山口①

峰均由受侵蚀严重的玄武岩构成,散乱的山峰和险峻的峡谷使整个地貌崎岖而迷人。据地质学家考证,大约3000万年以前的白垩纪期间,这里的一次大西洋海底火山喷发,在非洲边缘喀麦隆火山隆起的同时,在海洋里堆积起现在属于赤道几内亚的10个岛屿及组成圣多美和普林西比的16个岛屿。海底再次下沉时,整个地层向西南倾斜。这些地层倾斜的一些明显标记已被现代的地理学所证实。例如,在圣多美西南海岸的海水比西北海水深900多米。同时,几内亚群岛各岛屿地层构造十分相似。这些岛屿上的高山均是由南部海底上升的断层构成的。而北部地区的地势就相对平缓,主要是由倾斜地层构成的。同样,圣多美岛上的许多山峰曾经也是火山口,通常一般认为是一些死火山,但在最近的地质年代,这些火山曾再次活动。罗拉斯岛是这些岛屿形成的最好例子,那里有两个保存完好的火山口。生长茂盛的绿色植物很好地掩盖了火山口的痕迹,但这并不影响火山活动的另外一些痕迹——岩石山峰和圆锥形山脉——清楚地说明这一事实。另外,还有一些令人称奇的地理景观——响岩(phonolite)和颈状岩石,它们都是由炽热的岩浆在逐渐冷却的过程中形成的。在岛屿南部,这些罕见而陡峭的山峰创造了千姿百态的神奇自然景观,最令人称奇的例子就是格兰达峰(Cao Grande),在遥远的海上,她看起来像引颈眺望

---

① Mount Cameroon Craters［EB/OL］. Wikipedia.（2005-04-11）. http://en. wikipedia. org/wiki/File:Mount_Cameroon_craters. jpg.

的少女,已经成为提醒往来船只不要靠近南部海域以免触礁的标志物。普林西比岛上的热带气候带来大量降雨改变了岛上原始地貌,岛上山脉走向深受河流和瀑布侵蚀,其地理特点亦有自己独特的地方。这个岛上的岩石明显分成两种:北部是古老的玄武岩,玄武岩构成的地表地势平坦,而南部则是响岩。南部的山脉也都是由响岩构成,陡峭而崎岖。岛上的山脉大致是东西走向,同圣多美岛并不相同。

在中部非洲,还有几处著名的火山。在刚果与卢旺达交界处的维龙加火山群上,有两座非常有名的活火山:尼拉贡戈火山(Nyiragongo)和尼亚穆拉吉亚火山(Nyamuragira)。尼拉贡戈火山位于北基武省首府戈马以北约 10 千米处,海拔 3470 米。火山口直径 2000 米,火山中心处深约 250 米。这座火山几乎隔几年就发生一次大喷发,其中 1977 年 1 月发生的大喷发曾在近半小时的时间内夺走约 2000 条人命;2002 年 1 月发生的大喷发持续 3 天,造成 100 多人死亡,并使戈马大部分地区被熔岩吞噬。尼亚穆拉吉亚火山紧邻尼拉贡戈火山,自 1901 年以来共喷发过 12 次,其中最近的几次大喷发分别发生在 1980 年、1984 年和 1994 年。

三、全境呈现热带气候

(一)非洲降水最多的地带

非洲中部地处热带低纬地区,降雨量成为最重要的气候要素,特别是在刚果盆地。刚果盆地区雨量的主要来源是热带海洋气团,随着赤道西风带来的湿热气流被迫抬升冷却而导致大量降雨。就降雨类型而言,以低纬太阳直射引起的对流雨占重要的地位,热带锋锋面雨对南部地区的降雨起重要作用,受西南季风影响的高海拔地区的迎风坡,地形雨雨量充沛,全区年均雨量为 1000—2000 毫米,是全非洲降水最多的区域。[①] 中部非洲降水较多的国家包括:

加蓬地处赤道,受纬度、地形、气团活动等因素的影响,大部分地区属热带雨林气候,气温全年变化较小,最高气温 30℃,最低气温 22℃,年平均气温在26℃左右,因此终年高温就成了加蓬气温的总特点。受海洋信风的影响,全国湿度由沿海向内陆递减,年平均湿度为 85%。降雨量与湿度变化相一致,年均降雨量达到 1360 毫米。沿海地带受海洋性气团交互的影响,降水较多,年均降

---

① 苏世荣. 非洲自然地理[M]. 北京:商务印书馆,1983.

水量在 3000 毫米以上。内陆地区受地形雨作用明显,大部分地区降水量在 2000 毫米以下。

喀麦隆全年炎热,南部是潮湿的赤道气候。3—10 月为雨季,其中 7—10 月为大雨季,3—6 月是小雨季。年平均降雨量在 2000 毫米以上。在喀麦隆火山山麓全年降雨量高达 1 万毫米,是世界降雨量最多的地区之一。

刚果(布)和刚果(金)地处赤道附近,终年高温多雨,全年气温平均在 24℃—28℃,年温差较小。1 月中到 5 月中为大雨季,10 月初到 12 月中为小雨季,大部分地方的年降雨量为 1000—1500 毫米之间,西部有些地方多达 2000 毫米。

赤道几内亚的气候炎热、潮湿,多雨多云。大陆沿海地区年平均降水量为 2112.6 毫米,年平均降雨天数 152 天,日最大降雨量 144 毫米,小时暴雨强度为 23.5 毫米,年平均相对湿度为 88.8%。赤道几内亚所属的比奥科岛,年气温变化在 15℃—34℃之间,年平均气温 25℃。年平均降雨量为 1700 毫米,年平均相对湿度 85%。岛上各地降雨量有较大差别,西北地区年降雨量为 2000 毫米,西南地区则大于 5000 毫米。位于该岛南端的乌雷卡村,是有名的"雨城",年降雨量高达 7800 毫米。

圣多美和普林西比共和国也位于赤道附近,由多个岛屿组成,终年湿热,雨量充沛,年平均气温为 27℃左右,年平均降雨量为 3000 毫米。圣多美和普林西比各岛降水量因地势高低、朝向不同而迥异。各岛西南坡因受大西洋湿热气候影响,年降雨量可达 5000 毫米。从南方来的潮湿气团被山脉抬升,在沿圣多美峰四周的地方,降水丰富,圣多美峰及其周围年降水量 4000 毫米,同时整个南部和西南部的降水量超过 3000 毫米,北部降水是 840 毫米。普林西比岛的情形与圣多美相似,南部山区降水量平均超过 3860 毫米,而北部海滨年平均只有 1090 毫米。

(二)独特的热带盆地气候

1. 气候带南北对称分布

刚果盆地区位于北纬 8°至南纬 13.5°之间,赤道横贯盆地中部,受太阳总辐射对称分布的影响,气候带南北近于对称分布。刚果(金)位于刚果盆地中,赤道横跨其中,赤道北侧的土地占国土面积的 1/3,位于赤道南侧的土地占 2/3。赤道的影响使刚果的气候呈典型的热带型:沿海地区和刚果盆地的年平均气温为 26℃,山区的年平均气温为 18℃。进一步细分,则刚果(金)可分为赤道气候区、热带雨林气候区、热带草原气候区和高原气候区四个大气候区：

赤道气候区包括赤道南北两侧各3°—4°的地带,这里全年高热潮湿,几乎每月都有降雨。赤道气候区以北为热带雨林气候区,以南为热带草原气候区。热带草原气候区有明显不同的雨季和旱季之分:4—10月为旱季,11—3月为雨季。通常雨季天气比较湿热,旱季天气比较凉爽。刚果(金)东部地区属高原气候区,气候凉爽,有"非洲的瑞士"之称。虽然有雨季和旱季之分,但大部分地区整体来说雨水丰沛,年平均降雨量在1000—2200毫米之间,是世界上降雨最多的地区之一。

2. 热带气候类型多样

刚果盆地以热带雨林气候为主,同时还有其他热带气候类型,按照雨季的变化和其他气候要素特征分为:

(1)热带雨林气候带:位于南北纬4°之间,赤道横贯,终年湿热,无四季之分。年平均气温在25℃—26℃之间,年降雨量在2000—3000毫米。中部非洲大多数国家位于该带范围内。

(2)热带稀树草原气候:南北纬4°之外,这里旱湿季节变化开始明显,年平均气温在23℃—25℃之间,年降雨量在1500—2000毫米,雨量变化率较大。在隆达—加丹加高原区,因为纬度较南,海拔较高,年平均气温在20℃左右,年降雨量在1000—1400毫米。一年分为三个季节:4—8月为凉干季,9—10月为热干季,11—3月为暖湿季。

(3)热带高地气候:位于东部山地、南部高地东南部和喀麦隆火山山地的高处。年平均气温在18.5℃左右,年降雨量在2000毫米。具有明显的气候垂直带,日照弱,云量多,相对湿度大。

(4)近似热带干草原气候:位于西南沿海地区,受本格拉寒流影响,年平均气温26℃,年较差大。年降雨量北部1000毫米,南部800毫米。

(5)热带季雨林气候:位于西北沿海和比奥科岛等地区,受西南季风的影响,年平均气温在27℃上下,年降雨量在2000毫米之上,个别地区超过4000毫米。

除了上述特征外,地形导致盆地气候总体呈现环状分布特征。但东部与西部的海拔不同,因此东部气候偏凉,而西部偏热。西部沿海的北部受到几内亚湾暖流的影响,西南季风盛行,出现了非洲少有的高温多雨区。相反,南部受本格拉寒流影响而低温少雨。海流影响从沿海往大陆递减。

四、大河向西流

中部非洲的河流多注入大西洋,因此,该区域的河流以大西洋水系为主要特色。中部非洲最主要的河流是刚果河。刚果河自东向西流入大西洋,全长 4640 千米,在非洲仅次于尼罗河,是非洲第二条长河、世界第六大河。刚果(金)前卢蒙巴政权曾一度改称它为扎伊尔河。刚果河支流众多,较重要的有开赛河、乌班吉河、楚阿帕河等。刚果河东部源头位于坦噶尼喀湖东南高地,西部源头位于刚果(金)境内的加丹加高原流至与乌班吉河汇合处。刚果河在布拉柴维尔和金萨沙以北处形成宽 30 千米的马莱博湖(Malebo Pool),中间为姆巴穆岛,刚果河最后往下通过利文斯顿瀑布群后注入大西洋。流域面积 370 万平方千米,其流域之广和水量之大,在世界上仅次于南美洲的亚马孙河。

由于刚果河流域属于热带雨林气候,因此刚果河的水量十分丰富,作为刚果河最大支流乌班吉河(Oubangui),总长 1160 千米,水量充足,乍得湖 85% 的水量来自这条河。乌班吉河从姆博穆河口西流 500 千米,在班吉改变方向,向南流经 700 千米,然后注入刚果河,流域面积达 37 万平方千米。乌班吉河由于多处可以通航,因此在古代非洲就是著名的通商大道。乌班吉河下游为“沼泽地河道”,常保持 4 千米宽度。刚果河的其他重要支流还有草丛利库阿拉河(Likouala Aux Herbes)、桑加河(Sangha)、利库阿拉河(Likouala)、阿里马河(Alirna)、莱菲尼河(Lefini)、朱埃河(Djoue)等。它们的分支多,往往纵横交错,组成稠密的水网。刚果河及其支流共有 1.45 万千米的河道可供 150—350 吨的平底船只航行,有 2785 千米的河道可供 800 吨以上的船只航行,这使刚果河水系在刚果的交通运输系统中占据非常重要的地位。刚果河水系各河的主要水文特点是河宽,水流量大,流速缓,含沙量少,汛期长而且季节变化小。下游富有灌溉航行之利,上游蕴藏有大量水力,具有开发利用的优越条件。而且刚果河流量稳定在 3 万—8 万立方米/秒,一年四季可通航。但是有些河段河道多瀑布和急流,无法通航,使船只无法从大西洋溯刚果河直接进入刚果内陆:金沙萨至马塔迪段,基桑加尼至乌本杜段,金杜至孔戈洛段。

奎卢—尼阿里河,属于刚果河西南部水系,干流长、支流多,上游流经丘陵、山地和峡谷,水力资源丰富;下游水深流缓,更对经济地理十分有利,最宜于灌溉、通航、发电等综合利用,是国家开发的重点。其他与奎卢河下游平行的还有恩戈恩戈河,农比河、洛埃美河等均出于马永贝山,流程较短,注入大西洋。

姆博穆河是刚果(金)和中非共和国的界河,全长750千米,发源于距离苏丹境内加扎勒河的一条支流源头80千米的地方。此河是乌班吉河的支流,迂回曲折。姆博穆河的大部分支流,如瓦拉河、信科河、姆巴里河都相当长。

奥果韦河是加蓬共和国的最大河流,该河发源于刚果(布)的查纳加附近,全长1200千米,流域面积约22万平方千米。奥果韦河自东向西流经加蓬全境,首先直流西北,然后弯曲流至海岸的平原,最后在让蒂尔港附近注入大西洋,并在入海口附近形成三角洲,并分布着众多的湖泊。因此加蓬是个多河流国家,水网密布,有1万平方千米水域面积。奥果韦河在兰巴雷内水流量为4670立方米/秒,其中每年11月份水流量达最高值,为7240立方米/秒;8月份水流量最小,为1970立方米/秒。奥果韦河在加蓬境内呈弧形分布,支流众多,重要支流有:左岸的洛洛河、莱科科河、莱尤河、奥富埃河和奥古涅河,右岸的穆巴萨河、塞埃河、依温多河、俄加诺河和阿巴尼西河等。从总体上看,奥果韦河由于支流众多,又位于赤道多雨地带,因此水流量较大,而且水量变化小,水深流缓,有利于通航。每年5—6月和10—11月期间,水流量处于高峰期,适宜巨轮航行。就局部而言,由于该河上游流经高原山地,水流湍急,水力资源丰富。除奥果韦河外,加蓬尚有多条河川直接流入大西洋,如木尼河、科莫河、昂波恩可米河、昂波恩多古河和尼扬加河等。与奥果韦河相比,这些河流发源于西部山地,源短流浅,仅具有局部意义。

在赤道几内亚境内也有很多河流,主要分布在木尼河地区,且多数自东向西流入大西洋。主要河流有三条:北部的恩特姆河(Ntem),中部的贝尼托河(Benito),南部的木尼河(Muni)。贝尼托河发源于加蓬,自东向西,横贯全境,全长315千米,赤道几内亚境内长272千米,下游160千米可以通航,是该国最长的河。全区河流总的特点是水量丰富,多瀑布跌水、急流,水利资源丰富。

第二节　中部非洲自然资源特征

人类的发展离不开自然资源,中部非洲是个自然资源十分丰富的区域,但经济的发展和其资源禀赋明显不符,各国总体发展水平低。如表7—1所示,与非洲其他几个地区相比,中部非洲占全非洲国内生产总值的比例最小。2005

年中部非洲 8 国人类发展指数(HDI)排名均在 119 名之后,各国差异较大。在全球 177 个国家中,中非共和国排在第 171 位,加蓬是中部非洲排名最靠前的国家,其第 119 位的排名高于非洲第一大经济体南非(第 121 位)。国民预期寿命方面,除圣多美和普林西比较高外,其余均偏低。在教育方面,加蓬、喀麦隆、圣多美和普林西比三国的入学率相对较高,其余明显不足。成人识字率方面,加蓬、赤道几内亚和刚果(布)都高于其余三国。上述各项指数大体上与人均国内生产总值水平相匹配。在 2005 年 108 个发展中国家人类贫困指数排名中,刚果(金)和中非共和国分别列第 88 位和第 98 位,而乍得排名垫底,总体明显靠后。在人均每天收入 1 美元以下的人口比例中,中非共和国竟占 66.6%,喀麦隆为 17.1%。使用清洁水源方面,赤道几内亚、刚果(金)、乍得、圣多美和普林西比人口比例较大,其余四国明显偏低。因此,深入研究该区域的自然资源的特征及其分布规律,将有利于该区域经济地位的提升。

表7—1　2003—2009 年非洲各地区国内生产总值占非洲比例①　（单位:%）

地区＼年份	2003	2004	2005	2006	2007	2008	2009
中部非洲	5.25	5.53	5.61	5.61	5.60	5.54	5.56
北部非洲	38.92	37.08	36.87	37.60	39.00	39.08	39.53
南部非洲	32.94	34.83	34.09	33.30	32.21	32.16	31.32
东部非洲	6.68	6.25	6.19	6.19	6.27	6.33	6.50
西部非洲	16.21	16.31	17.23	17.31	16.92	16.87	17.09

一、矿产资源

中部非洲各国的矿产资源非常丰富。这里有大量的钻石、黄金,还有丰富的石油,并且很多资源都有巨大的开发潜力。

（一）"中非宝石"——刚果(金)

刚果民主共和国地处刚果盆地,简称刚果(金),国土面积234.49 平方千米,常住人口 6920 万人,其中城镇人口占 30%,首都金沙萨(图 7—7)是政治、经济和文化中心。

---

① 张永蓬. 中部非洲国家经济发展探析[J]. 西亚非洲,2010,10：58-62.

图7—7　刚果(金)首都金沙萨的地标建筑

　　在地质上位于扎伊尔克拉通东北部,各种资源丰富,矿产资源更是以品种多、储量大而闻名于世,被称为世界地质博物馆,素有"世界原料仓库"、"中非宝石"和"地质奇迹"之称。其境内蕴藏的矿产资源有石油、煤炭、铀等能源矿产,以及铁、锰、铬、钨、铜、钴、锌、锡、镍、金、铂族金属、银、铌、钽、锗、福等金属矿产和金刚石、硫、石材等非金属矿产。根据商务部国际贸易经济合作研究院2011年对外投资合作国别指南,刚果(金)的主要矿产资源包括铜、钴和铁等(表7—2)。①

表7—2　刚果(金)主要矿产资源已知储量

矿产资源名称	储量/万吨	备注
铜	7500	估计占世界10%
铌、钽	3000	估计占世界90%
锰	700	
锌	700	
钴	450	估计占世界50%
铁	1000000	

① 中国商务部国际贸易经济合作研究院. 对外投资合作国别(地区)指南:刚果(金)[R]. 2011.

续 表

矿产资源名称	储量/万吨	备注
锡	45	
黄金	600(吨)	
钻石	2.4(亿克拉)	主要为工业钻
煤	6000	
石油	153800	
天然气	10480000	

在多样的矿产中,铜和钴是刚果(金)最丰富的两种有色金属矿产。刚果(金)的铜、钴矿床主要分布在赞比亚—刚果(金)铜钴矿成矿带上,该带位于加丹加弧形铜钴成矿带的东南部,是非洲中部卢菲利(Lufilian)弧形构造带东段的一部分。卢菲利弧形构造带形成于新元古代末板块碰撞区域,挤压主应力方向为南西—北东向,推覆方向为由南西向北东推覆,其褶皱—推覆构造带呈弧形舌形部位向北东突伸。该弧形构造带从赞比亚和刚果(金)边境的东部呈弧形延伸到西部的赞比亚—安哥拉边境,是一个长约 500 千米、宽 80 千米的铜、钴、镍、铅、锌多金属成矿带(图 7—8)。带内分布有多个世界级大型层状铜(钴)矿床,如 Musonoi、Likasi、Kimbe 和 Kolwezi 等铜钴矿床。[1] 科卢韦齐(Kolwezi)铜矿区位于区域加丹加弧形构造带北西部科卢韦齐复向斜南翼的次级复背斜近核部,矿区矿石矿物成分主要有孔雀石、辉铜矿、黄铜矿、斑铜矿、少量硅孔雀石、自然铜、铜兰、赤铜矿、水铜钴矿、水铜矿、钴白云石、钴华、菱钴矿、钴土矿、微量硫铜钴矿和黑铜矿等,其他金属矿物主要有赤铁矿、针铁矿、镜铁矿、黄铁矿和褐铁矿等。该铜矿经历了中元古时期铜初始富集阶段、新元古代末铜变质富集及热液富集阶段、中生代侏罗世构造运动促进铜富集阶段和侏罗世以后1 亿多年漫长的风化铜次生富集阶段,地表及近地表的铜钴硫化物矿物因长期的物理和化学风化作用及氧化淋滤作用使铜钴硫化物变为氧化物或氢氧化物的同时,铜和钴等成矿元素发生再次溶解、迁移、沉淀,富集在氧化带下部,形成高品位矿床。[2]

---

[1] 刘兴海. 刚果(金)KIMPE 铜钴矿床研究与三维成矿预测[D]. 合肥:合肥工业大学,2007.
[2] 赵英福. 刚果(金)科卢韦齐铜矿地质特征及成矿机理浅析[J]. 矿产与地质,2011, 25(3):203-207.

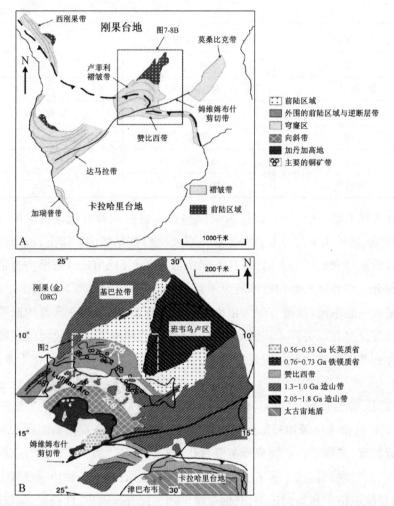

A. 中—南部非洲泛非构造运动简图　B. 卢菲利造山带地质简图（CCB 为刚果铜矿位置）

图 7—8　卢菲利造山带构造背景和中部非洲铜矿带的位置①

　　不同的矿床产于区域性大型推覆体构造的不同部位，明显受断裂构造的控制，在次级断裂两侧相对富集成矿（图 7—9）。由于矿体地处地壳抬升的高原区，矿体埋藏较浅，以铜钴氧化矿为主，所以，刚果（金）铜矿产资源不仅具有分布广泛、成矿条件好和品位特别高的特点，而且开发成本低。刚果（金）铜矿的品位是中国铜矿的 20 倍以上，也远远高于南美铜矿。近地表氧化铜矿石的品位普遍在 15% 以上（地下 1000 米 硫化矿的品位在 2% 左右），因此到目前为

---

① 杜菊民, 赵学章. 刚果（金）铜—钴矿床地质特征及分布规律[J]. 地质与勘探, 2010, 46（1）: 165-174.

止,几乎所有的矿区都为露天开采。①

　　从矿产资源的空间分布来看,各种矿床在刚果(金)全境几乎都有分布,其中铜、铅、锌、铀、镍和钴等,主要分布在东南部和东北部;锡主要分布在东部和东南部;金、银和铂族金属主要分布在南部、北部和东部;锰矿和铁矿主要分布在南部和北部。工业用钻石主要分布在东、西开赛省,特别是姆布吉马伊和奇卡帕两个城市周围;黄金、锡和钨矿主要分布在东方省和南、北基武省;煤矿主要分布在北部;石油主要分布在下刚果省沿海地区、北基武省与坦桑尼亚和乌

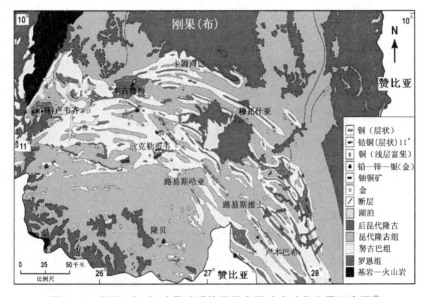

图7—9　刚果(金)铜矿带地质简图及主要矿床矿化位置示意图②

干达交界处以及赤道盆地地带,其中赤道省的石油尚未开采,西部海陆交界地带石油已经投产多年,年平均产量约为1000万桶;天然气主要蕴藏在基伍湖中,但因湖水太深,目前也未被开发。有资料显示,刚果(金)西部沿海盆地、中部中央盆地、东部的坦噶尼喀湖、阿尔拜尔湖和基伍湖等区蕴藏有丰富的油气资源,具体储量尚未探明。

　　(二)"非洲的科威特"——加蓬

　　非洲中部的油气资源集中分布在沿海湾地区,其中的加蓬共和国,有"非洲的科威特"的美称。

---

①　张春. 刚果(金)矿产资源现状及投资环境分析[J]. 中国矿业,2008,17(12):97-98,102.
②　杜菊民,赵学章. 刚果(金)铜—钴矿床地质特征及分布规律[J]. 地质与勘探,2010,46(1):165-174.

据美国《油气杂志》公布的资料,截至 2002 年 1 月 1 日,加蓬石油储量 3.4 亿吨,居非洲第 5 位。[①] 加蓬的油田分布在沿海陆地以及离海岸线不远的海域,大部分集中在让蒂尔港和马永巴地区。目前加蓬已发现近 50 个油田,其中陆上油田占 1/3,其他 2/3 属海上油田,其中陆上较大的有拉比—昆加(Rabi-Kounga)、甘巴—伊温加(Gamba-Ivinga)、埃希拉(Echira)、库卡尔(Coucal)和阿沃切特(Avocette);海上油田有:布德罗伊—马林(Boudroie-Marine)、阿布勒特(Ablette)、鲁塞特(Roussette)、平古因(Pingouin)、麦鲁(Merou)、卢奇纳(Lucina)、梅鲁(Merou)和布莱梅(Breme)等。其中拉比—昆加油田是迄今在加蓬陆上和海上发现的最大油田,位于加蓬陆上店农果盆地,该油田产轻质油和天然气,探明石油地质储量 22.5 亿立方米,可采储量 8.6 亿立方米。安圭莱海上油田位于加蓬浅海,发现于 1962 年,投产于 1966 年。上白垩统安圭莱组原始原油地质储量 6×10^8 桶(bbl),350 米高的油柱封闭在一个与盐有关的断背斜圈闭中,储层厚度约为 100 米。在加蓬中部奥戈韦河区滨外,晚白垩世两个主要时期的三角洲沉积层发育有一系列原始可采储量超过 10×10^8 桶(bbl)的油田。在这个地区已找到了 30 多个油田,其储量可达到 1.9×10^8 桶(bbl)。[②] 位于加蓬共和国西部滨海奥果韦省 LT2000 区块的勘探结果,预测该区块石油资源量为 11.31 亿吨。[③] 加蓬大多数油田原油重度为 30—35API 度[④],少数油田原油重度为 25API 度。其原油油质轻、含硫低,自喷能力强,便于开采。另外,加蓬是非洲第五大天然气资源国。截至 2002 年 1 月 1 日,加蓬天然气储量为 339.8 亿立方米。到目前为止,有 20 多家欧美公司在加蓬境内勘探石油。法国埃尔夫公司于 1926 年在加蓬境内首次进行石油勘探,1956 年第一块油田投入生产,加蓬现成为撒哈拉以南非洲第三大石油生产国。

---

① 黄燕平. 2000 年和 2001 年世界石油储量和产量[J]. 国际石油经济,2002,10(1):50-51.

② 李莉,吴慕宁,李大荣. 加蓬含盐盆地及邻区油气勘探现状和前景[J]. 中国石油勘探,2005,3:57-63,68.

③ 陈彤,吴慕宁. 加蓬海岸盆地 LT2000 区块石油地质特征与勘探前景[J]. 江汉石油职工大学学报,2008,21(6):10-13.

④ API 度的全称是 American Petroleum Institute Gravity(API Gravity),是衡量油品相对于水的轻重指标。水的 API 度是 10,绝大多数原油的 API 度在 10—70 之间,数值越高,油越轻。API 度高于31.1 的原油是轻质原油,API 度介于 22.3—31.1 之间的原油是中质原油,API 度在 22.3 之下的是重质原油。API 度很低甚至低于 10(比水重,混合后会沉于水底),叫超重油、稠油或沥青油。

除了石油和天然气之外,加蓬还有铌、锰和铁等其他矿床。加蓬的铌矿主要分布在兰巴雷内东部地区,储量 40 亿吨,仅次于巴西,居世界第二位,于 1986 年首先被发现。据目前研究结果,加蓬[205]Nb 的品位为 1.9%。预计正式投产后,纯度为 1.6% 的铁铌矿石年产量为 6000 吨。加蓬的锰矿石形成于原古代的岩石中,储量估计为 1.6 亿吨,占世界锰矿石总储量的 3.2%,仅次于南非和乌克兰,居世界第 3 位。主要矿区位于弗朗斯维尔附近的莫安达。矿石品位高达 50%—52%,居世界前列,高于乌克兰的 43%。加蓬的锰矿发现于 1949 年,1961 年开始开采,目前年生产能力为 60 万吨。加蓬的铁矿石是铁英岩变质作用而形成的,均为地表矿床。奇班加铁矿储量 1.5 亿吨,矿石品位在 44% 左右。贝林加矿区是世界上最大的铁矿资源富集地之一,可采储量 8.5 亿吨,矿石品位更高,达 64%。贝林加铁矿石属于开采价值高的富集地之一,可采储量 8.5 亿吨,矿石品位高达 64%。加蓬境内穿过前寒武纪岩石的顶部的河流冲积物中,发现了沙金,矿藏位于拉斯维尔附近。加蓬沙金的矿化作用分为四类,即石英矿脉、砾岩、网状脉和硅化带及其他浸染状化,还有其他矿石的矿化作用。由于这些沙金多分布在与世隔绝的森林中,因此加蓬的黄金资源尚未得到有效开发,只有小规模的手工开采。加蓬黄金总储量约为 390 万吨,矿石含金量为 6.4 克/吨,1937 年首次开采。加蓬的钻石分布较广,约占国土面积的 1/4,但最重要的产地是南部的马孔戈尼奥(Makongonio),另外在北部的米奇克地区也有少量发现。但目前勘探工作仍在进行,大部分地区蕴藏的钻石尚未开发。

除了加蓬之外,中部非洲地区各国多产油气。原油和天然气是赤道几内亚最重要的矿产资源,主要分布在比奥科岛西北部大陆架上、大陆地区木尼河流域以及北部和南部边境地区。据估计天然气和原油储量分别为 370 亿立方米和 30 百万桶。里奥穆尼盆地(Rio Muni Basin)面积约 2104 平方千米,主体部分位于海上,是一个裂谷盆地与被动大陆边缘盆地叠加的中—新生代复合型含油气盆地(图 7—10),是赤道几内亚的重要产油区。盆地北部以卡里比(Kribi)转换断裂带与杜阿拉盆地分界,南部以阿森松转换断裂带与加蓬沿岸盆地分界,东部为前寒武纪基底,西部大致以 2500 米水深线为界。盆地的油气勘探始于 1968 年,1997 年前以陆上和浅水陆架区的勘探为主,一直没有大的油气发现,从 1997 年开始进行深水区的勘探,1999 年在深水区发现了赛巴(Ceiba)油田,最大产能达 12400 桶/日。之后 赫斯(Hess)公司于 2002 年先后发现了奥康米(Okume)油田和 G-13 含油气构造。到 2009 年底,盆地共发现油气田 13 个,油气可采储量共约 6.73 百万桶油当量。①

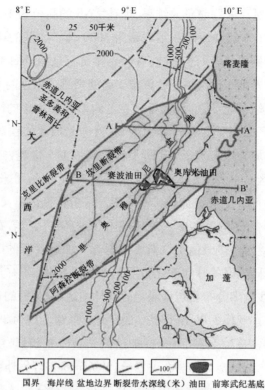

国界　海岸线　盆地边界　断裂带水深线(米)　油田　前寒武纪基底

图 7—10　里奥穆尼盆地位置图

乍得南部洛贡省和东北部的加涅姆省均发现石油。1975 年开始开采产油。喀麦隆共和国的石油主要分布在几内亚湾,储量估计为 1.03 亿吨,天然气储量约为1100 亿立方米。刚果(布)石油已探明储藏量约 28 亿吨,是刚果第一大资源,在黑角一带有可燃的油页岩。黑角一词就是因在这里看到裸露在海边的黑页岩而起名。天然气储量达 1000 亿立方米(2000 年),位于黑角、印第安人角附近海底大陆架,已大规模开采。圣多美岛周围发现不少含油地层,这些海底储藏的石油已成为圣普未来发展的重要资源。2007 年,中部非洲主要石油生产国生产石油占世界石油生产总量的 1%(表 7—3)。②

① 吕福亮,徐志诚,范国章,邵大力,毛超林. 赤道几内亚里奥穆尼盆地石油地质特征及勘探方向 [J]. 海相油气地质,2011,16(1):45-50.

② Raf Custers, Ken Matthysen. Africa's Natural Resources in A Global Context[R]. IPIS, 2009.

表7—3　2007年中部非洲主要石油生产国石油生产占世界石油产量之比

国家	石油产量(百万吨)	占世界百分比(%)
喀麦隆	4.2	0.1
乍得	7.5	0.2
刚果(金)	11.5	0.3
赤道几内亚	18.0	0.5
加蓬	11.5	0.3
总计	52.7	1.4

（四）钻石蕴藏丰富的中非共和国

中非共和国的钻石蕴藏丰富。在全国一半以上的地区都有钻石发现,而且钻石的品质高。相对而言,主要的产地在西部的诺拉地区。中非的钻石产量在1968年曾经达到过鼎盛时期,当时产量达61万克拉,是1961年11万克拉的5倍多。后来开始减少并进入平稳期。目前总体产量多年都维持在45万克拉的水平。

中非共和国的矿产资源除了钻石以外,还有黄金、铁和铀等。黄金主要是沙金,目前年产量维持在180千米左右。而铀的储量大约是2万吨,年产量在500吨左右。在布果县还发现了铁矿,其含铁量达到68%。整体而言,铁的蕴藏量约350万吨。除了这些还有镍、铜、锡、汞、铬等。在北部与乍得交界处有丰富的石油资源。

二、水土地资源

中部非洲具有丰富的淡水资源。最大的跨界流域是刚果河(图7—11)和

图7—11　刚果河

奥果韦河流域,以及内流盆地乍得湖盆地,降雨和淡水资源分布不均。刚果流域横跨中部、东部和南部非洲,年平均降雨量范围从南部、北部的每年1200毫米左右到中部地区的每年2000毫米左右,包含了沼泽、湖泊和洪泛区等各种各样的淡水生境,支持多样的生态系统,并因此拥有重要的生物资源。除了河流外,中部非洲还有丰富的内陆湿地资源和湖泊,这些给区域经济的经济发展(供水、灌溉、鱼类养殖、水电和运输等)创造了条件。丰富的水资源将为区域提供清洁的能源。刚果河是世界上流量最稳定的河流,约有超过100000兆瓦的水电潜能,足以满足整个非洲南部大陆的用电需求。[①] 下游的因加(Inga)河段水电开发潜能为44000兆瓦,分别占非洲大陆的37%、世界的6%。[②] 流域各国水电资源开发潜力巨大。

喀麦隆的理论水电蕴藏量为每年294万亿千瓦/时。其中,每年115万亿千瓦/时为技术上可开发的,每年103万亿千瓦/时为经济上可开发的。至2006年,全国只开发了约2.8%的技术可开发量。全国正在运行的水电容量有719兆瓦。2003年,水电站发电量约为3528千兆瓦/时(约占总发电量的96%)。2004年,水电站发电量为3729千兆瓦/时(略高于总发电量的95%)。全国有3座装机容量大于10兆瓦的水电站。约21%的运行中的水电装机容量(153兆瓦)机组役龄超过40年。[③] 2010年小型径流式发电装机容量为14兆瓦,年发电量105千兆瓦/时。[④]

刚果(金)拥有非洲最大的水电蕴藏量,也是世界上水电蕴藏量最大的国家之一。1997年6月统计,其理论水电蕴藏量为每年1397万亿千瓦/时,技术可开发量相当于10万兆瓦。1991年10月计算的经济可开发量为419210千兆瓦/时(根据运行、研究和登记的坝址,按100%的负荷系数假定)。已开发的不到技术可开发量的1%。除了水电蕴藏量丰富外,刚果(金)有许多可用于水力发电的天然瀑布坝址,估计技术可开发量为10万兆瓦。在对环境没有重大影响的情况下,仅因加坝址就可装机40000兆瓦。[⑤] 根据估算,刚果(金)年发电潜能达到42000千兆瓦/时,2010年,小型径流式发电装机容量为7兆瓦,年发

① 康鹏,吴昊,赵建达. 非洲小水电的发展机遇[J]. 小水电,2012,1:3-5.

② United Nations Environment Programme. Africa Environment Outlook 2—Our Environment,Our Wealth [M]. Malta:Progress Press Ltd.,2006.

③ 水利水电快报编辑部. 非洲篇(一)[J]. 水利水电快报,2006,27(19):29-33.

④ 康鹏,吴昊,赵建达. 非洲小水电的发展机遇[J]. 小水电,2012,1:3-5.

⑤ 水利水电快报编辑部. 非洲篇(二)[J]. 水利水电快报,2006,27(20):27-33.

电量 47 千兆瓦/时。

刚果(布)全国技术上可开发的水电蕴藏量为 3932 兆瓦。在该国北部可开发的新装机容量为 1297.4 兆瓦;在高原区,13 座电站的总装机容量为 574.4 兆瓦;在桑加区,21 座水电站的总装机为 649.1 兆瓦;在盆地和西盆地区,22 座电站的总装机为 73.9 兆瓦。另外,在南部可修建 12 座水电站,总装机 1338.7 兆瓦。至 2006 年只开发了 3.6% 的技术上可开发的蕴藏量。①

中部非洲约 5.366 亿公顷土地用于农业,占总面积的近 19%。如表 7—4 所示,国家之间存在差异。灌溉农业由于地势高存在限制,全区只有约 8.8 万公顷的灌溉农业。在降水丰富的地区,农业的发展靠天吃饭,发展雨养农业。

表 7—4　中部非洲各国土地面积　　　　单位:千公顷

国家	总面积	土地面积	农业面积	农业占土地面积(%)	森林面积
喀麦隆	47544	46540	9160	19.27	23858
中非共和国	62298	62298	5149	8.27	22907
乍得	128400	125920	48630	37.87	12692
刚果(金)	234486	226705	22800	9.72	135207
刚果(布)	34200	34150	10547	30.84	22060
赤道几内亚	2805	2805	334	11.91	1752
加蓬	26767	25767	5160	19.28	21826
圣多美和普林西比	96	96	56	58.33	27
总计	536596	524281	101836	18.98	240329

资料来源:粮农组织《2005 年统计年鉴》。

丰富的水土资源使得中部非洲一些国家有扩张灌溉农业的大好机会。刚果(金)、刚果(布)和中非共和国分别有 98.7%、72.2% 和 64.8% 土地面积位于刚果盆地,喀麦隆也有 20.3% 土地位于刚果盆地。1997 年,这 4 个国家的灌溉潜力是 868.5 万公顷,每年的需水量达到 134.7 立方千米。农业的发展为中部非洲的国内生产总值作出了重大贡献。在 2000 年,喀麦隆、中非共和国和乍得共和国 GDP 组成中农业分别占 44%、55% 和 39%。中非共和国的主要农作物包括木薯、可

① 水利水电快报编辑部. 非洲篇(二)[J]. 水利水电快报,2006,27(20):27-33.

可、咖啡、棉花、花生、玉米、小米、棕榈油、橡胶和高粱。在 2000 年,喀麦隆是谷物和豆类的主要出口国,分别盈利 1.41 亿及 86 万美元。但是,中非共和国是一个粮食净进口国。由于现有资源丰富,国家对农业生产实行多样化,可以使其充分发挥其潜力,成为粮食净进口国的出口商。该区域已提高了其谷物产量,自 1989 年以来,喀麦隆和中非共和国已经分别提高了 56% 和 30%。[①]

三、生物资源

(一) 植物资源

中部非洲具有非洲最为丰富的生物资源。中部非洲森林覆盖面积约为2.4亿公顷,主要是茂密的热带雨林。刚果河流域的森林生态系统在这个地区的主导地位,仅次于亚马孙森林,是世界第二大森林。该森林系统占 2 亿公顷,约为世界热带森林的 18%,并且约有 400 种哺乳动物和超过 1 万种植物。该区域绝大多数国家具有较高的森林覆盖率,加蓬森林覆盖面积最大占总土地面积的84.7%,乍得森林覆盖率最小,只有 10%(表7—5)。所有的国家,除了圣多美与普林西比,该地区的森林覆盖率正在经历一个渐进的下降的过程。[②]

表 7—5　中部非洲森林覆盖率　　　　　　　　单位:千公顷

国家	土地总面积	2000 年森林总面积	2000 年森林占土地面积(%)
喀麦隆	46540	23858	51
中非共和国	62297	22907	36.8
乍得	125920	12692	10
刚果(布)	34150	22060	64.6
刚果(金)	226705	135207	59.6
赤道几内亚	2805	1752	62.5
加蓬	25767	21826	84.7
圣多美与普林西比	95	27	28.3

刚果(金)的森林覆盖率达 53%,面积 123 万平方千米,占整个非洲赤道森

---

① United Nations Environment Programme. Africa Environment Outlook 2—Our Environment,Our Wealth [M]. Malta:Progress Press Ltd.,2006.

② United Nations Environment Programme. Africa Environment Outlook 2—Our Environment,Our Wealth [M]. Malta:Progress Press Ltd.,2006.

林面积的47%，占世界热带森林面积的7%。这些林地主要分布在刚果中部赤道两侧地区。另外下刚果省的西部地区和东部山区也有少量林地，这里是除亚马孙原始森林之外的世界第二大原始森林的一部分。这些森林80%可供开采，至今开采不足30%。林木品种多达数百种，盛产比较珍贵的乌木、金柚木、非洲柚木、沙比利、大鸡翅木和巴花等，还有制造高级油漆的柯巴脂树和炼制治疗疟疾特效药的奎宁树等。刚果的林地绝大部分未经开采，没有遭到破坏，已被开采的林地主要是在下刚果省。在森林地带的南部和北部是大片的热带植被，拥有各种植物约1.1万种。茂密的森林不仅是刚果国家经济发展的一种重要资源，也为许多刚果人提供了一种维持生存的手段。无论是在比利时人统治时期还是在刚果独立以后的历史发展进程中，不堪剥削和压迫的刚果人，生活没有着落的刚果人，以及笃信某种原始宗教的刚果人，常常遁入森林，把森林作为他们最后的家园。①

中非共和国森林面积10.2万平方千米，森林覆盖率16%，可供开采面积2.8万平方千米。这里盛产热带名贵木材，木材储量约9000万立方米。中非的植物分布和气候一致，大体可把森林覆被分为三个地区。南部地区是巨大的原始森林。境内森林稠密，炎热潮湿，属于热带型气候。相对应的，森林一直延伸到贝贝拉蒂和班吉附近。在东部地区，也就是在邦加苏和泽米奥之间，森林分布在姆博穆河的右岸，沿河形成一条条林带。北方地区也有很多成片的森林。这里的气候非常适合咖啡树、橡胶、可可树、柯拉树、胡椒树、棕榈树、阿拉伯树胶和一些粮食作物的生长。此外还有五彩缤纷的各种花卉植物。对于中非共和国，产量和出口最多的是圆木。在中非建国初期，也就是在1961年以后，每年产量在180万立方米；到1980年以后，产量已经增长了一倍，尤其到1992年，产量达到顶峰，达373万立方米。到20世纪开始，圆木产量有所下降，但其产量也维持在26万—300万立方米之间。根据粮农组织2005年8月的资料，在2002年圆木出口量达到顶峰，为33万立方米，是1961年出口量（1.12万立方米）的30倍。

喀麦隆的森林是该国一项极为重要的自然资源，全国森林面积达2200万公顷，约占国土面积的47%，其中80%可供开采，并且盛产黑檀木、桃花心木等贵重木材。喀麦隆具有的土质、气候、地形等特点，适宜多种农作物的生长，主要

---

① 李智彪. 刚果(金)[M]. 北京：社会科学文献出版社，2004.

农作物有咖啡、可可、棉花等经济作物和小米、高粱、玉米等粮食作物。北部有丰富的草原和水源,因此畜牧业比较发达,主要饲养牛、羊、猪等牲畜。喀麦隆的林业以采伐原木为主,独立时原木采伐量为47.5万立方米,20世纪80年代初增加到74万立方米,1996年度原木产量320万立方米,出口收入占出口总额的12%。喀麦隆的原木基本上供出口。喀麦隆的植物种类繁多,有世界著名的四大植物园:迪加森林保护区、可鲁普国家公园、利姆比植物园和埃博杰。

刚果(布)拥有丰富的森林资源,森林覆盖面积2200万公顷,约占国土面积的60%,可开采的面积1400多万公顷。主要有三大林区,即最早开发的马永贝山区和现在主要采伐区尼阿里林区,北部桑加、利库阿拉区则是第三林区,因交通不便,开发较少。作为"绿色金子"的木材是刚果(布)第二大自然资源,木材蓄积量大约为5500多万立方米,其中南部占1/3,北部占2/3。木材产量2000年为57万立方米,出口值仅次于石油。1000多种树木中,可供出口的达40余种,属于名贵品种的有奥库梅木、红木、桃花心木、乌木、硬木、黑檀木、铁木等,其中奥库梅木在木材产量和出口量中占重要地位。刚果(布)热带多年生经济作物为油棕、可可和咖啡。油棕主要分布在东北部桑加河流域,这里的油棕有野生和人工栽培两种,后者多分布在西南沿海。正常年份可产油棕近万吨、棕仁8000吨。棕油有一半供国内消费,其余的连同棕仁出口。从棕丛上剥取的纤维称拉飞棕纤维,可用于编制席子和褥垫。可可和咖啡是刚果(布)的两种传统作物。可可的主要产区在桑加河流域,最高年产量为4000吨。咖啡主要集中在奎卢河上游,最高年产量3000吨左右。在利库阿拉地区特产柯拉果,这是兴奋饮料的重要成分。刚果(布)还盛产其他热带和亚热带植物。其中甘蔗主要分布在奎卢河—尼阿里河中上游地区。新建的国营甘蔗农场规模巨大,产量达100万吨。花生分布在奎卢河中上游的沙壤土区,是国内第一大油料作物,产量达2.8万吨(带壳),加工成花生米、花生油、花生饼等,除消费外供出口。香蕉主要产于尼阿里谷地,随着姆宾达—法弗尔铁路的通车,产量和种植面积不断扩大。烟草产于阿里马河流域,主要供赤道各国的需要。硬树胶产于桑加河流域,棉花、柠檬、柑橘和剑麻产于奎卢河—尼阿里流域。粮食作物中,木薯是最大宗的作物,适应性强,遍及刚果南北,用木薯加工制成的"富富粉"是城乡居民的基本食品。其次是大蕉、甜薯、马铃薯等,以丘陵山地较多。玉米种植面积较小。水稻在20世纪70年代试种成功后,产量大大增加。但粮食不能自给,每年需进口15万—20万吨,是非洲严重缺粮国之一。

加蓬的林业资源丰富,出产 800 多种木材,其中 60 多种有开采价值,如奥库梅木、奥兹戈木、桃花心木、黄梨木、铁木等。尤其是奥库梅木和奥兹戈木系两种高级珍贵木材,占木材出口额的 3/4。加蓬原木储量约 4 亿立方米,在非洲仅次于刚果(金),居非洲第二位,其中奥库梅木储量为 1.3 亿立方米。奥库梅木,也称加蓬榄,是加蓬特有的树种,属橄榄科。该树木生长较快,一般 5 年后可长至20 多米。树木挺拔笔直,直径 1—1.5 米,成材树木高达 40 多米。奥库梅树成材率很高,每棵树一般可得到 6 吨左右的良好木材。奥库梅木材呈浅粉色,气味芳香,纹理直,木质结构细密。木材重量轻(基本密度 0.378 克/立方厘米),而且软硬适中,具有防蛀、防水的性能。因此,奥库梅木被广泛用于生产单板、高级家具、细木工、包装箱、盒、木模板、纸浆、乐器和工艺美术品等。因其优越的特性,此木被当地人称为"树中之王"。奥兹戈木成材树木高达 24—37 米,直径为 0.7—1.0米,而且主干直、圆满,无板根。该木属蜡烛木属。木材具有一定光泽,无特殊气味。木质坚韧,纹理交错,结构均匀。木材重量和强度适中,易于使用锯、刨等工具加工操作,但不耐腐蚀,干燥后易变形。奥兹戈木多用于制造单板、胶合板、家具部件、车辆、造船、室内装修、地板、楼梯、包装箱、盒、模板及纸浆等。除上述两种木材,加蓬还盛产其他木材和经济林。主要经济林树种有:特氏古夷苏木、铁木豆、绿柄桑木、非洲紫檀、简状非洲楝木、毒子山榄木、猴子果木、金莲木、双花苏木、红铁木、黄胆木、香脂苏木、白梧桐木、赛油楠木、赛鞋木豆、凹果豆蔻木、尖桩苏木、西非苏木、吉贝木、单瓣豆木、橄榄木、丛花木、帽柞木、毒箭木、阿林山榄木、乔蒎麻木、四鞋木、盆架木、科特迪瓦榄仁木、崖椒木、洞果漆木、木棉木、玫瑰木棉木、厚皮木、尼日利亚短盖豆木、香苏木美豆木和金莲木等。①

　　赤道几内亚属于赤道热带雨林气候,为热带生物的生长提供了极好的气候条件,尤其是比奥科岛的自然条件更是得天独厚,火山灰土质十分肥沃,气温适中,特别适宜动植物的生长。在欧洲殖民者进入赤道几内亚之前,这里生长着茂密的森林和许多不知名的植物。赤道几内亚湾的鱼种类繁多。但是,由于殖民者掠夺性的开发,赤道几内亚的生物资源受到极大破坏,部分物种已经消失或者濒临灭绝。虽然国土狭小,赤道几内亚有森林面积 220 万公顷,主要分布在木尼河大陆地带,木材蓄积量约为 3.74 亿立方米,胸径 60 厘米以上的商业木材可采量达 3320 万立方米。该国是世界上人均森林面积最高的国家之一,

　　① 安春英. 加蓬[M]. 北京:社会科学文献出版社,2005.

享有"森林之国"的美称。最初西班牙人到达现在的比奥科岛和木尼河的沿海地区时,这里到处是茂密的原始热带雨林。西班牙人到这里后最先掠夺的便是丰富的林业资源,伐木业成为当时最大产业。木材品种繁多,质地优良的木材逾150种,包括红木、非洲胡桃木和桃花心木。其中的红木乌木为稀有珍贵树种,据说只生长在赤道几内亚、尼日利亚和加蓬等3国。可可树是西班牙人于19世纪初引进的,现在广泛分布在全国各地。赤道几内亚的可可以水分少、壳薄、油多著名,远销欧美等地,赤道几内亚因此被称为"可可之国"。咖啡和棕榈也是该国重要的经济植物。赤道几内亚本地生产的食用植物有木薯、芋头、玉米、香蕉等;蔬菜有西红柿、大椒、扁豆、洋白菜、土豆等。

乍得的植被分布与全国各地所处的地理位置和气候密切相关。在北部的沙漠地区,面积大约50万平方千米,主要植被是槐树和棕榈树。而在萨希尔地区,包括加涅姆、盖拉、巴塔和瓦达伊地区,面积约40万平方千米,主要是枣树、橡胶树和棕榈树。河谷地带有人类种植的栗子、小麦和花生。在南部地区的热带大草原,有卡里树、罗尼埃树等。在潮湿地带还有罗望子树。同时这里也是乍得最富庶的地区。大量种植棉花、稻谷、花生和其他各种粮食作物。

一份16世纪的资料这样描绘圣多美和普林西比的热带雨林:这里的树是如此繁复和如此高大,几乎要接触到蔚蓝的天空。第一批葡萄牙水手登上圣多美岛时,岛上覆盖着"美丽、高大、繁茂的热带雨林,这些热带雨林同埃塞俄比亚和几内亚的热带森林一模一样"。早期的殖民者勘探并砍伐了岛上的这些巨木,也留下了一些有关巨大树木的令人惊讶的数字。他们用一棵树建造了两艘适合远洋航行的大帆船,这棵树的直径是6.4米(当时的人是如何把这些树伐倒依然是一个不解之谜)。据记载,这棵树就生长在首都圣多美附近,应该是欧卡(oca)树。目前,这种树遍布全岛,是为可可树遮阴的一个优良品种。自1520年开始,由于甘蔗种植园不断扩张,海岸附近热带雨林面积急剧下降,但在圣普两岛中部山区和南部部分山区,热带原始雨林依然保留了下来。据弗朗西斯科·特罗尼奥(Franciso Tenreiro)的估计,即使在甘蔗种植的高峰期,甘蔗种植园的面积依然没有超过圣多美岛的1/3。然而到19世纪由于可可种植园的迅速扩张,圣多美岛原始雨林开始受到毁灭性破坏。目前,从没受到人类破坏的原始雨林只是在偏远山区才有部分幸存。另一方面,由于可可和咖啡都需要一些大树来遮阴,各地还有不少巨大的热带乔木得以幸存,这些不同科属的乔木成为圣多美珍贵的林业财富。圣多美本地生长的食用物种主要有棕榈、圣多美桃、各种无花果,当地最主要的食用作物是四种山药属植物(Yam)。葡萄牙人把欧洲、亚洲、美洲植物引进非洲之时,圣多美是第一个试种的地区。小麦和葡萄曾经被试种,但产量和质量不佳。柠檬、木贾如树属植物(Cashew)、香蕉、面包树、椰子树则极为适应这里的气候,生长良好。后三类作物直到今天依然是岛上居民的食用作物,在岛内小块私有土地上均有种植。甘蔗是第一批引进的经济作物。在16世纪早期,它已是岛上的主要经济作物。尽管到现在已无人再为商业目的而种植,但甘蔗一直呈野生状态遍布全岛。当地人用甘蔗酿造一种烈性的蔗酒(run)。在不同的时代,葡萄牙人曾经种植过生姜(ginger)、罗望子(味酸,常用作清凉轻泻的饮剂)、古柯(cola)、梓树(cinnamon,用作防腐涂料)。一份写于18世纪初的普林西比文献中这样写道:在梓树林中有一条小道,通向当地官员的别墅,这些树长势极佳,它们的树皮(用来提炼梓油)质量绝不亚于来自印度的这种树皮。在这些引进的经济作物中,最引人瞩目的就是咖啡和可可,它们自19世纪早期便开始引种。超过1000米的高山上,可可、咖啡的种植十分稀少。自20世纪30年代以来,可可的产量持续下降,而野生卡朴(capoeira)逐渐覆盖了这些抛荒的种植园。卡朴同一些杂草、竹子、野生咖啡树、攀缘性的植物(creeper)、开花灌木杂生在一起,构成第二代森林,均生长在抛荒的种植园里。在一些地方,卡朴在海拔1500米的地方还在生长,再往上则是热带雨林植物,这些热带雨林中遍布碧绿的石楠属植物(heathers)和巨大的鲁伯拉(lobelia)树。

(二)动物资源

中部非洲良好的地理环境也使得这片土地成为动物的乐园。

乍得有许多野生动物,而且在非洲很具有代表性。在北方的撒哈拉沙漠区,是荒漠动物的主要乐园,包括蛇、蜥蜴。其他地区,有非洲常见的野生动物群,包括大象、野水牛、河马、长颈鹿、狮子、鸵鸟等。

中非共和国的动物资源也十分丰富,仅900平方千米以上的国家公园、动物保护区和狩猎区就有10个。最大的巴明吉—班戈兰国家公园,面积就达1万平方千米。这里有成群的狮子、老虎、豹、猩猩、狒狒和各种猿猴类动物,还有大蟒蛇、鳄鱼等爬行动物。北部和东部有较多的大象、犀牛等野生动物资源,其他还有各种珍奇的鸟类。

喀麦隆北部省就有7个国家公园,是当之无愧的野生动物天堂,不仅生活着非洲最出名的"五大动物"——狮子、大象、豹、犀牛和非洲野牛,还有长颈鹿、天鹅、鸵鸟、南非大羚羊、水牛、河马、眼镜蛇、大蟒蛇、猴子等其他野生动物,对旅游者们来说,这是一个踏上动物探险的旅程。该国的最北方,有和坐(wa-za)国家野生动物园,这是喀麦隆国家最著名的动物园。该野生动物园和乍得、中非共和国接壤,以非洲大象多而著名,而且还有非洲雄狮。这个动物园有很多蘑菇造型的酒店房间提供住宿和餐饮,周围的景色优美。有很多大树竟然没有长一片树叶,还有很多树丛开满粉红色的鲜花。到处飞蹿的彩色蜥蜴,大如老鼠,根本没把人放在眼里,一不留神,它们就从你身边"飞"过,把人吓一跳。放眼望去,无边无际的非洲大草原让你惊叹不已。这里还有非洲的长颈鹿群。长颈鹿体型高大,足有四五米高,总能站在大树旁毫不费力地吃着树顶上的树叶,十分悠闲。因此喀麦隆号称"非洲的缩影"。

在刚果(金)境内生存有400多种哺乳动物和700多种鸟类,其中猩猩、大象、狮子、长颈鹿、斑马、犀牛、羚羊、河马、鳄鱼等都是动物世界中的珍品。在18世纪以前,刚果(金)曾是世界上大象最多的国家之一,共有大象数百万头;但到20世纪末期,刚果(金)的大象仅存数万头。这主要是长年累月的偷猎活动导致的结果。刚果(金)还是世界上唯一的矮黑猩猩存活下来的国家,主要分布在北起刚果河、南至开赛河的20万平方千米的沼泽地区。这种矮黑猩猩高约1—1.2米,体重30—50千克,寿命50—60岁,雌性每5—6年才生1只小矮黑猩猩。这种矮黑猩猩是一种很聪明的动物,它们会用石头砸果壳取出果仁。

刚果(布)的野生动物中以黑猩猩、大猩猩、各种长尾猴、各种野猪、原始河马、蟒蛇为特有动物。其他动物如大象、狮子、猎豹、长颈鹿等虽有但不如热带草原区多。鸟类中非洲孔雀、珠鸡、鹧鸪、鹦鹉等为特有种。为了保护这些珍稀动物,刚果(布)政府成立了动物保护区,其中最大的有两个:一个是位于中部盆地地区西北的奥扎拉国家公园,占地面积2500平方千米;另外一个是位于高原区南部的莱萨尼禁猎区,面积3937平方千米。由于萃萃蝇的危害,刚果(布)的畜牧业欠发达,主要饲养牛、羊、猪、鸡。渔业包括海上、淡水捕鱼和养鱼业两部分。每年海鱼捕捞量约为1万吨,河鱼捕捞量约为3.2万吨(图7—12)。

加蓬共和国陆地上主要有鸟类和哺乳动物等。法国和加蓬科学家考察发现,加蓬境内有626种鸟类,其中东北部约有410种。哺乳动物包括野牛、猴子、大猩猩、黑猩猩、大象、蟒蛇、蜥蜴等。加蓬保留了大量适合大象生存的原始栖息地,加蓬的热带森林里有非洲最大的尚未受侵扰的大象群,数量约为6.1万—6.2万只。为保护大象的可持续发展,加蓬制订了一项名为"基督之前的保育"的五年综合发展计划,其目的是为了发展保护区网络工作系统及观察大象

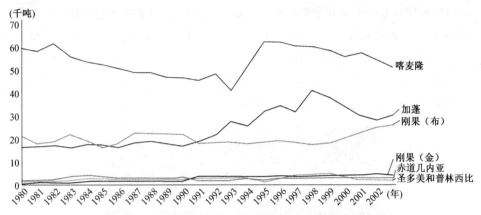

图7—12 1980—2003年中部非洲各国捕鱼量变化曲线[①]

数目,并通过其他的计划,如建立合理的森林工业以赢得地方政府对保护工作的支持、培训志愿义警等方式,加强对大象的保护工作。加蓬政府为保护该国丰富的动物资源,建立了自然保护区,如洛佩斯动物保护区等。此外,加蓬近海还广布着各种鱼类资源和贝类或软体甲壳类海洋动物。

赤道几内亚的热带森林为动物提供了生存的空间。非洲大象、猴子、蛇、鳄鱼、熊、狐狸等都是这块土地上原有的"居民"。鳄鱼和蛇曾经数量很多,由于人类的捕杀,数量已经大幅减少。兔子的繁殖速度很快,数量大。猫、狗、驴、马、山羊、猪、鸡、鸭、家鼠等则是殖民者带来的。此外,赤道几内亚的森林是鸟儿的天堂,成为鸟类的栖身地。部分鸟类学家的研究结果表明,赤道几内亚鸟的种类有100多种,其中不乏稀有种和地方特有种。赤道几内亚海洋资源丰富,鱼类种类较多,除了常见的鱼类外,南部海域盛产非洲黄鱼、大虾、巴鱼和金枪鱼。

第三节 中部非洲资源、环境问题

一、毁林

茂密的热带雨林能够提供各种生态服务功能,如氮循环、水土保持和气体的有效交换等。作为世界第二大的热带雨林,中部非洲的森林在作为主要的碳汇和

---

① United Nations Environment Programme. Africa Environment Outlook 2—Our Environment,Our Wealth [M]. Malta:Progress Press Ltd. ,2006.

缓解气候变化方面扮演着重要的角色。商业性采伐是中部非洲的森林收入的主要来源。例如,喀麦隆是非洲领先的生产商和锯材、热带原木出口国之一,在世界上排名第五。1998年,其出口额超过4.36亿美元,约占GDP的5%。同年,赤道几内亚出口人造板值达到6200万美元,相当于其国内生产总值的14%。受经济利益驱使,中部非洲森林正在经历着严重的毁林过程(图7—13)。

图7—13 驮着木材的自行车

根据联合国环境署2002年出版的《非洲环境展望1》,1990—2000年,共有900万公顷的森林被清除,约占总面积的4%。录得的最高年毁林率:喀麦隆为0.9%;乍得、赤道几内亚为0.6%;在加蓬,圣多美和普林西比毁林率相对较低。1990—2005年,仅中非共和国就砍去了大约45万公顷的森林。森林毁林的主要原因是商业性采伐,还包括自给农业和燃料木材的采伐。仅在喀麦隆,注册伐木公司数量从1980年(106家)到1998年(479家)翻了两番多。此外,由于缺少保护规则和执法,盗伐非常多。通过垦荒毁林发展农业和薪柴采集是中部非洲森林减少和退化的另一个重要原因。在喀麦隆南部,坎普·马安雨林面积约770万公顷,种植园的发展造成大量森林破坏,加之其他不合理的森林开发,喀麦隆南部成为中部非洲毁林速度最高的地区之一。在1973年的卫星图像上,该地区森林基本完好。由于伐木和棕榈种植园的发展,在2001年的卫星图像中,种植园成为图片中最醒目的景观,区域约7.5%的森林为农林业替代。①

---

① United Nations Environment Programme. Africa-Atlas of Our Changing Environment[M]. Malta：Progress Press Ltd. ,2008.

　　刚果河流域茂密的热带雨林曾经是世界上最原始的森林之一,但是目前已有 60% 的林地受到工业开发。2004 年,刚果河流域用于伐木的林地面积为 49.4 万平方千米,2007 年增加到 60 万平方千米。伐木活动不仅改变了区域生态系统的组成和生物多样性,而且使得这些地区发生偷猎问题,导致生态系统许多功能属性的改变。[①] 除了工业木材采伐、棕榈油生产、移民、人口增长、商业狩猎以及道路建设等其他活动或事件也对刚果河流域森林生态系统造成负面影响。此外,为天然资源的开采而修建的铁路和公路网络则强烈地影响着刚果河流域森林周围的人口分布,在许多地方,密集永久性农业已经取代了森林生态系统。沿着道路居民点的建设和逐渐连片,形成了大片的毁林区,将原来连续的森林生态系统分割成小的碎块。

　　由于贫穷、落后、经济低下和人口的迅速增加,毁林的压力在未来的几十年还将增加。

二、生物多样性受到威胁

　　中部非洲生物资源丰富,但随着人类的不合理开发,生物多样性面临各种各样的威胁(表7—6)。虽然大批的森林大象、猩猩、森林野牛、羚羊、霍加狓和大森林猪继续生活在中部非洲的森林,但这些物种及其栖息地却面临着一个不确定的未来。

表7—6　中部非洲生物多样性状况　　　　单位：种

国家	哺乳动物	鸟类	植物	受到威胁的物种比例(%)	需要保护的物种比例(%)
喀麦隆	409	690	8260	9	7
中非共和国	209	537	3602	2	12
乍得	134	370	1600	14	9
刚果(布)	200	449	6000	3	14
刚果(金)			11007	3	5
赤道几内亚	184	273	3250	7	17
加蓬	190	466	6651	3	0

[①] United Nations Environment Programme. Africa – Atlas of Our Changing Environment[M]. Malta：Progress Press Ltd., 2008.

国家	哺乳动物	鸟类	植物	受到威胁的 物种比例(%)	需要保护的 物种比例(%)
圣多美与普林西比	8	63	895		
总计	1334	2848	41265	6	9

　　森林的破坏影响动物的生存。森林大象曾经在近 200 万平方千米的刚果盆地的大部分森林中出没。相关的监测表明,因非法获取象牙和为提高人的居住空间而砍伐丛林,大象的生存空间大幅下降。而大象的增长也可能会越来越多地局限于保护区及其周边地区。类人猿也面临着类似的挑战,随着疾病困扰的增加,例如埃博拉病毒,使其数量大幅减少。在土地利用和森林地区伐木业在经济中占主导地位的地区,这种情况更加严重。在殖民时代,由于其沿海的开放,伐木业已经从沿海发展到内陆的森林地区。由于生产成本较高,伐木业是具有选择性的,树冠损伤通常是 10%—20%,也就是说,森林覆盖率仍然大于采伐率,但森林生态系统则明显地发生了变化,急需修复。此外,伐木业和伐木道路的建设使大量的移民进入边远地区,虽然促进了商业经济的发展,但也给森林生态系统造成损害。过度狩猎是丛林生态系统最主要的威胁,每年获取量高达100 万—500 万吨,远远高于可持续发展的水平。动物的贩卖(图 7—14)①及交

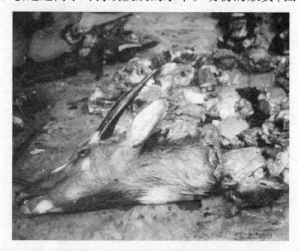

图 7—14　喀麦隆的野生动物贸易

　　① United Nations Environment Programme. Africa Environment Outlook 2—Our Environment,Our Wealth [M]. Malta：Progress Press Ltd.,2006.

易会造成类人猿(gorillas,chimpanzees,bonobos)的伤亡,再加上埃博拉病毒的威胁,使得类人猿在近10年内有可能面临灭绝的危险。随着可持续土地利用规划和执法对国家能力的限制,伐木业已成为国内与国际商业市场急剧非法扩大野生动物贸易源地的一个主要工具。社会逐渐认识到其危害的严重性,正在努力实现对主要野生物种的可持续管理,并积极推动农村和城市的建设,设法保证丛林猎人收入的多样化。

当第一批葡萄牙水手登上圣多美岛时,无论是在河水中,还是在陆地上,鳄鱼均随处可见。丛林中到处都有毒性极强的黑色眼镜蛇。目前,岛上的鳄鱼已经非常稀少,但黑色眼镜蛇还能经常看见,特别是在南部的热带丛林中。当地的种植园工人为了驱蛇,常常焚烧大片的热带植物。在16世纪,作为一种生活习惯,葡萄牙人把大量的动物带上了岛,其中有猫、驴、马、山羊、猪、鸡、鸭,当然还有家鼠。除马之外,这些动物都很兴盛。但由于一些种植园广泛使用马匹,马匹一直在输入。葡萄牙人还引进了猴子和香猫(civet cat,能产麝香)。这些猴子同老鼠一样,由于繁殖过度和缺乏食物,经常袭击种植园。猴子和老鼠对当地的作物常造成灾难性的后果。20世纪初,在普林西比岛消灭昏睡病的运动中,猴子和香猫被全部消灭。圣普两个岛上的鸟类极为丰富,如果加上迁徙的候鸟,种类超过200种。由于人类的毁林活动,岛上已经有两种特有的鸟类濒临灭绝。普林西比岛上还有一种非洲大鹦鹉亚种,目前虽然还十分常见,但这种动物已经被列入濒危动物名单,出售这种鹦鹉的贸易已经被国际公约所禁止。①

对于生物多样性资源的第二大威胁则在于农业区和居住地在开垦土地时利用林火作为狩猎技术而产生的安全隐患。森林边缘生长缓慢的物种正在逐步地消失,其中一部分已经被其他优势物种所取代。其中具有较高经济价值的物种其自身的再生能力十分缓慢,而且又需要较长的休耕期,如果再发生森林火灾,森林有消失和被热带稀树草原取代的危险。水的跨区域流动同样也对生物多样性构成了威胁。如在中非共和国,森林覆盖率为36%,曾经分布有非洲第三大面积的热带雨林,约16%土地被划为保护区,成为约3600种植物、663种鸟类、131哺乳类动物、187种爬行动物、29种两栖动物的家园。目前森林砍

---

① 李广一. 赤道几内亚—几内亚比绍—圣多美和普林西比—佛得角[M]. 北京:社会科学文献出版社,2007.

伐和退化成为该国家主要的环境问题。20世纪80年代猖獗的偷猎活动使得中非共和国残存的犀牛数量急剧减少,草原象的数量减少了75%。今天,该国象的总数仅为1800多头,而且主要集中在保护区。①

为了在该区域维持生物多样性,同时还要使人类的发展和生存得到保障,必须采取可持续发展的策略,开展完善公正的自然资源管理。尽管非洲的第一个国家公园——维龙拉国家公园创建于1952年,但是在野生动物的管理和保护上已经远远落后于其他地区。对生物多样性的养护所花的费用巨大。据估计,10年内要成功实现森林保护区网络管理,最少需要10亿美元。其次,如果成功实现网络管理,每年日常性的维持费用将近9000万美元,到目前为止,每年所投入的资金仅为1500万美元,大部分的遗留生物多样性都被划定在国家公园的范围之外。因此,随着人类活动的增加,与保护区相结合的大规模资源管理系统的运行将是一项重要的干预措施。为此,雅温得宣言(Yaoundé Process)于1999年正式作出承诺:帮助和推动该计划对热带雨林的保护和管理,进一步促进可持续发展。加蓬建立了联合13个国家公园的网络化组织(Gabon National Parks),此外,由美、法、德等一些发达国家发起、旨在保护非洲中部刚果盆地森林资源的非正式国际组织——刚果盆地森林伙伴关系(CBFP),致力于这种伙伴关系的还有美国国际开发署对中部非洲区域环境计划(CAREP)和欧洲生态系统委员会中非森林中心(ECOFAC)。CBFP是一个定期评估刚果盆地内森林和生物多样性的监测系统。②

三、海洋污染与海岸生态退化

除了乍得和中非共和国之外,中部非洲其他国家都位于大西洋沿岸,具有漫长的海岸线和广阔的海域。海洋污染和海岸侵蚀继续扰乱和毁坏栖息地,破坏生态系统的功能,导致生物多样性的丧失,影响人类的健康和福祉。主要的污染问题是工业废水的排放和污水处理,包括海洋运输碎片的固体废物污染和海滩污染。喀麦隆海洋生物多样性很丰富,拥有21%的非洲鱼种及超过2000平方千米的红树林。然而,由于喀麦隆70%的工业分布在靠近沿海生态系统

---

① United Nations Environment Programme. Africa-Atlas of Our Changing Environment[M]. Malta: Progress Press Ltd.,2008.

② United Nations Environment Programme. Africa Environment Outlook 2—Our Environment, Our Wealth [M]. Malta: Progress Press Ltd.,2006.

的海岸地带,大量污染威胁着这些海洋生态系统的安全。① 另一方面,海岸侵蚀已经严重影响到地势低洼的海岸地带。产生这种后果的原因包括对红树林的砍伐和在河流腹地筑坝引发的沉积物排放的减少。在萨纳加河(Sanaga River)盆地,喀麦隆多座大坝的建设进一步加大对沉积物的截留,从而加剧海岸的侵蚀。可以预料,因全球气候变化导致的海平面上升也会加剧海岸侵蚀。在圣多美,海滩采沙(现在基本上被禁止)加剧了海岸侵蚀,据报道已经威胁到主岛南部的基础设施。喀麦隆沿海由于缺少燃料,对红树林的砍伐也加剧了海岸的侵蚀作用。来自油井、码头和油轮的漏油对近海水域也是一种严重的威胁。这些问题不仅影响到圣多美和普林西比岛,也影响到大陆海岸和它们的近海水域。石油污染的风险主要来自中部非洲的近海开发和邻国尼日利亚沿海庞大的油气发展工业,在一定程度上,还受到来自安哥拉的影响。除了水体的石油污染之外,还有与石油生产相关的天然气燃烧所造成的空气污染。

人口增长和贫困是沿海生态退化的主要原因。沿海人口的持续扩张,部分是由外来移民引起的。多数人口扩张出现在喀麦隆的杜阿拉和加蓬的利伯维尔这样的沿海城市,相应伴随的是城市的扩张和生物多样栖息地的丧失。强有力的证据表明,几内亚湾沿海环境在严重退化。沿海水域的初级生产力调查揭示,受人类活动的影响,有害藻类暴发的次数越来越多,水体呈明显富营养化。农业径流也增加了河口和沿海环境的富营养化程度。潟湖、红树林、河口、三角洲和潮汐带湿地的恢复将有益于当地社区。这些栖息地不仅拥有丰富的自然资源,它们还对污染有过滤作用。过度捕捞和越境的过度捕捞以及外国船队对洄游鱼类的工业化捕捞对手工捕捞的渔民产生了不利影响,尤其是那些依赖近海渔业资源作为食物的沿海社区。在沿海地区人口爆炸的背景下,形势特别严峻。②

四、刚果盆地的环境犯罪与冲突

大多数人认为大猩猩通常生活在人迹罕至的非洲热带雨林深处。事实上,未受现代世界干扰的地方几乎不存在,即使在刚果盆地这样遥远的地方,森林

---

① United Nations Environment Programme. Africa-Atlas of Our Changing Environment[M]. Malta: Progress Press Ltd., 2008.

② United Nations Environment Programme. Africa Environment Outlook 2—Our Environment, Our Wealth [M]. Malta: Progress Press Ltd., 2006.

不再深不可测,也不是无人居住的。在大猩猩生活的许多非洲国家,冲突不断,人类的商业和经济活动使得大猩猩的栖息地受到巨大的威胁。相关调查表明,即使在一些地势崎岖或为沼泽的生态孤岛上,大猩猩种群也正面临着栖息地不断丧失的情况。它们失去了宝贵的觅食地点,甚至被捕获或被作为兽肉而杀害。另一方面,大猩猩也受到疾病的威胁,如埃博拉病毒疫情和其他疾病,其中一些易受感染的游客和公园工作人员在不知不觉中被传染。尽管正在尝试制订各种保护计划,除了少数受政府和社会重点保护的山地大猩猩外,目前仍然没有成熟的计划以确保大猩猩继续生存。大猩猩的栖息地正在不断缩小(图7—15)。

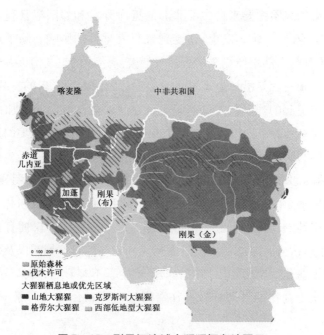

图7—15 刚果河流域大猩猩栖息地图示

生活在大猩猩栖息地及其周围的人们,总是按照想象把大猩猩和远古联系在一起。在中部非洲的传说和神话中,大猩猩的地位也非常突出。然而,对于大部分人类而言,与大猩猩的关系一直不和谐。野外调查显示,大猩猩家族温和的习性正在发生改变。大猩猩有两个种类:东部大猩猩和西部大猩猩。这些独特的物种被认为至少在200多万年前就已经分居在各自不同的区域,有着不同的进化途径。分布在中部非洲各国的主要是西部大猩猩(图7—16),数量不足20万(2008年发现,在刚果北部大猩猩种群的密度高于此前的估算,可能导致对西部低地大猩猩数量的重新评估）。在刚果（金）还生活着东部大猩猩，可以分为山地大猩猩和东部低地大猩猩两个亚种（图7—17，图7—18）。根据统计，2009年维龙加山地的大猩猩（东部山地大猩猩）数量为420只，其中刚果（金）维龙加公园有81只；20世纪90年代中期，东部低地大猩猩的数量约为17000只，其中86%生活在卡胡兹—别加国家公园和相邻的卡塞塞森林，由于几十年的战争和其他人类活动，到2001年低地大猩猩的数量已经不足5000只。[①]

图7—16　西部大猩猩

图7—17　东部山地大猩猩

---

① C. Nellemann, I. Redmond, J. Refisch. The Last Stand of the Gorilla-Environmental Crime and Conflict in the Congo Basin［M］. Birkeland Trykkeri AS：Norway, 2010.

图 7—18　东部低地大猩猩

　　在中部非洲的一些森林部落,大猩猩肉是美食之一。如赤道几内亚的地方部落就以食用高级灵长类肉为生;加蓬贝林加(Belinga)的一个小型铁矿区,一年消耗的灵长类肉类达到 24 吨;而在整个刚果盆地,每年市场上该类肉类的交易量达到 500 万吨。[①] 由于大猩猩肉类的交易是违法的,因此实际的数量远远大于上述统计量。虽然这些数字远比市场上交易的其他野生动物肉量少,但是因为大猩猩生长缓慢,所以,即使是低死亡率,也可能导致该种群陷入衰退。有人研究过,刚果东北部莫塔巴河地区大猩猩被杀戮的速率为 62 只/年,约占该区域大猩猩数量的 5% ,显然该速率是不可持续的。2009 年世界濒危物种组织的调查显示,在刚果的奎卢地区的兽肉黑市,几乎每一周就要杀戮两只大猩猩。全刚果一年约有 300 只大猩猩被兽肉市场贩卖。高级灵长类的肉在非洲被作为药物,因为大猩猩是力量的象征,许多人迷信进食大猩猩肉可以增强体质和力量。这种对大猩猩的原始崇拜也加速了大猩猩数量的减少。

　　中部非洲人口的增加也是威胁大猩猩生存的重要因素。随着人口的迅速增加(图 7—19,图 7—20),人们对衣食住行的需求对刚果盆地巨猿的栖息地构成巨大的压力,仅仅兽肉的提供就会使得更多大猩猩死亡。在保护区狩猎成为稀松平常的事情。随着人口的增加,不仅增加了森林的采伐,同时牧场的建立和过度放牧、樵采也威胁着大猩猩的生存。

---

　　① C. Nellemann, I. Redmond, J. Refisch. The Last Stand of the Gorilla-Environmental Crime and Conflict in the Congo Basin[M]. Birkeland Trykkeri AS; Norway, 2010.

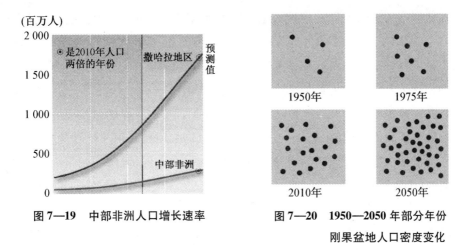

图7—19　中部非洲人口增长速率

图7—20　1950—2050 年部分年份
刚果盆地人口密度变化

各种传染疾病(如埃博拉病毒)也威胁着大猩猩的生存。2002 年,一项基于对农业造成的栖息地的丧失以及沿着不断扩展道路网络伐木活动的模拟计算显示,到2032 年,大猩猩栖息地将剩下不足 10% 。然而,这些估计没有考虑在刚果盆地伐木和薪炭樵采量的上升、国家埃博拉出血热的暴发和最有可能增加的巨猿兽肉贸易,也没有考虑这些活动带来的人口增加。因此,如果不采取相应的措施,实际的情况将更加悲观。

对采取有效的行动保护大猩猩,联合国和非洲各国都非常重视。除了建立传统的国家公园保护区外(图 7—21),有些地方实行了所谓的社区保护制度。

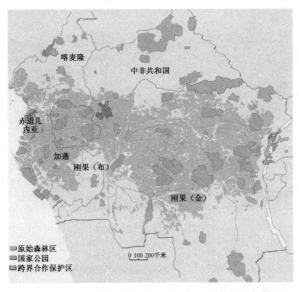

图 7—21　刚果河流域国家保护区和跨界合作保护区

为拯救濒临灭绝的大猩猩,刚果(金)于 1988 年成立了一个"动物之友协会",并在金沙萨建立一个模拟大猩猩自然生存环境的动物园,共饲养大猩猩 18 只。这也是世界上唯一的人工喂养大猩猩的动物园。2001 年在刚果(金)东部建立了面积达 7 万公顷的瓦利卡莱社区大猩猩自然保护区,由当地村民和他们的领导人共同监护附近的大猩猩种群。该项计划受刚果(金)自然保护研究所和非洲非政府项目的资助,在 2003 年开始实施。最初,项目聘用和培训的护林员,对东部低地大猩猩进行基本调查。有证据表明,在该保护区内,到目前为止生活有 80 个大猩猩家族,大猩猩数量达到 750 只。该项计划目前雇佣 34 名护林员,他们用 GPS 跟踪大猩猩。在喀麦隆跨界保护区,监护着 115 只大猩猩。2009 年,安哥拉、刚果(布)、刚果(金)在联合国环境规划署的支持下,宣布联合建立包括大猩猩在内的跨界保护区。①

五、逐渐缩小的乍得湖

乍得湖是中部非洲最著名的湖泊(图 7—22)。乍得湖位于乍得、喀麦隆、尼日尔和尼日利亚四国的交界处,是非洲第四大湖泊和第二大湿地。乍得在当地语言中意译为水,用作湖泊的名称,有"一片汪洋"的意思。乍得共和国的国名就是以这个湖名命名的。乍得湖的面积不是固定的,最大能达到 2.5 万平方

图 7—22   乍得湖

① C. Nellemann, I. Redmond, J. Refisch. The Last Stand of the Gorilla-Environmental Crime and Conflict in the Congo Basin[M]. Birkeland Trykkeri AS: Norway, 2010.

千米。水源主要来源于沙里河,占总补给量的4/5;其次有科马杜古约贝河、恩加达首都恩贾梅纳鸟瞰河、姆布利河和富尔贝韦尔河等注入。湖东部被水道隔成许多岛屿,较大的有库里岛、布都马岛等。湖滨多沼泽,生长着芦苇。湖中水产资源丰富,产河豚、鲶、虎形鱼等。沿岸多鸟类。沿湖为重要灌溉农业区。

乍得湖是由大陆局部凹陷形成的,为第四纪古乍得海的残余,据地质学家研究,乍得湖发育在古老大陆上的一个原始盆地里。1万多年以前,乍得湖湖区是一个很大的内海地区。据考证,距今1.2万—1.5万年间,乍得湖曾三度扩大,最后一次发生在距今5400年前,当时的乍得湖水深160多米,最大面积为30万—40万平方千米,是仅次于里海的世界第二大湖。后来,地壳运动,沧桑变迁,内海悄悄地消失了,留下了今日的乍得湖。考古学家们还发现,在三四千年以前,乍得湖曾经同尼罗河是连在一起的,是尼罗河的河源之一。在多水季节,湖水经常漫溢到尼日尔河的最大支流贝努埃河,一直通向大西洋。乍得湖同尼罗河、尼日尔河本来是相通的,后来由于地形变化,出口河道被泥沙淤塞,乍得湖与尼罗河、尼日尔河渐渐失去联系,演变成今天的内陆湖泊。在地质史上,乍得湖也经历过比现代还要干旱的时期,现今深入湖中的沙丘岛弧,即为过去古乍得湖湖岸线。[①]

作为非洲几大淡水湖泊之一,乍得湖的湖水支持着流域超过2000万人的用水,是非洲最有生产力的淡水系统之一,每年渔业的产量达到约10万吨。由于气候变异、荒漠化、农业发展和地区的居民用水量不断增加,乍得湖的水平衡发生改变。20世纪60年代初以来,乍得盆地的降雨量下降显著,而在同一时期灌溉急剧增加。由于乍得湖比较浅,平均深度不过4.11米,因此极易受到气候变化的影响。随着降水量的减少和用水量的增加,在过去的35年,乍得湖范围缩小了95%(图7—23),面积从25000平方千米缩小到目前的约2500平方千米,2001年湖的面积甚至不足1350平方千米。虽然2007年的卫星图像显示乍得湖的水位有所增加,但其面积仍然远远小于三四十年前。[②] 湖泊面积缩小的原因50%归因于人类活动的增加。在1983—1994年间,乍得湖一直是尼日尔、尼日利亚、喀麦隆和乍得大型的、不可持续的灌溉项目的水源地,这期间灌溉用水显著增加(4倍)。另一造成湖泊萎缩的人为因素还包括过度放牧引起

---

① 汪勤梅. 中非—乍得[M]. 北京:社会科学文献出版社,2009.

② United Nations Environment Programme. Africa - Atlas of Our Changing Environment[M],Malta:Progress Press Ltd. ,2008.

图 7—23　不断缩小的乍得湖

的植被破坏。乍得湖面积缩小的另外 50% 原因来自流域降水的减少。自 1960
年以来,该地区的降雨量明显下降,2001 年政府间气候变化专门委员会(IPCC)
预测,降雨量和径流减少以及荒漠化增加,将导致乍得湖继续萎缩。①

六、土地退化

　　包括侵蚀和土壤压实等土地退化现象成为中部非洲各国土地资源可持续
利用的主要威胁。土地退化的主要原因来自商业性森林采伐、炭薪等人类毁林
活动。1990—2000 年期间,中部非洲森林损失严重,损失量从刚果(布)的
0.1% 至喀麦隆的 0.9% 不等。毁林后暴露的土壤由于洪水和海水倒灌的影响
而盐渍化。在乍得和喀麦隆的萨赫勒地带,不可预测的降雨和干旱加速生产力
的下降和土壤结构的变差,导致极端退化和荒漠化。乍得是高度脆弱的荒漠化
国家,有 58% 的面积已列为沙漠,30% 列为极易荒漠化地区。武装冲突也威胁

　　① United Nations Environment Programme. Africa Environment Outlook 2—Our Environment,Our Wealth
[M]. Malta:Progress Press Ltd.,2006.

着土地资源的管理和使用的可持续。中部非洲在过去几年经历了相当大的冲突。几十年来,流离失所的人通过大量砍伐森林造成了土地退化。为了解决各种威胁土地资源可持续利用的问题,一些机构和政府部门做出了努力,成立了相应的机构,包括中部非洲经济与货币共同体(CEMAC)、中部非洲国家经济共同体(ECCAS)、乍得湖流域委员会(LCBC)、非洲木材组织(ATO)等。这些组织的主要目的是促进该区域的经济合作和健全环境管理。① 由于土地的退化,中部非洲面临着改善食品生产和减少粮食进口的挑战。一方面,要发展综合的方法来提高粮食安全;另一方面,要改善耕地质量。这是该区域的环境和发展必须优先解决的问题。土地使用权和使用期是影响土地和自然资源管理的两个重要影响因素。在土地资源管理方面,对使用期内合理布局的改善,将对人民的安全和他们的投资有直接影响。特别是为了避免土地资源管理的冲突和纠纷,有必要协调好习惯和法律之间的关系。

① United Nations Environment Programme. Africa Environment Outlook 2—Our Environment,Our Wealth[M]. Malta:Progress Press Ltd., 2006.

$\backsim$ 第八章 $\backsim$

西印度洋资源与环境

第一节　西印度洋群岛地理环境概况

西印度洋群岛分区域包括马达加斯加、塞舌尔、科摩罗、毛里求斯、留尼汪和塞萨尔岛(法属)5 个国家和地区。[①] 众多岛屿分散在广阔的西印度洋里,与非洲大陆隔海相望,总面积62.7 万平方千米。本区除了马达加斯加之外的所有国家被称为小岛屿发展中国家。由于印度洋岛国马达加斯加面积占整个区域面积的99%左右,故本部分的内容以马达加斯加为主,法属岛屿因为资料短缺未加以讨论。

一、自然地理概况

马达加斯加位于非洲大陆的东南部,隔莫桑比克海峡,与非洲大陆相距400 千米。主岛马达加斯加岛是非洲最大的岛屿,世界第四大岛,面积为59.7 万平方千米,占全非洲岛屿总面积的95%以上[②],海岸线长5000 多千米。

在地质构造上,马达加斯加处于非洲板块与印度洋板块的接合部,受地壳挤压作用,褶皱及断裂发育。马达加斯加岛的中东部地区,与东非高原相似,岛屿大约2/3 的面积具有前寒武纪结晶基底;西部和北部为二叠纪至新生代的沉积盆地,伴随有白垩纪的玄武质火山岩侵入;在岛屿东部边缘,为带状分布的白

---

① United Nations Environment Programme. Africa Environment Outlook 2——Our Environment, Our Wealth[M]. Malta: Progress Press Ltd., 2006.

② 陈宗德. 非洲各国农业概况[M]. 北京:中国财政经济出版社, 2000.

垩纪玄武岩和流纹岩。[①] 马达加斯加岛的地势东高西低,中部为海拔 800—
1500 米的中央高原,起伏不平的高原面被蚀余山地和火山高地分隔为一系列
的盆地。高原北部的察拉塔纳纳山地是全岛地势最高的地区,其中马鲁穆库特
鲁山高达 2876 米,是全岛的最高峰。高原东部是因断层而急剧下降所造成的
陡坡,地貌为高峻的单面山和狭窄的滨海平原,多沙丘和潟湖,海岸线十分平
直。高原西部呈阶梯状缓慢下降,为缓倾斜平原,从 500—1000 米低高原逐渐
过渡到沿海平原。许多河流顺高原向西流入莫桑比克海峡,在阶地边缘形成一
系列瀑布、急流。马达加斯加的气候为热带气候,并且具有明显的地带性。沿
海为热带雨林气候,中部为热带高原气候,西部属热带草原气候。年平均气温
18℃—26℃,年降水量东多西少。马达加斯加岛的土壤有氧化土、老成土、淋溶
土、干旱土、火山灰土、始成土、新成土、变性土以及有机土等。氧化土面积较
大,几乎占马达加斯加岛面积的一半,主要分布在该岛的中部和东部。干旱土
主要分布于南端,始成土和新成土较多地分布在西海岸。火山灰土、有机土、变
性土和淋溶土呈零星分布。[②]

科摩罗位于莫桑比克海峡北部与马达加斯加之间的印度洋上,是由大科摩
罗、昂儒昂、莫埃利、马约特 4 个主岛和诸多小岛组成的火山岛群国家,总面积
约 2236 平方千米。[③] 科摩罗群岛是上新世至近代海底火山喷发形成的岛屿,
岛上大部分为山地,地势崎岖,广布森林。大科摩罗岛上的卡尔塔拉火山是世
界最活跃的火山之一,位于莫桑比克海峡北部的大科摩罗岛南部,为科摩罗最
高山脉。1900—1965 年间曾喷发 11 次,最近一次喷发在 1977 年。火山口周长
15 千米,最大直径 3.2 千米,海拔 2560 米,附近多死火山锥、火山湖和熔岩流。
这里曾经热带森林广布,近年因过度砍伐,森林面积锐减。

塞舌尔群岛位于印度洋西部,陆地面积为 455.39 平方千米,领海面积约
40 万平方千米,专属海洋经济区面积(海水深度小于 200 米)为 100 万平方千
米。[④] 全岛由 115 个花岗岩岛和珊瑚岛组成,包括 4 个密集岛群:马埃岛及其
周围岛屿组成,锡卢埃特岛和北岛,普拉斯兰岛群和弗里吉特岛及其附近的礁

---

① 刘田,工志敏,丁媛媛. 马达加斯加前寒武纪地质构造单元划分[J]. 科技创新导报,2011,6:254.
② 龚子同. 马达加斯加的土壤利用和水稻生产[J]. 土壤,1992,4:222-224.
③ 陈宗德. 非洲各国农业概况[M]. 北京:中国财政经济出版社,2000.
④ 董建博,陈慧,李丽霞,等. 塞舌尔群岛和西沙群岛旅游资源开发对比研究[J]. 山东省农业管理
干部学院学报,2010,26(1):75-77.

屿。马埃岛是 41 个花岗岩岛中最大的,岛上海拔 905 米的塞舌尔山为全国最高点。塞舌尔群岛气候为热带雨林气候,终年高温多雨,热季平均气温 30℃,凉季平均气温 24℃,年平均降水 2172 毫米。

毛里求斯位于印度洋西南部,西距马达加斯加 805 千米,与非洲大陆相距 2200 千米,由毛里求斯岛、罗德里格斯岛和其他小群岛组成,总面积为 2040 平方千米。主岛毛里求斯岛系火山岛,周围有珊瑚礁和潟湖环绕。毛里求斯火山岛经历了两期火山运动,最老的地层为白垩纪,后期玄武岩流为上新世至近代喷发。岛上的地貌千姿百态。北部现代珊瑚礁发育,沿海是狭窄平原,中部是高原山地,有多座山脉和孤立的山峰。气候为亚热带海洋性气候,全年分雨旱两个季节,年平均温度 25℃,年平均降水约 1500 毫米。高原湖泊为岛民提供了淡水资源。

二、人文地理概况

根据统计资料,马达加斯加 2007 年人口约 1850 万人,其中,男性占49.2%,女性占 50.8%。20 岁以下人口占总数的 55.9%,60 岁以上人口占总数的4.4%。农村人口占总数的 78%,城市人口占总数的 22%。全国有贫困人口约 1227 万人,占总数的 66.3%。平均寿命 54.7 岁(2005 年统计),其中,男性53.7岁,女性55.6 岁。2007 年马达加斯加国内生产总值按时价计算约 74 亿美元,经济增长率为 6.3%,人均国内生产总值为 375 美元。在国内生产总值中,第一产业占24.2%,第二产业占 15.2%,第三产业占 53%。马达加斯加属于世界上最不发达国家之一,也是重债贫穷国。2007 年在联合国发展署统计的 177 个国家的人文发展指数排名中位列第 143 位。[①] 2003 年,政府出台了马达加斯加十年《减贫战略文件》,确定以减贫为核心的中长期社会经济发展目标,提出加快经济自由化和私有化步伐,鼓励私营部门发展、改善投资环境以吸引外资,将农村发展、基础设施、环境保护、旅游和矿业能源等领域作为拉动经济增长的重点。

马达加斯加虽属非洲国家,但无论在语言、文化还是人种特征上,均与非洲大陆的居民相差甚远,而与马来—印尼人相似。居民 89% 以上是非洲人和混血的马达加斯加人,其他是科摩罗人、欧洲人和印度人。大部分人信奉原始宗教,小部分人信奉基督教和天主教,不到 5% 的人信奉伊斯兰教。马达加斯加

---

① 黄金田. 东非马达加斯加对虾养殖业概况[J]. 现代渔业信息,2009,24(8): 22-25.

语为通用语言,法语是官方语言。

科摩罗主要由阿拉伯人后裔、卡夫族、马高尼族、乌阿马查族和萨卡拉瓦族组成。通用科摩罗语,官方语言为科摩罗语、法语和阿拉伯语。98%以上的居民信奉伊斯兰教。科摩罗是世界上最贫穷的国家之一,农业是该国的经济支柱。80%的人口从事农业劳动,农业在国内生产总值中占40%的比重,出口货物主要也是农产品。科摩罗全国基本无矿产资源,水力资源贫乏,渔业资源丰富。森林面积约200平方千米,占国土面积的15%。教育水平低下导致主要劳动力只能从事体力劳动,技术工作完全依赖于外国的协助和捐赠。工业基础薄弱,工业产值占国内生产总值的不到5%,旅游业是处于发展中的一项产业。科摩罗的交通系统很不发达。

塞舌尔居民主要是班图黑人和欧、亚移民后裔。大部分人信奉天主教,少数人信奉基督教。多数居民讲克里奥尔语和法语,官方语言是英语。旅游业为主要经济支柱,粮食和日用品主要依赖进口。塞舌尔矿产资源贫乏。工业基础薄弱,有70多家企业,以制造业、修理业及手工业为主,政府强调工业多样化,注意发展外向型工业,最大的工业企业是与法国合资的印度洋金枪鱼罐头厂,产品主要销往欧洲和日本。由于大批劳动力转向旅游业,农业生产逐渐萎缩。

毛里求斯居民以印度裔毛里求斯人为主,此外,还有克里奥尔人、华裔和法裔。工业以制糖和出口加工业为主。制糖业是这个岛国传统的工业,占全国就业人数的12%,占出口创汇的22%。出口加工业是20世纪80年代发展起来的新兴工业,主要生产纺织品、服装、钟表、珠宝首饰、仪表等。该国纺织产品款式新颖,价格适中,70%出口到欧洲市场,与来自亚洲的产品竞争。目前出口加工业产值占国内生产总值的13%,占出口收入的2/3。出口加工业的发展,不仅为毛里求斯的经济建设创造了宝贵的外汇收入,而且解决了国内失业问题,为国家摆脱不发达的贫困状态作出了决定性的贡献。

第二节　西印度洋群岛自然资源特征

一、矿产资源

本区除了马达加斯加拥有极丰富的矿产资源外,其他国家和地区矿产资源贫乏。

马达加斯加矿藏极为丰富,素有矿业"博物馆"之美称,主要矿产资源有石墨、铬铁、铝矾土、石英、云母、金、银、铜、镍、锰、铅、锌和煤等,其中石墨储量居非洲首位。此外,还有丰富的宝石资源,部分矿产资源产量见表 8—1。2000年,马达加斯加矿业出口总值为 47 万美元,占全国出口总值的 6%。2007—2009 年,马达加斯加从矿产领域获得的税收达到 7000 万美元。待有关矿业项目进入开采阶段后,到 2018 年左右,马达加斯加的矿产资源所得预计将占国家财政收入的 18%。矿产行业所带来的效益并不仅仅局限在财政收入方面,而且在创造就业岗位、完善基础设施等领域也将发挥重要的作用。未来几年内,矿产业及其包括石油在内的矿产资源开发将成为促进马达加斯加经济发展的重要支柱产业之一。

表 8—1 马达加斯加部分矿产资源产量

矿产 \ 年份	2000	2001	2002	2003	2004	2005
金(公斤)	5.0	50.0	38.0	10.0	200.0	无数据
铬(吨)	33.0	42.0	28.0	40.0	46.0	39.0
大理石(吨)	1.0	6.0	5.6	5.0	无数据	4.0

资料来源:《非洲 2008 年统计年鉴》。

马达加斯加已经探明的矿藏储量主要有铬铁矿、石墨、铝矾土、云母、宝石、铅、金、银、铜、高岭土、石英等[1],矿产资源具有如下特征:

(一)丰富多样的宝石资源

马达加斯加岛上几乎所有的彩色宝石种类都有发现,市场上可见到的品种至少有 30 多种:祖母绿、红宝石、蓝宝石、金绿宝石、海蓝宝石、铯绿柱石、金绿柱石、各色碧玺、石英类宝石、石榴石类宝石、长石类宝石、磷灰石、堇青石、榍石、黄玉、锆石和欧泊石等。宝石主要产于伟晶岩脉和变质岩中。马达加斯加岛东部岩石呈南北向展布,老变质岩中分布有大量的伟晶岩、石英脉和基性超基性岩,这些岩石是祖母绿宝石、海蓝宝石、金绿宝石、碧玺、水晶、石榴石等宝石矿床的含矿母岩。伟晶岩和石英脉规模大小不一,厚度从几十厘米至几十米,长度从几十米到几百米。在首都塔那那利佛以北地区地表已发现的伟晶岩

---

① 宋国明. 非洲矿业投资指南[M]. 北京:地质出版社,2004.

脉有 400 多条,在中部和南部地区有更多的伟晶岩脉产出。此外,东部地区老变质岩也是红宝石、蓝宝石、碧玺等宝石的母岩。受构造和岩性控制,马达加斯加宝石矿集中分布在 3 个地区。北部地区:塔那那利佛以北 200—300 千米范围内,是海蓝宝石、碧玺、紫水晶的主要产地。中部地区:从塔那那利佛以南 160 千米的安其拉尔贝市到菲那抗苏省一带的中部高原,主要产出绿柱石(祖母绿、海蓝宝石)、红宝石和蓝宝石以及碧玺等。南部地区:南端的居里亚省东部,主要产出碧玺、石榴石、绿柱石等宝石。[①]

2001 年马达加斯加部分宝石产量为:绿柱石 1000 千克,红宝石 941 千克,蓝宝石 8470 千克,电气石 800 千克,云母 90 吨。尽管不少矿区发现时间比较晚,不过马达加斯加正在成为一个新兴但举足轻重的宝石产地。

（二）储量巨大的镍钴矿

马达加斯加具有较为丰富的镍钴矿,阿姆巴托维镍钴矿是正在开发的镍钴矿床。阿姆巴托维镍钴矿主矿区位于马达加斯加首府塔那那利佛以东 80 千米处,距离连接塔那那利佛和东海岸港口城市塔马塔夫的主要公路和铁路干线只有几千米,交通非常便利。该矿床为红土型镍钴矿床,镍钴矿储量为 1.25 亿吨,其中含镍 1.04%,钴 0.099%。马达加斯加拟投资 55 亿美元进行开采。矿山采用露天方式开采,用高压酸浸法萃取金属。该项目预计可年产镍 6 万吨、钴 5600 吨、硫酸铵 21 万吨,开采期约 30 年。该项目于 2007 年 11 月 8 日正式启动,于 2010 年前后正式投产。其中,加拿大谢里特国际公司(Sherritt International)拥有 40% 的股份,日本住友商事株式会社(Sumitomo)和韩国资源公司(Korea Resources)各持 27.5% 的股份,项目承建方加拿大埃森兰万灵公司(SNC-Lavalin)也占有 5% 的股份。[②] 该项目将具有较好的经济和社会效益,投产后,计划每年向政府缴纳约 8500 万美元资源税。2007 年,非洲发展银行董事会宣布向该镍钴矿项目提供 1.5 亿美元的贷款。这是非洲发展银行在马达加斯加私营领域投资的第一个矿业项目。[③]

（三）日趋发展的钛铁矿开采和勘探

钛铁矿主要位于马达加斯加东南部图拉格纳若地区。经力拓矿业集团加

---

① 喻铁阶,王京生. 马达加斯加国宝石资源及其开发前景考察[J]. 矿产与地质,1993,6(5):361-365.

② 雨佳. 马达加斯加阿姆巴托维镍钴矿项目进展[J]. 世界有色金属,2012,10:71.

③ 王建. 马达加斯加矿产和能源开发战略[J]. 西亚非洲,2009,9:61-66.

拿大公司出资成立的力拓集团马达加斯加矿业公司历时 3 年的准备,于 2006 年 2 月 26 日正式开工建设。该项目总投资额为 7 亿美元,建设工期 3 年,开采期 25 年。该项目设计年产 75 万吨钛矿和 2.5 万吨锆石,产品由日本和韩国公司负责包销,各进口产能的 50%,投产后每年将向马达加斯加政府缴纳 2600 万美元税金,创造 600 个直接就业岗位和 1000 个季节工。2009 年 5 月,钛铁矿项目实现首次矿石出口。

除了原生矿床外,马达加斯加漫长的海岸线有较丰富的砂矿。近年来,马达加斯加东海岸费努阿里武—阿齐纳纳纳至苏阿涅拉纳伊翁古一带的砂矿初步勘探表明,该区域的滨海砂矿主要经济矿物钛铁矿、锆石和含钛矿物金红石的平均含量分别为每吨 105.55 千克、5.18 千克和 0.77 千克,分别是中国钛铁矿、锆石、金红石工业品位的 11.9、1.7—2.2 和 0.65 倍,其中二氧化钛平均含量为 5.71%。据此估算,该矿区钛铁矿储量为 190.23 万吨,锆石为 9.51 万吨,金红石为 1.76 万吨,属于钛铁矿—锆石—金红石组合的现代海滨沉积型大型富砂矿床,存在较大的经济价值和开采价值。[①]

(四) 前景广阔的石油和天然气资源

马达加斯加石油消费一直依赖进口。据统计,2004 年进口能源占马达加斯加全部进口商品的 10.1%。近年,国际市场的原油价格飙升,进口石油成本骤增,严重地加重了马达加斯加的财政负担。同时,石油生产技术的快速发展使马达加斯加的石油开采成为可能。

马达加斯加油气资源的勘探目标主要是卡鲁群构造,但由于受地质资料限制,对钻探目标不能准确描述构造形态,导致大多数井钻探失利。目前,北部的安比卢贝盆地已发现了盐岩构造,是最有潜力的勘探目标,油气资源有进一步勘探的潜力。自 2005 年以来,马达加斯加国家战略工业和矿业管理局在西部沿海可能储藏石油的地区划分了 20 个陆地区块和 200 个海上区块,向国际社会招标。20 个陆地石油区块中的 19 个已出售给外国公司。海上区块由于勘探成本高等原因,只有 6 个区块售出,其中美国公司和英国公司各 2 块,澳大利亚和加拿大公司各 1 块,每块面积约 1900 平方千米。目前,共计 13 家石油公司在所获区块进行了投资。陆地区块已经有 6 家公司进入实质性钻探阶段。经过几年的勘探,石油专家已初步确认位于木伦达瓦和马任加地区之间的贝莫

① 李恺,邓杏才,叶志平. 马达加斯加海滨砂矿的开发利用[J]. 资源与产业,2009,11(5):30-34.

兰格阿和齐米鲁鲁地区具有可观的石油储量前景,且证实有重油,但具体储量尚不确定。据马达加斯加石油公司对齐米鲁鲁石油区块的评估,保守储量估计不少于17亿桶。在对齐米鲁鲁地区进行第一阶段的勘探和采油试生产后,2008年6月,马达加斯加石油公司在齐米鲁鲁地区开采的第二口油井也开始产油,且同样是重油,日产450桶,比预期日产100桶的目标增加了3倍多。在陆地成功产出石油的同时,马达加斯加海上石油的勘探也在加紧进行。政府的开采目标是到2010年日产6万桶原油。① 可以预期,石油开采量的增加,将对缓解马达加斯加的能源紧张局面和调整能源结构起到极为重要的作用。

近年,随着多国矿业和能源公司进入马达加斯加市场,马达加斯加的矿业和能源开发成效显著,石油勘探不断取得进展。未来几年中,马达加斯加将有更大规模的项目投入开采:除了开发苏拉拉铁矿,还有西南部地区的煤炭、东南部地区的铝土矿和西部地区的石油资源,这些丰富的矿产资源将会吸引更多的国际投资者前来投资。矿产和能源开发对推动马达加斯加社会经济发展的重要意义日益突出,并成为吸引外资的重要领域和加快国家经济发展的"引擎"。由此,马达加斯加政府制订并在实施矿业和能源开发战略。

1. 确立"大力发展矿业,促进经济增长"的战略思路

颁布一系列法律法规,加大招商引资和开展互利合作的力度,是马达加斯加政府吸引外资参与矿产开发、开展互利合作的重要举措。2007年,马达加斯加开始实施新的《矿业法》。缩小矿业区块,限制矿业区块的占地面积,由过去的6.25平方千米缩小到0.39平方千米。此举不仅能减少勘探者的勘探费用,还可将一时无法开采的土地用于建设公路与其他设施。矿业区块的租金直接交付地区矿业部门。马达加斯加《大型矿业投资优惠条例》规定,投资额在2500万美元以上的矿业开发项目,可享受免关税等优惠政策。马达加斯加于2007年12月19日通过了新《投资法》,为投资确立指导性框架,使国内外投资者处于平等地位,简化行政审批程序,加强在马达加斯加所建企业的竞争性。

2. 增强政府的服务意识,改善投资环境

为改善投资环境,且为投资者提供便利,马达加斯加政府特别强调简化投资审批手续,增强服务意识。马达加斯加工业、贸易、私有领域发展部曾在2003年设立了"投资和企业发展单一窗口",即由政府各相关部门派出工作人

---

① 王建. 马达加斯加矿产和能源开发战略[J]. 西亚非洲,2009,9:61-66.

员,集中合署办公,大大简化了各种行政手续和程序,提高了办事效率。在2009 年 1 月政府改组中,矿产和能源部调整为矿产部和能源部,进一步显示出政府加快矿产和能源开发的决心。

3. 加快私有化进程,扩大私有化领域

为最大限度地获得国际金融机构和援助国的资金支持,适应出资机构和出资国的要求,加快了国有企业的私有化进程,私有化领域逐步扩大。2004 年,马达加斯加议会通过一项法律,对在马达加斯加从事石油进口、加工、运输、仓储和销售实行全面开放政策。这一政策的实施旨在打破行业垄断、建立市场竞争机制,满足消费者需求,提高用户服务水平。根据该法律规定,石油行业经营权向所有马达加斯加和外国的自然人及在马达加斯加合法注册的公司开放。经营者可向国家燃料署提出申请,获准后,即可从事石油产品的经营和开发。按国家规定,石油产品的经营者必须建立一定数量的安全供应储备,并纳入国家储备计划。目前,已有包括中国公司在内的多家外国企业参与马达加斯加的电力建设,尤其是水电建设。马达加斯加政府改善投资环境的努力收到良好效果。很多跨国公司对开采马达加斯加的镍矿、钴矿、钛铁矿和石油产生了极大兴趣。目前,已有加拿大、日本、韩国、英国、南非、印度、澳大利亚和中国等国的公司同马达加斯加矿产和能源部签署了矿山开采或勘探协议,签约项目总投资已达 50 亿美元。

(五) 优质的石墨矿

马达加斯加石墨储量为 94 万吨,居非洲第 1 位、世界第 4 位。优质大鳞片石墨,矿体埋藏浅,具有较好的露天开采条件。已开发的石墨矿床位于塔马塔夫,石墨赋存于云母片麻岩中,该矿床的石墨有 2/3 是鳞片石墨,1/3 是细粒石墨,矿石品位 4%—11%。位于穆阿满歌(Etablissements Izouard)的鳞片石墨矿正在勘查中。在图利亚拉(Toliara)附近进行,勘查发现了 17 条石墨矿带,总长320 千米,已钻井勘探 118 米,碳含量 6.24%,该矿伴生钒矿。[1] 据美国地质调查局估计,2010 年世界天然石墨产量为 92.5 万吨,比 2009 年(76.2 万吨)增加21%。马达加斯加 2009 年石墨产量为 0.5 万吨,2010 年为 0.68 万吨,增加了36%。

---

① 尹丽文. 世界石墨矿产资源与勘查开发进展[C]//2012 中国非金属矿科技与市场交流大会论文集,2012.

本区其他小岛屿国家境内矿产资源贫乏,陆地上迄今尚未发现有价值的可供开采的矿产资源。毛里求斯位于西印度洋一个长 2000 千米的弧形深海盆地的南端,其北部海域的勘探前景有待发掘。随着海洋勘探技术的进步,本区小岛屿国家未来有发现附近海洋存在可供开采的油田、天然气、锰结核等矿产资源的可能性。

二、土地资源

本区土地总面积约为 60 万平方千米,利用的主要方式是农业(表 8—2),岛屿地区进行农业开发的重要影响因素是土地的限制。本区耕地仅有 300 万公顷,垦殖指数为 4.6%。岛屿地区土地空间有限,土地的集约使用尤为重要。如今由于旅游发展和工业发展,农业发展已有下降趋势,只有在科摩罗和马达加斯加多数土地仍然用于农业。科摩罗和马达加斯加对国内生产总值的贡献率分别是 35% 和 41%。而在塞舌尔和毛里求斯,农业对国内生产总值的贡献率分别是 3% 和 6%。西印度洋群岛由于各岛屿自身特殊的气候条件,适合生产的作物类型不同,所以农业模式有所不同。但是,这些岛屿国家仍然是粮食如大米和土豆等的净进口国。扩大农业生产依然是本地区的主要经济增长动力。

表 8—2　2005 年西印度洋群岛农业土地利用　　单位:千公顷

项目 国家	土地面积	农业面积	耕地	林地	草地
塞舌尔	45	6	1	40	无数据
毛里求斯	203	113	100	37	7
科摩罗	186.1	148	80	5.5	15
马达加斯加	59075	40843	2950	12837.8	37293

资料来源:联合国粮农组织。

马达加斯加面积在非洲国家中居第 19 位,土地面积占整个西印度群岛的 99%,复杂的地形赋予其土地资源的多样性。主岛由火山岩构成,由东北至西南分为 3 个部分:中部为海拔 1000—2000 米的中央高原,几乎纵贯整个国家,长达 1600 千米。这一地带的耕地主要分布在山间盆地、河流谷地和低山缓坡地区。马达加斯加西部沿岸为面积较大的冲积平原,海拔从 200—500 米的高平原逐渐下降到100—200米的沿海平原,地表平坦,土壤肥沃。沿海平原北部仅几千米宽,南部最宽可达80千米。阶梯之间的平地,只有阿劳特拉湖盆地和曼古鲁河谷地稍宽阔。马达加斯加东部地形陡峭,呈阶梯状陡落沿海低地,土地资源不及西部丰富。

马达加斯加岛的土壤分布同降水量分布趋同,成经向带状延伸:东部沿海为带状低地,以冲积土为主,有大片的沼泽,多线型沙丘和潟湖,在农业利用上必须考虑排水;中部北端为黄色砖红壤,南端为红色砖红壤,土壤多发育在酸性母质上,植物养分经淋溶大量流失,土壤肥力低。中部河谷处形成褐土和灰褐土;西部平原的热带稀树草原和疏林地带,土壤为红棕色和红褐色。另外,西部也有部分沙质土和石质土分布。全岛滩涂、河流谷地的冲积平原土质肥沃,便于灌溉,已被开发种植稻谷。但从整个岛屿来看,砖红壤面积较广,土层较薄,自然肥力不足,必须进行合理耕作。

马达加斯加农业在经济中占有重要地位。全国可耕地面积880万公顷,宜耕土地占全部土地面积的50%左右,已耕地仅280万公顷。目前土地利用中,已耕地仅是全国土地面积的5%,其中16%是灌溉地,人均可耕地0.2公顷。90%的以家庭为单位的土地所有者只拥有1.2公顷或更少的土地,土地利用率低,土壤侵蚀严重。2/3以上耕地种植水稻,一年可种两季。其他粮食作物有木薯、玉米等。主要经济作物有咖啡、丁香、剑麻、甘蔗、花生、棉花等。其中,华尼拉香草产量及出口量居世界首位。马达加斯加全国牧场面积为340484平方千米,占国土面积的57%。岛上居民有养牛的传统,牛在马达加斯加人生活中有着特殊地位。养牛的主要目的不是面向市场,牛是财富的象征,因此养牛的土地收益很小。

除大科摩罗岛外,科摩罗的土壤都很肥沃,适于农业发展。但由于地势倾斜度大和土壤侵蚀剧烈等原因,致使许多土地未开垦。目前全国有可耕地面积12万公顷,已耕地面积7万公顷,农业土地面积垦殖率较低,后备土地资源较多。种植的粮食作物有水稻、玉米和薯类,粮食不能自给,每年需要进口一部分。经济作物有香料、椰子、咖啡、可可、剑麻、胡椒、甘蔗等。科摩罗是世界上生产和出口华尼拉香草、鹰爪兰和丁香的主要国家之一,有着悠久的香料栽培历史,耕地中有5万公顷主要栽培香料,年产香草150多吨、丁香1500多吨和鹰爪兰50多吨,是外汇收入的主要来源和国民经济的重要支柱。科摩罗被人们称为"几乎所有高级香料的基地"。科摩罗的畜牧业不发达,每年需要从马达加斯加和南非进口部分肉类食品,近年畜牧业有所发展。2002 年农牧渔业产值占国内生产总值的 41%,农产品出口占出口总额的 99%。

塞舌尔许多岛屿面积很小且分散,适合耕种的土地约 1 万公顷。凡不适宜精耕细作的土地,被分成建房用的小块土地。肥沃的火山土加之高温多雨的气候,适合多种作物的生长,尤其适宜种植甘蔗。因甘蔗抗风力强,其茂密的植株和行间成堆的废茎叶有利于防止水土流失及减轻暴风雨的影响。所以,塞舌尔群岛以种植甘蔗、香料以及咖啡、可可和椰子等热带作物为主,粮食几乎全部依赖进口,蔬菜、肉类也大部分依靠进口。近些年,政府强调发展农业,将国营农场私有化以提高农民的积极性,家禽饲养获得较大发展,鸡和蛋基本自给。

毛里求斯完全不能耕种的土地约 2.7 万公顷,仅占土地总面积的 14.6%,现有耕地 10.7 万公顷,垦殖指数为 57.9%,名列非洲前茅。土壤主要是发育于火山熔岩的火山土,富含钙、磷、钾、氮等元素,自然肥力较高,土质良好。毛里求斯是以种植甘蔗为主的农业国。全国可耕地面积中,蔗田 7.6 万公顷,占耕地面积 71% 左右,占国土面积的 41%。甘蔗一直是毛里求斯的主要农作物,甘蔗对 GDP 的贡献率为 3.7%,食糖出口换汇占全岛出口总额的 20%(2006年)。根据与欧盟的协议,毛里求斯产蔗糖几乎全部以国际市场 3 倍的协议价格出口欧盟。据统计,毛里求斯人均食糖消费量是每年 32 千克,远远高于世界平均水平(每年 13 千克)。2006 年欧盟开始糖业改革,分四阶段下调协议糖价,2009 年度降价幅度达 36%,受此影响,毛里求斯糖业出口收入大幅度下降。同时随着城市化发展,毛里求斯的制糖业近几年萎缩严重。与 2006 年相比,2009 年该行业占 GDP 比重由 3.7% 下降为 2.2%,甘蔗种植者数量减少13.4%,种植面积减少约 10%,出口糖价缩水高达 36%。2006 年全岛甘蔗种植面积 70800 公顷,产糖量为 50.49 万吨,到 2009 年甘蔗种植面积为 65850 公顷,产糖量为 47.06 万吨。为此,毛里求斯政府一方面积极争取从欧盟获取更多的财政补贴,另一方面致力于国内糖业改革,努力实现向更加集中化、机械化和多元化的甘蔗产业过渡。[①] 其他农作物有茶叶、烟草、洋葱和水果等。毛里求斯的农产品出口占总出口额的 32%,农业就业人口占总就业人数的 25%。毛里求斯不少耕地是从坡地的火山岩风化物中开垦出来的,质地粗,需要耕作精细,集约化经营,大多采用喷灌技术,化肥使用量平均每公顷达 150 千克,远

---

① 王维赞,何红,唐其展,等. 赴毛里求斯甘蔗科技考察报告[J]. 中国糖料,2011,(3):79-83.

高于 18.3 千克的全非洲平均水平。虽然土地经营的集约化水平比较高,但毛里求斯的粮食生产规模小,所需粮食基本依赖进口,每年进口 20 万吨左右。畜牧业主要饲养牛、羊、猪、鹿、鸡等,猪肉、鸡和蔬菜基本自给。80% 的奶制品和 90% 的牛肉依靠进口。该国政府努力改变单一依赖蔗糖业经济的局面,实行农业生产的多样化,发展粮食、茶叶、蔬菜和果树等多种作物的生产。

三、水资源

西印度洋岛屿大部分属于海洋性气候或雨林气候,降水充沛(表 8—3)。平均年降水量 1518 毫米,可再生水资源量 345 立方千米/年。但是各岛屿被大面积的海洋所分隔,无任何国际性河流,因此不能共享任何淡水资源。尽管降水相对丰富,但由于季节分配不均,西印度洋群岛所有国家都要遭受长期的旱季与雨季,加上水污染严重,岛屿面临水资源短缺问题。由于各国的降水量有很大差异,因而各国淡水资源存在差异。马达加斯加、毛里求斯和塞舌尔的淡水主要是从河流中通过在主要居住岛屿建设水坝和水库的方式提取,而科摩罗群岛主要依赖地下水资源。所有岛屿国家都有湿地。湿地为大批水生生物提供了重要的栖息、繁殖场所,生态多样性特征明显。自然资源的特点使这些岛屿国家成为理想的旅游国家。

表 8—3　非洲淡水资源①

分区	人口（百万）	面积（万平方千米）	平均降水量		可再生水资源	
			毫米/年	立方千米/年	立方千米/年	占平均降水量的百分比（%）
北非	174	825.9	195	1611	79	> 1
西非	224	613.8	629	3860	1058	27
中非	82	536.6	1257	6746	1743	44
东非	144	275.8	696	1919	187	5
南非	150	693.0	778	5395	537	14
西印度洋群岛	19	59.4	1518	2821	345	9
总计	793	3004.5	744	22352	3949	

① United Nations Environment Programme. Africa Environment Outlook 2—Our Environment, Our Wealth [M]. Malta: Progress Press Ltd., 2006.

在西印度洋群岛中,马达加斯加岛水系发育,河流众多,可分为两大流域:一片向西流入莫桑比克海峡,另外一片向东流入印度洋。内陆水域面积 500 平方千米,地表水资源丰富,且分布比较均匀。但总体上,河流短小,流域面积小,流量也小。最大的 4 条河流为贝齐布卡河、齐里比希纳河、曼古基河和乌尼拉希河,流域面积也只有 1.8 万—5.3 万平方千米,年平均流量最大的只有 271 立方米/秒。

按流域及其降水状况分析,最大的河流都集中在西部,东部全是短小的河流。河流水系及水文特征,在西南部的少雨区和东部、北部的多雨区明显不一样。在流量分配上,多雨区的河流季节变化不大,尤其是东部的一些河流,如伊翁德鲁河和伍希特拉河,6—10 月的流量只占到全年总流量的 54%—57%,没有明显的洪水期和枯水期。而西南部的河流则季节变化明显,有洪水期和枯水期之分,6—10 月的流量一般占到全年总流量的 80% 以上,如安博阿萨里和曼古基河,6—10 月的流量分别占全年总流量的 87.5% 和 82%。

西印度洋各岛屿常受到热带风暴或台风影响,11—5 月降水量大,有时候有暴雨,导致洪水,洪水危害是值得普遍注意的问题。除个别河流外,多数河流最大洪水纪录为年平均流量的十几倍,甚至几十倍。因此,在水资源利用方面,修坝蓄水、调节流量是必要的。尤其是马达加斯加西部地区,土地资源丰富,几条大河都分布于此,地形条件又提供了可供选择的坝址,应成为马达加斯加农业开发和水资源开发的重点。另外,马达加斯加境内河流多,且落差大,可用于发电的水力资源十分丰富,主要分布在该国中部、西北部、北部和东部地区,水力发电潜能有 7800 兆瓦,但目前只有 3% 的水能得到开发利用。水电开发不足导致马达加斯加的电费居高不下。能源供给以木柴为主,森林被大量砍伐,环境严重恶化。据统计,以木柴和木炭为燃料产出的能源占马达加斯加全国所需能源的 84% 左右,石油提供了能源消费的 11%,电力仅仅提供了 5% 的能源。随着进口燃料价格不断攀升,电价一再上调,根据国际货币基金组织 2008 年的报告,马达加斯加是世界电价最高的国家之一。能源供应结构不合理的局面,使通过发展水力发电来优化能源结构成为马达加斯加政府发展国民经济的重要战略工程。为改变长期以来能源供应紧张的局面,马达加斯加政府将电力领域向国内外私营企业开放,鼓励私营企业投资于电力设施的建设。2005 年以来,大部分电力设施的建设都是由私营企业而非马达加斯加国家水电公司投资。在政府提出加强水电建设后,马达加斯加的水电建设取得明显进展,能够得到电力供应者占总人口的比例提高到 18.8%,其中城市上升到 52.0%,农村增加到 9.7%。目前,马达加斯加全国共有 114 座电站,其中,水电站已增加到 14 座,另外的 100 座是柴油或重油发电站。2007 年,马达加斯加水电公司发电总量为 105 兆瓦,其中,72 兆瓦来自水力发电,占总量的 69%,其余占总量 31% 的 33 兆瓦来自热力发电。马达加斯加重点开发水电站建设的目标是:到 2017 年将水力发电提高至发电总量的 75%,以降低用电成本。据悉,政府目前共规划了 28 个水电站开发项目,总发电量将达 4468.5 兆瓦,其中,60 兆瓦以上的项目 18 个,总发电量为 4195 兆瓦,60 兆瓦以下的电站 10 个,总容量为 273.5 兆瓦。

西印度洋群岛超过 100 万公顷的土地具有灌溉潜力。由于水资源短缺,本区应制定适当的政策和管理系统,以提高淡水资源的利用价值,并确保其可持续性。灌溉是提高粮食安全的一个关键因素,因而灌溉技术的应用对种植业和畜牧业都极其重要。岛屿中马达加斯加最为重视灌溉技术的应用和农业灌溉的发展。1995 年灌溉面积近 110 万公顷,居非洲第 5 位,占整个非洲灌溉土地的 7.8%。其他国家的灌溉技术有待于进一步推广和实施。

四、大气资源

西印度洋岛屿的纬度位置和海洋环境使当地水热条件都相当优越。丰富的大气资源促使该地区的生态系统呈现出多样性,并且促进了各种人类社会经济活动,诸如农业、渔业、旅游业的发展。

(一) 较多的降水

西印度洋群岛各国降水多较为丰富。马达加斯加岛东南沿海,由于处于东南信风的迎风坡,从印度洋上带来大量的水汽,属热带雨林气候,终年湿热,年雨量 2000—4000 毫米,季节变化不明显;中部为中央高地,属热带高原气候,温和凉爽;西部处于背风坡,水汽难以到达,属热带草原气候,有明显的雨季和干季,而且雨季较短,但年降雨量也能达到 1500—2000 毫米。

科摩罗群岛属湿热海洋性气候,雨量充沛,年降雨量为 1000—2500 毫米。全年大致可分为雨季和旱季两个季节。不论在旱季或雨季,湿度都较大,相对湿度全年平均为 70%—80%。雨季从 11 月至来年 5 月,气温较高,湿度较大,多刮北风或西北风,时有暴雨,2 月和 3 月降雨最多;旱季从 6—10 月,气候较凉爽,空气相对较干燥,有时有较强的南风,并有雨。在科摩罗岛上最高山峰的西侧迎风坡,受西北季风影响,年降水量高达 5400 毫米以上,是印度洋降水量丰沛的地方。

毛里求斯属于亚热带海洋性气候,年降水量达 1500—4000 毫米,中部雨量多达 3000—4000 毫米,而沿海较少仅有 1300—1700 毫米。全年分两个季节,11 月至次年 4 月为夏季,5—10 月为冬季。一年中温暖潮湿的天数很多,只有9—11 月干燥少雨。

塞舌尔为热带雨林气候,终年高温多雨。年降雨量为 2000—4000 毫米。降雨年内分配比较均匀,除了 6—8 月较少外(小于 100 毫米),其他月份降水量多大于 100 毫米,12 月至来年 2 月降水较多,月降水超过 250 毫米,最高(2 月)可达 379 毫米。全年大气湿度维持在 80% 左右。

综上所述,西印度洋群岛具有较为丰富的降水,合理收集和管理利用雨水资源应该可以在一定程度上缓解区域淡水不足的压力。

（二）较高的年均气温

西印度洋群岛因地处热带,各岛均具有较高的年平均温度。

马达加斯加年平均气温为 18.3℃—27.8℃,但最高温度通常不超过 30℃,最低温度不低于 15℃,可谓气候适宜,但年平均气温存在明显的时空比变化。马达加斯加岛沿海地区年平均气温 25℃,中央高原年平均气温为 20℃。热季平均气温 30℃,最高气温 39℃,凉季平均气温 24℃。科摩罗年平均气温23℃—28℃,最高气温约 35℃,最低约 20℃。夏季平均温度 25℃,沿海 27℃,中部高原 22℃,海水温度平均约 27℃;冬季沿海平均气温 24℃,中部高原19℃,海水温度约 22℃。冬季温度宜人,吸引了大量旅客前来度假。

毛里求斯高原和山地一般比较凉爽,年平均气温 20℃—26℃。全年分夏、冬两季,11 月至次年 4 月为夏季(热季),沿海气温 27℃,中部高原 22℃,海水温度约 27℃;5—10 月为冬季(凉季),沿海平均气温 24℃,中部高原 19℃,海水温度约 22℃。①

塞舌尔夏季最高气温 35℃。

（三）丰富的风能和太阳能

马达加斯加群岛深处印度洋,每年都会受到热带风暴和各种天气系统的影响,风能资源丰富。在马达加斯加岛北面,赤道低压带移动于南纬 10°—北纬20°之间(辐合带);南面,以马斯克林群岛以南为中心的印度洋反气旋移动于

---

① 王维赞,何红,唐其展,等.赴毛里求斯甘蔗科技考察报告[J].中国糖料,2011,3:79-83.

纬度30°—33°间;在中间,一个深度随季节略有增减的低压带以莫桑比克海峡为中心,并在夏季扩张到整个大岛之上。冬季,印度洋反气旋向岛的方向移动,影响马达加斯加岛,岛上受东南季风影响,当信风越过陡坡而吹向高地,变为下沉气流,形成干热风。夏季,印度洋反气旋向南方后退,信风强度减弱,不稳定性增加,赤道气团南进,在岛西部及北部形成北西风系,该风系被来自海面吹向陆地的地方季风加强。中部的低压也吸引着来自南方的气流。① 因此,随着季节的转换,马达加斯加的风向发生明显改变。10月至翌年4月,风向为西北,5—9月,风向为东南,季风的风力一般为3—6级。② 在马达加斯加的北部和南部地区,50米高空区的平均风速为6—8米/秒。③ 所以,马达加斯加具有较好的风力开发潜能。

由于西印度洋群岛多属于热带雨林和热带海洋性气候,降水较多,故太阳能资源总体没有非洲大陆那样丰富,但在马达加斯加中西部干旱地区以及各岛的旱季,季节太阳能资源相对较多。其中,马达加斯加拥有太阳能开发优势。据该国能源部门提供的资料,马达加斯加的太阳能板每年每平方米可产生2000度电。自20世纪90年代以来,已经有1000多个太阳能装置安装在农村和偏远地区,用于发电、照明、通信和水利灌溉等领域。值得注意的是,该区域的风能和太阳能利用装置必须建造得足够坚固才能抵御飓风的袭击。

五、生物和海洋资源

西印度洋群岛的生物资源相当丰富,因与非洲大陆不相连接,岛屿孤立,该区域大部分森林和林地有较多地方性特有动植物,使之成为世界上一些特有动植物的集中分布地(表8—4)。

表8—4 西印度洋群岛的生物多样性特征

项目 国家	面积/(平方千米)	哺乳动物		鸟类		植物	
		总计	地方性	总计	地方性	总计	地方性
科摩罗	2230	12	2	50	14	721	136

---

① G. 巴斯蒂昂. 马达加斯加[M]. 北京:中国商务出版社,1978.

② 黄金田. 东非马达加斯加对虾养殖业概况[J]. 现代渔业信息,2009,24(8):22-25.

③ United Nations Environment Programme. Africa Environment Outlook 2—Our Environment, Our Wealth [M]. Malta: Progress Press Ltd., 2006.

续　表

项目 国家	面积/(平方千米)	哺乳动物		鸟类		植物	
		总计	地方性	总计	地方性	总计	地方性
马达加斯加	587040	141	93	202	105	9506	6500
毛里求斯	2040	4	1	27	8	750	325
塞舌尔	450	6	2	38	11	250	182
总计	591760	163	98	317	138	11227	7143

资料来源：联合国发展署。

（一）植物

西印度洋群岛岛屿大多数为潮湿的热带气候,森林生长良好,其中马达加斯加森林面积占国土面积的 20.2%,塞舌尔群岛达到 66.7%。群岛的森林和林地主要包括常绿阔叶林、山地雨林、低地雨林、半湿润常绿森林、红树林和热带草原林地。西印度群岛国家植物区系大部分属于马达加斯加植物亚区,包括占据非洲大陆东部沿海的马达加斯加岛、科摩罗群岛、塞舌尔群岛、阿米兰群岛等区。马达加斯加岛东岸生长热带雨林,其中有许多印度—马来西亚的属和科;中央高地分布着热带高地森林草原,优势植被是短草和热带草原,森林稀少,灌木分布不连续;岛的西部广泛分布着热带稀树草原,草原中断续生长有落叶林,群落中有众多的东非植物,如油棕、波巴布树等;西南部沿岸雨量稀少,稀树草原渐变为灌木占优势的半荒漠植被。与此同时,马达加斯加山区还有泛北植物区的属,如柳属、毛茛属、堇菜属、碎米芥属、凤尾蕨、石松、灯心草等。

适宜的环境不仅使得植物生长良好,而且种类丰富,其中不乏特有种。据统计,马达加斯加和邻近岛屿群拥有 8 个特有植物科,其中 7 个隶属于马达加斯加,1 个属于塞舌尔。马达加斯加岛共有 6765 种植物,其中 89% 是特有种。如世界上猴面包树有 8 个品种,马达加斯加就有 7 种(图 8—1)。[1]

森林和林地也是各种药用植物和观赏植物、水果、蜂蜜、香精油、肉类和动物饲料的来源地。薪柴是当地人重要的生活资源,尤其是在科摩罗等国家。水果种植园和果业加工在马达加斯加高度发达,产品包括新鲜的水果、干果、果汁和水果罐头。按人均拥有果树种植面积,各国有一定差异:科摩罗 16 公顷/人,

① W. Barthlott, J. Mutke, M. D. Rafiqpoor, G. Kier, H. Kreft. Global Centres of Vascular Plant Diversity[J]. Nova Acta Leopoldina. 2005,92(342):61-83.

图 8—1　马达加斯加的猴面包树①

马达加斯加 11 公顷/人,塞舌尔 5 公顷/人,而毛里求斯只有 1 公顷/人。椰子工业是这个地区所有国家中最活跃的产业,马达加斯加持续致力于大规模的咖啡生产和香蕉生产。另外,马达加斯加和毛里求斯的工业木材出口贸易也很兴旺(表 8—5)。

表 8—5　西印度洋群岛国家森林产品贸易　　单位:百万美元

项目 国家	进口量	出口量	网上交易
科摩罗	249	0	− 249
马达加斯加	2436	4177	+ 1741
毛里求斯	6868	2345	− 4523
塞舌尔	12	0	− 12
总计	9565	6522	− 3043

资料来源:联合国发展署。

(二) 动物

在动物区系上,西印度洋群岛既与非洲大陆有着密切联系,又有独自发展的特征。马达加斯加岛很早以前与非洲大陆脱离联系后,动物区系一定程度上保留着第三纪古非洲动物区系的残遗,并且得到独立发展,从而成为典

---

① United Nations Environment Programme. Africa-Atlas of Our Changing Environment[M]. Malta: Progress Press Ltd., 2008.

型的古代海岛动物区系。相关研究表明,马达加斯加和邻近岛屿群拥有 4 个特有鸟类科和 5 个灵长类动物科。①在科摩罗,大约有 1000 种物种,其中 150 多种是地方特有的,而在塞舌尔的 300 多个物种中有 75 种属于地方特有种。科摩罗海蔻拉侃兹鱼是一种稀有鱼类,曾一度被认为已绝种。这种史前鱼能生活在一般鱼类不能生存的深洞与幽暗的地下。另外,在科摩罗的昂儒昂岛残留有两个大约 10 平方千米的森林区域,这里是濒危动物昂儒昂岛猫头鹰和利文斯通食果蝙蝠的栖息地。狐猴是排在世界濒危动物名录第一位的野生动物,已经被认为是最大的濒危种群之一,国际自然及自然资源保护联盟(IUCN)将所有的狐猴列入《濒危动物红皮书》。马达加斯加是狐猴最后的避难所。马达加斯加已统计在录的狐猴共有 49 种(另说 54 种)。2005 年发现了一个狐猴新种——米尔扎扎扎(Mirza Zaza)(图 8—2)。而在科摩罗群岛一个名为马霍的岛上,生活着独特的马考狐猴。更为独特的是,在马达加斯加岛上完全缺乏大型的食草动物,如广泛分布在非洲大陆的牛科、长颈鹿科、长鼻目和狭鼻亚目狭鼻猴等。与此同时,马达加斯加岛除灵猫以外也缺乏大型的食肉哺乳类。在现存的哺乳动物群中有 101 种属于马达加斯加所独有。马达加斯加岛从 1990—1999 年新发现的两栖类和爬行类动物物种分别使这两类已知物种数增加了

图 8—2　狐猴新种——Mirza Zaza②

①　苏世荣. 非洲自然地理[M]. 北京:商务印书馆,1983.

②　Louis Bergeron. Discovering Mammals Cause for Worry[EB/OL]. (2009-02-11). http://news.stanford.edu/news/2009/february11/numa-021109.html.

25% 和 18%。[①]

西印度洋群岛生物的多样性和独特性受到优先保护。目前,本区建立了很多保护区来保护生物资源。塞舌尔大约有 208 平方千米的国家公园,同时,有将近 228 平方千米的海洋国家公园。在毛里求斯保护区总面积为 70 平方千米,此外,还有 90 平方千米的海洋保护区。科摩罗有 3 个保护区覆盖 400 平方千米,占了 24.3% 的总土地面积。[②]

（三）海洋生物资源

西印度洋群岛海域面积宽广,专属经济区很大(专属经济区的海洋面积合计大约有 380 万平方千米),海洋生物资源非常丰富。受索马里洋流和阿古拉斯洋流影响,这里的海洋、海岸被赋予了丰富而多样的生态系统。广泛分布的珊瑚礁是该区域独特的景观,珊瑚礁覆盖面积约 5000 平方千米,种类有 320 种,特别是在马达加斯加的沿海湿地,珊瑚礁非常繁盛。在毛里求斯和科摩罗群岛,裙礁几乎包围了所有的海岛。在塞舌尔的花岗岩岛屿的周围分布着许多裙礁和片礁,而位于塞舌尔西部被指定为世界遗产地的亚达伯拉岛则是一个典型的环礁。珊瑚礁不仅为渔业、旅游和度假等提供了重要的资源,并为易受海浪破坏的海岸提供保护。在西印度洋群岛海域,不仅生活着许多海洋生物地方特有物种,还有包括海龟、儒艮和鲸类等在内的濒危物种。如在科摩罗周边的深海水域是腔棘鱼的老家,腔棘鱼是一种已经存在了 3.7 亿年的鱼类家族代表。丰富的海洋生物为区内所有国家提供了重要的渔业资源,渔业成为西印度洋群岛各国经济增长的支柱产业。马达加斯加沿海盛产黄鱼、金枪鱼、龙虾和海参,近年沿海捕捞和对虾养殖业有较大发展。1997—2001 年渔业产量为12.1万—13.4 万吨,其中金枪鱼 1.0 万吨。马达加斯加东部地区是淡水鱼类、软体动物与甲壳类丰富和特有的地区。1997—2001 年,养虾业在 5 年内产量成倍增长,由 1997 年的 2477 吨增加至 2001 年的 5399 吨,主要依靠大企业养殖。[③]

科摩罗群岛周围海域主要鱼种为金枪鱼、红鱼和青鱼,但因工具落后,捕鱼

---

① S. M. Goodman. Measures of Plant and Land Vertebrate Biodiversity in Madagascar[M]//N. Burgess, D'Amico Hales, E. Underwood. A Conservation Assessment. Washington: Island Press, 2004.

② N. D. Burgess, W. Kuper, et al. Major Gaps in the Distribution of Protected Areas for Threatened and Narrow Range Afrotropical Plants[J]. Biodiversity and Conservation. 2005,14: 1877-1894.

③ 赵荣兴,徐吟梅. 马达加斯加渔业概况[J]. 现代渔业信息,2004,19(9): 22-24.

方式原始,仅能在近海捕捞,年捕鱼量约 1.43 万吨,不能满足国内需要。科摩罗政府与欧盟签有捕鱼协定,欧盟有近 40 艘渔船在科摩罗海域捕鱼。①

塞舌尔专属经济区 200 海里,大陆架 200 海里,海洋经济区面积约 100 万平方千米,渔业是国民经济重要支柱。塞舌尔海域盛产金枪鱼,但捕捞能力低,政府与欧共体国家、日本、韩国等签订渔业协定,允许这些国家的渔船到其海域捕鱼,政府收取许可证费,并利用外资成立了"海洋渔业开发公司",计划开发多种海产品。因此,塞舌尔具备高度发达的金枪鱼产业,渔业成为仅次于旅游业的第二大收入来源,对 GDP 的贡献值达到 12%—15%。

毛里求斯渔业专属经济区 170 万平方千米,水产资源丰富,商业化的水产养殖大多数是淡水池塘,主要品种是淡水大对虾和红罗非鱼。

除了科摩罗,水产养殖业在西印度洋群岛所有国家尚处在发展阶段。岛屿和漫长的海岸线给水产养殖业提供了良好的发展空间,广大的沿海湿地和红树林区域都可以转换成水产养殖场,合理的开发将有助于缓解本区粮食生产不足的问题。

六、旅游资源

除了上述资源外,西印度洋群岛还有丰富的旅游资源,近年来正成为越来越有吸引力的全球旅游目的地。这些岛屿国家非常珍视自身卓越的自然美景和热带生物多样性,旅游业已经成为主要的外汇收入来源,同时,旅游业及其相关服务为各国居民直接或间接地提供了大量的就业岗位。

马达加斯加的旅游业尚处于开始发展的阶段,但旅游业已成为该国主要的外汇来源。马达加斯加热带海岸线长达 5000 千米,是旅游胜地之一(图8-3),旅游业具备巨大的发展潜力。马达加斯加的旅游资源主要是热带风光和海滨风光。首都塔那那利佛是旅游者观光的主要地区,市内有大学和农学院,以及天文台、艺术和考古博物馆、体育场和伊默里纳王国时代的宫殿等古建筑,最著名的是津巴扎扎公园。津巴扎扎公园位于王宫山麓的津巴扎扎湖畔,历史悠久,1925 年即建成植物园,1936 年扩建,增加动物园。园内动植物繁多,汇集全国各种名贵植物和珍稀动物(如阿耶—阿耶的狐猴,全国仅有几十只,属濒危动物种)。

① Food and Agriculture Organization of the United Nations. FAO Statistical Databases, 2005[EB/OL]. (2006-08-23). http://faostat.fao.org.

图 8—3 马达加斯加世界文化遗产贝马拉哈(Bemaraha Tsingy)①

虽然马达加斯加旅游资源丰富,但服务设施不足,交通也不发达。近些年来,政府将旅游业作为重点加以发展,采取多种措施鼓励外商向旅游业投资,大力发展旅游业。

科摩罗群岛风光秀丽(图 8—4),各岛海岸地带有清洁美丽的沙滩,以沿海

图 8—4 科摩罗风光②

---

① United Nations Environment Programme. Africa Environment Outlook 2—Our Environment,Our Wealth [M]. Malta:Progress Press Ltd. ,2006.

② Comoros[EB/OL]. Wikipedia. [2012-11-11]. http://en. wikipedia. org/wiki/Comoros.

的潜水渔业为特色。主岛大科摩罗岛为火山岛,地处莫桑比克海峡北口,首都莫罗尼即位于该岛西岸。这里的伊斯兰教清真寺、充满热带风情的拉蒂迈鱼旅馆和"鹰爪兰"四星级旅馆吸引着世界的游人。特别引人注目的是科摩罗最高峰卡尔塔拉火山,是一个活火山,白天山上烟雾缭绕,晚间可见火山口冲出巨大火柱,景色十分壮丽。莫埃利岛,位于大科摩罗岛东南方,以恬静幽雅的渔村风光和古代波斯人墓地著名。昂儒昂岛,该国第二大岛,位居莫埃利岛以东。因风光秀丽,有"科摩罗珍珠"之称。科摩罗虽然风光秀丽,但旅游基础设施不足,尤其是交通不便,旅游业很不发达。外国游客中68%来自欧洲,29%来自非洲。

　　塞舌尔由花岗岩岛和珊瑚岛构成,岛上热带森林茂密,林内有许多珍奇动物和植物。塞舌尔群岛不仅旅游资源丰富,而且旅游业非常发达。该国家气候比较干燥、凉爽,旅游旺季在11—1月和8月。塞舌尔最主要的旅游区是马埃岛,是该国人口最多、面积最大的岛。岛屿大部分为珊瑚礁环绕,蓝色温暖的海水适宜游泳和划船,有些地方还可以进行冲浪和滑水运动。乘车在岛上游览,可以观赏到世界上最美的海岸景色。普拉兰是第二大岛,距马埃岛仅40多千米,乘船2个多小时即可抵达。在位于该岛中心的瓦莱代美,可以看到一种椰子树,其果实重达40磅。

　　塞舌尔(图8—5)的旅游业开始于20世纪70年代,当时每年接待外国旅游

图8—5　塞舌尔风光①

　　① 塞舌尔鸟岛 [EO/OL]. 中非合作论坛. [2009-09-21]. http://www.focac.org/chn/mlsj/t585701. htm.

者3000人次左右。近几年,每年接待外国旅游者增加到约18万人次。按照每人平均停留10.7天,每人每天消费120美元计算,旅游年收入高达1亿多美元。2005年,塞舌尔的旅游业占国家GDP的60.2%,就业人口占到总就业人数的76.7%。显然,旅游业是该国家经济的主要支柱。塞舌尔旅游业发展较快的原因主要是:(1)政府对发展旅游业十分重视。该国旅游业属旅游交通部管理。政府实行旅游业自由化政策,鼓励国内外私人投资,努力开发远东市场,重点发展高档次旅游,不断提高服务质量,旅游事业连年创佳绩。(2)大力发展交通事业,不仅海上交通方便,还注意发展航空事业。政府用5年时间耗费巨资建成国际机场,将该国和伦敦、巴黎、法兰克福、美国的各大城市以及新加坡连接起来,以吸引游客。该国还成立了31家出租汽车公司,以方便陆上交通。(3)充分利用自然资源。该国气候宜人,海滩遍布,有些岛鸟多、椰树多,政府采取措施,吸引了众多爱鸟爱树者。该国还充分利用海滩发展钓鱼、跳水、潜水等活动,为旅游者服务。(4)广泛开展促销活动。该国在英国、法国、德国、西班牙、意大利、肯尼亚等国设立了旅游办事处,形成销售网络,并抓住一切机会参加旅游博览会。在第十三届伦敦旅游博览会上,该国的展馆规模可与中国展馆相比。目前,该国有2家国营旅行社、3家私营旅行社,旅游饭店有60多家。预计2010年的游客数达到20万人。

毛里求斯是世界著名的旅游胜地(图8—6),景色秀丽,气候宜人,年均气

图8—6　旅游胜地毛里求斯①

---

① 董晓蓁. 天堂之国毛里求斯[EB/OL]. (2010-10-03). http://lyouw.wwwwang.com/content/201010/1223862.shtml.

温20℃,有"印度洋珍珠"之美誉。主岛毛里求斯是火山岛,海岸曲折,周围有珊瑚礁和潟湖环绕。岛上有长达55千米的白色洁净沙滩,海水十分清洁,平静的潟湖可开展游泳、划水、垂钓等多种海上活动。主岛1/3的土地被森林覆盖。此外,热带风光绮丽的港口(路易港)、颇具东方色彩的城市以及许多历史遗址(如英国殖民者的炮台、城堡、炮楼等)和自然博物馆(馆内有渡渡鸟的模型,该鸟产于毛里求斯,2000年前即已灭绝,现在这种鸟是该国的象征)都吸引着世界游客的目光。位于毛里求斯西南部的小黑河山,是该国著名山峰,峰峦葱郁,景色壮丽,尤以水流湍急的溪涧著名。在一陡坡上,有面积0.5平方千米的彩色山地,人称"五色土"。庞普勒穆斯植物园,位于庞普勒穆斯岛上,有200多年历史。园内有热带参天大树、奇花异草,最引人注目的是众多水池中的水生植物古睡莲,其叶极大,也极其美丽。

　　近几年毛里求斯旅游业发展迅速,旅游业是该岛的重要创汇产业,也是国内第三大行业。在2005年旅游业产值占国家GDP的31.6%,直接、间接从业人员共8万多人,占总就业人口的33.9%,增长率达到12.7%。毛里求斯拥有近百家现代化旅馆,年接待游客40多万人,主要来自俄罗斯、法国、德国、南非、英国、意大利、瑞士等国,旅游业的外汇收入仅次于制糖业。该国交通发达,交通运输以公路为主,普莱桑斯机场是唯一的国际机场,与东非各国、南亚、大洋洲和欧洲之间有多条航空线相通。每星期有150个航班,机场年出入境旅客110万人次。但受资源量的限制,毛里求斯年旅客量超过50万人时,极易造成对环境的污染和旅游资源的破坏。

第三节　西印度洋群岛的环境问题与可持续发展

　　西印度洋的大多数岛屿的环境已经严重退化,面临着很多环境问题。岛屿环境变化有许多类似的地方,常常与旅游和过度捕捞有着密切的联系,并且岛屿环境极易受到自然灾害和人为环境变化的影响。环境变化的主要原因包括:自然资源的不可持续性开发,海水入侵,森林火灾,洪灾,飓风,珊瑚礁的破坏,密集式的捕鱼,海滨城市旅游业的发展,岛屿和海岸地区的过度采沙,捕猎,废弃物管理不当等。① 环境变化对西印度洋群岛国家造成的影响包括：栖息地的变迁和破坏、土壤侵蚀和污染、湿地的破坏、水污染、海岸侵蚀、干旱、珊瑚礁死亡、蚊虫肆虐传播疾病、海水污染饮用水、物种减少、水资源匮乏等多方面。

一、海洋环境问题

（一）珊瑚礁、红树林的破坏

西印度洋群岛海域有大量的珊瑚礁和红树林，两者常常呈现共生关系。近岸边为红树林，珊瑚礁则分布在靠近海洋的一侧。红树林为珊瑚礁过滤掉对珊瑚生长不利的来自陆地的泥沙，而珊瑚礁保护红树林不受海浪的侵袭。近年来珊瑚礁持续承受着来自人口增长、滨海开发、海洋运输垃圾、盗采珊瑚、挖掘海沙和集约化旅游等多方面的压力，使得珊瑚礁受到危害，甚至被破坏。具体表现在旅馆、船只和其他设施造成的污染以及泊锚、践踏，将珊瑚作为纪念品和对红树林的破坏等方面。另外，潜水旅游业和以炸药捕鱼的方式也危害着珊瑚礁。同时，海洋表面温度的升高导致的珊瑚漂白事件进一步加剧了珊瑚礁系统的压力。以 1998 年为例，在马达加斯加岛南部，西部和北部广泛分布的珊瑚礁都受到了不寻常的高海表面温度的影响而出现珊瑚白化现象。受该事件的影响，塞舌尔花岗岩岛屿周边的活珊瑚覆盖率下降到 10% 以下。自 1998 年的珊瑚死亡事件以来，活体硬珊瑚的覆盖率在许多礁石上已经不足 5%。多数情况下，珊瑚礁的恢复需要数十年的时间。如果全球气候继续变暖，厄尔尼诺事件将会频繁发生，并会对沿岸地带的生态环境造成损害，越来越多的珊瑚礁将暴露在不适宜的生长环境之中，珊瑚死亡事件也将越发频繁和严重。珊瑚礁的破坏，不仅使得海岸失去保护，同时也影响到旅游业的发展。尽管 2002 年和 2003 年珊瑚白化事件接连发生，对 1998—2004 年监测资料显示，塞舌尔珊瑚礁呈现较好的恢复趋势，但群岛内这种恢复的速度并不均等，花岗岩礁的恢复速度大于碳酸盐岩礁。但形势仍然不容乐观。有研究者建立了印度洋珊瑚白化事件重现的模型，将 1871—1999 年海洋表面温度历史数据与 1950—2099 年海洋表面温度数据的模型进行混合，计算了在塞舌尔地区珊瑚白化增加到灭绝的时间：（1）根据最暖月份得出的灭绝时间是 2030 年；（2）根据最暖的 3 个月

---

① 联合国环境规划署. 全球环境展望 4——旨在发展的环境 [M]. 北京：中国环境科学出版社，2008.

得出的是 2040 年;(3) 根据最暖季度得出的是 2025 年。[①]

　　西印度洋群岛海岸地区,红树林分布广泛。马达加斯加的沿海湿地红树林面积达到 34 万公顷,主要分布在岛北、西和南侧的海岸地带,而在西海岸的河口和海湾地带红树林生长环境最为优越。科摩罗红树林的面积超过 30 平方千米。在塞舌尔,现存的红树林面积约 29 平方千米,最大的分布区域位于群岛西部。城市的发展、过渡捕捞、海岸侵蚀和海岸养殖业的发展等因素使得红树林面积减少,生态系统受损。[②] 2008 年,作为对毛里求斯减少的红树林森林数量的响应,非政府组织——可持续发展协会在欧盟和财政部的支持下,在毛里求斯南部的小渔村——莫尔纳河种植了 1 万粒红树林种子。当地社区也积极参与此项活动中。他们之间的合作包括由阿尔比恩和罗德里格斯渔业部的渔业研究中心培训种植技术。2011 年,在企业社会责任计划的指导下,多层次的合作和商业银行的资助使得另外 4 万粒种子得到种植。目前,已经开展了一项全岛范围的调查,来确认能够实现这种技术复制的潜在地区。[③] 另一方面,为保护海洋生态系统,西印度洋群岛地区已经建立了 15 个不同类型的海岸、海洋保护区,不同保护区采用了不同风格的管理模式。[④]

　　(二) 海水富营养化与过度捕捞

　　由于旅游业的迅速发展,加之油气资源的勘探和开采以及污水处理不力,西印度洋群岛周边的海水承受固体废物排放和富营养化污染的压力,岛屿发展中国家农业中氮肥和杀虫剂的广泛使用造成的影响尤其受到关注。

　　在过去的几十年(1980—2003 年)里,西印度洋群岛地区近海渔业的生产量不断增长(图 8—7),同时也带来了环境问题。渔业生产中的不合理行为对海洋生物多样性产生了不利影响。如过度捕捞、未经选择的捕捞和破坏性的炸药捕鱼等。在捕捞的鱼类中,其中不少是濒危种类,例如海龟、海豚和儒艮等。因此,无序的过度捕捞将影响海岸和海洋的生物多样性。在塞舌尔,为发展金

　　① RolPh Payet, Wills Agricole, 梁虹. 塞舌尔的气候变化:对水体和珊瑚礁的潜在影响[J]. 人类环境杂志,2006,35(4):182-188.

　　② United Nations Environment Programme. Africa-Atlas of Our Changing Environment[M]. Malta:Progress Press Ltd. , 2008.

　　③ 联合国环境规划署. 全球环境展望5——我们未来想要的环境[M]. 环境署、亿利公益基金会联合出版,2012.

　　④ United Nations Environment Programme. Africa Environment Outlook 2—Our Environment, Our Wealth [M]. Malta:Progress Press Ltd. , 2006.

枪鱼工业进行的捕捞中,非金枪鱼类占总捕捞量的 25%—30% 。

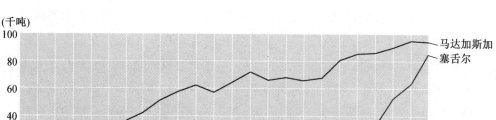

图 8—7　1980—2003 年西印度洋群岛各国捕鱼量变化曲线

　　随着环境的变化和旅游业的迅速发展,西印度洋群岛各国已经认识到保护沿海资源的吸引力以维持长远的旅游市场的重要性。在毛里求斯,新的海洋保护区已宣布成立,建立了相关的规章制度和对珊瑚和鱼类资源的长期监测。在科摩罗,环境和沿海区域的管理成为优先项目。马达加斯加已经通过了保护包括海洋区域在内的自然环境的规章制度。塞舌尔已经拥有国家环境管理方案和生物多样性行动计划来指导海洋和陆地生物多样性的保护,如对海滩海龟的巢穴进行登记,人工护送孵化的小海龟游入海洋。

二、海平面变化的影响

　　全球变暖引起的海平面上升加剧了西印度洋群岛地区巨浪对海岸的侵蚀作用,并对旅游业的发展造成了严重的影响。海平面上升 1 米将导致这些海岸线绵长的岛屿国家损失大片沿海土地。在毛里求斯、留尼汪(法)和马达加斯加,热带风暴的影响将加剧,海岸侵蚀会更加严重,将会造成沿海基础设施的广泛破坏。[①] 受威胁最大的是那些由低地海滩平原组成的海岸地带,那里的海岸沙依附于岩石平台上。海平面变化和由全球气候变化所引起的频繁的风暴都将加剧海滩的侵蚀。在 2004 年 12 月 26 日发生的印度洋海啸这一极端事件中,海岸侵蚀破坏对塞舌尔所造成的损失估计达到 3000 万美元,即使是那些被广泛的珊瑚礁平台和潟湖所包围的海岸也未能幸免。为了稳固海岸线,各国已

---

① 联合国环境规划署. 2007 年全球环境展望年鉴[M]. 北京:中国环境科学出版社,2007.

经采取了一些措施,并初见成效。如塞舌尔修筑了防波堤,毛里求斯则是使用了填满岩石的金属筐来加强海岸的保护,防止海岸被侵蚀。

除了对海岸的影响,海平面上升也会影响农业和地下水资源,使地下水受到海水污染,破坏生物多样性。目前西印度洋群岛许多地下水受到污染。在科摩罗,由于海平面上升,淡水和海水之间的脆弱的平衡被打破,导致海水入侵内陆远达 2 千米,科摩罗群岛的科摩罗岛、昂儒昂岛和莫埃利岛供水受到了威胁;毛里求斯主岛以北约 1000 千米阿加莱加岛由于海水入侵和土地污染,供给生活和农业用水的地下水资源正逐年减少。政府间气候变化专门委员会预计,按照最坏的情况,到 2100 年海平面将上升 1 米,导致人类赖以生存的沿海土地、农业、生物多样性和地下水资源等的丧失,人们将流离失所,并且会引发更多与水有关的疾病和供水问题。①

三、水资源短缺问题

尽管西印度洋群岛地区有较为丰富的降水,但是水资源周期性短缺问题依然严重。有预测表明,到 2025 年,毛里求斯将成为受到水胁迫的国家。科摩罗现在的人均水资源量已经到了国际警戒线 1700 立方米,该国家不仅存在海水倒灌问题,同时由于供水设备落后、储水设备不足以及化粪池渗漏污染地下水等方面的原因,2025 年将成为缺水国家。塞舌尔大多数水资源来自河流,1998 年曾经历过水资源严重短缺(部分是因严重的厄尔尼诺现象造成)的危机,迫使酿酒和鱼罐头制造业停产。旱期的出现被作为水资源易受影响的标志。研究结果显示,塞舌尔群岛 1992—2002 年之间 85% 的年份发生了 2 个、4 个和 8 个月的旱期。按照 4—7 月 4 个月的连续平均值,1972—2003 年间有 5 个干旱年。② 日益严重的水资源短缺不仅影响人类的生存,也正在威胁着生物的多样性。塞舌尔的马埃岛,由于缺水问题日益严重关系到紫檀籼树的存亡,因为水分不足将引起紫檀籼树发生落叶病,以致该树种灭绝。因此,有必要进行流域管理。同时,一定的经济措施,如采用定量和计费的方法管理水资源的使用预计能进一步减少各地对水的需求。

---

① United Nations Environment Programme. Africa Environment Outlook 2——Our Environment, Our Wealth[M]. Malta: Progress Press Ltd. , 2006.

② RolPh Payet, Wills Agricole, 梁虹. 塞舌尔的气候变化:对水体和珊瑚礁的潜在影响[J]. 人类环境杂志,2006,35(4):182-188.

另一方面,由于生活垃圾对水的污染,西印度洋岛屿地区水性疾病和热带传染性疾病非常普遍。垃圾,特别是一些废弃容器的不完善处理,大大增加了疟疾、登革热等疾病感染、传播的风险,这种情况在马达加斯加和科摩罗尤为严重。废弃的塑料袋、油漆罐等容器中积存的雨水成为滋生、传播疾病的昆虫温床,使得登革热、疟疾等由昆虫传播的疾病的发病率大大增加。为了解决该问题,毛里求斯和塞舌尔实行了有组织的垃圾管理计划,但在科摩罗,垃圾的管理和处置都比较落后。在科摩罗,疟疾是高发病率和高死亡率的主要原因,25%的住院病人和10%—25%的5岁以下死亡儿童均与疟疾有关。由于水质差,腹泻在科摩罗儿童中的发病率也很高。科摩罗于1975年、1998年和2001年发生霍乱疫,其中两场疫情发生均与卫生条件差和淡水污染有关。马达加斯加的健康问题则常常与稻田灌溉、水渠积水有关,因为水渠利于蚊虫滋生和血吸虫寄主的生存。

水资源匮乏的局面又因为农业生产和旅游业发展的现状而加剧,在毛里求斯和塞舌尔该方面的问题更加突出。大量化肥的使用使河流每天净化化肥的压力增加。另外,大量施用化肥也给土地造成很大的压力。在毛里求斯,每年平均使用57500吨化肥,折合每公顷约600公斤,该标准为西欧洲的3倍。由于化肥的大量使用,每升井水硝酸盐含量高达50毫克,已经达到了世界卫生组织规定的阈值。

在淡水资源依然不足的西印度洋群岛国家,持续的城市供水和卫生系统受限于人力资源、体制和财政资源的缺乏,必须制定适当的政策和管理系统,提高淡水资源价格,以确保其利用的可持续性。该方面的措施包括通过干预措施加强治理,提高民众素质,建设信息管理平台,开展水资源监测和评价,进行重点流域水资源一体化综合管理,建立区域与小岛屿发展中国家合作与协作的伙伴关系等,更加重要的是要寻求各方面的财政支持。只有这样,才能满足日益增加的水需求。

四、森林覆盖率下降

西印度洋群岛湿热的气候条件使得大多数岛屿国家非常适合森林的生长,森林覆盖从塞舌尔的66.7%到科摩罗的4.3%不等(表8—6)。然而,受人口的压力、台风和近年来连续干旱的影响,该区域的森林覆盖率在下降,特别是在马达加斯加岛和毛里求斯岛。由于人口的增长,长期的烧山耕垦和为获取薪柴

而砍伐森林,西印度洋群岛地区植被破坏非常严重,森林面积从 1990 年的 13
万平方千米减少到 2002 年的 11.9 万平方千米。森林覆盖率下降最严重的国
家是马达加斯加,约占总下降量的 99%,1990—1995 年年均减少森林面积 1300
平方千米。在这些国家中森林面积下降比例最大的是科摩罗。科摩罗因为木
炭的生产故而成为该区域森林采伐率最高的国家,其森林面积从 120 平方千米
下降到 70 平方千米,大约损失了 41%。西印度洋群岛毁林的原因包括自然和
人为两个方面。自然原因是频繁的飓风和干旱。在干旱期间,发生火灾的可能
性非常大,森林火灾导致了森林面积的减少。森林面积减少的人为原因是砍
伐。砍伐森林造成的不良后果包括水土流失、荒漠化和生态系统的破坏。面对
森林覆盖率减小的危机,一些国家开始重视森林的保护,有些减少森林砍伐的
措施已经得以实施。为了达到对森林和森林资源的可持续管理目标,毛里求斯
和塞舌尔两国加入了非洲旱区进程,旨在建立可持续管理的标准和指标。科摩
罗等一些国家已经制订了相关方案,拟在先前砍伐的地区植树造林。但是,再
造林的速度和规模都很小。粮农组织打算通过建立一个全面综合利用森林资
源的方法,在小岛屿发展中国家实现森林资源的可持续管理,促进森林土地的
恢复和保护,加强海岸保护,加强综合规划和发展生态旅游。马达加斯加作为
全球生物多样性热区之一,为了保护包括狐猴在内的地方性物种,正在使用生
态系统服务付费机制为保护生物多样性和生态系统吸引资金。

表 8—6　西印度洋国家的森林覆盖情况　　　　单位:千公顷

项目 国家	国土面积	2000 年森林 面积(包括 种植面积)	2000 年森林 面积占国土 面积比例(%)	1990—2000 年 森林面积年 变化	森林变化率 (%)
科摩罗	186	8	4.3	不详	−4.3
马达加斯加	58154	11727	20.2	−117	−0.9
毛里求斯	202	16	7.9	不详	−0.6
塞舌尔	45	30	66.7	不详	不详
总计	58587	11781	20.1		

资料来源:联合国发展署。

五、人口与土地压力

西印度洋群岛各国人口增长给土地带来了巨大压力。2007 年,本区人口

2078.8 万。马达加斯加预测,2003—2015 年间,人口将由 1640 万人增至 2380
万人,增长 2.5%。在人口密度上,2003 年,马达加斯加人口密度约为 27 人/平
方千米。[①] 到 2015 年,人口密度将增大为 40.5 人/平方千米。如表 8—7 所示,
马达加斯加人口密度是西印度洋群岛中最低的国家,其他 3 个国家人口密度较
之大得多。毛里求斯人口密度 581 人/平方千米,是西印度洋国家人口密度最
高的国家,也是非洲人口密度最高的国家,预计其人口每年将增长 0.8%。本
区人均土地面积小,且耕地较少,人口的增长必将给粮食生产和土地造成巨大
的压力。事实上,西印度洋国家很多年份面临粮食不足的困境。

表 8—7　西印度洋国家人口与土地特征

项目 国家	人口 (百万)	面积 (平方千米)	人口密度 (人/平方千米)	年人口增 长率(%)	年增长 人口(千)	农用地 比例(%)	海岸线 (千米)
科摩罗	0.7	2171	315	2.6	18.2	34	469
马达加斯加	16.4	587041	27	2.7	442.8	53	9935
毛里求斯	1.2	2045	581	0.8	9.6	44	496
塞舌尔	0.1	455	173	0.8	0.0	84	746
总计	18.4	591712	31.10	2.56	470.6	53	11646

资料来源:粮农组织 2005 年统计数据库。

　　人口的增加和人类活动的加剧使得西印度洋岛屿土地退化现象非常严重,
具体表现为砍伐森林正在加剧土壤侵蚀和水土流失。在马达加斯加和科摩罗,
刀耕火种的农业方式和火灾导致森林大量缩减甚至丧失。另一方面,马达加斯
加伐木和采矿业的发展,导致了土地退化。20 世纪 70—80 年代,每年有 1200
万—4000 万吨土壤流失,流失率为每年每公顷 25—250 吨。[②] 近年来,马达加
斯加成为世界上土壤侵蚀最严重的地区,有近 3/4 的土地被归类为严重退化土
地。预计每年每公顷土地土壤流失量为 200—400 吨,该速率约是全球平均水
平的 20—40 倍。[③]

---

　　① 联合国环境规划署. 全球环境展望 4——旨在发展的环境[M]. 北京:中国环境科学出版社,
2008.

　　② United Nations Environment Programme. Africa Environment Outlook 2—Our Environment, Our Wealth
[M]. Malta:Progress Press Ltd., 2006.

　　③ United Nations Environment Programme. Africa-Atlas of Our Changing Environment[M]. Malta:Pro-
gress Press Ltd., 2008.

植被减少不仅导致土地退化,也使得地区范围内的降雨模式和排水系统发生了显著的变化,气候变化将会反过来增加土地资源的压力,海平面上升将淹没低海拔的沿海区域,使土地资源日趋紧张。频繁发生的干旱和台风带来的季节性洪水又使该区粮食供应压力更大。旅游业的高速发展和对房屋的需求增加也是导致一些国家土地资源紧张的重要因素。

随着人口的增长和土地资源的短缺,防治土地退化成了一个紧迫的问题。本区各国都在致力于制订和实施行动计划以促进生活持续和减轻土地退化对其他资源的影响。目前,毛里求斯和塞舌尔已建立了更加公平的土地分配体制,以有效维护土地权利。在毛里求斯,90%的土地是私人拥有的,超过85%的人住房建筑在私有土地上。相比之下,马达加斯加在这方面的工作相对落后,政府正在推行土地注册,以改善土地利用的不合理,从而减少土地退化和短期侵蚀,促进经济的发展。

六、气象灾害频发

西印度洋群岛国家地处热带,每年都会遭受热带气旋的侵袭。热带气旋多发生在12—5月间,常带来大风、暴雨灾害,是影响农业生产的重要因素之一。冰雹多见于11月和4月,正值本区水稻收割时期,对水稻产量造成影响。有记录显示,在1951—2004年间,在所有由自然灾害造成的死亡中,80%与热带风暴有关。风灾对农业生产构成严重威胁。马达加斯加岛所处的地理位置使其在1—4月极易受到印度洋飓风的影响,几乎每年都要发生风灾,导致农作物减产,人民生命财产受到损失。1981年底到1982年初,马达加斯加遭受历史上罕见的连续风灾,肆虐的狂风和倾盆暴雨横扫全岛,洪水泛滥,淹没农田,冲毁公路、铁路和桥梁,全国3万公顷稻田受灾,占耕种面积的2.4%。尽管塞舌尔位于飓风带以外,该国所遭遇的飓风的频率和强度却在不断加大。1997年8月,特大暴雨导致洪水泛滥和山体滑坡,超过500户房屋以及40%的公共道路遭到毁坏。2002年9月,塞舌尔第二大岛普拉兰岛遭遇了同样的灾难,超过2.5万棵树木被毁,对房屋等基础设施造成的损失超过了8700万美元。除了风灾和洪灾,由极端天气引发的次生灾害也影响着该区域的可持续发展。马达加斯加每到夏季,天气高温潮湿,洪水泛滥,常常造成疟疾等传染病流行。2005年3月,毛里求斯经历了有史以来最厉害的降雨过程,洪水泛滥和大量积水导致蚊虫肆虐,带来了严重的卫生问题。

　　除了上述环境问题,在西印度洋群岛的一些国家,载客摩托车十分盛行,造成二氧化碳排放量增多。尽管其严重程度还远不如其他地区,但这种发展趋势已经对该地区的生态环境和人类健康造成了威胁,可能造成道路拥挤、交通成本增高和空气污染。为此,西印度洋群岛国家已经建立起环境长期规划和相应政策来解决日益增多的与气候有关的问题。为了实现降低空气污染和提高能源的生产和利用效率的目标,采取了包括推广低耗能照明、光电利用、太阳能利用、家用液化气烹调以及沼气利用、利用甘蔗渣等制糖业废料来产生乙醇这种燃料的局部替代品和风能利用等一系列措施。此外,公共部门有必要秉持一种连贯的、环境友好的态度来提供服务,从能源高效利用的角度出发参与到公共设施(如学校、医院)的设计建造和选材用料过程中来。[1] 只有这样,才能保持区域经济的可持续发展。

　　① United Nations Environment Programme. Africa Environment Outlook 2—Our Environment, Our Wealth [M]. Malta: Progress Press Ltd. , 2006.

第九章

中国与非洲在环境资源领域的战略合作

　　人口、资源、环境是社会经济发展的最基本要素,同时,它们也是某种可变的参数,社会经济发展水平的高低对它们起着重大的调节作用。随着我国经济的快速发展,对石油和一些矿产资源的需求日益增加,供给的短缺已明显制约我国社会经济的可持续发展。目前,拥有得天独厚矿产资源的非洲,资源开发正进入实质性阶段,许多非洲国家都实行了经济自由化政策,这为我国到这些国家开发资源提供了难得的机遇。开发、利用非洲森林、石油、矿产资源,弥补我国经济建设所需要的支柱性资源——矿产和石油,成为我国在本世纪实现可持续发展所面临的一项紧迫任务。

　　环境问题也与林业、石油、矿产资源的开发利用密切相关。无节制地采伐森林,破坏植被,导致水土流失,气候反常,生态失衡,不断出现旱涝灾害;矿产资源的无序开发极易导致生态环境的破坏,沙漠化问题日趋严重。据统计,我国因大规模的矿产采掘及由此产生废弃物的乱堆滥放造成压占、采空、塌陷等损毁土地面积已达 200 万公顷,现每年仍以 2.5 万公顷的速度增加。与此同时也带来了对大气、水资源、土壤的污染;加剧水土流失和诱发塌陷、滑坡、泥石流等地质灾害的严重后果。因此,森林、矿产资源的科学合理开发利用与可持续发展是一个重要问题。

　　目前,国内对合理开发利用森林、矿产资源并保证可持续发展达成的共识是:"既满足当代人的需要,又不对子孙后代构成危害。"我国人口众多,资源相对不足,合理利用森林、矿产资源是当今资源开发的主流,是实现可持续发展的重要战略。因此,我们必须正确处理好经济发展与资源环境的关系,寻求两者协调发展的最佳途径,推进矿产资源的合理利用与社会经济的健康持续发展。

第一节 非洲森林、矿产资源对中国的战略意义

森林是陆地生态系统的主体,是人类生存与发展的物质基础。以森林为主要经营对象的林业,不仅承担着生态建设的主要任务,而且承担着提供多种林产品的重大使命。21 世纪,人类正在继农业文明和工业文明之后开始向生态文明迈进。我国已进入全面建设小康社会、加速推进社会主义现代化的新的历史发展阶段。在这个过程中,林业发挥着越来越重要的特殊作用。我国森林资源总量不足、质量不高、分布不均。中国森林面积 1.59 亿公顷,林木总蓄积量也不足世界总量的 3%,森林蓄积量仅为 112.7 亿立方米;森林覆盖率 16.55%,排在世界第 142 位;人均森林面积 0.128 公顷,只有世界平均水平的 1/15,排世界第 120 位,人均森林蓄积量 9.048 立方米,只有世界平均水平的 1/8,排世界第 121 位[①];年人均消费木材 0.22 立方米,只有世界平均水平的 1/8,排世界第 121 位。

中国现有森林中,人工林的比重较大,且相当一部分郁闭度在 0.4 以下,生态服务功能低下,亩均蓄积量为 5.2 立方米,只有世界平均水平的 68%。从地域分布上看,我国森林东北和西南多,其他地区少,黑龙江、吉林、内蒙古、四川、云南五省区的森林面积和蓄积量分别占全国的 41.3% 和 52.4%,而华北、华中和西北地区的森林资源很少,尤其是西北的青海、甘肃、新疆、宁夏等省区的森林覆盖率不足 5%,其中青海省只有 0.43%。恢复和发展森林资源的任务十分繁重。

中国是木材消费大国,国内木材资源和商品木材产量呈递减之势。为缓解木材供求之间的矛盾,除了保护和增加森林生产力和木材利用率以及发展木材代用品外,扩大木材进口,充分利用国际上可以利用的森林资源,是改善国内木材以及木制品市场供求状况的一个较好选择。而森林资源是非洲较为重要的自然资源之一,森林覆盖面积大约为 6.5 亿公顷,占世界森林覆盖总量的 17% 左右;人均占有森林面积 0.8 公顷,略高于世界平均水平(0.6 公顷),森林覆盖率为 22%,木材蓄积量约 464.6 亿立方米,在世界木材积蓄量上居第 4 位,每公顷的蓄积量为 72 立方米,是世界热带木材主要产区之一。

① 古金生. 植树造林的重要性及管理技术探讨[J]. 农业与技术,2012,5: 43.

　　非洲森林大部分为天然林,且以阔叶林占绝对优势,约占非洲森林面积的99%、木材积蓄量的97%,占全世界阔叶林总量的1/4以上,而针叶林还不到全世界针叶林面积的1%。非洲森林资源主要类型有西非和中非的热带雨林、东非和南非的热带干燥森林、北非和南端的亚热带混交林和山地林以及海岸带的红树林等,另外还有少量的人工林地。非洲热带雨林的总面积达2亿公顷,占世界热带雨林总面积的1/4,是仅次于南美洲亚马孙热带雨林区的世界第二大热带雨林分布区。非洲热带雨林的植物种类成分异常丰富,有1万多种,其中3000多种是非洲特有种①,因此,木材总蓄积量大。非洲木材也是我国进口的重要原料之一,缓解着我国森林资源不足的状况。

　　总之,我国生态建设面临着严峻形势,主要原因有:一是森林资源底子薄、总量不足、分布不均;二是人口、经济高速增长对森林资源造成巨大消耗;三是林业投入长期不足,税费较重;四是林业改革滞后,体制、机制不顺。根据对林业现状的分析,可以做出这样的基本判断:中国林业处在社会主义初级阶段的较低层次,森林资源增长缓慢与社会对林业日益增长的多种需求之间的矛盾成为现阶段林业的主要矛盾。生态需求成为社会对林业的主要需求,林业建设成为生态建设的首要任务。而非洲有丰富的森林、渔业和动植物资源。投资造林、开采、进口林产品是我国间接地、可持续地并创造性地利用资源,发展我国的生态系统的较好途径,并使非洲可以凭这份财富迎来新生。

　　中国是世界第三矿产大国,但人均资源只及世界人均水平的1/2,居第53位,每平方千米矿产资源丰度位居世界第24位。矿产种类虽然较全,但国家建设所需支柱性矿产明显短缺。矿产资源的结构性短缺在相当大程度上制约和影响经济发展的后劲,尤其是战略性矿产资源的探明储量不足更威胁到国家能源安全。根据专家对我国37个主要矿种的矿产资源承载力的分析结果,矿产资源前景堪忧。到2010年,现有18种矿产资源(铬、钾、钴、金刚石、铂、石油、金、铁、锰、铜、铝、镍、银、硼等)将难以满足国民经济持续发展的需要,11种矿产当代人要"寅吃卯粮"②,亟待开发利用海外矿产资源,弥补国内建设的缺口,推动全球经济发展成为当前主要的发展目标。而地域广袤的非洲蕴藏着得天独厚的矿产资源,享有世界"矿产资源宝库"的美誉。据统计,非洲的铂、锰、

① 关百钧. 世界森林资源现状与分析[J]. 世界林业研究,2003,16(5):1-5.
② 中共中央党校. 理论学习与战略思考[M]. 北京:中央文献出版社,2000.

银、铱等矿产储量占世界的 80% 以上,磷酸盐、钯、黄金、钻石、锗、钴的储量等占世界的 50% 以上,每年向世界市场提供 20% 的石油。然而,迄今非洲矿产资源的总体开发水平和有效利用率都很低,尚未进入实质性开发阶段。近年来,非洲一些矿产资源丰富但勘察程度不高的国家,通过修改矿业法,逐步调整其矿产资源政策,在土地出租、矿业权租让许可、矿产品销售和税收等方面采取了相当宽松而优惠的政策,鼓励和吸引外资进入本国勘察开发资源,发展经济,加速国家工业化进程。非洲国家矿业投资环境的明显改善,给经济持续快速发展而面临资源严重不足的中国提供了难得的开发机遇。因此,非洲应是中国开发利用海外矿产资源的首选地。

从地区上看,南部非洲国家经济良好,金、铬、铂族、金刚石、铜、锰、铁等矿产资源异常富饶,矿业基础好,地质勘查程度高,地质资料丰富。多数国家矿业开放较早,矿业法规较为健全,矿业赋税水平合理,并与中国保持着较好的合作关系,矿业投资环境良好。北非国家石油天然气和磷矿、钾矿资源丰富,经济相对较为发达,基础设施较好,矿业开发相对较晚。近年来,北非各国政治稳定,经济日渐开放,奉行自由市场经济政策,鼓励外国资本投资石油行业,均与中国保持良好稳定关系,矿业投资环境较好。东部非洲金、金刚石、宝石、磷、镍等丰富。东非各国政治较为动荡,但多和中国保持良好关系,有一定投资空间。西非地区金矿、铝土矿、金刚石资源较为丰富,此外还有铀、铁、石油、镍等,政治稳定性不理想,矿业投资风险较大。中非各国拥有丰富的金、金刚石、铜钴、锰、铀、铝土矿等资源丰富。多数国家经济较为落后,地质工作基础差,政治稳定性差,时常爆发战争、内乱和部族冲突,是整个非洲投资环境最差的地区。

中国矿业部门对开发利用非洲矿产资源的兴趣始于 20 世纪 80 年代,当时中国一些重要矿产资源如铜矿、铁矿、锰矿和铬矿等开始出现供应缺口。矿业部门或各矿种协会组织考察团,对非洲国家的矿产资源进行调研。20 世纪 90 年代以来,中国矿业公司加快了在非洲开发矿产资源的步伐,重点选择矿产资源丰富(尤其是中国急需矿种)、政局稳定、投资环境好、与中国关系友好和外国公司控制程度不强的国家,重点开发铁矿、铜矿、黄金、铬矿、锰矿、金刚石和磷酸盐等。迄今为止,中国与非洲国家合作开发的矿产资源项目主要有①:

① 王平. 非洲矿业投资概述 [EB/OL]. (2008-06-24). http://www.gxdkj.com/build/200806/200806240000341630.htm.

　　加纳黄金开采项目　1994年,原地矿部陕西地矿局与加纳本科福签订了合资开采恩科科金矿的合同,中方和加方分别持股10%和90%,建矿工作由中方承担,中方总投资额为1亿元人民币。

　　南非铬矿开发项目　1996年,中国钢铁工贸集团公司(原中国冶金进出口公司)与南非合资建立了亚南金属有限公司(ASA Metals Ltd.),主要进行铬矿冶炼。该项目总投资4000万美元,中方占60%的股份。2002年9月,该公司已生产铬矿150万吨,产品销往中国、欧洲、美国及日本等市场,取得了良好的经济效益和社会效益。

　　赞比亚谦比西(Chambishi)铜矿开采项目　这是中国在海外开发建设的第一个有色金属矿,也是中非合作的标志性项目。1998年,中色建设集团有限公司与赞比亚国家铜矿联合公司在赞比亚注册成立了中色建设非洲矿业有限责任公司。该项目总投资1.5亿美元,中色集团购得谦比西铜矿全部资源、资产85%的权益,其开发赞比亚铜矿所需投资的主要部分由中国政府以资本金形式划拨。截至2003年1月底,谦比西铜矿共开采铜矿4.9万吨,提炼精铜1683吨。

　　总体来看,中国矿业企业在非洲蓬勃发展的矿业开发市场中还未占有一席之地。虽然国内很多矿业公司均有到非洲国家考察矿产资源的经历,但具体洽谈的项目有限,实际投资的项目更是屈指可数,成效不太显著。存在的问题可以归结为:(1)与欧美国家在非洲大陆百余年的矿业开发历史相比,中国企业涉足非洲矿产资源开发的历史短,竞争不强。(2)中国尚未建立海外矿产资源信息系统,对于非洲矿产资源国的地质潜力、矿业投资环境、国际矿产品市场动态等基本信息缺乏必要的了解。(3)企业规模小,资本积累严重不足,通常无力支付庞大的海外矿产勘探费用,更无法承受高风险的投资压力。(4)中国还没有颁布有关海外矿产资源开发的法律,也没有建立相应的政策支持制度。(5)中国没有大型跨国矿业公司。"走出去"建立互助互利的合资合作矿业公司,仍是今后中国开发非洲矿产资源的主要形式。

第二节　非洲石油对中国的能源安全具有重要的战略价值

　　石油是世界第一大能源。非洲大陆石油资源丰富,储产量大且逐年有明显增加,但地区消费水平低,可供出口的比重大,这是非洲吸引石油消费国的主要原因之一。2007 年,非洲石油产量 1031.8 万桶/日,占世界总产量的 12.5%,同期石油消费 295.5 万桶/日,仅占世界消费总量的 3.5%;2007 年非洲石油出口 716.6 万桶/日,出口量占产量的比重高达 69.4%。1997—2007 年间,非洲石油产量从 776.8 万桶/日增长到 1031.8 万桶/日,同期石油消费仅从 230.7 万桶/日增长到 295.5 万桶/日,增速极为缓慢。相对于非洲的广袤领土、众多国家和人口而言,这一特点在世界上也是比较独特的。有专家认为,在近期和中期内,西非石油对国际能源市场的战略意义将比俄罗斯重要。非洲石油在满足包括中国在内的未来全球能源需求和能源供应多元化方面,具有重要的战略价值。

中国石油供应日益紧张。尽管中国石油总储量为 600 亿—800 亿吨,生产和出口大量的石油,但是,国内大多数主要油田已进入开采的中后期,原油开采率低,随着中国经济的快速发展,油气生产已不能满足经济发展的需求,1993 年中国已成为石油净进口国。1993—1999 年共进口石油 2.94 亿吨,相当于同期国内消费总量的 24%。2000 年,我国进口石油 0.88 亿吨,其中原油达 0.7 亿吨。进入 21 世纪的中国,能源短缺问题将日趋严重,到 2010 年石油进口量将达 1.2 亿吨,对外石油依存度(进口量占消费量的比重)将高达 37.8%。[①] 非洲大陆拥有丰富的石油资源,石油储量从 1997 年的 753 亿桶增长到 2007 年的 1175 亿桶。目前非洲探明石油储量占世界的 9.5%,虽远不能与中东相比,但比重仍高于中南美洲的 9.0% 和北美洲的 5.6%,更高于亚太地区的 3.3%,其常规石油资源储量超过北美和亚太探明储量的总和。按 2007 年非洲的生产水平计算,非洲石油的储采比(R/P)年限为 31.2 年,低于中东的 82.2 年和中南美洲的 45.9 年,但高于欧亚(俄罗斯、中亚及北海)的 22.1 年、亚太地区的 14.2 年以及北美地区的 13.9 年,这说明非洲的石油生产与供应具有相当大的潜力和竞争力。从分布上看,非洲 70% 的石油资源和产量集中在西非,从象牙海岸延伸至安哥拉,即非洲的"几内亚湾"或西方所谓的"新海湾"。根据一些国际大石油公司预测,到 2010 年,全球每消费的 5 桶石油中,将有 1 桶来自西非和南非,未来全球新增石油供应的 1/3 将来自非洲,具有特殊的战略意义。

非洲石油对中国能源安全的战略价值日益显现,特别是在减轻或降低中国

---

① 栾云. 2010 年亚太地区一次能源供需预测[J]. 国际石油经济,1999,7(6):33-39,63.

对中东石油的过度依赖方面发挥了重要作用。1999 年以来,非洲原油一直占中国原油进口比重的 20% 以上,2004 年和 2005 年一度接近或达到 30%。① 非洲石油仅次于中东石油,目前位居中国进口石油来源地区的第 2 位。2005 年,安哥拉和赤道几内亚成为中国七大进口石油来源国中的两个非洲国家。2007 年上半年,安哥拉成为中国原油进口的最大供应国,其次才是沙特阿拉伯、伊朗和阿曼等中东国家。非洲不仅是中国石油进口来源的重要地区,而且是中国"走出去"战略、参与海外油气资源开发与生产、获取"份额油"的重要战略地区。苏丹也已成为中国海外最大的石油生产基地。目前,中国与非洲的能源投资与贸易扩大到了阿尔及利亚、利比亚、安哥拉、加蓬、尼日利亚、赤道几内亚和乍得等国家。中国与非洲国家的能源关系不是单纯的进口贸易,而是以投资为主,积极参与当地的石油勘探、开发和生产活动。与中东相比,中国在非洲的投资更多,涉及的项目更大,对非洲能源经济和社会发展的积极作用更为明显。尽管如此,目前非洲石油出口的主要流向国家和地区仍然是西方,欧洲和美国占非洲石油出口总量的 73%,而中国仅吸收了不到非洲石油出口总量的 11%,中非能源投资与贸易仍有进一步发展的战略空间。

20 世纪 90 年代以来,随着经济的快速发展,中国的资源特别是能源的"瓶颈"作用日益突出,对外石油依存度增长较快,能源进口的集中化(中东)趋势日趋严重,获得可靠、安全和多元化的能源供应已成为中国对外战略的优先目标。1995—2005 年十年间,中国石油消费年均增长 5.25%,超过同期 1.47% 的世界平均增速。过去十年来,中国石油需求增长量占世界石油需求增长量的大约 1/3,同期国内石油产量和供应增速缓慢。据美国能源部预测,2030 年中国的原油进口量将超过 1000 万桶/日,相当于 2000 年美国的石油进口水平。另一方面,1999 年以来,中国原油主要从中东进口,尽管中国采取了供应来源多元化的政策措施,但集中化的发展趋势依然明显,2005 年以来,中东石油仍占中国进口石油依赖比重的 40% 以上。从全球石油资源分布、产油能力、供应潜力和进口成本等综合因素分析,中国未来绝大多数的进口石油需求占进口总量的 40%—50%,仍将不得不来自动荡不定的中东地区。显而易见,"对于中国领导人来说,不增加这个国家的能源供应是不负责任的"。② 如同西方国家一

① 吴磊,卢光盛. 关于中国—非洲能源关系发展问题的若干思考[J]. 世界经济与政治,2008,9:52-58.

② David Zweig, Bi Jianbai. China's Global Hunt for Energy[J]. Foreign Affairs, 2005, 84(5):25-38.

样,中国对中东石油的过度依赖面临着巨大风险,中国必须寻求包括非洲在内的多元化能源供应渠道,这是能源安全的本质要求和客观规律。① 其次,中国在非洲的能源投资和贸易活动不仅促进了非洲能源工业和经济社会的发展,更重要的是增加了全球能源供应,并有助于国际能源安全。自"走出去"战略实施以来,中国国家石油公司已在 30 多个国家投资并签订了 130 多项能源协议,从 20 世纪 90 年代初到 2005 年初,中国累计海外油气直接投资为 70 亿美元,其中,非洲约占中国海外油气投资的 1/2。中国在非洲油气勘探和油田开发领域数十亿美元的投资,不仅增加了非洲能源"投资池"的美元数量,促进了非洲能源工业的发展,而且带来了市场的额外供应,增加了全球能源供应并有助于国际能源安全。最后,从能源经济学的视角分析,中国在非洲的能源利益具有坚实的理论和市场基础。在能源和资源领域,非洲拥有丰富的资源,中国拥有巨大的市场和发展潜力,双方的互补性为中非能源合作奠定了坚实的基础,这种"经典的共生关系"不仅是能源市场发展到一定阶段的必然产物,也是中非关系不断发展和"双赢"的结果,同时是近年来中非关系不断加速发展的重要原因之一。

虽然能源特别是石油关系并非中非关系的全部,中非关系具有更深层次和更广阔领域的战略内涵,中国在非洲的利益也超越了石油。但不可否认的是,如同中国与中东国家能源关系的发展一样,正是能源和资源因素的凸显才使得近年来中国与非洲国家关系的发展具有了更加坚实的物质基础,才被赋予了崭新的内涵。不可否认,中国与非洲国家关系的发展是"中国外交日益转向资源丰富的发展中国家"的典型案例。

第三节　中国与非洲在环境资源领域的战略合作

中非环境能源关系的发展既符合中国的国家利益,又能较好地体现非洲国家的能源利益。早在 2003 年 10 月,由国家环保总局和中非合作论坛中方后续行动委员会共同举办的"面向非洲的中国环保"主题活动日在北京举行。该活

---

① 吴磊,卢光盛. 关于中国—非洲能源关系发展问题的若干思考[J]. 世界经济与政治,2008,9:52-58.

动旨在宣传中国的环保政策与科研成果,向非洲国家介绍中国在环境保护方面的经验,配合中非合作论坛后续行动,推动中非在环保领域里的交流与合作。41个非洲国家的驻华使节参加了活动,听取了关于中国环境保护政策、环保产业和环保科技发展情况的专题报告,并参观了北京高碑店污水处理厂和北京大兴县留民营生态村。

时任国家环保总局局长解振华出席活动并发表了讲话。随着经济和贸易的全球化,环境问题也呈现出国际化趋势,环境保护已成为世界各国均需面对的问题。中国和非洲是发展中国家的重要组成部分,社会、经济、环境的可持续发展是面临的共同使命。随着中非合作的发展,希望进一步利用论坛拓展合作,将中非关系推向更高层次,更加有效地应对环境问题的挑战。

解振华说:"由于历史的原因,非洲的经济发展还相对滞后,解决人民的贫困问题还是许多国家发展的重点。但我注意到,非洲国家也非常重视推动社会、经济与环境的共同协调发展,这在2002年9月于南非举办的可持续发展世界首脑会议上有很好的体现。中非之间有着深厚的传统友谊,双方不存在任何利害冲突,在维护和平、促进发展方面有着广泛的共同利益。同是发展中国家,中国和非洲各国应进一步加强团结,促进双方在经济与发展领域里的多方面合作。我们完全有条件,而且也有必要探索新思路,为中非关系在新世纪的发展构筑新的框架。为此,我希望中非双方进一步加强在环境领域的实质性合作,共同促进双方的可持续发展。"

非洲各国驻华使节对中方举办面向非洲的中国环保主题活动表示高度赞赏,认为这是中方在中非合作论坛框架下推动与非洲国家互利合作的又一新举措,并期待中非双方在环保领域的合作能够取得积极进展。

环境问题事关人类的生存与发展,事关人类的前途命运。全球性的资源和环境危机要求世界各国采取一致行动。保罗·瓦莱里曾说:"倘若没有整个世界的介入,那么人类将不再有所作为。只有互相帮助,协力推进,才能共同呵护人类赖以生存的地球家园。"国际环境合作是建设生态文明的重要途径,不仅符合13亿中国人民的根本利益,也是中国对全球环保事业的积极贡献。同时,中国与非洲还可分享环保经验与教训,在2006年初发表的《中国对非洲政策文件》中,中国承诺"加强技术交流,积极推动中非在气候变化、水资源保护、防治荒漠化和生物多样性等环境保护领域的合作"。这一文件为中非环保合作指明了方向。

在继续争取外援资金的同时,逐渐形成我国对外环境援助战略和行动,塑造国家环境形象。利用重要战略机遇期,继续争取外援资金,支持国内环境工作,尤其是环境治理理念和先进技术的引进。将环境保护援助纳入国家整体对外援助体系中,对亚洲、非洲以及阿拉伯发展中国家环境援助,输出我国环境理念、技术,推动环保产业的发展,塑造国家负责任的形象。规范中国企业环境责任,加强中国企业环境责任意识,国家出台《中国企业境外环境责任规范》。政府要求企业去非洲投资做到无污染,中国政府一直非常重视中国企业在非洲开展活动时对非洲生态环境的影响。在审批项目的时候,凡是可能造成当地污染或公害的项目一律不予批准。环保部负责人明确表示:"如果有公司擅自违反环保规定在非洲开厂,并造成污染,我们要给予该公司严厉的惩罚,并且让他们知道因为污染今后会取消他们在国外的经营资格。"到目前为止,没有发生中国在非洲的投资对当地资源环境造成污染的事情。

2005 年 2 月 21 日在肯尼亚内罗毕召开的"中非环保合作会议"上,曾培炎副总理代表中国政府表示,中国愿意与非洲国家加强双边和多边环境交流与合作,努力推进中非环境与发展事业不断取得新的成果,并就此提出了三点倡议,其中包括进一步加强人才培训。中国政府愿在中非合作论坛"非洲人力资源开发基金"下,为非洲各国环境官员和专家提供环保培训。联合国环境规划署非洲区主任塞古·托雷对中国在环保方面给予非洲的支持表示感谢。他说,非洲希望学习中国的环保技术,中国把自己的经验和教训与非洲国家分享,对非洲也是一种帮助。2006 年 6 月中国政府出资捐赠的"联合国环境规划署中非环境中心"正式揭牌。10 月,中非环境合作讨论会在北京举行,20 多个非洲国家环境部长参加了会议。

中国帮助非洲国家推广使用沼气。1998—2005 年援助突尼斯沼气技术合作项目 3 个,主要包括沼气发电、示范工程总承包、技术培训,建立国家沼气实验室,制定国家沼气发展战略规划等,进而减少非洲居民生活上对薪柴的依赖,保护森林。

近年来,中国加大了对非洲环保官员的培训力度。2006 年 9 月,中国举办了首期"非洲国家水污染和水资源管理研修班",19 个非洲国家的 23 名环境高官参加培训。同年 10 月,由商务部主办、河北科技大学承办的"非洲环境污染控制技术培训班"上,38 名来自非洲英语国家的政府官员和技术人员参加了培训。本次培训主要内容有:生态学原理与应用、环境规划、有机农业概念及国际发展形势、生态学原理与应用、中国环境管理制度、大气污染控制技术、水污染控制技术、环境监测生物传感器技术和工业有机废水处理技术现状及进展、发展中国家环境问题及对策、气候变化对环境的影响、固体废物处理与处置、环境遥感技术等。为期两个月的培训,通过授课、互动式讨论与实地考察等方式,全面介绍我国在环境保护方面的政策,以及环境保护领域中的新动态、新成就;帮助学员了解并掌握环境污染治理的基本知识,培养学员分析和解决环境污染问题的基本能力,为从事环境污染治理工程设计、技术管理方面的技术人员奠定基础,加强我国与发展中国家在环境保护技术方面的交流与合作。培训班成效显著,被联合国环境规划署誉为南南合作的典范。

2009 年 11 月初,中国在埃及沙姆沙伊赫举行的中非合作论坛第四届部长级会议上倡议建立中非应对气候变化伙伴关系,不定期举行高官磋商,在卫星气象监测、新能源开发利用、沙漠化防治、城市环境保护等领域加强合作,中方还决定为非洲援建太阳能、沼气、小水电等 100 个清洁能源项目。11 月 26 日,中国政府公布了控制温室气体排放的行动目标,决定到 2020 年单位国内生产总值二氧化碳排放比 2005 年下降 40%—45%。[①]

中国在至关重要的哥本哈根气候变化会议前夕宣布量化减排目标,显示了中国继续加大力度、减少经济发展中二氧化碳排放量的坚定决心。

非洲大陆是导致气候变化责任最小的地区,却是应对气候变化能力最弱的地区,同时还面临着巨大的能源需求。目前,非洲许多地区还没有电力供应。中国帮助非洲发展 100 个清洁能源项目,将帮助非洲在可持续发展和经济增长多元化的道路上前进,改善当地就业状况。此外,这一举措也将帮助非洲早日摆脱贫困,更好地应对气候变化对发展经济的影响。

能源对世界经济和国际政治历来具有举足轻重的影响。在历史上,对能源资源的争夺一直是引起冲突和战争的重要原因之一。进入 21 世纪,能源资源匮乏进一步成为国际竞争与冲突的重要根源。世界石油的消费区域与资源区域构成的严重错位和失衡,使全球围绕资源的争夺一直非常激烈。由于森林、矿产、石油具有的特殊战略价值,世界森林、矿产、石油中心同时也成为各种政治力量争夺的焦点。近年来,非洲矿产、石油战略地位的提高和较高的投资回

---

① 中国减排目标为哥本哈根气候变化大会带来新动力 [EB/OL]. 中国政府网. [2009-12-06]. http://news. sina. com. cn/c/2009-12-06/151116726760s. shtml.

报率吸引着美、法、英、日等西方国家的石油公司,但是非洲产油国针对西方石油公司长期垄断石油工业这一特征,也加大了实施石油合作多元化战略的力度,迫切希望在平等互利的基础上与中国等发展中国家进行合作。

首先,中非双方在经济上互补与互求,这是中非森林、矿产、石油合作的物质基础。中国无疑需要非洲的森林、矿产、石油资源,但非洲国家也看好中国的技术与市场,热切希望通过合作,借鉴中国的发展经验,摆脱贫困,实现民族复兴与国家繁荣。

其次,中非友好50年结下的深厚情谊,为中非森林、矿产、石油合作奠定了坚实的政治基础。特别是中非之间建立的包括中非合作论坛在内的多边和双边合作机制,在政治上平等互信、经济上合作共赢、文化上交流互鉴的新型战略伙伴关系,对中非森林、矿产、石油合作向着持续、健康的方向发展提供有力的保障。

另外,中国在中非石油合作中尊重非洲国家选择走自己的发展道路,不干涉他国内政,从人道主义出发,关注非洲国家社会经济效益,多做改善民生的社会公益项目,很好地帮助非洲国家改革强盛。与西方国家的干预主义和所谓的"自由、人权"政策形成鲜明对比,中国对非政策在非洲国家受到广泛的赞誉和欢迎。中国对非政策的核心与原则——"互利共赢、共同发展"不会改变。非洲的森林、矿产、石油资源是中国经济持续稳定增长的重要因素。因此,今后一段时期,非洲在中国外交全局中的地位和作用更加重要。从有利于扩大中国的国家利益、有利于非洲国家的长远整体利益和有利于中国的国际责任和国际形象的角度,可以开展以下几个方面的战略合作。

1. 国家高度重视、统筹协调

开发利用非洲矿产、石油资源是在中央"利用两种资源,开拓两个市场,加快对外开放,积极参与国际经济合作与竞争"的方针指引下,解决我国矿产资源安全和长期稳定供应的重大战略举措,是实施我国全球资源战略的重要组成部分。因此,必须给予高度重视,统筹协调、主动出击,并实行贸易与开发并举"两条腿走路"的方针。制定、规范、规划中国公司在海外公司的矿产、石油的勘探、开发、采购,坚持"补缺、补紧、补劣"的原则,在矿种选择上,应围绕我国国内资源短缺的大宗矿产如石油、铁、铜、铝矾土、锰、铬等矿产资源,建立自主开发的石油、矿山基地和企业,逐步建立起自己的全球性矿产资源供应保障体系。

2. 设立基金,鼓励并扶持中国企业向外扩展

由于森林、矿产、石油资源开发项目具有投资多、风险大、周期长、见效慢的特点,一般企业望而却步,为此错失了许多投资机遇,导致中国对非洲资源开发与利用远未形成气候。即使在南非这个世界矿产资源大国中,目前也只有中钢集团与当地合资兴建的铬矿开采及铬铁加工项目。集勘探、开发和融资为一体的"安哥拉模式"既满足了非洲国家对建设资金的需求,又提高了中国企业的安全系数,降低了合作的风险,真正做到了互利双赢,值得推广。据 2006 年 2 月海关总署统计数据,安哥拉向中国日输出原油超过 46.6 万桶,达到中国进口总量的 15%。安哥拉已超过沙特成为中国的第一大供油国。

3. 与非洲国家共同探求安全和持续的能源道路

利用中国在环保方面的科学技术提高非洲人民认识自然、改造自然和保护自然的能力。帮助非洲国家研究和发展环境生物技术,充分利用太阳能、生物固氮和其他生物作用发展生态农业,种植薪炭林,培育能源植物,解决农村烧柴之需,采用发酵工程,实现对工农业废弃物的生物净化及综合利用。可因地制宜发展替代能源:沼气、太阳能、地热能等,可以使能源多样化,又保护了生态环境。

4. 加强与当地石油企业、欧美石油公司的合作

非洲一些国家正在逐步改变由西方公司一统其石油资源的现象,采取法律、规定等政策手段,促使当地公司参与石油领域合作。国家有关部门要加强对非洲各产油国的调研,及时向相关企业发布信息。在可能的情况下加强同当地公司的合作,建立合资企业,发挥非洲本土公司的优势,争取到更多的区块和利益。目前中国石油公司在陆地石油勘探、开发等方面掌握着独特的技术,具有成本低等西方石油公司所不具备的优势,而海上特别是深水石油开发技术的不成熟,严重制约了中国石油公司在非洲获得海上石油区块的步伐。中国公司也应探讨与西方石油公司进行合作的可能性,以强强联合的方式解决深海勘探开发的技术问题。总之,与东道主国公司和西方石油公司结成利益共同体,可以在更大程度上保障中国矿产、石油企业的合法权益,分散风险。

5. 投资建设冶炼厂以降低成本和风险

与中东地区一样,随着石油产量的不断增长,为了改变大量出口原油而进口成品油的现状,非洲国家会逐渐发展自己的炼油和石化工业,提高所在国的收益。因此,我国的石油企业除了参与非洲地区油田的勘探、开发外,还应考虑

在规避风险、条件合适的情况下,择机在当地投资建设炼油厂和石化装置,实现海外石油基地的上下游一体化。随着 2006 年 11 月中非合作论坛北京峰会举办 7 年多来,中非之间建立起来的政治上平等互信、经济上合作共赢、文化上交流互鉴的新型战略伙伴关系更加坚实。随着 2009 年 11 月 8 日在埃及沙姆沙伊赫举行的中非合作论坛第四次部长级会议的召开,中国在非洲的投资贸易活动更加符合中国的国家利益,也能很好地体现非洲国家的能源和经济利益,更重要的是增加了全球能源供应并有助于国际能源安全。

主要参考文献

一、论著

［1］C. Nellemann, I. Redmond, J. Refisch. The Last Stand of the Gorilla-Environmental Crime and Conflict in the Congo Basin［M］. Birkeland Trykkeri AS: Norway, 2010.

［2］Sunday W. Petters. Regional Geology of Africa［M］. Berlin/Heidelberg: Springer-Verlag, 1991.

［3］N. M. Tainton. Veld Management in South Africa［M］. Pietermaritzburg: University of Natal Press, 1999.

［4］United Nations Environment Programme. Africa Environment Outlook 1—Past, Present and Future Perspectives［M］. Malta: Progress Press Ltd. , 2002.

［5］United Nations Environment Programme. Africa Environment Outlook 2—Our Environment, Our Wealth［M］. Malta: Progress Press Ltd., 2006.

［6］United Nations Environment Programme. Africa-Atlas of Our Changing Environment［M］. Malta: Progress Press Ltd., 2008.

［7］安春英. 加蓬［M］. 北京: 社会科学文献出版社, 2005.

［8］包澄润. 热带天气学［M］. 北京: 科学出版社, 1980.

［9］陈宗德. 非洲各国农业概况［M］. 北京: 中国财政经济出版社, 2000.

［10］德普瓦勒内·雷纳尔. 西北非洲地理［M］. 张成柱, 等. 译. 西安: 陕西人民出版社, 1979.

［11］韩中安. 世界地理(下册)［M］. 长春: 东北师范大学出版社, 1998.

[12] 鞠继武. 非洲地理[M]. 上海：新知识出版社，1955.

[13] 李广一. 赤道几内亚—几内亚比绍—圣多美和普林西比—佛得角[M]. 北京：社会科学文献出版社，2007.

[14] 李广一. 毛里塔尼亚 西撒哈拉[M]. 北京：社会科学文献出版社，2008.

[15] 李智彪. 刚果民主共和国[M]. 北京：社会科学文献出版社，2004.

[16] 联合国环境规划署. 全球环境展望3[M]. 北京：中国环境科学出版社，2002.

[17] 联合国环境规划署. 全球环境展望4——旨在发展的环境[M]. 北京：中国环境科学出版社，2008.

[18] 联合国环境规划署. 2006年全球环境展望年鉴[M]. 北京：中国环境科学出版社，2006.

[19] 联合国环境规划署. 2007年全球环境展望年鉴[M]. 北京：中国环境科学出版社，2007.

[20] 刘德生. 世界自然地理[M]. 北京：高等教育出版社，1986.

[21] 刘鸿武，姜恒昆. 苏丹[M]. 北京：社会科学文献出版社，2008.

[22] 潘蓓英. 利比亚[M]. 北京：社会科学文献出版社，2007.

[23] 苏联科学院非洲研究所. 非洲史[M]. 上海：上海人民出版社，1977.

[24] 宋国明. 非洲矿业投资指南[M]. 北京：地质出版社，2004.

[25] 苏世荣. 非洲自然地理[M]. 北京：商务印书馆，1983.

[26] 汪勤梅. 中非—乍得[M]. 北京：社会科学文献出版社，2009.

[27] 肖克. 摩洛哥[M]. 北京：社会科学文献出版社，2008.

[28] 杨灏城. 埃及[M]. 北京：社会科学文献出版社，2006.

[29] 杨青山. 世界地理[M]. 北京：高等教育出版社，2004.

[30] 杨鲁萍，林庆春. 突尼斯[M]. 北京：社会科学文献出版社，2003.

[31] 张良军. 阿尔及利亚经商指南[M]. 北京：中国经济出版社，2005.

[32] 世界地图集[M]. 北京：中国地图出版社，1987.

[33] 曾尊固. 非洲农业地理[M]. 北京：商务印书馆，1984.

[34] G. 巴斯蒂昂. 马达加斯加[M]. 北京：中国商务出版社，1978.

[35] Harry Gailey. 非洲史[M]. 台北：国立编译馆，1995.

[36] Murray Park. 商品国际工贸指南译丛——化肥[M]. 刘湘凌，译. 北京：

中国海关出版社, 2003.

[37] 中共中央党校. 理论学习与战略思考[M]. 北京: 中央文献出版社,
2000.

二、期刊、报纸

[1] W. Barthlott, J. Mutke, M. D. Rafiqpoor, G. Kier, H. Kreft. Global Centres of
Vascular Plant Diversity[J]. Nova Acta Leopoldina, 2005. 92.

[2] N. D. Burgess, W. Kuper, J. Mutke, J. Brown, et al. Major Gaps in the Dis-
tribution of Protected Areas for Threatened and Narrow Range Afrotropical
Plants[J]. Biodiversity and Conservation, 2005, 14.

[3] N. Lancaster. Linear Dunes of the Namib Sand Sea[J]. Zeitschrift Fur Geo-
morpholgie, 1983, 45.

[4] Catherine M. O'Reilly, Simone R. Alin, Pierre-Denis Plisnier, Andrew S.
Cohen, Brent A. McKee. Climate Change Decreases Aquatic Ecosystem Pro-
ductivity of Lake Tanganyika, Africa[J]. Nature, 2003.

[5] David Zweig, Bi Jianbai. China's Global Hunt for Energy[J]. Foreign Af-
fairs, 2005, 84.

[6] G. J. Genik. Regional Framework, Structural and Petroleum Aspects of Rift
Basins in Niger, Chad and the Central African Republic[J]. Tectonophysics,
1992, 213.

[7] 巴英, 钱晓英. 美国、摩洛哥和中国的磷化工产业竞争力比较分析[J]. 云
南化工, 2006, 33.

[8] 陈才. 埃及的棉花种植业[J]. 农业技术与装备, 2008, 1.

[9] 陈彤, 吴慕宁. 加蓬海岸盆地 LT 2000 区块石油地质特征与勘探前景[J].
江汉石油职工大学学报, 2008, 21.

[10] 丁登山. 西非萨赫勒地带荒漠化和人地关系地域系统分析[J]. 人文地
理, 1996, 3.

[11] 丁登山. 论气候在西非萨赫勒地带荒漠化中的作用: 兼谈近期人类活动
的影响[J]. 干旱区地理, 1995, 18.

[12] 电源世界编辑部. 北非拟建史上最大规模太阳能电站[J]. 电源世界,
2009, 7.

[13] 邓昕. 赞比亚新发现 10 亿吨级铜矿[J]. 中国金属通报,2009, 26.

[14] 董建博,陈慧,李丽霞,等. 塞舌尔群岛和西沙群岛旅游资源开发对比研究[J]. 山东省农业管理干部学院学报, 2010, 26.

[15] 杜菊民,赵学章. 刚果(金)铜—钴矿床地质特征及分布规律[J]. 地质与勘探,2010, 46.

[16] 高潮. 投资世界"铜矿之国"——赞比亚[J]. 中国对外贸易, 2009, 3.

[17] 高潮. 阿尔及利亚:非洲最具投资潜力的资源大国[J]. 中国对外贸易, 2009, 1.

[18] 龚子同. 马达加斯加的土壤利用和水稻生产[J]. 土壤,1992, 4.

[19] 管超. 最缺水国家[J]. 河北水利水电技术, 2000, S1.

[20] 古金生. 植树造林的重要性及管理技术探讨[J]. 农业与技术, 2012, 5.

[21] 关百钧. 世界森林资源现状与分析[J]. 世界林业研究, 2003, 16.

[22] 哈斯,王贵勇. 腾格里沙漠东南缘横向沙丘粒度变化及其与坡面形态的关系[J]. 中国沙漠, 1996, 16.

[23] 何金祥. 非洲主要矿产资源及分布[J]. 国土资源情报, 2001, 11.

[24] 黄金田. 东非马达加斯加对虾养殖业概况[J]. 现代渔业信息,2009, 24.

[25] 黄燕平. 2000 年和 2001 年世界石油储量和产量[J]. 国际石油经济, 2002, 10.

[26] 姜忠尽. 非洲解决能源供求矛盾的战略对策与途径[J].西亚非洲,1987, 5.

[27] 康鹏,吴昊,赵建达. 非洲小水电的发展机遇[J]. 小水电, 2012, 1.

[28] 李恺,邓杏才,叶志平. 马达加斯加海滨砂矿的开发利用[J].资源与产业, 2009, 11.

[29] 李莉,吴慕宁,李大荣. 加蓬含盐盆地及邻区油气勘探现状和前景[J]. 中国石油勘探, 2005, 3.

[30] 李淑芹,石金贵. 非洲水资源及利用现状[J]. 水利水电快报, 2009, 30.

[31] 李燕芬. 东非气候及其对农业的影响[J].陕西师范大学报,1987, 4.

[32] 李壮伟,李家添. 有关人类起源的两个问题[J]. 山西大学学报, 1981, 1.

[33] 李振山,倪晋仁. 国外沙丘研究综述[J]. 泥沙研究, 2000, 5.

[34] 李志中. 星状沙丘研究综述[J]. 干旱区地理, 1996, 19.

[35] 刘田,工志敏,丁媛媛. 马达加斯加前寒武纪地质构造单元划分[J]. 科技创新导报, 2011, 6.

[36] 刘增洁. 利比亚油气资源现状及政策回顾[J]. 国土资源情报, 2007, 9.

[37] 罗承先. 利比亚成为世界石油开发新热点[J]. 中国石化, 2006, 7.

[38] 吕福亮, 徐志诚, 范国章, 邵大力, 毛超林. 赤道几内亚里奥穆尼盆地石油地质特征及勘探方向[J]. 海相油气地质, 2011, 16.

[39] 栾云. 2010年亚太地区一次能源供需预测[J]. 国际石油经济, 1999, 7.

[40] 任海, 等. 非洲稀树草原生态概况[J]. 热带亚热带植物学报, 2002, 10.

[41] 宋国明. 赞比亚矿业开发与投资环境[J]. 国土资源情报, 2003, 7.

[42] 宋玉春. 世界级资源助力埃及天然气工业崛起[J]. 中国石化, 2007, 7.

[43] 水利水电快报编辑部. 非洲篇(一)[J]. 水利水电快报, 2006, 27.

[44] 水利水电快报编辑部. 非洲篇(二)[J]. 水利水电快报, 2006, 27.

[45] 王建. 马达加斯加矿产和能源开发战略[J]. 西亚非洲, 2009, 9.

[46] 王俊, 朱丽东, 叶玮, 程雁. 近15年来非洲土地利用现状及其变化特征[J]. 安徽农业科学, 2008, 37.

[47] 王维赞, 何红, 唐其展, 等. 赴毛里求斯甘蔗科技考察报告[J]. 中国糖料, 2011, 3.

[48] 魏生生. 大陆漂移的证据(一)[J]. 化石, 2006, 1.

[49] 吴磊, 卢光盛. 关于中国—非洲能源关系发展问题的若干思考[J]. 世界经济与政治, 2008, 9.

[50] 夏河石, 罗丽萍. 摩洛哥投资市场分析[J]. 西亚非洲, 2009, 10.

[51] 夏景华. 阿尔及利亚石油和天然气工业的现状[J]. 当代石油石化, 2006, 14.

[52] 现代矿业编辑部. 赞比亚矿产资源状况[J]. 现代矿业, 2009, 10.

[53] 徐群, 王冰梅. 太阳辐射变化对我国中东部和西非夏季风雨量的影响[J]. 应用气象学报, 1993, 4.

[54] 雨佳. 马达加斯加阿姆巴托维镍钴矿项目进展[J]. 世界有色金属, 2012, 10.

[55] 喻铁阶, 王京生. 马达加斯加国宝石资源及其开发前景考察[J]. 矿产与地质, 1993, 6.

[56] 张迎新. 苏丹油气资源形势[J]. 国土资源情报, 2003, 3.

[57] 张卫峰, 马文奇, 张福锁, 马骥. 中国、美国、摩洛哥磷矿资源优势及开发战略比较分析[J]. 自然资源学报, 2005, 20.

[58] 张荣忠. 南部非洲港口不可忽视的明天[J]. 水路运输文摘, 2005, 10.

［59］张建伟. 南非港口［J］. 集邮博览, 2005, 12.

［60］张永蓬. 中部非洲国家经济发展探析［J］. 西亚非洲, 2010, 10.

［61］张春. 刚果（金）矿产资源现状及投资环境分析［J］. 中国矿业, 2008, 17.

［62］赵琰. 赞比亚矿产资源及矿业投资前景分析［J］. 中国矿业, 2007, 16.

［63］周秀慧, 张重阳. 非洲森林资源的开发、利用与可持续发展［J］. 世界地理研究, 2007, 16.

［64］中国科学院自然资源综合考察委员会. 中国与非洲资源互补与合作前景［J］. 中国软科学, 1998, 7.

［65］赵荣兴, 徐吟梅. 马达加斯加渔业概况［J］. 现代渔业信息, 2004, 19.

［66］赵英福. 刚果（金）科卢韦齐铜矿地质特征及成矿机理浅析［J］. 矿产与地质, 2011, 25.

［67］A. M. Balba. 北非的沙漠化［J］. 时永杰, 译. 中兽医医药杂志（专刊）, 2003.

［68］Godfrey Titus Kipyas. 肯尼亚茶产业发展概况［J］. 朱仲海, 译. 茶叶经济信息, 2006, 4.

［69］Nzeyimana Joseph. 非洲中部坦噶尼喀湖污染灾害的初步研究［J］. 河海大学学报（自然科学版）, 2003, 31.

［70］P. 邦特. 非洲历史的分析——从贩卖黑奴到新殖民主义［J］. 国外社会科学, 1981, 3.

［71］RolPh Payet, Wills Agricole, 梁虹. 塞舌尔的气候变化：对水体和珊瑚礁的潜在影响［J］. 人类环境杂志, 2006, 35.

［72］李锋. 南部非洲重视治理荒漠化（防治荒漠化系列报道之一）［N］. 人民日报, 2005-06-13.

［73］张云. 肯尼亚花卉产业考察报告（上）［N］. 中国花卉报, 2007–03–05.

［74］李楠. 中国与苏丹的能源合作［D］. 上海：华东师范大学, 2006.

［75］刘伟才. 南部非洲发展协调会议研究［D］. 上海：上海师范大学, 2010.

［76］刘兴海. 刚果（金）KIMPE 铜钴矿床研究与三维成矿预测［D］. 合肥：合肥工业大学, 2007.

三、报告

［1］African Development Bank, Development Centre of Organisation for Economic

Co-Operation and Development, United Nations Development Programme, U-
nited Nations Economic Commissions for Africa. Africa Economic Outlook
2008, GDP Growth[R]. 2008.

[2] Environment Protection Authority(EPA). State of the Environment Report for
Ethiopia[R]. Addis Ababa: Environment Protection Authority, 2003.

[3] Food and Agriculture Organization of the United Nations. Algeria Profile-Fish-
ery Country Profile[R]. 2003.

[4] MOLWE Department of Environment. National Biodiversity Strategy and Action
Plan for Eritrea[R]. Asmara: Department of Environment, Ministry of Land,
Water and Environment, 2000.

[5] MOWRD. Water and Development Bulletin, No. 20[R]. Addis Ababa: Min-
istry of Water Resources Development, 2001.

[6] The Regional Organization for the Conservation of the Environment of the Red
Sea and Gulf of Aden. Country Report Overview for Egypt[R]. 2005.

[7] United Nations Economic Commission for Africa. Africa Review Report on
Drought and Desertification[R]. 2008.

[8] United Nations. Africa Water Development Report[R]. UN-Water/Africa, E-
conomic Commission for Africa. 2006.

[9] United Nations Development Programs. Climate Change and Human Develop-
ment in Africa: Assessing the Risks and Vulnerability of Climate Change in
Kenya, Malawi and Ethiopia[R]. 2007.

[10] MOLWE Department of Environment. National Environmental Management
Plan for Eritrea (NEMP-E)[R]. Asmara: Department of Environment,
Ministry of Land, Water and Environment, 1995.

[11] U. S. Geological Survey. 2007 Minerals Yearbook, the Mineral Industries of
Africa[R]. 2009.

四、主要网址

[1] Federal Democratic Republic of Ethiopia. The New Coalition for Food Security
in Ethiopia: Food Security Programme I[EB/OL]. (2008 - 07 - 05). http://
www. dagethiopia. org/pdf/The_New_Coalition_for_Food_Security. pdf.

［2］FAO-AGL. Land Degradation Severity Terrastat Online Database 2003［EB/OL］. (2009 - 08 - 12). http://www. fao. org/ag/agl/agll/terrastat/#terrastatdb.

［3］United Nations. African Water Development Report 2006［EB/OL］. (2007 - 06 - 07). http://www. uneca. org/awich/AWDR_2006. htm.

［4］Louis Bergeron. Discovering Mammals Cause for Worry［EB/OL］. (2009 - 02 - 11). http://news. stanford. edu/news/2009/february11/numa-021109. html.

［5］PERSGA. Coral Reefs in the Red Sea and Gulf of Aden Surveys. 1990 to 2000 Summary and Recommendations［EB/OL］. (2009 - 10 - 20). http://www. persga. org/publications/technical/pdf/4% 20technical% 20. series/ts7% 20coral% 20reefs% 20rsga% 20surveys% 201990. pdf.

［6］United Nations Economic Commission for Africa. Transboundary River/Lake Basin Water Development in Africa：Prospects, Problems and Achievement ［EB/OL］. (2009 - 10 - 22). http://www. uneca. org/publications/RCID/Transboundary_v2. PDF.

［7］王平. 非洲矿业投资概述［EB/OL］. (2008 - 06 - 24). http://www. gxdkj. com/build/200806/200806240000341630. htm.

［8］埃塞俄比亚水资源部划拨 7. 16 亿比尔用于项目投资［EB/OL］. 中国水利国际经济技术交流网. (2006 - 10 - 20). http://www. icec. org. cn/gwsldt/200610/t20061020_44817. html.

［9］中国减排目标为哥本哈根气候变化大会带来新动力［EB/OL］. 中国政府网. (2009 - 12 - 06). http://news. sina. com. cn/c/2009 - 12 - 06/151116726760s. shtml.

后　记

　　非洲在全球变化和全球发展战略中有着特殊地位,其人口、资源、环境、发展问题备受世界关注。非洲素有资源宝库之称,但人口增长快,贫困人口多,经济发展水平低,自然灾害频发,政局动荡。同时,荒漠化、土地退化、森林砍伐、海岸侵蚀、洪水与干旱、武装冲突等环境问题尤为突出,全球环境变化、人口高速增长、经济活动强度加剧、资源压力增大都是重要的影响因素。早在20世纪60年代,中国就与非洲国家广泛建立外交关系,实施经济援助,在农业、工业、基础设施、文化教育、医疗卫生等领域开展互惠合作。从2000年启动第一个自由贸易区以来,非洲一体化步伐也逐步加快,2002年非洲联盟的成立到2008年以"促进经济增长、社会发展和创造财富"为目标的南部非洲发展共同体(南共体)自由贸易区的正式启动,标志着非洲一体化进程进入新的发展阶段。目前,非洲10个区域经济一体化组织正在加紧实施《非洲经济共同体条约》,力争21世纪30年代建成非洲统一大市场。非洲的发展,迫切需要资源环境基础研究成果的支撑,国内该领域的研究尚不系统。近年来非洲社会经济得到了很大改善,中非合作日渐升温,成果可喜。在这一背景下,探讨非洲资源环境与当代非洲发展显得更为必要和重要。

　　本书诸位作者们承担了浙江师范大学"非洲研究文库"系列丛书之一《当代非洲资源与环境》的编写任务之后,全体成员团结协助,多次讨论编写思路,克服参考资料零散、数据陈旧等困难,结合非洲实际和中非合作前景,完成编写任务。本书第一章由叶玮编写;第二章由桑广书编写;第三章由吕惠进编写;第四章由叶玮、徐磊编写;第五章由朱丽东编写;第六章由梁勤欧、李咏梅编写;第七章由赵虎编写;第八章由叶玮、董建博编写;第九章由程雁编写。本书图件由朱丽东组织编绘;叶玮对全书进行统稿。先后参加本书图件编绘、书稿校对、资料收集工作的还有马未宇、冯义熊、张明强、董建博、李黎霞、徐磊、陈闻辰、王海力、曹林、段慧敏、周亮亮、毛德玲、滕飞、金莉丹、谷喜吉、张珊珊等,在此表示衷心的感谢!

　　本书编写过程中参考引用了大量前人工作成果,涉及自然、经济、社会、文化、环境等方方面面,在此也一并表示衷心感谢。文中引用的统计数据较以往相关成果更新,并且主要基于 FAO(Food and Agriculture Organization of United Nations)、UNEP(United Nations Environment Programme)、UNDP(United Nations Development Programme)、WBG(World Bank Group)等权威机构的权威数据库,受篇幅影响,不能列出编写时参考的所有文献,对此表示歉意。

　　由于编写能力有限,错误之处敬请读者批评指正。

2012 年 09 月 25 日

CONTEMPORARY AFRICAN RESOURCES AND ENVIRONMENT

ABSTRACT

The African continent has a vast area second only to Eurasia on the earth, located at low latitudes and surrounded by seas, with the continental mainland accounting for 98% of the total area while adjacent islands only 2%. The rich and varied natural resources and unique geographical environment of Africa attract global interest and attention. Hoping for a scientific basis for African resource protection, exploitation and utilization, the resources and environment of modern Africa are discussed from a geographical perspective in this book.

This book consists of 9 chapters. Chapter 1 is an overall discussion of the African resources and environment as a whole. Chapter 2 is a brief introduction to the history of resource exploitation in Africa based on a geographical chronology. Chapters 3 – 8 show different sub-areas of Africa in respect of the features of resources and environment, and respectively make a preliminary study on the resource and environmental problems and the approaches to sustainable development based on regional differentiation. The final chapter summarizes the strategic importance of the cooperation on resource and environmental issues between China and Africa.

This book is a reference for other professions and departments interested in African resources and environment as well as researchers, teachers and students in the relative academic fields.

CONTENTS

浙江师范大学非洲研究院"非洲研究文库"

非洲大陆地域广阔,国家众多,文化独特。近年来,中国与非洲国家的交往合作迅速扩大,中非关系的战略地位日益重要。目前,中非关系已超出双边关系的范畴而对世界产生多方面的影响,成为撬动中国与外部世界关系的一个支点。在此大背景下,中国社会产生了认知非洲之广泛需求,需要对非洲国家的各个方面、对快速发展的中非关系展开深入系统的研究。

浙江师范大学非洲研究院乃国内高校首家成立之综合性非洲研究院,创建的目标在于建构一个开放的学术平台,聚集海内外学者及有志于非洲研究的后起之秀,开展长期而系统的研究工作,以学术服务于国家与社会。

"非洲研究文库"是浙江师范大学非洲研究院长期开展的一项基础性、公益性工作,秉承非洲研究院"非洲情怀,中国特色,全球视野"之治学理念,并遵循"学科建设与社会需求并重,学术追求与现实应用兼顾"之编纂原则,由国内外知名学者、相关人士组成编纂委员会,遴选非洲研究领域的重大重点课题,以国别和专题之形式,集为若干系列丛书逐渐编撰出版,形成既有学科覆盖面与知识系统性,同时又重点突出各具特色的非洲研究基础成果,以为中国非洲事业之进步,做添砖加瓦、铺路架桥之工作。

本书是国内学者撰写的中国第一部20世纪非洲经济史。以非洲大陆在20世纪的两次社会经济形态转型为主线，阐述了传统的非洲经济、非洲殖民地经济的形成与发展、非洲国家独立后建立民族经济的尝试、80年代非洲国家的结构调整、非洲国家经济一体化进程中的探索等20世纪非洲经济发展中的重大事件和过程。此外，还介绍了曾经猖獗的南非种族主义经济，阐述了非洲大陆大的对外经贸关系。

非洲大陆是世界上面积仅次于欧亚大陆的陆地单元，地处低纬，四面环海，其中大陆部分占98%，岛屿面积仅占2%。非洲丰富多样的资源和独特的地理环境吸引着全世界的目光。本书从地理学的视角，论述了当代非洲资源和环境特点，介绍了非洲资源和环境的开发历史，初步探讨了不同区域的资源环境问题和可持续发展途径，并论述了中国与非洲在资源环境领域合作的战略意义，旨在为非洲的资源开发、保护和合理利用提供科学依据。

本书主要是对非洲安全机制建设的主体结构做一个较为全面的介绍，对各个关键性支柱力量参与非洲安全机制建设的进程做一个分析，并对这些支柱性的力量在应对非洲冲突危机中所发挥的作用做一个介绍和评价。对于非洲的安全机制建设问题，本书欲得出以下基本结论：就从非洲的安全建设进程和其所凭借的力量来看，非洲对安全机制的建设诉诸的是一种集体安全和多边安全的途径，这种多边安全建设途径是对传统的安全共同体建设模式的一种超越，因为，非洲的安全机制建设并不以假想的对手为其存在的基础与理由，具有不扩张性的特点。另外，非洲安全制的建构过程是一个开放的、多边参与的过程，不仅吸纳了非洲所有成员参与其中，而且国际社会也是非洲安全建设所借重的关键力量。

本书首先对国际组织在非洲大陆的兴起与发展进行了论述，重点对非洲大陆为数众多的全非性国际组织以及次区域性国际组织的成立、组织机构及基本运行情况等进行了详细的论述。在此基础上，本书就国际组织对非洲大陆一体化进程以及成立"非洲合众国"的影响进行了探讨，最终得出一个基本结论：非洲大陆要想实现地区的和平、安全与发展，就必须从国家自身的建设开始做起，强化国家的各项管理职能，迎接来自全球化的诸多挑战，而不能过分倚重区域性国际组织这一平台来达到上述目标，因为国际组织在实现非洲复兴的过程中发挥的作用毕竟是有限的。另外，本书还就中国与非洲国际组织的关系进行了研究。

本书以国际经济发展为背景，以非洲工矿业为内容，研究了当代非洲工矿业的发展及中国与非洲工矿业合作问题。本书首先回顾了国内外学术界对非洲工矿业研究的历史和现状及非洲工矿业开发史；其次分析了非洲地质背景与矿产资源储量，在此基础上解析了非洲矿业开采与矿山建设状况；然后剖析了非洲矿业现行立法与经济问题；最后对中国与非洲工矿业合作进行了回顾与展望，并提出了加强中非工矿业合作的建议，为促进中国与非洲经济进一步合作提供了有益的参考。

西亚北非地区伊斯兰主义的发展越来越成为影响美国与本地区关系的突出问题。本书主要考察伊斯兰因素对美国中东政策、美国中东关系的冲击与影响，揭示自卡特政府以来美国历届政府对政治伊斯兰的立场与政策的连续性和变化。本书认为历史与文化因素对美国的伊斯兰政策起了一定的作用，但在美国与伊斯兰世界的冲突与合作中起决定作用的始终是现实利益。美国历届政府本质上对伊斯兰教本身并不感兴趣，相反，他们害怕伊斯兰主义者会破坏阿拉伯－以色列和平进程，破坏亲西方的西亚北非国家政权的稳定性，阻碍西方获得海湾石油，并且从事恐怖主义活动。

图书在版编目(CIP)数据

当代非洲资源与环境/叶玮,朱丽东等著.—杭州：
浙江人民出版社,2013.4
ISBN 978－7－213－05404－4

Ⅰ.①当… Ⅱ.①叶…②朱… Ⅲ.①自然资
源—概况—非洲②自然环境—概况—非洲 Ⅳ.
①F140.45②X321.4

中国版本图书馆 CIP 数据核字(2013)第 040945 号

书　　名	**当代非洲资源与环境**
作　　者	叶　玮　朱丽东　等著
出版发行	浙江人民出版社
	杭州市体育场路 347 号
	市场部电话：(0571)85061682　85176516
责任编辑	洪　晓
责任校对	张志疆　姚建国　戴文英
封面设计	杭州林智广告有限公司
电脑制版	杭州大漠照排印刷有限公司
印　　刷	杭州钱江彩色印务有限公司
开　　本	710×1000 毫米　　1/16
印　　张	26.25
字　　数	42 万
插　　页	2
版　　次	2013 年 4 月第 1 版·第 1 次印刷
书　　号	**ISBN 978－7－213－05404－4**
定　　价	48.00 元

如发现印装质量问题,影响阅读,请与市场部联系调换。